U0716808

职业教育电子信息类新型融媒体系列教材

PLC编程及应用

高　维　熊　英◎主　编

袁雪琼　龙　凯◎副主编

雷道仲◎主　审

中南大学出版社

www.csupress.com.cn

·长沙·

内容简介

    本书介绍了西门子 S7-1200 PLC 的基本知识及编程与应用。通过大量的案例深入浅出地介绍了 S7-1200 PLC 的编程软件博途的使用;基本指令、功能指令、函数块与组织块、模拟量与脉冲量、顺序控制系统、网络通信的编程与使用。

    本书可作为高职高专院校装备制造大类各专业的教材,也可作为工程技术人员自学或参考用书。

/ 前 言 /

S7-1200 是西门子公司新一代小型 PLC，其指令和软件与大中型 PLC S7-1500 兼容。S7-1200 集成了以太网接口和很强的工艺功能，使用基于西门子自动化的软件平台 TIA 博途 STEP 7 进行编程。

编者结合多年的工程设计和调试经验，按照项目化教学的思路进行编排，全书共分为 11 个项目，全面地介绍了 S7-1200 PLC 的硬件结构与硬件组态、编程软件与仿真软件的使用方法、编程语言、程序结构、指令的编程及应用、各种通信网络和通信服务的组态与编程方法、案例的详解和调试等。

项目一介绍了 S7-1200 PLC 的基本知识、硬件的安装与拆卸、存储器、数据类型和编程语言。

项目二介绍了 S7-1200 PLC 的编程软件博途的安装与卸载、基本使用和硬件组态。

项目三介绍了位逻辑指令的使用及编程、程序的下载与上传、案例程序的编写与调试。

项目四介绍了定时器指令的使用、程序的编写与调试。

项目五介绍了计数器指令的使用、程序的编写与调试。

项目六介绍了数据处理指令、运算指令、程序跳转指令的使用，以及程序的编写与调试。

项目七介绍了顺序控制系统中顺序功能图的结构与绘制方法、顺序控制程序的设计方法及编程与应用。

项目八介绍了函数、函数块、组织块的创建及编程与应用。

项目九介绍了高速计数器、高速脉冲输出等硬件的组态以及常用功能的编程。

项目十介绍了模拟量模块的组态、模拟量的处理、PID 控制指令以及程序的编写与调试。

项目十一介绍了 S7-1200 PLC 之间 TCP 通信、ISO on TCP 通信、Modbus TCP 通信、S7 通信的以太网通信、硬件组态以及程序编写与调试。

本书中列举案例均较为简单,易于操作与实现,在没有硬件的条件下亦可通过仿真软件实现。本书可供工程技术人员学习 S7-1200 的编程和使用,也可作为高职高专院校装备制造大类各专业的教材。

本书由高维、熊英任主编,袁雪琼、龙凯任副主编。本书在编写过程中参阅了许多同行的文献,在此对相关人员表示感谢。

由于编者水平有限,书中难免存在疏漏和不妥之处,恳请广大读者批评指正。

编 者

/ 目 录 /

项目六　功能指令的应用　　　　　　　　120

项目一
认识西门子 S7-1200 PLC

任务 1　认识 PLC

1.1.1　PLC 的产生及定义

1. PLC 的产生

20 世纪 60 年代，计算机技术已开始应用于工业控制。但由于计算机技术自身的复杂性、编程难度高、难以适应恶劣的工业环境以及价格昂贵等原因，未能在工业控制中广泛应用。当时的工业控制，主要还是以继电器——接触器组成控制系统。

1968 年，美国最大的汽车制造商——通用汽车制造公司(GM)为适应汽车型号的不断翻新，试图寻找一种新型的工业控制器，以尽可能减少重新设计和更换继电器控制系统的硬件及接线、减少时间、降低成本。因而设想把计算机的完备功能、灵活及通用等优点和继电器控制系统的简单易懂、操作方便、价格便宜等优点结合起来，制成一种适合于工业环境的通用控制装置，并把计算机的编程方法和程序输入方式加以简化，用"面向控制过程，面向对象"的"自然语言"进行编程，使不熟悉计算机的人也能方便地使用。针对上述设想，通用汽车公司提出了这种新型控制器所必须具备的十大条件(有名的"GM10 条")：

(1)编程简单，可在现场修改程序；

(2)维护方便，最好是插件式；

(3)可靠性高于继电器控制柜；

(4)体积小于继电器控制柜；

(5)可将数据直接送入管理计算机；

(6)在成本上可与继电器控制柜竞争；

(7)输入可以是交流 115 V；

(8)输出可以是交流 115 V，2 A 以上，可直接驱动电磁阀；

(9)在扩展时，原有系统只需很小变更；

(10)用户程序存储器容量至少能扩展到 4KB。

1969 年，美国数字设备公司(GEC)首先研制成功第一台可编程序控制器，并在通用汽车公司的自动装配线上试用成功，从而开创了工业控制的新局面。接着，美国 MODICON 公司也开发出可编程序控制器 084。

1971 年，日本从美国引进了这项新技术，很快研制出了日本第一台可编程序控制器 DSC-8。1973 年，西欧国家也研制出了他们的第一台可编程序控制器。我国从 1974 年开始研制，1977 年开始工业应用。

早期的可编程序控制器是为取代继电器控制线路、存储程序指令、完成顺序控制而设计的。主要用于逻辑运算、计时、计数等顺序控制，均属开关量控制。所以，通常称为可编程序逻辑控制器（Programmable Logic Controller, PLC）。进入 20 世纪 70 年代，随着微电子技术的发展，PLC 采用了通用微处理器，这种控制器就不再局限于当初的逻辑运算了，功能不断增强。因此，实际上应称之为 PC——可编程序控制器。

至 20 世纪 80 年代，随着大规模和超大规模集成电路等微电子技术的发展，以 16 位和 32 位微处理器构成的微机化 PC 得到了惊人的发展，使 PC 在概念、设计、性能、价格以及应用等方面都有了新的突破。不仅控制功能增强，功耗和体积减小，成本下降，可靠性提高，编程和故障检测更为灵活方便，而且随着远程 I/O 和通信网络、数据处理以及图像显示的发展，使 PC 向用于连续生产过程控制的方向发展，成为实现工业生产自动化的一大支柱。

20 世纪末期，可编程控制器的发展特点是更加适应于现代工业的需要。从控制规模上来说，这个时期发展了大型机和超小型机；从控制能力上来说，诞生了各种各样的特殊功能单元，用于压力、温度、转速、位移等各式各样的控制场合；从产品的配套能力来说，生产了各种人机界面单元、通信单元，使应用可编程控制器的工业控制设备的配套更加容易。目前，可编程控制器在机械制造、石油化工、冶金钢铁、汽车、轻工业等领域的应用都得到了长足的发展。

从第一台 PLC 诞生至今，PLC 大致经历了 4 次更新换代。目前，以 16 位、32 位微处理器为核心的第四代 PLC 在冶金、化工、交通、电力等领域获得了广泛的应用，被称为现代工业自动化的三大支柱之一。

2. PLC 的定义

国际电工委员会（IEC）于 1982 年 11 月颁发了 PLC 标准草案第一稿，1985 年 1 月颁发了第二稿，1987 年 2 月颁发了第三稿。在草案中对 PLC 的定义如下："PLC 是一种数字运算操作的电子系统，专为在工业环境下应用而设计。它采用了可编程序的存储器，用来在其内部存储和执行逻辑运算、顺序控制、定时、计数器和算术运算等操作命令，并通过数字式和模拟式的输入和输出，控制各种类型的机械或生产过程。PLC 及其有关外部设备，都按易于与工业系统连成一个整体、易于扩充其功能的原则设计。"

可编程序控制器（Programable Controller）简写为 PC，但为了避免与个人计算机（Personal Computer）的简写 PC 相混淆，所以将可编程序控制器称为 PLC（Programmable Logic Controller）。可以看出，PLC 就是计算机家族中的一员，是一种主要应用于工业自动控制领域的微型计算机。几款常见的 PLC 外形如图 1-1 所示。

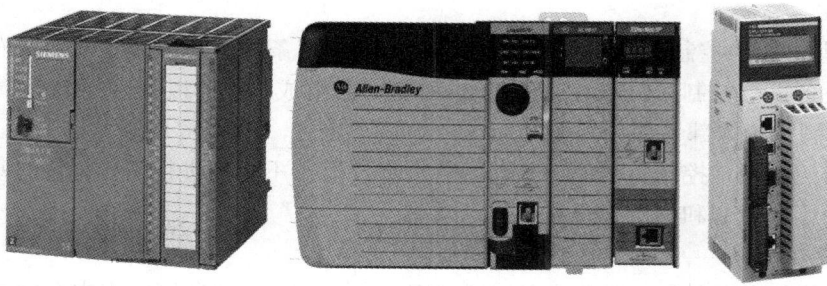

图 1-1　常见 PLC 外形图

1.1.2　PLC 的结构及特点

1. PLC 的结构

作为一种工业控制的计算机，PLC 和普通计算机有着相似的结构，但是由于使用场合、目的的不同，在结构上又有一些差别。PLC 硬件系统的基本结构如图 1-2 所示。

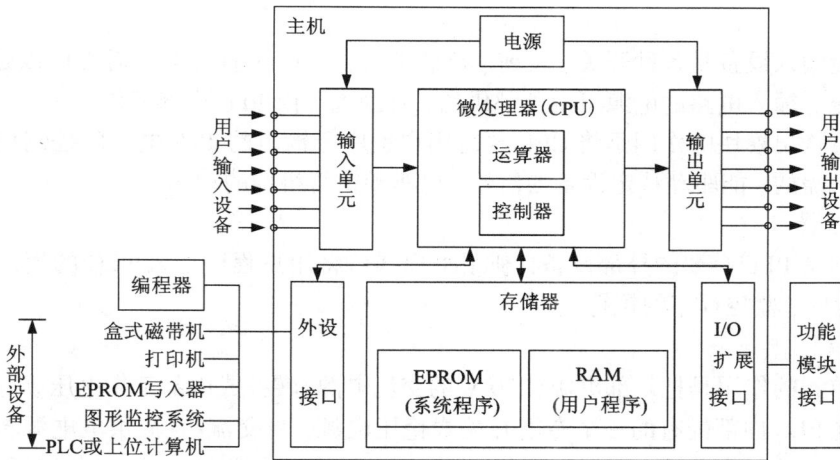

图 1-2　PLC 基本结构框图

PLC 的主机由 CPU、存储器(EPROM、RAM)、输入/输出单元、外设 I/O 接口、通信接口及电源组成。对于整体式 PLC，这些部件都在同一个机壳内。而对于模块式 PLC，各部件独立封装，称为模块，各模块通过机架和电缆连接在一起。主机内的各个部分均通过电源总线、控制总线、地址总线和数据总线连接，根据实际控制对象的需要配备一定的外部设备，构成不同的 PLC 控制系统。常用的外部设备有编程器、打印机、EPROM 写入器等。PLC 可以配置通信模块与上位机及其他的 PLC 进行通信，构成 PLC 的分布式控制系统。

下面分别介绍 PLC 的各组成部分及其作用，以便用户进一步了解 PLC 的控制原理和工作过程。

1）CPU

CPU 是 PLC 的控制中枢，PLC 在 CPU 的控制下有条不紊地协调工作，从而实现对现场的各个设备进行控制。CPU 由微处理器和控制器组成，它可以实现逻辑运算和数学运算，协调控制系统内部各部分的工作。

控制器的作用是控制整个微处理器的各个部件有条不紊地进行工作，它的基本功能就是从内存中读取指令和执行指令。

2）存储器

PLC 配有两种存储器，即系统存储器和用户存储器。系统存储器用来存放系统管理程序，并把它固化在 ROM 内，用户不能访问和修改这部分存储器的内容；存储器中的程序负责解释和编译用户编写的程序、监控 I/O 状态、对 PLC 进行自诊断、扫描 PLC 中的用户程序等。用户存储器用来存放编制的应用程序和工作数据状态。目前，大多数 PLC 采用可随时读写的快闪存储器（Flash）存放用户程序，它不需要后备电池，掉电时数据也不会丢失。存放工作数据状态的用户存储器部分也称为数据存储区，数据存储器属于随机存储器（RAM），它包括输入/输出数据映像区、定时器/计数器预置数和当前值的数据区及存放中间结果的缓冲区。

3）输入/输出（I/O）模块

PLC 的 I/O 模块是 PLC 与现场设备连接的端口，PLC 的输入/输出信号有开关量和模拟量。

开关量输入设备是各种开关、按钮、传感器等，PLC 的输入类型通常可以是直流、交流和交直流。输入电路的电源可由外部供给，有的也可由 PLC 内部提供。

开关量输出模块的作用是将 CPU 执行用户程序所输出的 TTL 电平的控制信号转化为生产现场所需的，能驱动特定设备的信号，以驱动执行机构的动作。

4）编程器

编程器是 PLC 重要的外部设备，利用编程器可将用户程序送入 PLC 的用户程序存储器，调试程序、监控程序的执行过程。

5）电源

电源单元的作用是把外部电源（220 V 的交流电源）转换成内部工作电压。外部连接的电源，通过 PLC 内部配有的一个专用开关式稳压电源，将交流/直流供电电源转化为 PLC 内部电路需要的工作电源（直流 5 V、±12 V、24 V），并为外部输入元件（如接近开关）提供 24 V 直流电源（仅供输入端点使用）。驱动 PLC 负载的电源由用户提供。

6）外设接口

外设接口电路用于连接手持编程器或其他图形编程器、文本显示器，并能通过外设接口组成 PLC 的控制网络。PLC 使用 PC/PPI 电缆或者 MPI 卡通过 RS-485 接口与计算机连接，可以实现编程、监控、联网等功能。

2. PLC 的工作原理

PLC 是采用"顺序扫描，不断循环"的方式进行工作的。在 PLC 运行时，CPU 根据用户按控制要求编制好并存于用户存储器中的程序，按指令步序号（或地址号）作周期性循环扫描，如无跳转指令，则从第一条指令开始逐条顺序执行用户程序，直至程序结束。然后重新返回第一条指令，开始下一轮新的扫描。在每次扫描过程中，还要完成对输入信号的采样和对输出状态的刷新等工作。

PLC 的一个扫描周期主要分三个阶段，即输入采样阶段、用户程序执行阶段和输出刷新阶段，如图 1-3 所示。

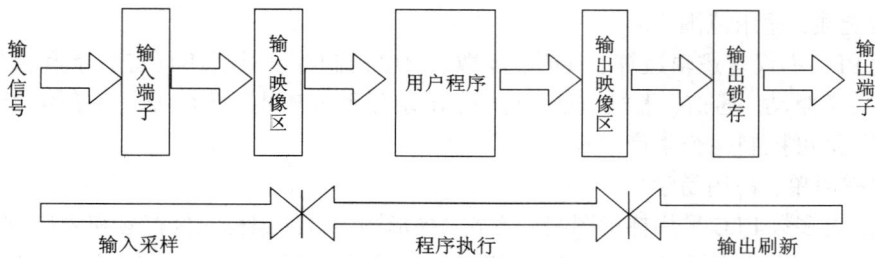

图 1-3　PLC 的工作过程

1）输入采样阶段

在输入采样阶段，PLC 以扫描方式依次读入所有输入状态和数据，并将它们存入 I/O 映像区中的相应单元内。输入采样结束后，转入用户程序执行和输出刷新阶段。在这两个阶段中，即使输入状态和数据发生变化，I/O 映像区中相应单元的状态和数据也不会改变。因此，如果输入的是脉冲信号，则该脉冲信号的宽度必须大于一个扫描周期，才能保证在任何情况下，该输入均能被读入。

2）用户程序执行阶段

在用户程序执行阶段，PLC 总是按由上而下的顺序依次扫描用户程序（梯形图）。在扫描每一条梯形图时，又总是先扫描梯形图左边由各触点构成的控制线路，并按先左后右、先上后下的顺序对由触点构成的控制线路进行逻辑运算；然后根据逻辑运算的结果，刷新该逻辑线圈在系统 RAM 存储区中对应位的状态，或者刷新该输出线圈在 I/O 映像区中对应位的状态，或者确定是否要执行该梯形图所规定的特殊功能指令。即在用户程序执行过程中，只有输入点在 I/O 映像区内的状态和数据不会发生变化，而其他输出点和软设备在 I/O 映像区或系统 RAM 存储区内的状态和数据都有可能发生变化，而且排在上面的梯形图，其程序执行结果会对排在下面的凡是用到这些线圈或数据的梯形图起作用；相反，排在下面的梯形图，其被刷新的逻辑线圈的状态或数据只能到下一个扫描周期才能对排在其上面的梯形图起作用。

3）输出刷新阶段

当用户程序扫描结束后，PLC 就进入输出刷新阶段。在此期间，CPU 按照 I/O 映像区内对应的状态和数据刷新所有的输出锁存电路，再经输出电路驱动相应的外设。这时，才是 PLC 的真正输出。

3. PLC 的特点

PLC 是一种专为工业应用而设计的控制器，有以下特点：

1）可靠性高，抗干扰能力强

为了适应工业应用要求，PLC 从硬件和软件方面采用了大量的技术措施，以便能在恶劣环境下长时间可靠运行，现在大多数 PLC 的平均无故障运行时间已达到几十万小时。

2）通用性强，控制程序可变，使用方便

PLC 可利用齐全的各种硬件装置来组成各种控制系统，用户不必自己再设计和制作硬件装置。用户在硬件确定以后，在生产工艺流程改变或生产设备更新的情况下，无须大量改变 PLC 的硬件设备，只需更改程序就可以满足要求。

3）功能强，适用范围广

现代 PLC 不仅有逻辑运算、计时、计数、顺序控制等功能，还具有数字和模拟量的输入输出、功率驱动、通信、人机对话、自检、记录显示等功能，既可控制一台生产机械、一条生产线，又可控制一个生产过程。

4）编程简单，易用易学

目前，大多数 PLC 采用梯形图编程方式，梯形图语言的编程元件符号和表达方式与继电器控制电路原理图相当接近，这样使大多数工厂企业电气技术人员非常容易接受和掌握。

5）系统设计、调试和维修方便

PLC 用软件来取代继电器控制系统中大量的中间继电器、时间继电器、计数器等器件使控制柜的设计安装接线工作量大为减少。另外，PLC 的用户程序可以通过电脑在实验室仿真调试，减少了现场的调试工作量。此外，由于 PLC 结构模块化及很强的自我诊断能力，使得对它的维修也极为方便。

1.1.3　PLC 的分类及应用

1. PLC 的分类

PLC 产品种类繁多，其规格和性能也各不相同。通常根据其结构形式的不同、功能的差异和 I/O 点数的多少等进行大致分类。

（1）根据 PLC 的结构形式，可将 PLC 分为整体式和模块式两类。

整体式 PLC 是将电源、CPU、I/O 接口等部件都集中装在一个机箱内，如图 1-4 所示，具有结构紧凑、体积小、价格低的特点。小型 PLC 一般采用这种整体式结构。整体式 PLC 由不同 I/O 点数的基本单元（又称主机）和扩展单元组成，基本单元内有 CPU、I/O 接口、与 I/O 扩展单元相连的扩展口以及与编程器或 EPROM 写入器相连的接口等；扩展单元内只有 I/O 和电源等，而没有 CPU。基本单元和扩展单元之间一般用扁平电缆连接。整体式 PLC 一般还可配备特殊功能单元，如模拟量单元、位置控制单元等，使其功能得以扩展。

图 1-4　整体式 PLC

模块式 PLC 将 PLC 的各组成部分分别做成若干个单独的模块，如 CPU 模块、I/O 模块、电源模块(有的含在 CPU 模块中)以及各种功能模块。模块式 PLC 由框架或基板和各种模块组成，模块装在框架或基板的插座上，如图 1-5 所示。这种模块式 PLC 的特点是配置灵活，可根据需要选配不同规模的系统，而且装配方便，便于扩展和维修。大、中型 PLC 一般采用模块式结构。

图 1-5   模块式 PLC

（2）根据 PLC 的功能不同，可将 PLC 分为低档、中档、高档三类。

低档 PLC 具有逻辑运算、定时、计数、移位以及自诊断、监控等基本功能，还可有少量模拟量输入/输出、算术运算、数据传送和比较及通信等功能，主要用于逻辑控制、顺序控制或少量模拟量控制的单机控制系统。

中档 PLC 除具有低档 PLC 的功能外，还具有较强的模拟量输入/输出、算术运算、数据传送和比较、数制转换、远程 I/O、子程序及通信联网等功能；有些还可增设中断控制、PID 控制等功能，适用于复杂的控制系统。

高档 PLC 除具有中档 PLC 的功能外，还增加了带符号算术运算、矩阵运算、位逻辑运算、平方根运算及其他特殊功能函数的运算、制表及表格传送功能等。高档 PLC 具有更强的通信联网功能，可用于大规模过程控制或构成分布式网络控制系统，实现工厂自动化。

（3）根据 PLC 的 I/O 点数多少，可将 PLC 分为小型、中型和大型三类。

小型 PLC 的 I/O 点数小于 256，具有单 CPU 及 8 位或 16 位处理器，用户存储器容量为 4KB 以下。例如：三菱 FX0S 系列。

中型 PLC 的 I/O 点数在 256~2048，具有双 CPU，用户存储器容量为 2~8KB。

大型 PLC 的 I/O 点数大于 2048，具有多 CPU 及 16 位或 32 位处理器，用户存储器容量为 8~16KB。

世界上，PLC 产品可按地域分成三大流派，一个流派是美国产品，一个流派是欧洲产品，一个流派是日本产品。美国和欧洲的 PLC 技术是在相互隔离情况下独立研究开发的，因此美国和欧洲的 PLC 产品有明显的差异性。而日本的 PLC 技术是由美国引进的，对美国的 PLC 产品有一定的继承性，但日本的主推产品定位在小型 PLC 上。美国和欧洲以大中型 PLC 而闻名，而日本则以小型 PLC 著称。

2. PLC 的应用

目前，PLC 在国内外已广泛应用于钢铁、石油、化工、电力、建材、机械制造、汽车、轻纺、交通运输、环保及文化娱乐等各个行业，使用情况大致可归纳为如下几类。

1）开关量的逻辑控制

这是 PLC 最基本也是最广泛的应用领域，它取代了传统的继电器电路，实现逻辑控制、顺序控制；既可用于单台设备的控制，也可用于多机群控及自动化流水线，如注塑机、印刷机、订书机械、组合机床、磨床、包装生产线及电镀流水线等。

2）模拟量控制

在工业生产过程当中，有许多连续变化的量，如温度、压力、流量、液位和速度等都是模拟量。为了使 PLC 处理模拟量，必须实现模拟量和数字量之间的 A/D 转换及 D/A 转换。PLC 厂家都生产配套的 A/D 和 D/A 转换模块，使 PLC 用于模拟量控制。

3）运动控制

PLC 可以用于圆周运动或直线运动的控制。从控制机构配置来说，早期直接用开关量 I/O 模块连接位置传感器和执行机构，现在一般使用专用的运动控制模块，可驱动步进电机或伺服电机的单轴或多轴位置控制模块。世界上各主要 PLC 生产厂家的产品几乎都具有运动控制功能，广泛用于各种机械、机床、机器人、电梯等场合。

4）过程控制

过程控制是指对温度、压力、流量等模拟量的闭环控制，在冶金、化工、热处理、锅炉控制等场合有非常广泛的应用。作为工业控制计算机，PLC 能编制各种各样的控制算法程序，完成闭环控制。PID 调节是一般闭环控制系统中用得较多的调节方法，大中型 PLC 都有 PID 模块，目前许多小型 PLC 也具有此功能模块。PID 处理一般是运行专用的 PID 子程序。

5）数据处理

现代 PLC 具有数学运算（含矩阵运算、函数运算、逻辑运算）、数据传送、数据转换、排序、查表及位操作等功能，可以完成数据的采集、分析及处理。这些数据可以与存储在存储器中的参考值进行比较，进而完成一定的控制操作；也可以利用通信功能传送到别的智能装置，或将它们打印制表。数据处理一般用于大型控制系统，如无人控制的柔性制造系统；也可用于过程控制系统，如造纸、冶金、食品工业中的一些大型控制系统。

6）通信及联网

PLC 通信含 PLC 间的通信及 PLC 与其他智能设备间的通信。随着计算机控制技术的发展，工厂自动化网络发展得很快，各 PLC 生产厂商都十分重视 PLC 的通信功能，纷纷推出各自的网络系统。新近生产的 PLC 都具有通信接口，通信非常方便。

任务 2　S7-1200 PLC 硬件

西门子控制器系列是一个完整的产品组合，包括从高性能可编程逻辑控制器的书本型迷你控制器 LOGO! 到基于 PC 的控制器。S7-1200 是西门子公司的新一代小型 PLC，代表了下一代 PLC 的发展方向。S7-1200 PLC 在西门子 PLC 产品中的定位如图 1-6 所示。

S7-1200 控制器使用灵活、功能强大，可用于控制各种各样的设备以满足自动化需求。S7-1200 设计紧凑、组态灵活，具有集成 PROFINET 接口、强大的集成工艺功能和灵活的可扩展性等特点，这些特点的组合使它成为控制各种应用的完美解决方案。

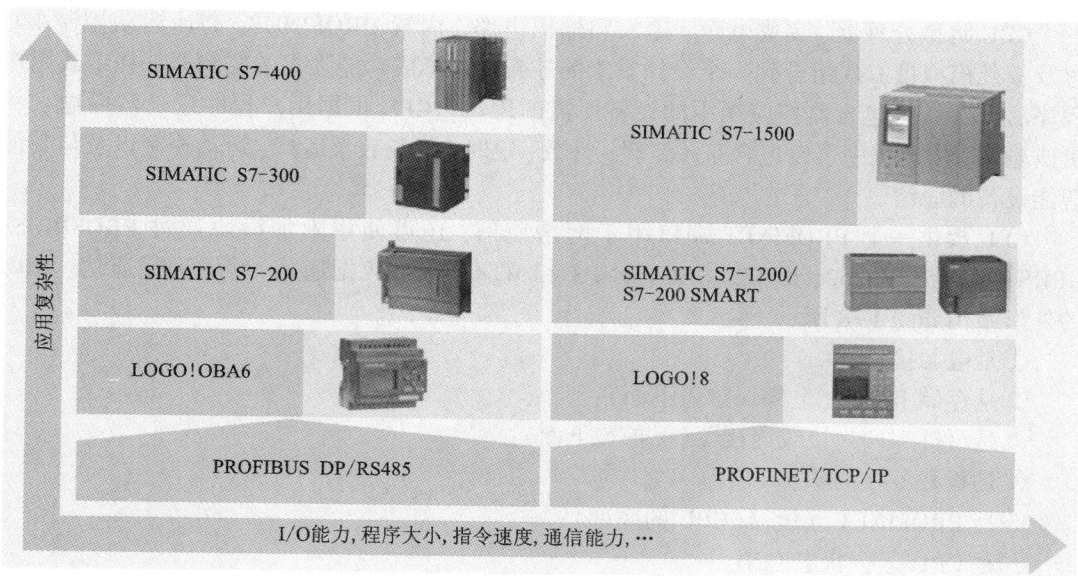

图1-6　西门子PLC的产品定位

1.2.1　S7-1200 PLC硬件组成

S7-1200 PLC的硬件主要由CPU模块、信号板(SB)、信号模块(SM)、通信模块(CM)组成，如图1-7所示。

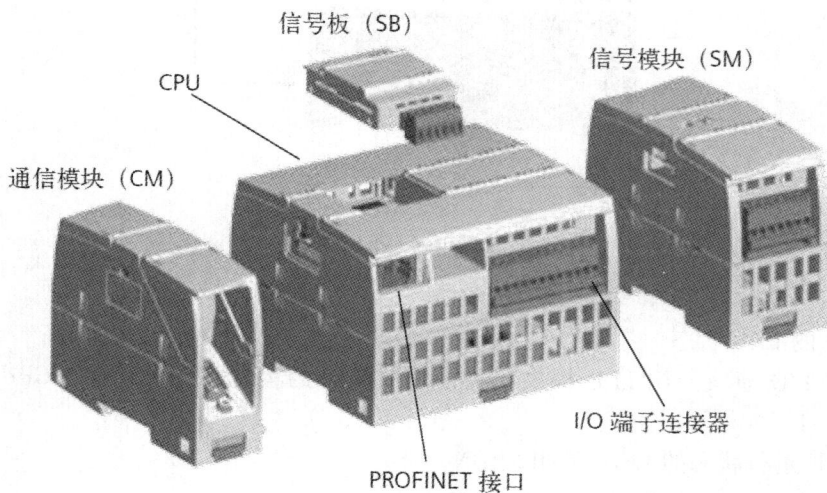

图1-7　S7-1200硬件

1. CPU 模块

CPU 将微处理器、集成电源、输入和输出电路、内置 PROFINET、高速运动控制 I/O 以及板载模拟量 I/O 组合到一个设计紧凑的外壳中来形成功能强大的控制器。在下载用户程序后，CPU 将包含监控应用中的设备所需的逻辑。CPU 根据用户程序逻辑监视输入并更改输出，用户程序可以包含布尔逻辑、计数、定时、复杂数学运算、运动控制以及与其他智能设备的通信。

CPU 提供一个 PROFINET 端口用于网络通信，还可使用附加模块通过 PROFIBUS、GPRS、RS485、RS232、RS422、IEC、DNP3 和 WDC(宽带数据通信)网络进行通信。CPU 的外形结构如图 1-8 所示。

①是电源接口；

②是存储卡插槽(上部保护盖下面)；

③是可拆卸用户接线连接器(保护盖下面)；

④是板载 I/O 的状态 LED；

⑤是 PROFINET 连接器(CPU 的底部)；

⑥是 CPU 运行状态 LED。

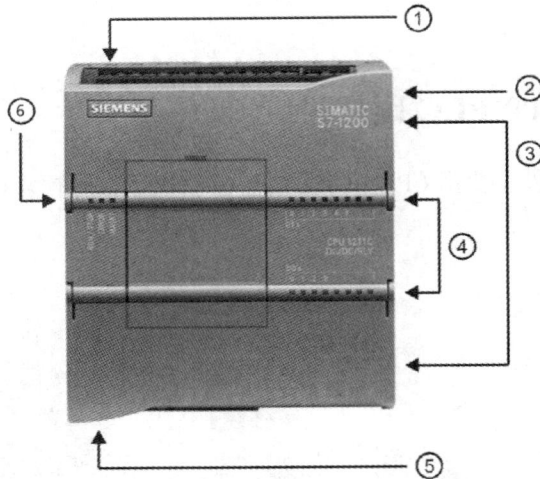

图 1-8　CPU 外形结构图

1) CPU 的 LED 状态

CPU 和 I/O 模块使用 LED 提供有关模块或 I/O 的运行状态的信息。CPU 上的状态 LED 见表 1-1。

(1) CPU 运行状态的 LED(STOP/RUN)。

• 黄色常亮指示 STOP 模式；

• 纯绿色指示 RUN 模式；

• 闪烁(绿色和黄色交替)指示 CPU 处于 STARTUP 模式；

• 红色闪烁指示有错误(ERROR)，例如：CPU 内部错误、存储卡错误或组态错误(模

块不匹配);

•故障状态:纯红色指示硬件出现故障;如果固件中检测到故障,则所有 LED 闪烁。

表 1-1　CPU 上的状态 LED

说明	STOP/RUN 黄色/绿色	ERROR 红色	MAINT 黄色
断电	灭	灭	灭
启动、自检或固件更新	闪烁 (黄色和绿色交替)	—	灭
停止模式	亮(黄色)	—	—
运行模式	亮(绿色)	—	—
取出存储卡	亮(黄色)	—	闪烁
错误	亮(黄色或绿色)	闪烁	—
请求维护 ·强制 I/O ·需要更换电池(如果安装了电池板)	亮(黄色或绿色)	—	亮
硬件出现故障	亮(黄色)	亮	灭
LED 测试或 CPU 固件出现故障	闪烁(黄色和绿色交替)	闪烁	闪烁
CPU 组态版本未知或不兼容	亮(黄色)	闪烁	闪烁

(2)PROFINET 通信状态的 LED。

CPU 还提供了两个可指示 PROFINET 通信状态的 LED,打开底部端子块的盖子可以看到 PROFINET LED。

•Link(绿色)点亮指示连接成功;
•Rx/Tx(黄色)点亮指示传输活动。

(3)I/O 状态的 LED。

CPU 和各数字量信号模块(SM)为每个数字量输入和输出提供了 I/O Channel LED。I/O Channel(绿色)通过点亮或熄灭来指示各输入或输出的状态。

(4)出现致命错误之后的 S7-1200 特性。

CPU 固件在检测到致命错误时会尝试故障模式重新启动,如果重新启动成功,CPU 会通过持续闪烁 STOP/RUN、ERROR 和 MAINT LED 发出信号来指示故障模式。不能在故障模式重新启动后装载用户程序和硬件配置。

如果 CPU 成功完成故障模式重新启动,CPU 和信号板输出会设置为 0,中央机架信号模块和分布式 I/O 的输出会设置为组态的"对 CPU STOP 的响应"。如果故障模式重新启动失败(例如,由于硬件故障),则 STOP 和 ERROR LED 亮起,MAINT LED 熄灭。

故障状态下无法保证正常运行,控制设备在不安全情况下运行时可能会出现故障,从而导致受控设备的意外运行。这种意外运行可能会导致人员死亡、重伤和/或设备损坏,应使用紧急停止功能、机电超控功能或其他独立于 PLC 的冗余安全功能。

2）CPU 的技术性能

S7-1200 PLC 目前有 8 个中型号 CPU 模块，CPU1211C、CPU1212C、CPU1212FC、CPU1214C、CPU1214FC、CPU1215C、CPU1215FC、CPU1217C，如图 1-9 所示。

图 1-9　S7-1200CPU 外形图

不同型号的 CPU 性能也不一样，表 1-2 给出了各型号 CPU 的性能指标。

表 1-2　S7-1200 CPU 性能指标

型号	CPU 1211C	CPU 1212C	CPU 1212FC	CPU 1214C	CPU 1214FC	CPU 1215C	CPU 1215FC	CPU 1217C
标准 CPU	DC/DC/DC，AC/DC/RLY，DC/DC/RLY							DC/DC/DC
故障安全 CPU	—		DC/DC/DC，DC/DC/RLY					—
物理尺寸（mm×mm×mm）	90×100×75			110×100×75		130×100×75		150×100×75
用户存储器 ●工作存储器 ●装载存储器 ●保持性存储器	●50 KB ●1 MB ●10 KB	●75 KB ●2 MB ●10 KB	●100 KB ●2 MB ●10 KB	●100 KB ●4 MB ●10 KB	●125 KB ●4 MB ●10 KB	●125 KB ●4 MB ●10 KB	●150 KB ●4 MB ●10 KB	●150 KB ●4 MB ●10 KB
本体集成 I/O ●数字量 ●模拟量	●6 点输入/4 点输出 ●2 路输入	●8 点输入/6 点输出 ●2 路输入		●14 点输入/10 点输出 ●2 路输入		●14 点输入/10 点输出 ●2 路输入/2 路输出		
过程映像大小	1024 字节输入（I）和 1024 字节输出（Q）							
位存储器（M）	4096 个字节			8192 个字节				
信号模块扩展	无	2		8				
信号板	1							
最大本地 I/O-数字量	14	82		284				
最大本地 I/O-模拟量	3	19		67		69		
通信模块	3（左侧扩展）							

续表1-2

型号		CPU 1211C	CPU 1212C	CPU 1212FC	CPU 1214C	CPU 1214FC	CPU 1215C	CPU 1215FC	CPU 1217C
高速计数器	总计	最多可组态 6 个使用任意内置输入或 SB 输入的高速计数器							
	差分 1 MHz	—							Ib. 2 到 Ib. 5
	100/80 kHz	Ia. 0 到 Ia. 5							
	30/20 kHz	—	Ia. 6 到 Ia. 7		Ia. 6 到 Ib. 5		Ia. 6 到 Ib. 1		
		使用 SB 1223 DI 2×24 V DC, DQ 2×24 V DC 时可达 30/20 kHz							
	200/160 kHz	使用 SB 1221 DI 4×24 V DC, 200 kHz; SB 1221 DI 4×5 V DC, 200 kHz; SB 1223 DI 2×24 V DC/DQ 2×24 V DC, 200 kHz; SB 1223 DI 2×5 V DC/DQ 2×5 V DC, 200 kHz 时最高可达 200/160 kHz							
脉冲输出	总计	最多可组态 4 个使用 DC/DC/DC CPU 任意内置输出或 SB 输出的脉冲输出							
	差分 1 MHz	—					Qa. 0 到 Qa. 3		
	100 kHz	Qa. 0 到 Qa. 3					Qa. 4 到 Qb. 1		
	20 kHz	—	Qa. 4 到 Qa. 5		Qa. 4 到 Qb. 1		—		
		使用 SB 1223 DI 2×24 V DC, DQ 2×24 V DC 时可达 20 kHz							
	200 kHz	使用 SB 1222 DQ 4×24 V DC, 200 kHz; SB 1222 DQ 4×5 V DC, 200 kHz; SB 1223 DI 2×24 V DC/DQ 2×24 V DC, 200 kHz; SB 1223 DI 2×5 V DC/DQ 2×5 V DC, 200 kHz 时最高可达 200 kHz							
存储卡		SIMATIC 存储卡(选件)							
实时时钟保持时间		通常为 20 天, 40℃时最少 12 天							
PROFINET		1 个以太网通信端口, 支持 PROFINET 通信					2 个以太网端口, 支持 PROFINET 通信		
实数数学运算执行速度		2.3μs/指令							
布尔运算执行速度		0.08μs/指令							

除了 CPU1217C 以外，其他型号的 CPU 根据其电源输入、输入信号和输出信号可分为 DC/DC/DC、DC/DC/RLY、AC/DC/RLY 三个版本，其中 DC 表示直流、AC 表示交流、RLY（Relay）表示继电器，如表 1-3 所示。

表 1-3　S7-1200 CPU 版本

版本	电源电压	DI 输入电压	DO 输出电压	DO 输出电流
DC/DC/DC	DC 24V	DC 24V	DC 24V	0.5A, MOSFET
DC/DC/RLY	DC 24V	DC 24V	DC 5~30 V, AC 5~250 V	2 A, DC 30W/AC 200W
AC/DC/RLY	AC 85~264V	DC 24V	DC 5~30 V, AC 5~250 V	2 A, DC 30W/AC 200W

2. 信号板和信号模块

1）信号板 SB

S7-1200 PLC 的信号板可以连接至所有的 CPU，信号板直接插入 CPU 正面的插槽内，如图 1-10 所示。信号板可以在不增加安装空间和 CPU 体积的前提下，扩展控制器的数字量输入/输出、模拟量输入/输出、通信等，信号板的类型如表 1-4 所示。

表 1-4　S7-1200 PLC 信号板

SB 1221 DC 200kHZ	SB 1222 DC 200kHZ	SB 1223 DC/DC 200kHZ	SB 1231	SB 1232
DI 4×24V DC	DQ 4×24V DC	DI 2×24V DC/ DQ 2×24V DC	AI 1×12BIT 2.5V、5V、10V、0~20mA	AQ 1×12BIT ±10V DC/0~20 mA
DI 4×5V DC	DQ 4×5V DC	DI 2×5V DC / DQ 2×5V DC	AI 1×RTD	
			AI 1×TC	

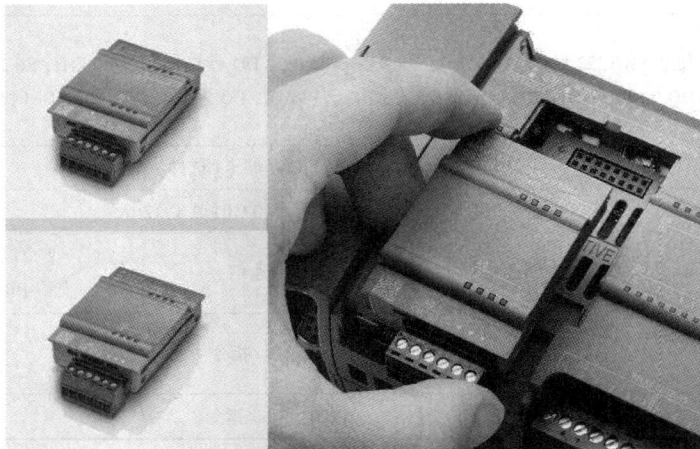

图 1-10　信号板

2）信号模块 SM

相对信号板来说，信号模块可以为 CPU 系统扩展更多的 I/O 点数，S7-1200 PLC 提供多种信号模块可连接到 CPU，以支持更多的数字量输入/输出、模拟量输入/输出。各模块的外形如图 1-11 所示。

信号模块 SM 使用 LED 提供有关模块或 I/O 的运行状态的信息，SM 上的状态 LED 见表 1-4。

（1）数字量 SM 提供了指示模块状态的 DIAG LED：

● 绿色指示模块处于运行状态；

● 红色指示模块有故障或处于非运行状态。

(a) SM 1223 DC/DC   (b) SM 1222 RLY   (c) SM 1231 AI   (d) SM 1234 AI/AQ

图 1-11 信号模板外形

（2）模拟量 SM 为各路模拟量输入和输出提供了 I/O Channel LED：

● 绿色指示通道已组态且处于激活状态；

● 红色指示个别模拟量输入或输出处于错误状态。

（3）模拟量 SM 还提供有指示模块状态的 DIAG LED：

● 绿色指示模块处于运行状态；

● 红色指示模块有故障或处于非运行状态。

（4）SM 可检测模块的通断电情况（必要时，还可检测现场侧电源）。

表 1-4　信号模块 SM 状态 LED

说明	DIAG（红色/绿色）	I/O Channel（红色/绿色）
现场侧电压关闭	呈红色闪烁	呈红色闪烁
没有组态获更新进行中	呈绿色闪烁	灭
模块已组态且没有错误	亮（绿色）	亮（绿色）
错误状态	呈红色闪烁	—
I/O 错误（启用诊断时）	—	呈红色闪烁
I/O 错误（禁用诊断时）	—	亮（绿色）

3. 集成的通信接口和通信模块

1）集成的通信接口

集成的 PROFINET 接口，如图 1-12 所示，用于编程、HMI 通信和 PLC 间的通信。此外它还通过开放的以太网协议支持与第三方设备的通信。该接口带一个具有自动交叉网线（auto-cross-over）功能的 RJ45 连接器，提供 10/100 Mbit/s 的数据传输速率，支持以下协议：TCP/IP native、ISO-on-TCP、S7、UDP、Modbus TCP、Profinet IO、OPC UA 通信等。

集成的 PROFINET 接口最大的连接数为 68，具体如下：

● 12 个连接用于 HMI 与 CPU 的通信；

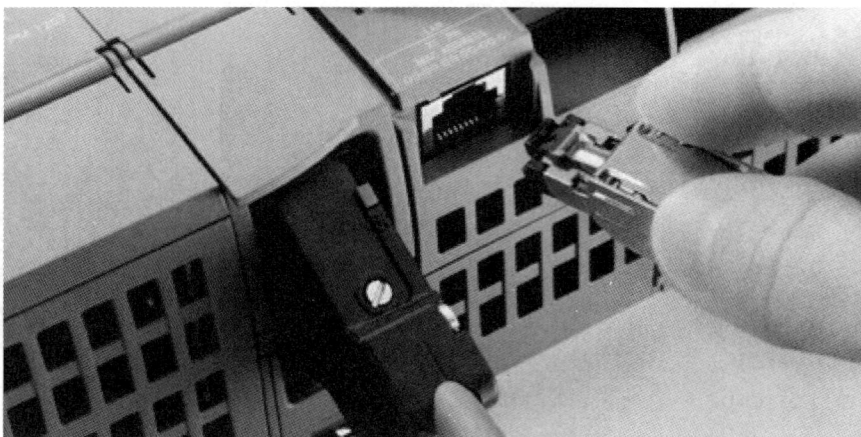

图 1-12 CPU 集成的 PROFINET 接口

• 4 个连接用于编程设备(PG)与 CPU 的通信, 但只能连接一个编程设备(PG);

• 8 个连接用于 Open IE(TCP, ISO-on-TCP、UDP、Modbus TCP)的编程通信, 使用 T-block 指令来实现, 可用于 S7-1200 之间的通信, S7-1200 与 S7-300/400/1500 的通信;

• 8 个连接用于 S7 通信的客户端连接, 可以实现与 S7-1200, S7-300/400/1500 的以太网 S7 通信;

• 30 个连接用于与 Web 浏览器的连接;

• 6 个动态资源, 可用于连接 OPC UA 的客户端, 用于 S7 通信的服务器或者其他连接。

作为 PROFINET I/O 控制器可连接最多 16 个 I/O 设备通信, 例如 ET200SP、V90PN、智能设备等。

2)通信模块

S7-1200 CPU 最多可以添加三个通信模块, 支持 PROFIBUS 主从站通信。RS485 和 RS232 通信模块为点对点的串行通信提供连接及 I/O 连接主站。通信模块对该通信的组态和编程采用了扩展指令或库功能、USS 驱动协议、Modbus RTU 主站和从站协议, 它们都包含在 SIMATIC STEP7 工程组态系统中。

(1)新的通信处理器 CP1242-7 可以通过简单 HUB(集线器)、移动电话网络或 Internet (互联网)同时监视和控制分布式的 S7-1200 单元。

(2)CM1241 通信模块用于执行强大的点对点高速串行通信, 执行协议 ASCII、USS drive protocol、Modbus RTU。

(3)紧凑型交换机模块 CSM1277 能够以线型、树型或星型拓扑结构, 将 SIMATIC S7-1200 连接到工业以太网。

(4)CM1243-5 PROFIBUS DP 主站模块通过使用 PROFIBUS DP 主站通信模块 CM 1243-5 和下列设备通信:

• 其他 CPU;

• 编程设备;

• 人机界面;

- PROFIBUS DP 从站设备(例如 ET 200 和 SINAMICS)。

(5)CM1242-5 PROFIBUS DP 从站模块通过使用 PROFIBUS DP 从站通信模块 CM 1242-5 可以与任何 PROFIBUS DP 主站设备通信。

(6)CP1242-7 GPRS 模块通过使用 GPRS 通信处理器 CP1242-7 可以与下列设备远程通信:

- 中央控制站;
- 其他的远程站;
- 移动设备(SMS 短消息);
- 编程设备(远程服务);
- 使用开放用户通信(UDP)的其他通信设备。

(7)CP1243-1 以太网通信通过使用以太网通信处理器 CP1243-1 可以实现以下通信:

- 与其他 SIMATIC 站 S7 通信;
- PG 通信;
- HMI 通信;
- 通过开放式用户通信与其他设备通信;
- 发送邮件服务;
- 通过 Internet 与 TCSB、DNP3 主站、IEC 主站、SINEMA Remote Connect 等系统通信。

1.2.2　S7-1200 PLC 安装与拆卸

所有的 SIMATIC S7-1200 硬件都具有内置安装夹,能够方便地安装在一个标准的 35mmDIN 导轨上。这些内置的安装夹可以咬合到某个伸出位置,以便在需要进行背板悬挂安装时提供安装孔。SIMATIC S7-1200 硬件可进行竖直安装或水平安装。这些特性为用户安装 PLC 提供了最大的灵活性,同时也使得 SIMATIC S7-1200 成为众多应用场合的理想选择。

所有的 SIMATIC S7-1200 硬件都配备了可拆卸的端子板。因此只需要进行一次接线即可,从而在项目的启动和调试阶段节省了宝贵的时间。除此之外,它还简化了硬件组件的更换过程。

所有的 SIMATIC S7-1200 硬件在设计时都力求紧凑,以节省在控制柜中安装时占用的空间。例如,CPU 1215C 的宽度仅有 130 mm,CPU 1214C 的宽度仅有 110 mm,CPU 1212C 和 CPU 1211C 的宽度也仅有 90 mm。通信模块和信号模块的体积也十分小巧,使得这个紧凑的模块化系统大大节省了空间,从而在安装过程中为您提供了最高的效率和灵活性。S7-1200 硬件具体的外形结构尺寸如图 1-13 所示。

1. S7-1200 设备安装准则

S7-1200 设备设计得易于安装。可以将 S7-1200 安装在面板或标准导轨上,并且可以水平或垂直安装 S7-1200。S7-1200 尺寸较小,用户可以有效地利用空间,规划安装时,务必注意以下指导原则:

(1)将设备与热辐射、高压电和电噪声隔离开。

(2)留出足够的空隙以便冷却和接线。

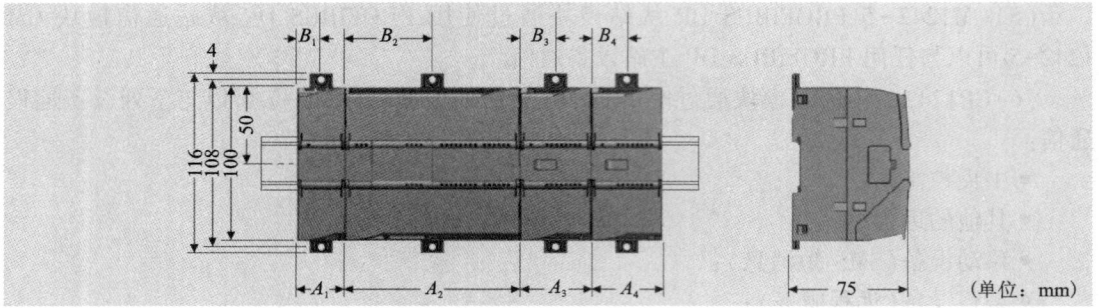

图 1-13　S7 1200 外形结构尺寸

S7-1200 被设计成通过自然对流冷却。为保证适当冷却，在设备上方和下方必须留出至少 25 mm 的空隙。此外，模块前端与机柜内壁间至少应留出 25 mm 的深度；对于纵向安装，允许的最大环境温度将降低 10℃，同时需要调整垂直安装的 S7-1200 系统的方位，如图 1-14 所示。

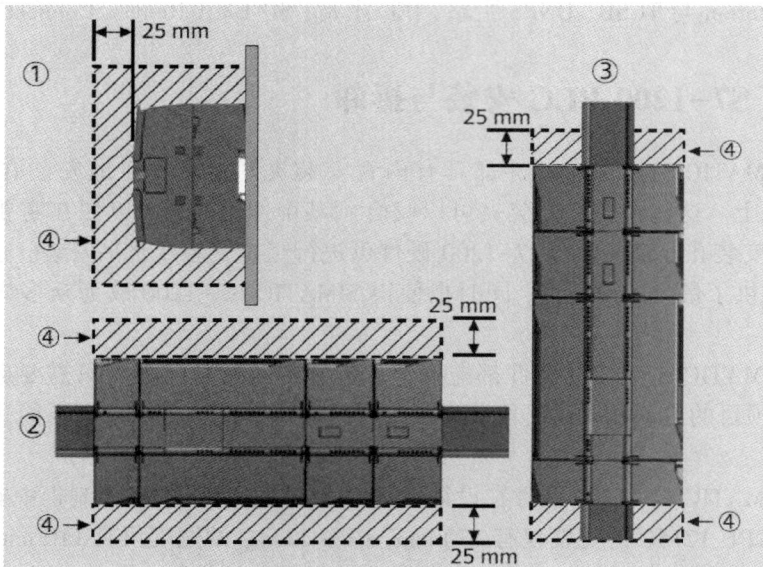

图 1-14　S7 1200 安装空隙要求
①侧视图；②水平安装；③垂直安装；④空隙区域

2. 安装和拆卸步骤

在安装或拆卸任何电气设备之前，请确保已关闭相应设备的电源。同时，还要确保已关闭所有相关设备的电源。

1）安装和拆卸 CPU

CPU 可以很方便地安装到标准 DIN 导轨或面板上。可使用 DIN 导轨卡夹将设备固定到 DIN 导轨上，这些卡夹还能掰到一个伸出位置以提供设备面板安装时所用的螺钉安装位置，如图 1-15 所示。

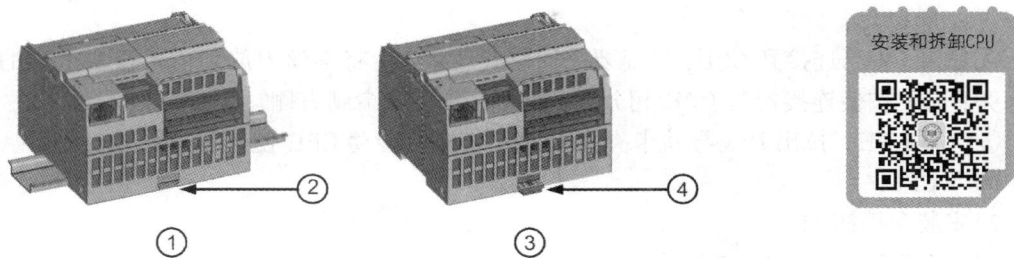

图 1-15　CPU 安装
①DIN 安装导轨；②DIN 导轨卡夹处于锁紧位置；
③面板安装；④卡夹处于伸出位置用于面板安装

(1)将 CPU 安装在 DIN 导轨上：
①安装 DIN 导轨。每隔 75 mm 将导轨固定到安装板上。
②确保 CPU 和所有 S7-1200 设备都与电源断开。
③将 CPU 挂到 DIN 导轨上方。
④拉出 CPU 下方的 DIN 导轨卡夹以便能将 CPU 安装到导轨上。
⑤向下转动 CPU 使其在导轨上就位。
⑥推入卡夹将 CPU 锁定到导轨上。
(2)将 CPU 从 DIN 导轨上卸下，如图 1-16 所示：

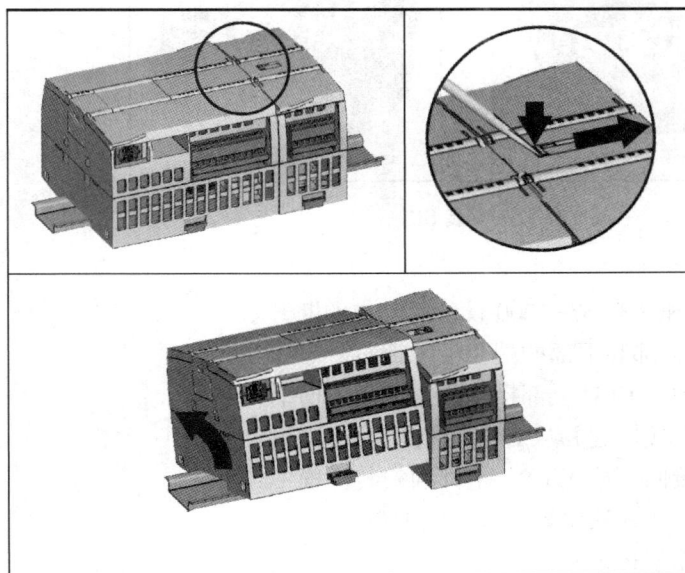

图 1-16　拆卸 CPU

①确保 CPU 和所有 S7-1200 设备都与电源断开。

②从 CPU 断开 I/O 连接器、接线和电缆。

③将 CPU 和所有相连的通信模块作为一个完整单元拆卸。所有信号模块应保持安装状态。

④如果 SM 已连接到 CPU，则需要缩回总线连接器：将螺丝刀放到信号模块上方的小接头旁；向下按使连接器与 CPU 相分离；将小接头完全滑到右侧。

⑤卸下 CPU。拉出 DIN 导轨卡夹松开 CPU；向上转动 CPU 使其脱离导轨，然后从系统中卸下 CPU。

2）安装和拆卸 SB

（1）安装 SB，如图 1-17 所示：

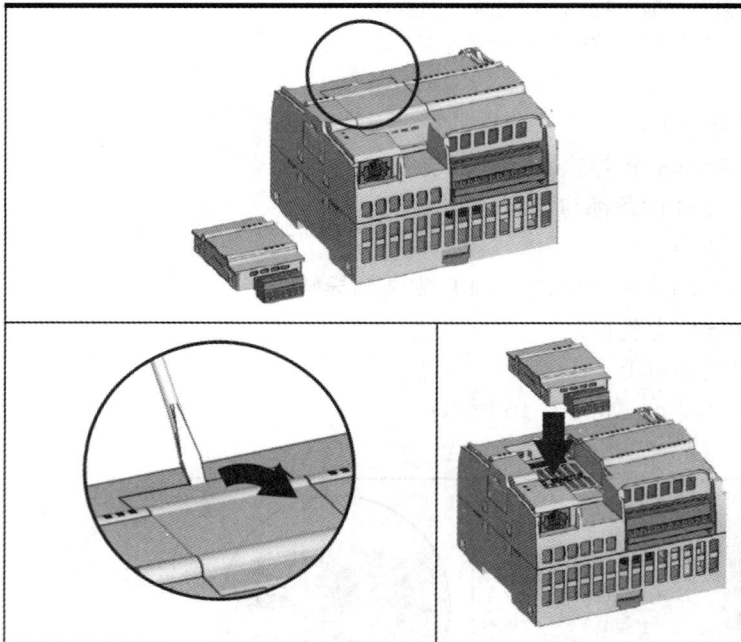

安装和拆卸SB

图 1-17　安装 SB

①确保 CPU 和所有 S7-1200 设备都与电源断开。

②卸下 CPU 上部和下部的端子板盖板。

③将螺丝刀插入 CPU 上部接线盒盖背面的槽中。

④轻轻将盖直接撬起并从 CPU 上卸下。

⑤将模块直接向下放入 CPU 上部的安装位置中。

⑥用力将模块压入该位置直到卡入就位。

⑦重新装上端子板盖子。

（2）拆卸 SB，如图 1-18 所示：

①确保 CPU 和所有 S7-1200 设备都与电源断开。

②卸下 CPU 上部和下部的端子板盖板。

③用螺丝刀轻轻分离并卸下信号板连接器(如已安装)。

④将螺丝刀插入模块上部的槽中。

⑤轻轻将模块撬起使其与 CPU 分离。

⑥不使用螺丝刀,将模块直接从 CPU 上部的安装位置中取出。

⑦将盖板重新装到 CPU 上。

⑧重新装上端子板盖子。

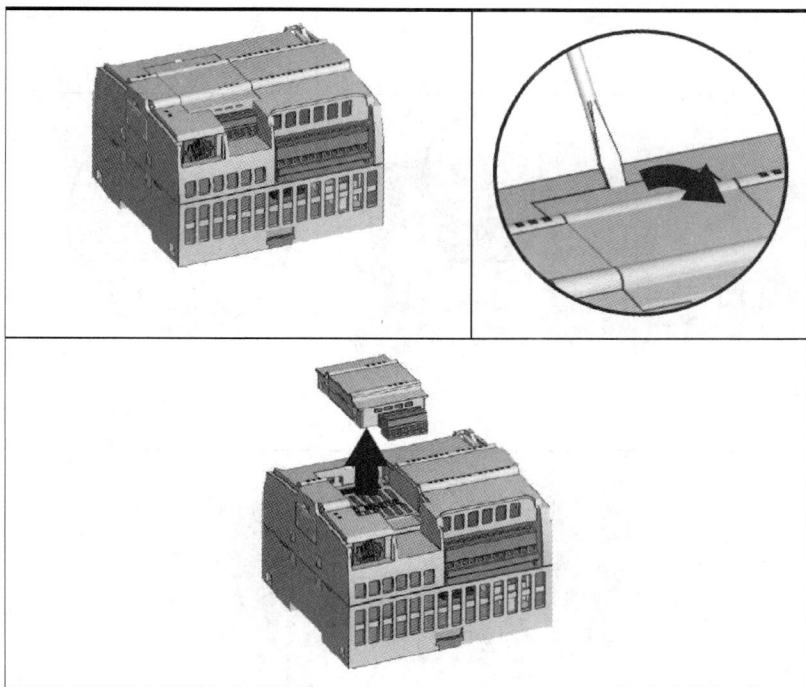

图 1-18　拆卸 SB

3)安装和拆卸 SM

(1)安装 SM(在安装 CPU 之后安装 SM),如图 1-19 所示:

①确保 CPU 和所有 S7-1200 设备都与电源断开。

②卸下 CPU 右侧的连接器盖:将螺丝刀插入盖上方的插槽中,轻轻
撬出盖并卸下盖;收好盖以备再次使用。

③将 SM 连接到 CPU:将 SM 放在 CPU 旁边并挂到 DIN 导轨上方,拉
出下方的 DIN 导轨卡夹,向下转动 SM 使其就位并推入下方的卡夹将 SM 锁定到导轨上。

④伸出总线连接器,为 SM 建立起机械和电气连接:将螺丝刀放到 SM 上方的小接头
旁;将小接头滑到最左侧,使总线连接器伸到 CPU 中。

(2)卸下 SM(可以在不卸下 CPU 或其他 SM 处于原位时卸下任何 SM),如图 1-20
所示:

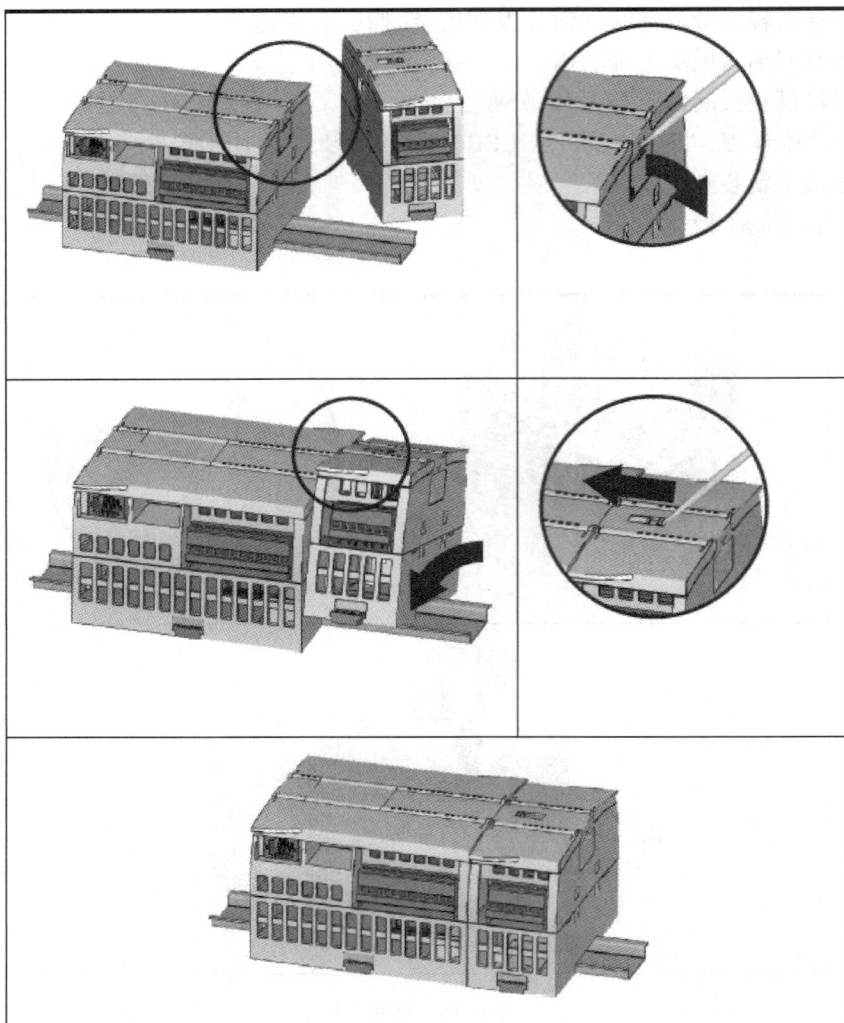

图 1-19　安装 SM

①确保 CPU 和所有 S7-1200 设备都与电源断开。

②将 I/O 连接器和接线从 SM 上卸下。

③缩回总线连接器：将螺丝刀放到 SM 上方的小接头旁；向下按使总线连接器与 CPU 相分离；将小接头完全滑到右侧。

④卸下 SM：拉出下方的 DIN 导轨卡夹从导轨上松开 SM；向上转动 SM 使其脱离导轨，从系统中卸下 SM。

⑤如有必要，用盖子盖上 CPU 的总线连接器以避免污染。

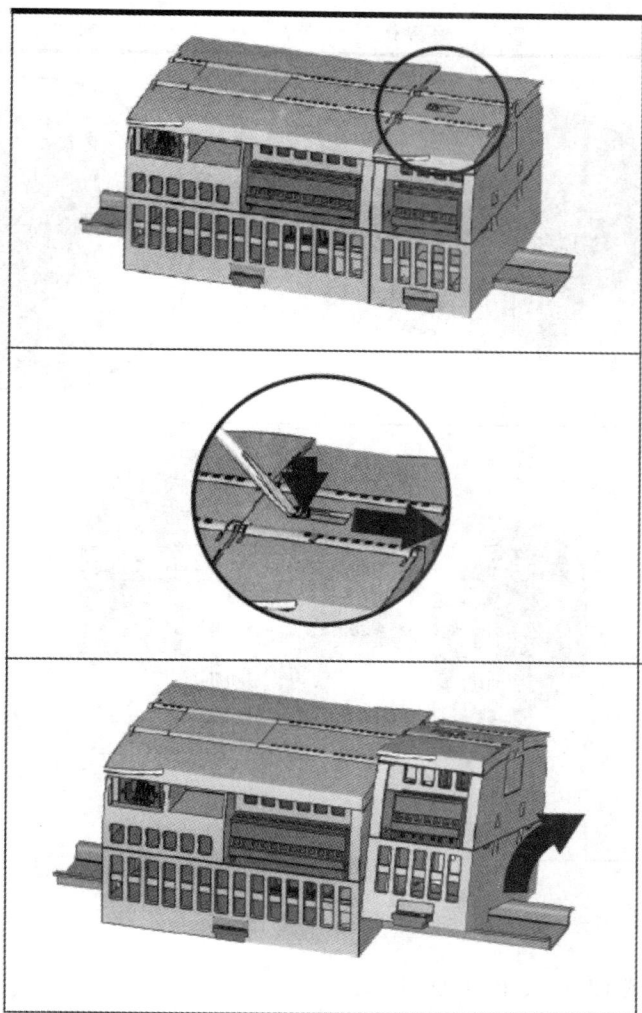

图 1-20 拆卸 SM

4）安装和拆卸 CM（或 CP）

（1）安装 CM（或 CP），如图 1-21 所示：

将 CM（或 CP）连接到 CPU 上，然后再将整个组件作为一个单元安装到 DIN 导轨或面板上。

①确保 CPU 和所有 S7-1200 设备都与电源断开。

②卸下 CPU 左侧的总线盖：将螺丝刀插入总线盖上方的插槽中；轻轻撬出上方的盖。

③卸下总线盖（收好盖以备再次使用）。

④将 CM（或 CP）连接到 CPU 上：使 CM（或 CP）的总线连接器和接线柱与 CPU 上的孔对齐；用力将两个单元压在一起直到接线柱卡入到位。

⑤将 CPU 和 CM（或 CP）安装到 DIN 导轨或面板上。

安装和拆卸CM(或CP)

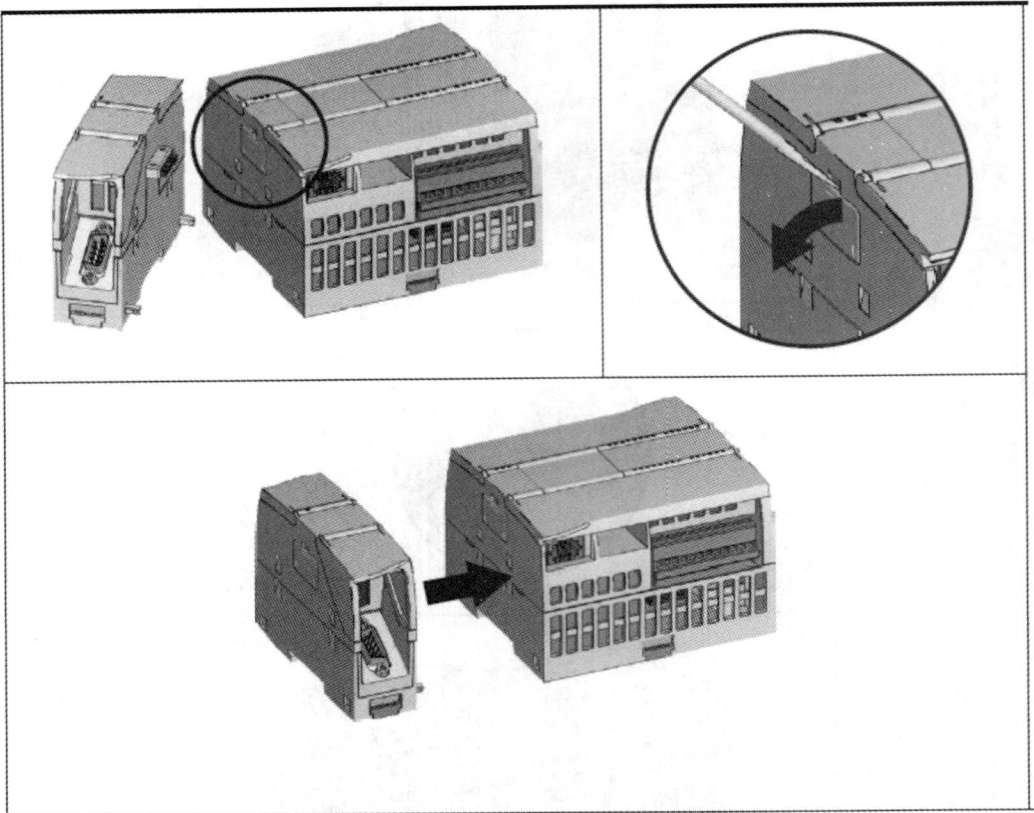

图 1-21　安装 CM(或 CP)

(2)拆卸 CM(或 CP)，如图 1-22 所示：

①确保 CPU 和所有 S7-1200 设备都与电源断开。

②拆除 CPU 和 CM(或 CP)上的 I/O 连接器和所有接线及电缆。

③对于 DIN 导轨的安装，将 CPU 和 CM(或 CP)上的下部 DIN 导轨卡夹掰到伸出位置。

④从 DIN 导轨或面板上卸下 CPU 和 CM(或 CP)。

⑤用力抓住 CPU 和 CM(或 CP)，将它们分开。

5)拆卸和重新安装 S7-1200 端子板连接器

(1)拆卸连接器，如图 1-23 所示：

①确保 CPU 和所有 S7-1200 设备都与电源断开。

②查看连接器的顶部并找到可插入螺丝刀头的槽。

③将螺丝刀插入槽中。

④轻轻撬起连接器顶部使其与 CPU 分离，连接器从夹紧位置脱离。

⑤抓住连接器并将其从 CPU 上卸下。

拆卸和重新安装S7-
1200端子板连接器

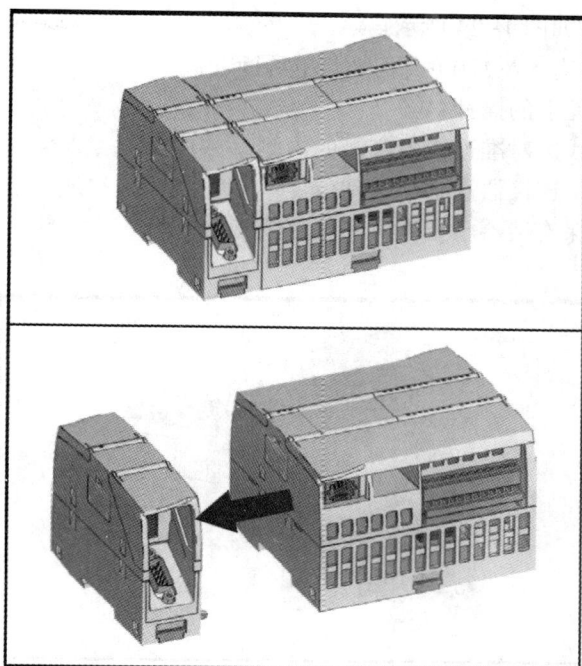

图 1-22　拆卸 CM(或 CP)

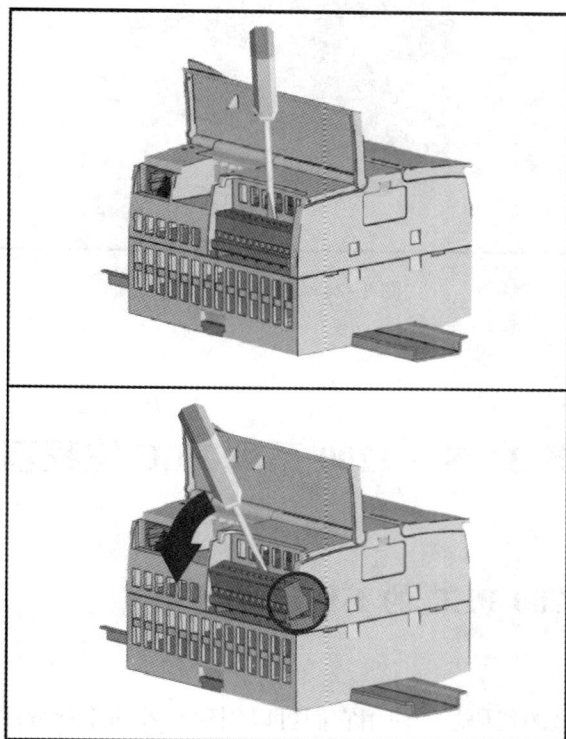

图 1-23　拆卸连接器

（2）安装连接器，如图 1-24 所示：

①确保 CPU 和所有 S7-1200 设备都与电源断开。

②使连接器与单元上的插针对齐。

③将连接器的接线边对准连接器座沿的内侧。

④用力按下并转动连接器直到卡入到位

⑤仔细检查以确保连接器已正确对齐并完全啮合。

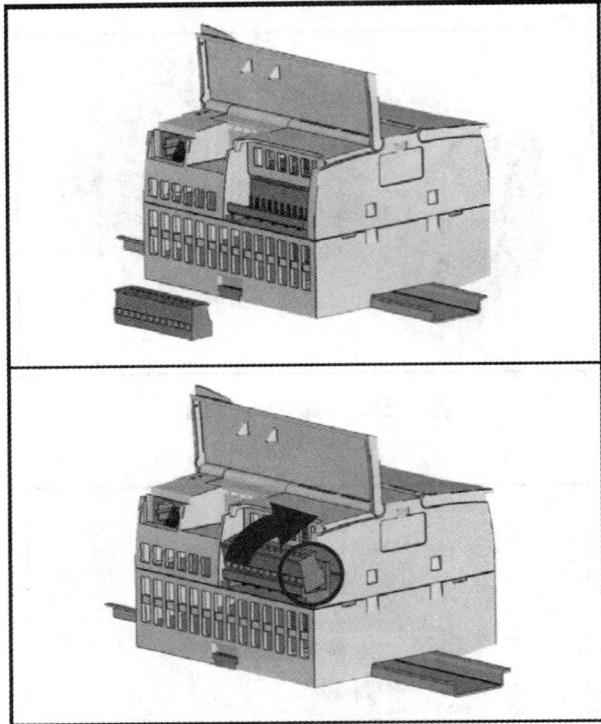

图 1-24　安装连接器

任务 3　S7-1200 系列 PLC 编程基础

1.3.1　S7-1200 PLC 的工作过程

1. CPU 程序块

CPU 支持多种类型的代码块，使用它们可以创建有效的用户程序结构。

（1）组织块 OB 定义程序的结构。有些 OB 具有预定义的行为和启动事件，但用户也可以创建具有自定义启动事件的 OB。

（2）功能块 FC 和功能块 FB 包含与特定任务或参数组合相对应的程序代码。每个 FC 或 FB 都提供一组输入和输出参数，用于与调用块共享数据。FB 还使用相关联的数据块（称为背景数据块）来保存该 FB 调用实例的数据值。可多次调用 FB，每次调用都采用唯一的背景数据块。调用带有不同背景数据块的同一 FB 不会对其他任何背景数据块的数据值产生影响。

（3）数据块 DB 存储程序块可以使用的数据。

用户程序的执行顺序是从一个或多个在进入 RUN 模式时运行一次的可选启动组织块 OB 开始，然后执行一个或多个循环执行的程序循环 OB。还可以将 OB 与中断事件关联，该事件可以是标准事件或错误事件。当发生相应的标准事件或错误事件时，即会执行这些 OB。

2. CPU 的工作模式

CPU 有以下三种工作模式：STOP 模式、STARTUP 模式和 RUN 模式。CPU 前面的状态 LED 指示当前工作模式。

（1）在 STOP 模式下，CPU 不执行程序，过程映像也不会自动更新；CPU 处理所有通信请求（如果适用）并执行自诊断；CPU 可以下载项目。

（2）在 STARTUP 模式下，执行一次启动 OB（如果存在）。在启动模式下，CPU 不会处理中断事件。

（3）在 RUN 模式下，程序循环 OB 重复执行。RUN 模式中的任意点处都可能发生中断事件，这会导致相应的中断事件 OB 执行。

在 STARTUP 和 RUN 模式下，CPU 的任务执行如图 1-25 所示。在 STARTUP 模式下，A 将物理输入的状态复制到 I 存储器；B 将 Q 输出（映像）存储区初始化为零、上一个值或组态的替换值将 PB、PN 和 AS-i 输出设为零；C 将非保持性 M 存储器和数据块初始化为其初始值，并启用组态的循环中断事件和时钟事件，执行启动 OB；D 将所有中断事件存储到要在进入 RUN 模式后处理的队列中；E 启用 Q 存储器到物理输出的写入操作。在 RUN 模式下，①将 Q 存储器写入物理输出；②将物理输入的状态复制到 I 存储器；③执行程序循环 OB；④执行自检诊断；⑤在扫描周期的任何阶段处理中断和通信。

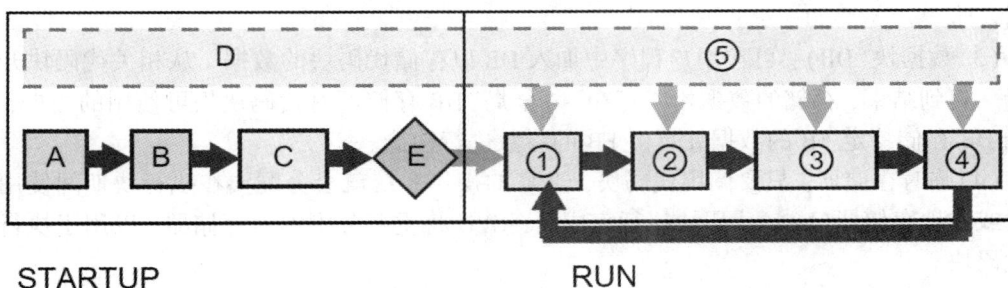

图 1-25　CPU 的任务执行

3. 启动过程

只要工作模式从 STOP 切换到 RUN，CPU 就会清除过程映像输入、初始化过程映像输出并处理启动 OB。通过"启动 OB"中的指令对过程映像输入进行任何的读访问，都只会读取零值，而不是读取当前物理输入值。因此，要在启动模式下读取物理输入的当前状态，必须执行立即读取操作。接着再执行启动 OB 以及任何相关的 FC 和 FB。如果存在多个启动 OB，则按照 OB 编号依次执行各 OB，编号最小的 OB 优先执行。

执行完启动 OB 后，CPU 将进入 RUN 模式并在连续的扫描周期内处理控制任务。在每个扫描周期中，CPU 都会写入输出、读取输入、执行用户程序、更新通信模块以及响应用户中断事件和通信请求。在扫描期间会定期处理通信请求。

1.3.2　S7-1200 PLC 的存储器及寻址

1. PLC 的存储器

CPU 提供了以下用于存储用户程序、数据和组态的存储区：

（1）装载存储器，用于非易失性地存储用户程序、数据和组态。将项目下载到 CPU 后，CPU 会先将程序存储在装载存储区中。该存储区位于存储卡（如存在）或 CPU 中。CPU 能够在断电后继续保持该非易失性存储区。存储卡支持的存储空间比 CPU 内置的存储空间更大。

（2）工作存储器，是易失性存储器，用于在执行用户程序时存储用户项目的某些内容。CPU 会将一些项目内容从装载存储器复制到工作存储器中。该易失性存储区将在断电后丢失，而在恢复供电时由 CPU 恢复。

（3）保持性存储器，用于非易失性地存储限量的工作存储器值。在断电过程中，CPU 使用保持性存储器存储所选用户存储单元的值。如果发生断电或掉电，CPU 将在上电时恢复这些保持性值。

CPU 提供了以下几个选项，用于在执行用户程序期间存储数据：

（1）全局储存器：CPU 提供了各种专用存储区，其中包括输入（I）、输出（Q）和位存储器（M）。所有代码块可以无限制地访问该储存器。

（2）PLC 变量表：在 STEP7 PLC 变量表中，可以输入特定存储单元的符号名称。这些变量在 STEP7 程序中为全局变量，并允许用户使用应用程序中有具体含义的名称进行命名。

（3）数据块（DB）：可在用户程序中加入 DB 以存储代码块的数据。从相关代码块开始执行一直到结束，存储的数据始终存在。"全局"DB 存储所有代码块均可使用的数据，而背景 DB 存储特定 FB 的数据并且由 FB 的参数进行构造。

（4）临时存储器：只要调用代码块，CPU 的操作系统就会分配要在执行块期间使用的临时或本地存储器（L）。代码块执行完成后，CPU 将重新分配本地存储器，以用于执行其他代码块。

每个存储单元都有唯一的地址，用户程序利用这些地址访问存储单元中的信息。如表 1-5 所示，绝对地址由以下元素组成：

（1）存储区标识符（如 I、Q 或 M）；

（2）要访问的数据的大小（"B"表示 Byte、"W"表示 Word 或"D"表示 DWord）；

（3）数据的起始地址（如字节 3 或字 3）。

表 1-5　存储区

存储区	说明	强制	保持性
I 过程映像输入	在扫描周期开始时从物理输入复制	无	无
I：P 物理输入	立即读取 CPU、SB 和 SM 上的物理输入点	支持	无
Q 过程映像输出	在扫描周期开始时复制到物理输出	无	无
Q：P1 物理输出	立即写入 CPU、SB 和 SM 上的物理输出点	支持	无
M 位存储器	控制和数据存储器	无	支持(可选)
L 临时存储器	存储块的临时数据，这些数据仅在该块的本地范围内有效	无	无
DB 数据块	数据存储器，同时也是 FB 的参数存储器	无	是(可选)

访问布尔值地址中的位时，不要输入大小的助记符号，仅需输入数据的存储区、字节位置和位位置(如 0.0、Q0.1 或 M3.4)。如图 1-26 所示，本示例中，存储区和字节地址(M 代表位存储区，3 代表 Byte 3)通过后面的句点("．")与位地址(位 4)分隔。

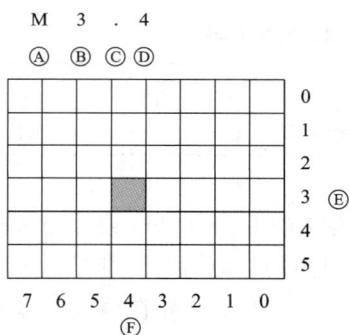

Ⓐ 存储区标识符；Ⓑ 字节地址：字节3；Ⓒ 分隔符("字节.位")；

Ⓓ 位在字节中的位置(位4，共8位)；Ⓔ 存储区的字节；Ⓕ 选定字节的位；

图 1-26　位寻址

2. I/O 和寻址

通常，可在 PLC 变量表、数据块中创建变量，也可在 OB、FC 或 FB 的接口中创建变量。这些变量包括名称、数据类型、偏移量和注释。此外，在数据块中，还可设定起始值。在编程时，通过在指令参数中输入变量名称，就可以使用这些变量。也可以选择在指令参数中输入绝对操作数(存储区、大小和偏移量)，程序编辑器会自动在绝对操作数前面插入%字符。在程序编辑器中可以将视图切换到符号、符号和绝对值、绝对，如图 1-27 所示。

1) I，过程映像输入

CPU 仅在每个扫描周期的循环 OB 执行之前对外围(物理)输入点进行采样，并将这些值写入到输入过程映像。可以按位、字节、字或双字访问输入过程映像，如表 1-6 所示。允许对过程映像输入进行读写访问，但过程映像输入通常为只读。

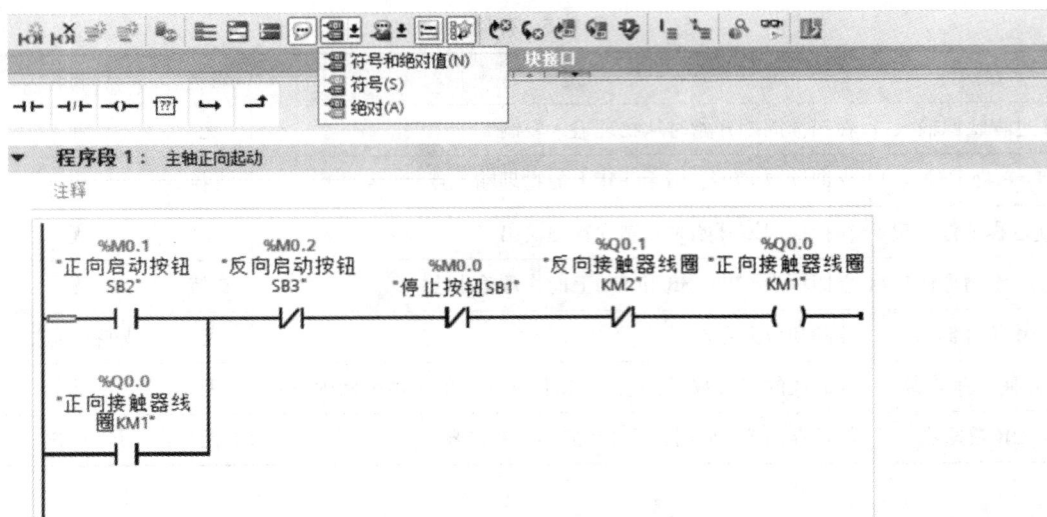

图 1-27 变量符号切换视图

表 1-6 I 存储器的绝对地址

位	I[字节地址].[位地址]	I0.1
字节、字或双字	I[大小][起始字节地址]	IB4、IW5 或 ID12

通过在地址后面添加":P",可以立即读取 CPU、SB、SM 或分布式模块的数字量和模拟量输入,如表 1-7 所示。使用 I_:P 访问与使用 I 访问的区别是,前者直接从被访问点而非输入过程映像获得数据。使用 I_:P 访问不会影响存储在输入过程映像中的相应值。

表 1-7 I 存储器的绝对地址(立即)

位	I[字节地址].[位地址]:P	I0.1:P
字节、字或双字	I[大小][起始字节地址]:P	IB4:P、IW5:P 或 ID12:P

2)Q,过程映像输出

CPU 将存储在输出过程映像中的值复制到物理输出点。可以按位、字节、字或双字访问输出过程映像,如表 1-8 所示。过程映像输出允许读访问和写访问。

表 1-8 Q 存储器的绝对地址

位	Q[字节地址].[位地址]	Q1.1
字节、字或双字	Q[大小][起始字节地址]	QB5、QW10 或 QD40

通过在地址后面添加":P",可以立即写入 CPU、SB、SM 或分布式模块的物理数字量和模拟量输出,如表 1-9 所示。使用 Q_:P 访问与使用 Q 访问的区别是,前者除了将数据写入输出过程映像外还直接将数据写入被访问点(写入两个位置)。这种 Q_:P 访问有时称为"立即写"访问,因为数据是被直接发送到目标点;而目标点不必等待输出过程映像的下一次更新。使用 Q_:P 访问既影响物理输出,也影响存储在输出过程映像中的相应值。

表 1-9　Q 存储器的绝对地址(立即)

位	Q[字节地址].[位地址]:P	Q1.1:P
字节、字或双字	Q[大小][起始字节地址]:P	QB5:P、QW10:P 或 QD40:P

3)M,位存储区

针对控制继电器及数据的位存储区(M 存储器)用于存储操作的中间状态或其他控制信息。可以按位、字节、字或双字访问位存储区,如表 1-10 所示。M 存储器允许读访问和写访问。

表 1-10　M 存储器的绝对地址

位	M[字节地址].[位地址]	M26.7
字节、字或双字	M[大小][起始字节地址]	MB20、MW30、MD50

4)临时(临时存储器)

CPU 根据需要分配临时存储器。启动代码块(对于 OB)或调用代码块(对于 FC 或 FB)时,CPU 将为代码块分配临时存储器并将存储单元初始化为 0。

临时存储器与 M 存储器类似,但有一个主要的区别:M 存储器在"全局"范围内有效,而临时存储器在"局部"范围内有效:

●M 存储器:任何 OB、FC 或 FB 都可以访问 M 存储器中的数据,也就是说这些数据可以全局性地用于用户程序中的所有元素。

●临时存储器:CPU 限定只有创建或声明了临时存储单元的 OB、FC 或 FB 才可以访问临时存储器中的数据。临时存储单元是局部有效的,并且其他代码块不会共享临时存储器,即使在代码块调用其他代码块时也是如此。例如:当 OB 调用 FC 时,FC 无法访问对其进行调用的 OB 的临时存储器。

5)DB,数据块

DB 存储器用于存储各种类型的数据,其中包括操作的中间状态或 FB 的其他控制信息参数,以及许多指令(如定时器和计数器)所需的数据结构。可以按位、字节、字或双字访问数据块存储器,如表 1-11 所示。读/写数据块允许读访问和写访问。只读数据块只允许读访问。

表 1-11　DB 存储器的绝对地址

位	DB[数据块编号].DBX[字节地址].[位地址]	DB1.DBX2.3
字节、字或双字	DB[数据块编号].DB[大小][起始字节地址]	DB1.DBB4、DB10.DBW2、DB20.DBD8

1.3.3　S7-1200 PLC 的数据类型

数据类型用于指定数据元素的大小以及如何解释数据。每个指令参数至少支持一种数据类型，而有些参数支持多种数据类型。将光标停在指令的参数域上方，便可看到给定参数所支持的数据类型。

1. 位和位序列数据类型

(1)位(Bool)，数据长度 1 位，取值 0 或 1。

(2)字节(Byte)，数据长度 8 位，无符号整数取值 0~255，有符号整数取值-128~127，十六进制取值 16#00~16#FF。

(3)字(Word)，数据长度 16 位，由 2 个字节组成，无符号整数取值 0~65535，有符号整数取值-32768~32767，十六进制取值 16#0000~16#FFFF。

(4)双字(DWord)，数据长度 32 位，由 2 个字即 4 个字节组成，无符号整数取值 0~4294967295，有符号整数取值-2147483648~2147483647，十六进制取值 16#00000000~16#FFFFFFFF。

2. 整数数据类型

(1)整型(Int)，数据长度 16 位，取值范围-32768~32767。

(2)无符号短整型(USInt)，数据长度 8 位，取值范围 0~255。

(3)短整型(SInt)，数据长度 8 位，取值范围-128~127。

(4)无符号整型(UInt)，数据长度 16 位，取值范围 0~65535。

(5)无符号双整型(UDInt)，数据长度 32 位，取值范围 0~4294967295。

(6)双整型(DInt)，数据长度 32 位，取值范围-2147483648~2147483647。

3. 浮点型实数数据类型

实(或浮点)数以 32 位单精度数(Real)或 64 位双精度数(LReal)表示。

4. 时间和日期数据类型

(1)Time，TIME 数据作为有符号双整数存储，被解释为毫秒。编辑器格式可以使用日期(d)、小时(h)、分钟(m)、秒(s)和毫秒(ms)信息。不需要指定全部时间单位。例如，T#5h10s 和 500h 均有效。所有指定单位值的组合值不能超过以毫秒表示的时间和日期数据类型的上限或下限(-2147483648 ms 到 +2147483647 ms)。

(2)日期，DATE 数据作为无符号整数值存储，被解释为添加到基础日期(1990 年 1 月 1 日)的天数，用以获取指定日期。编辑器格式必须指定年、月和日。

(3)TOD，TOD(TIME_OF_DAY)数据作为无符号双整数值存储，被解释为自指定日期的凌晨算起的毫秒数(凌晨＝0 ms)。必须指定小时(24 小时/天)、分钟和秒。可以选择指定小数秒格式。

（4）DTL，DTL（日期和时间长型）数据类型使用 12 个字节的结构保存日期和时间信息，如表 1-12 所示。可以在块的临时存储器或者 DB 中定义 DTL 数据。必须在 DB 编辑器的"起始值"（Start value）列为所有组件输入一个值。

表 1-12　DTL 结构的元素

Byte	组件	数据类型	值范围
0	年	UInt	1970 到 2554
1			
2	月	USInt	1 到 12
3	日	USInt	1 到 31
4	工作日	USInt	1（星期日）到 7（星期六）
5	小时	USInt	0 到 23
6	分	USInt	0 到 59
7	秒	USInt	0 到 59
8	纳秒	UDInt	0 到 999999999
9			
10			
11			

5. 字符和字符串数据类型

（1）字符（Char），在存储器中占一个字节（8 位），可以存储以 ASCII 格式（包括扩展 ASCII 字符代码）编码的单个字符。

（2）宽字符（WChar），在存储器中占一个字（16 位），可包含任意双字节字符表示形式。编辑器语法在字符的前面和后面各使用一个单引号字符。可以使用可见字符和控制字符。

（3）字符串（String），可以存储一串单字节字符。String 类型提供了多达 256 个字节，用于在字符串中存储最大总字符数（1 个字节）、当前字符数（1 个字节）以及最多 254 个字节。String 数据类型中的每个字节都可以是从 16#00 到 16#FF 的任意值。

（4）宽字符串（WString），WString 数据类型支持单字节（双字节）值的较长字符串。第一个字包含最大总字符数；下一个字包含总字符数，接下来的字符串可包含多达 65534 个字。WString 数据类型中的每个字可以是 16#0000～16#FFFF 之间的任意值。

6. 数组数据类型

数组（Array）可以创建包含多个相同数据类型元素的数组。数组可以在 OB、FC、FB 和 DB 的块接口编辑器中创建。无法在 PLC 变量编辑器中创建数组。

7. 数据结构数据类型

可以用数据类型"Struct"来定义包含其他数据类型的数据结构。Struct 数据类型可用来以单个数据单元方式处理一组相关过程数据。在数据块编辑器或块接口编辑器中命名 Struct 数据类型并声明内部数据结构,如图 1-28 所示。

		名称	数据类型	启动值	保持性	可从 HMI …	在 HMI …	设置值	
1		▼ Static							
2		▼ 电机	Struct		☐	☑	☑	☐	
3		电流	Int	0	☐	☑	☑	☐	
4		电压	Int	0	☐	☑	☑	☐	
5		速度	Real	0.0	☐	☑	☑	☐	
6		方向	Bool	false	☐	☑	☑	☐	

图 1-28　Struct 数据类型

1.3.4　S7-1200 PLC 编程语言

STEP7 为 S7-1200 提供以下标准编程语言:

1. LAD(Ladder Diagram 梯形图逻辑)

梯形图逻辑是使用最多的一种图形编程语言。它使用基于电路图的表示法。电路图的元件(如常闭触点、常开触点和线圈)相互连接构成程序段,如图 1-29 所示。

图 1-29　梯形图

2. FBD(Function Block Diagram 功能块图)

功能块图也是一种图形编程语言。采用类似于熟悉的逻辑门电路的图像符号,逻辑表示法以布尔代数中使用的图形逻辑符号为基础,如图 1-30 所示。

3. STL(Statement List,语句表)

语句表是使用助记符来书写程序的,又称为指令表,类似于汇编语言,但比汇编语言通俗易懂,属于 PLC 的基本编程语言。

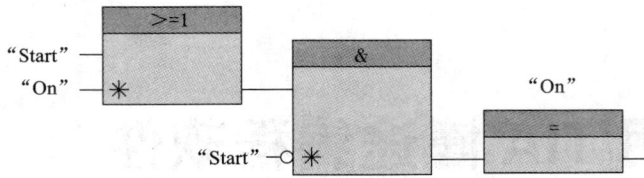

图 1-30   功能块图

4. SFC（Sequential Function Chart，顺序功能图）

顺序功能图也称为流程图或状态转移图，是一种图形化的功能性说明语言，专门用于描述工业顺序控制程序，可以对具有并行、选择等复杂结构的系统进行编程。

5. SCL（Structured Control Language，结构化控制语言）

结构化控制语言是一种基于 PASCAL 的高级编程语言。创建代码块时，应选择该块要使用的编程语言。用户程序可以使用由任意或所有编程语言创建的代码块。

项目二
学会使用 TIA 博途编程软件

任务 1　TIA 博途 PLC 编程软件

2.1.1　TIA 博途 PLC 编程软件简介

STEP 7 是 TIA Portal 中的编程和组态软件。除了包括 STEP 7 外，TIA Portal 中还包括设计和执行运行过程可视化的 WinCC，以及 WinCC 与 STEP 7 的在线帮助。

STEP 7 软件提供了一个用户友好的环境，供用户开发、编辑和监视控制应用所需的逻辑，其中包括用于管理和组态项目中所有设备（例如控制器和 HMI 等设备）的工具。为了帮助用户查找需要的信息，STEP 7 提供了内容丰富的在线帮助系统。STEP 7 提供了标准编程语言，用于方便高效地开发适合用户具体应用的控制程序。

- LAD（梯形图逻辑）是一种图形编程语言。它使用基于电路图的表示法。
- FBD（函数块图）是基于布尔代数中使用的图形逻辑符号的编程语言。
- SCL（结构化控制语言）是一种基于文本的高级编程语言。

创建代码块时，应选择该块要使用的编程语言。用户程序可以使用由任意或所有编程语言创建的代码块。

1. 使工作更轻松的不同视图

TIA Portal V13 软件提供了一个用户友好的环境，供用户开发控制器逻辑、组态 HMI 可视化和设置网络通信。为帮助用户提高生产率，博途提供了两种不同形式的视图：根据工具功能面向任务的门户集（门户视图）和根据项目中各元素组成面向项目的视图（项目视图）。用户只需单击就可以切换门户视图和项目视图。

图 2-1 中，门户视图的主要元素有：①不同任务的门户；②所选门户的任务；③所选操作的选择面板；④切换到项目视图按钮。

图 2-2 中，项目视图的主要元素有：

①菜单和工具栏；②项目浏览器；③工作区；④任务卡；⑤巡视窗口；⑥切换到门户视图按钮；⑦编辑器栏。

由于这些组件组织在一个视图中，所以我们可以很方便地访问项目的各个方面。图 2-2 中工作区③由三个选项卡形式的视图组成。

- 设备视图：显示已添加或已选择的设备及其相关模块；

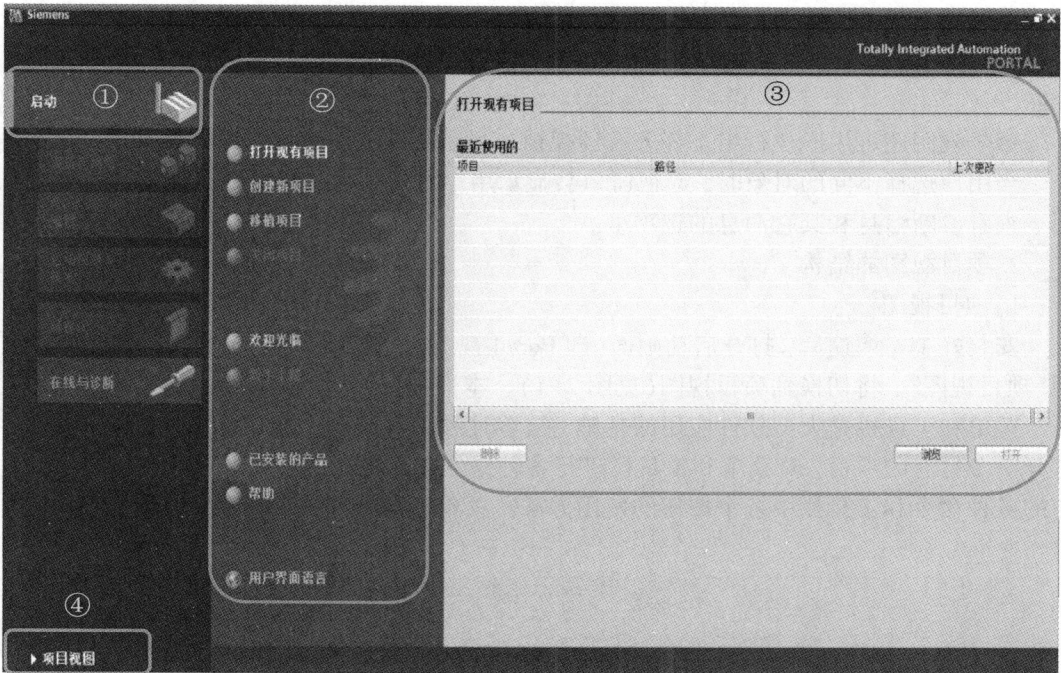

图 2-1　门户视图

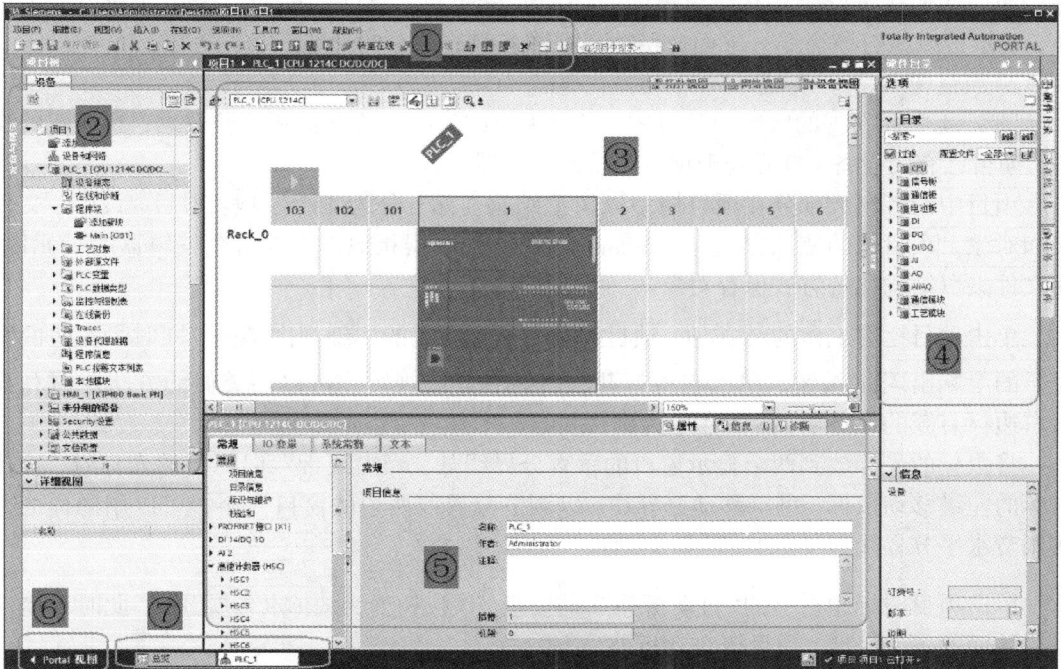

图 2-2　项目视图

●网络视图：显示网络中的 CPU 和网络连接。

●拓扑视图：显示网络的 PROFINET 拓扑，包括设备、无源组件、端口、互联及端口诊断。

每个视图还可用于执行组态任务。巡视窗口显示用户在工作区中所选对象的属性和信息。当用户选择不同的对象时，巡视窗口会显示用户可组态的属性。巡视窗口包含用户可用于查看诊断信息和其它消息的选项卡。

2. 项目视图的结构

1）项目视图

安装好 TIA 博途后，打开启动画面（即 Portal 视图）。单击视图左下角的"项目视图"，将切换到项目视图（见图 2-1）。本书主要使用项目视图。

菜单和工具栏是大型软件应用的基础，初学时可以新建一个项目，或打开一个已有的项目，对菜单和工具栏进行各种操作，通过操作了解菜单中的各种命令和工具栏中各个按钮的使用方法。菜单栏命令如图 2-3 所示。

| 项目(P) | 编辑(E) | 视图(V) | 插入(I) | 在线(O) | 选项(N) | 工具(T) | 窗口(W) | 帮助(H) |

图 2-3　菜单栏命令

菜单中浅灰色的命令和工具栏中浅灰色的按钮表示在当前条件下，不能使用该命令和该按钮。例如在执行了"编辑"菜单中的"复制"命令后，"粘贴"命令才会由浅灰色变为黑色，表示可以执行该命令。下面介绍项目视图各组成部分的功能。

2）项目树

图 2-4 中标有①的区域为项目树，可以用它访问所有的设备和项目数据，添加新的设备，编辑已有的设备，打开处理项目数据的编辑器。

项目中的各组成部分在项目树中以树型结构显示，分为 4 个层次：项目、设备、文件夹和对象。项目树的使用方式与 Windows 的资源管理器相似。作为每个编辑器的子元件，用文件夹以结构化的方式保存对象。

单击项目树右上角的◀按钮，项目树和下面标有②的详细视图消失，同时最左边的垂直条的上端出现▶按钮。单击它将打开项目树和详细视图。可以用类似的方法隐藏和显示右边标有⑤的任务卡（图 2-4 中为硬件目录）。

将鼠标的光标放到两个显示窗口的垂直分界线处，当出现带双向箭头的光标时，按住鼠标的左键移动鼠标，可以移动分界线，以调节分界线两边的窗口大小。可以用同样的方法调节水平分界线。

单击项目树标题栏上的"自动折叠"🔲按钮，该按钮变为🔳（永久展开）。此时单击项目树外面的任何区域，项目树自动折叠（消失）。

单击最左边的垂直条上端的▶按钮，项目树随即打开。单击🔳按钮，该按钮变为🔲，自动折叠功能被取消。可以用类似的操作，启动或关闭任务卡和巡视窗口的自动折叠功能。

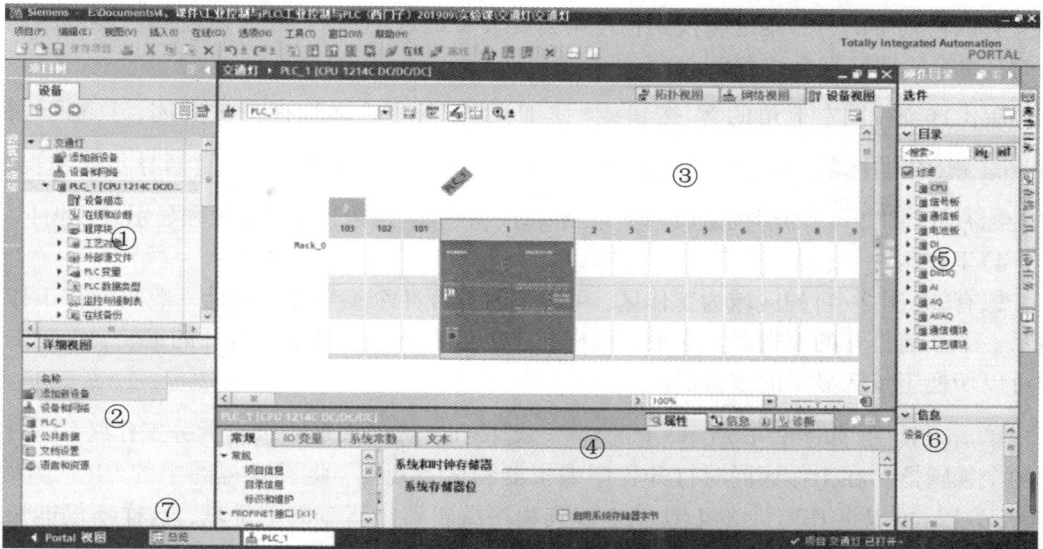

图 2-4　在项目视图中组态硬件

3）详细视图

项目树窗口下面标有②（图 2-4）的区域是详细视图，包含了添加新设备、设备和网络、PLC_1、公共数据、文档设置、语言和资源等信息。如果打开项目树中的"PLC 变量"文件夹，选中其中的"默认变量表"，详细窗口显示出该变量表中的符号，如图 2-5 所示。

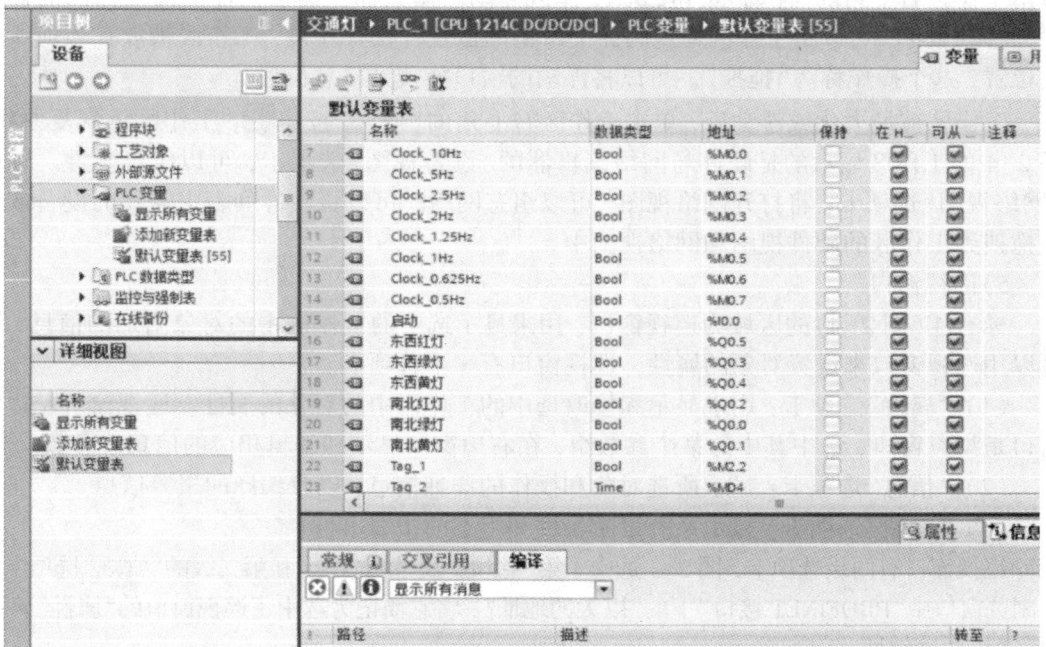

图 2-5　项目视图中的默认变量表

可以将其中的符号地址拖拽到程序中需要设置地址的 <??> 处。拖拽到已设置的地址上时，原来的地址将会被替换。

单击详细视图左上角的 ⌄ 按钮或"详细视图"标题，详细视图被关闭，只剩下紧靠 "Portal 视图"的标题，标题左边的按钮变为 ＞。单击该按钮或标题，重新显示详细视图。单击标有④(图 2-4)的巡视窗口右上角的 ⌄ 按钮或 ⌃ 按钮，可以隐藏和显示巡视窗口。

4)工作区

标有③(图 2-4)的区域为工作区，可以同时打开几个编辑器，但是一般只能在工作区显示一个当前打开的编辑器。在最下面标有⑦的编辑器栏中显示被打开的编辑器，单击它们可以切换工作区显示的编辑器。

单击工具栏(如图 2-6 所示)上的 ▭、▯▯ 按钮，可以水平或垂直拆分工作区，同时显示两个编辑器。在工作区同时打开程序编辑器和设备视图，将设备视图中的 CPU 放大到 200%以上，可以将 CPU 上的 I/O 点拖拽到程序编辑器中指令的地址域，这样不仅能快速设置指令的地址，还能在 PLC 变量表中创建相应的条目。也可以用上述的方法将 CPU 上的 I/O 点拖拽到 PLC 变量表中。

图 2-6　项目视图中的工具栏图标

单击工作区右上角的"最大化"按钮 ▭，将会关闭其他所有的窗口，工作区被最大化。单击工作区右上角的"浮动"按钮 ▯，工作区浮动。用鼠标左键按住浮动的工作区的标题栏并移动鼠标，可以将工作区拖到画面上希望的位置。松开左键，工作区被放在当前所在的位置，这个操作称为"拖拽"。可以将浮动的窗口拖拽到任意位置。

工作区被最大化或浮动后，单击工作区右上角的"嵌入"按钮 ▭，工作区将恢复原状。图 2-4 的工作区显示的是硬件与网络编辑器的"设备视图"选项卡，可以组态硬件。选中"网络视图"选项卡，将打开网络视图，可以组态网络。可以将硬件列表中需要的设备或模块拖拽到工作区的硬件视图和网络视图中。

5)巡视窗口

标有④(图 2-4)的区域为巡视窗口，用来显示选中的工作区中的对象附加的信息，还可以用巡视窗口来设置对象的属性。巡视窗口有 3 个选项卡。

(1)"属性"选项卡：用来显示和修改选中的工作区中的对象的属性。巡视窗口左边的窗口是浏览窗口，选中其中的某个参数组，在右边窗口显示和编辑相应的信息或参数。

(2)"信息"选项卡：显示所选对象和操作的详细信息，以及编译的报警信息。

(3)"诊断"选项卡：显示系统诊断事件和组态的报警事件。

巡视窗口有两级选项卡，图 2-4 选中了第一级的"属性"选项卡和第二级的"常规"选项卡左边浏览窗口中"PROFINET 接口"下的"以太网地址"，将它简记为选中了巡视窗口的"属性"＞"常规"＞"以太网地址"。

6)任务卡

标有⑤(图 2-4)的区域为任务卡，任务卡的功能与编辑器有关。可以通过任务卡进行进一步的或附加的操作。例如从库或硬件目录中选择对象，搜索与替代项目中的对象，将预定义的对象拖拽到工作区。可以用最右边的竖条上的按钮来切换任务卡显示的内容。图2-4中的任务卡显示的是硬件目录，任务卡下面标有⑥的"信息"窗口中显示的是在硬件目录窗口选中的硬件对象的图形、名称、版本号、订货号和对它的简要描述。图2-7为任务卡指令选项。

单击任务卡窗格上的"更改窗格模式"按钮▢，可以在同时打开几个窗格和同时只打开一个窗格之间切换。

3. 工具简介

1）将指令插入用户程序中

STEP 7 提供了包含各种程序指令的任务卡。这些指令按功能分组，如图2-8所示。

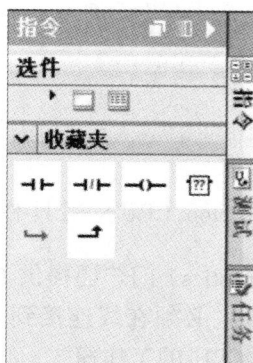

图2-7　任务卡指令选项

图2-8　基本指令

要创建程序，可将指令从任务卡拖动到程序段中。如图2-9所示，选中数学函数中ADD（加法指令），按住鼠标左键，将其拖动到程序段中。

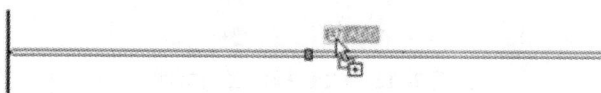

图2-9　将 ADD 指令拖动到程序段中

2）从"收藏夹"工具栏调用指令

STEP 7 提供了"收藏夹"（Favorites）工具栏，可供用户快速访问常用的指令。只需单击指令的图标即可将其插入程序段，如图2-10所示。

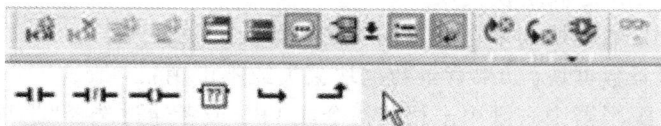

图2-10　收藏夹图标

用户可以通过添加新指令方便地自定义"收藏夹",只需将指令拖放到"收藏夹"。如图 2-11 所示,单击 TONR 指令,把它拖拽进收藏夹。

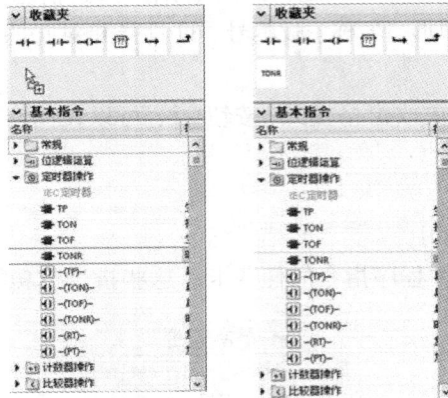

图 2-11 拖拽指令进收藏夹

3) 更改 CPU 的工作模式

我们可以使用"启动 CPU"(Start CPU)和"停止 CPU"(Stop CPU)工具栏按钮
更改 CPU 的工作模式。"在线和诊断"(Online and Diagnostics)门户还提供了用于更改在线 CPU 工作模式的操作员面板。要使用 CPU 操作员面板,必须在线连接到 CPU。"在线工具"(Online tools)任务卡显示的操作员面板显示了在线 CPU 的工作模式。也可以通过该操作员面板更改在线 CPU 的工作模式。CPU 操作员面板图如图 2-12 所示。

图 2-12 CPU 操作员面板图

操作员面板还提供了用于复位存储器的 MRES 按钮。RUN/STOP 指示器的颜色指示 CPU 当前的工作模式。黄色表示 STOP 模式,而绿色表示 RUN 模式。

4) 更改 DB 的调用类型

STEP 7 允许您方便地创建或更改指令或 FB 的 DB 关联。

- 可以在不同 DB 之间切换关联。
- 可以在单背景数据块与多背景数据块之间切换关联。
- 可以创建背景数据块(如果背景数据块丢失或不可用)。

可通过在程序编辑器中右键单击相关指令或 FB,或者通过选择"选项"(Options)菜单中的"块调用"(Block call)命令,来访问"更改调用类型"(Change call type)命令,如图 2-13 所示。

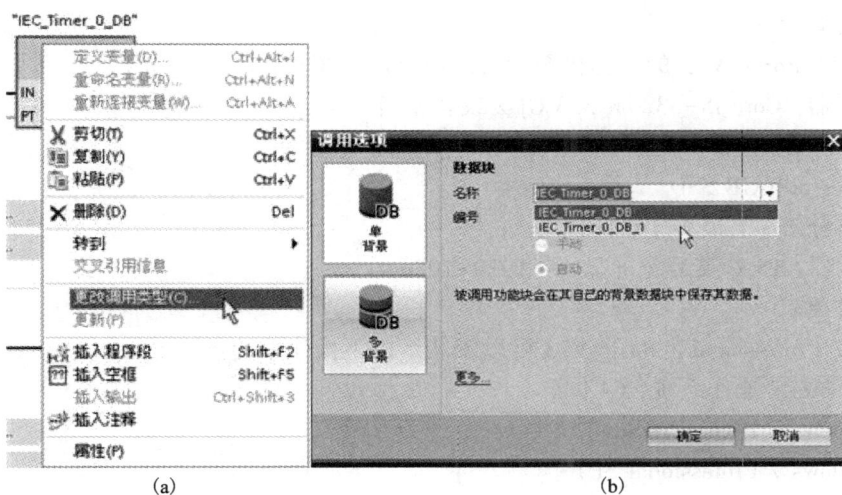

图 2-13　更改 DB 类型

(a)选择 DB 块单击右键；(b)手动更改 DB 块

5)暂时从网络中断开设备

从网络视图中，可断开各个网络设备与子网的连接。由于不会从项目中删除相关设备的组态，因此可轻松恢复与设备的连接。右键单击网络设备接口，然后从右键快捷菜单中选择"从子网断开"命令暂时从网络中断开设备，如图 2-14 所示。

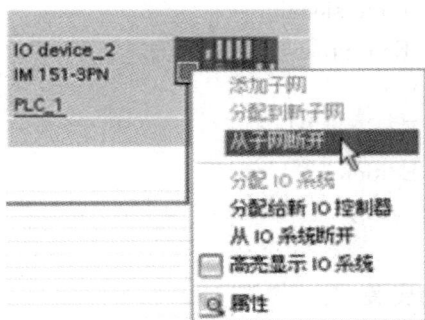

图 2-14　暂时从网络中断开设备 IO device_2

STEP 7 会重新组态网络连接，但不会从项目中删除断开的设备。删除该网络连接时，接口地址不会发生变化。

2.1.2　安装与卸载

1. TIA Portal V13 软件的安装要求

1)系统要求

安装 STEP 7 (TIA Portal) V13 需要管理员权限。

2）硬件要求

安装 TIA Portal V13 的计算机至少必须满足以下需求：

- 处理器：Core i5-3320M 3.3 GHz 或者相当
- 内存：至少 8GB
- 硬盘：300 GB SSD
- 图形分辨率：最小 1920×1080
- 显示器：15.6 英寸宽屏显示（1920×1080）

3）软件要求

STEP 7 Professional / Basic V13 可以安装于以下操作系统：

- Windows 7 操作系统，64 位
- Windows 7 Home Premium SP1 *
- Windows 7 Professional SP1
- Windows 7 Enterprise SP1
- Windows 7 Ultimate SP1
- Windows 7 操作系统，32 位
- Windows 7 Home Premium SP1 *
- Windows 7 Professional SP1
- Windows 7 Enterprise SP1
- Windows 7 Ultimate SP1
- Windows 8 操作系统，64 位
- Microsoft Windows 8.1 Professional
- Microsoft Windows 8.1 Enterprise
- Windows Server(64 位)

Server 2008 R2 Standard Edition SP1 * *

Server 2012 R2 Standard Edition

注：* 仅适用于基本版；

* * 仅适用于专业版。

2. TIA Portal V13 软件的安装

选择 TIA Portal V13 的安装文件，进入安装界面，选择中文安装，如图 2-15 所示。

默认为典型安装，按照默认的路径安装即可，不需要修改，如图 2-16 所示。

接受许可条款和安全权限设置之后，点击"安装"，安装的时间有点久，耐心等待，如图 2-17 所示。

3. 卸载 STEP 7（TIA Portal）V13 方法

有两种方式可以卸载博途 V13：

1）通过控制面板卸载（在 Windows 7 操作系统）

在控制面板中点击"程序"，然后选择"程序和功能"。在"添加删除程序"对话框中双击"Siemens Totally Integrated Automation Portal V13"应用程序，然后在提示的对话框中点击"是"。之后按照屏幕中的提示继续操作。

2）通过 SIMATIC STEP 7 V13 安装盘卸载

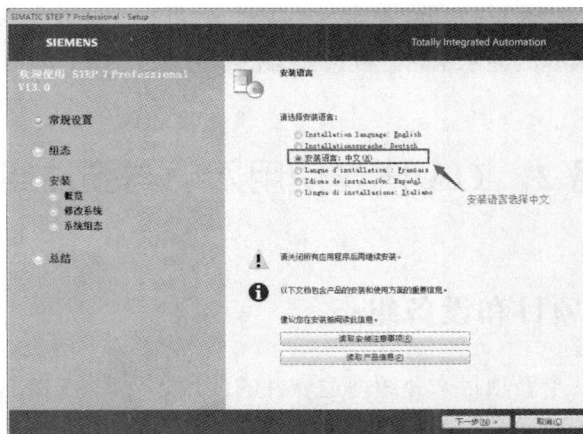

图 2-15　安装界面——语言选择

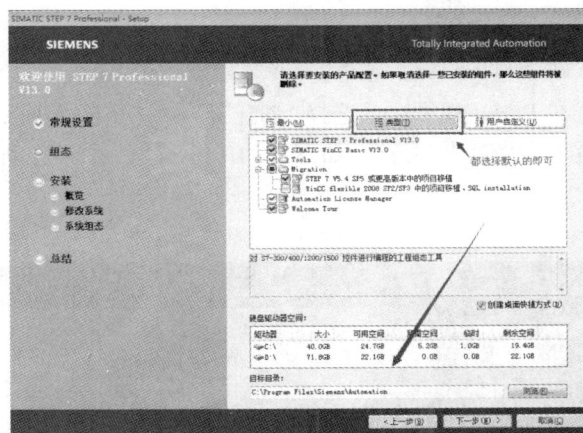

图 2-16　安装界面——路径选择

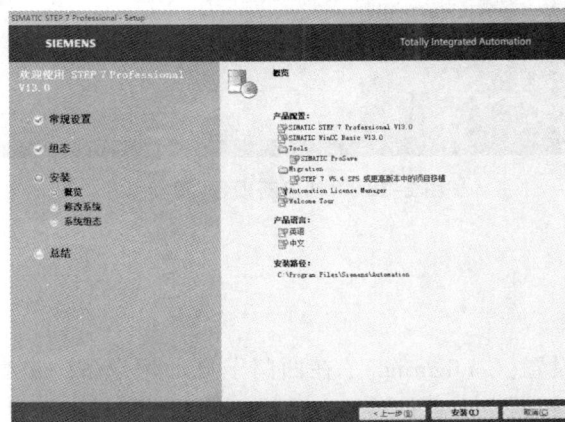

图 2-17　安装界面——安装过程

插入 STEP 7 V13 安装盘到计算机的光驱中。如果程序不能自动启动，打开"Start. exe"文件。先选择对话框的显示语言，再选择"卸载"选项。之后按照屏幕提示继续操作。

任务 2　TIA 博途使用入门与硬件组态

2.2.1　创建项目和设备组态

下面我们以创建一个新项目来介绍博途软件的使用。

1. 创建新项目

第一步：打开博途 V13 软件。

第一种方式：打开"开始"菜单，选择"Siemens Automation"→"TIA Portal V13"。

第二种方式：双击桌面上的[TIA图标]图标。

第二步：创建一个新项目。

打开博途软件后，在 Portal 视图中，选择"创建新项目"，输入项目名称"项目一"，选择保存的文件夹，然后单击"创建"按钮（如图 2-18 所示），系统自动进入"新手上路"页面，如图 2-19 所示。

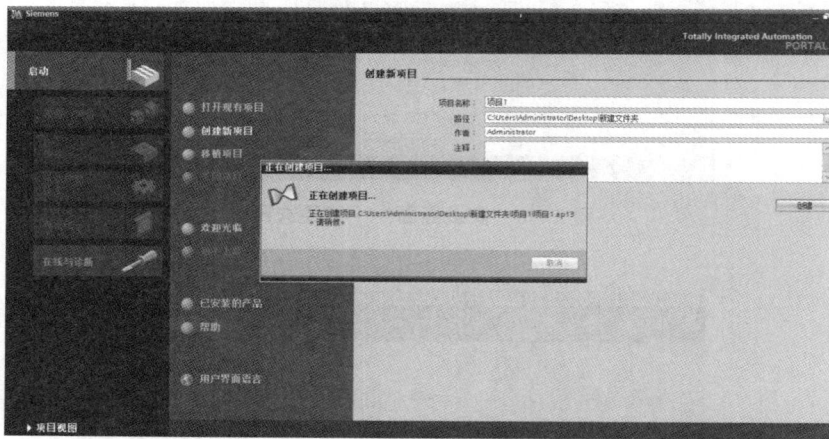

图 2-18　"创建新项目"页面

2. 设置组态设备

1）什么是设备组态

设备组态即配置/设置（Configuring），在西门子自动化设备中被翻译为"组态"。其任务就是在设备和网络编辑器中生产一个与实际的硬件系统相对应的虚拟系统。模块的安装位置和设备之间的通信连接，都应与实际的硬件系统完全相同。在自动化系统启动时，CPU 将比较两系统，如果两系统不一致，将会采取相应的措施。

单击图 2-19 中"组态设备"或者图 2-19 中窗口左侧的"设备与网络"选型，再在弹出的窗口项目树中单击"添加新设备"，将出现如图 2-20 所示的对话框。

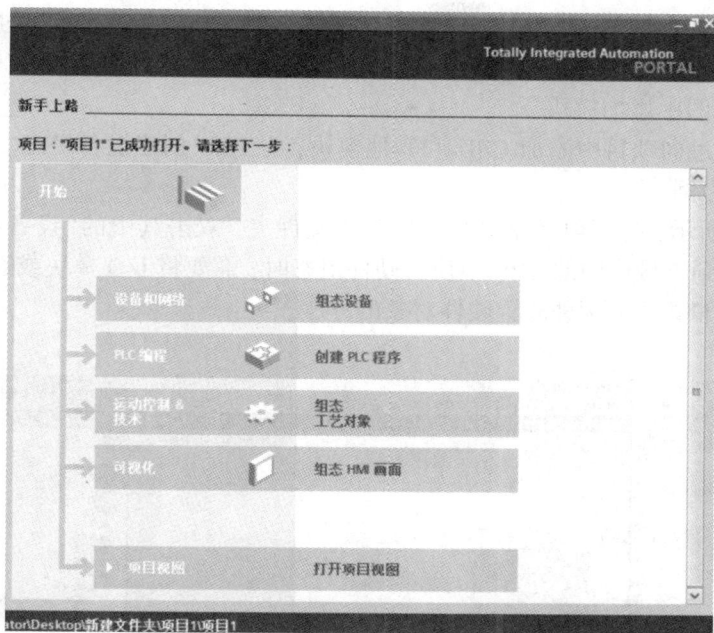

图 2-19 "新手上路"页面

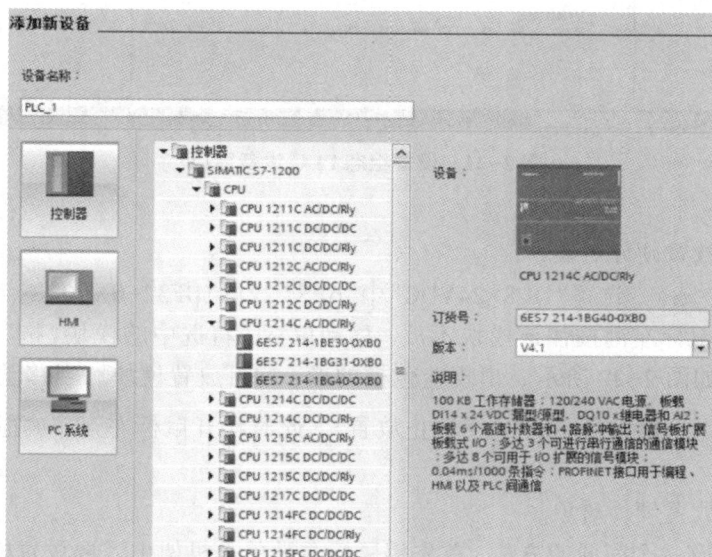

图 2-20 "添加新设备"窗口

单击"控制器"按钮，在"设备名称"栏中输入要添加的设备用户定义的名称，如"PLC_

1"，在下方的目录树中通过单击各项前 ▼ 图标或者双击项目名打开 SIMATIC S7-1200→CPU→CPU1214C AC/DC/Rly，选择与硬件相对应订货号的 CPU，再选择订货号为 6ES7 214-1BG40-0XB0 的 CPU，在目录树右边栏目中将显示所选设备的订货号、版本和产品介绍说明。单击窗口右下角的"添加"按钮或双击已选择 CPU 的订货号，均可以添加 S7-1200 设备。在项目树、硬件视图和网络视图均可以看到已添加的设备。

2）在设备视图中添加模块

我们可以通过向项目中添加 CPU 和其他模块，为 PLC 创建设备组态。现在我们以添加一个 DI 模块为例。

如图 2-21 所示，打开项目树中的"PLC-1"文件夹，双击其中的"设备组态"，打开设备视图，可以看到 1 号槽中的 CPU 模块。硬件组态时，需要将 I/O 模块或通信模块放置在工作区的机架插槽内，有两种放置硬件对象的方法。

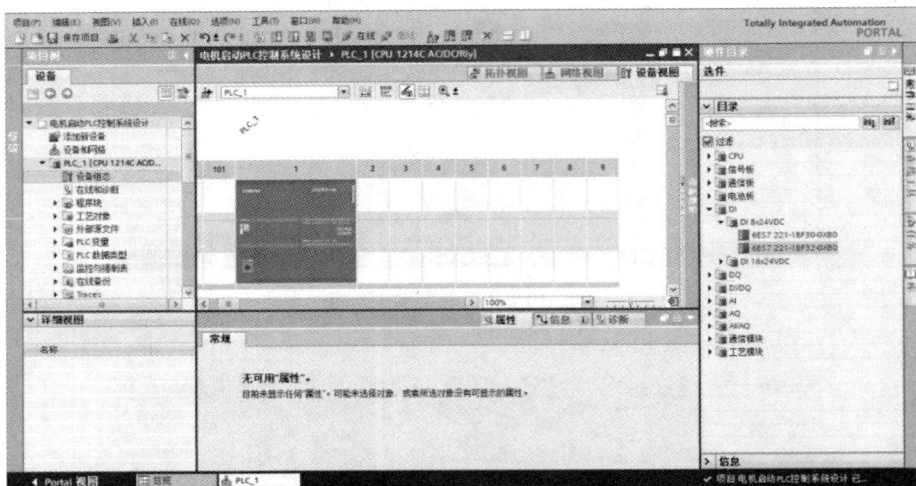

图 2-21　设备组态 PLC 设备窗口

（1）"拖放"放置硬件对象。

单击目录中 ▼📇DI，选择"DI 8×24VDC"中"6ES7 221-1BF32-0XB0"8 点 DI 模块，其背景变为深色。用鼠标左键按住该模块不放，移动鼠标，将选中的模块"拖"到机架中 CPU 右边的 2 号槽，如图 2-22 所示。出现蓝色框的槽，均可放置模块。当移动到不可放置该模块的工作区时，光标会显示为 ⊘（禁止放置），此时松开鼠标左键，被拖动的模块被放置到工作区。

（2）"双击"放置硬件对象。

放置模块还有一个简便的方法，首先用鼠标左键单击机架中需要放置模块的插槽，使它四周出现深蓝色的边框。用鼠标左键双击目录中要放置的模块，该模块便出现在选中的槽中。

放置通信模块和信号板的方法与放置信号模块的方法相同，信号板安装在 CPU 模块内，通信模块安装在 CPU 左侧的 101~103 号槽。

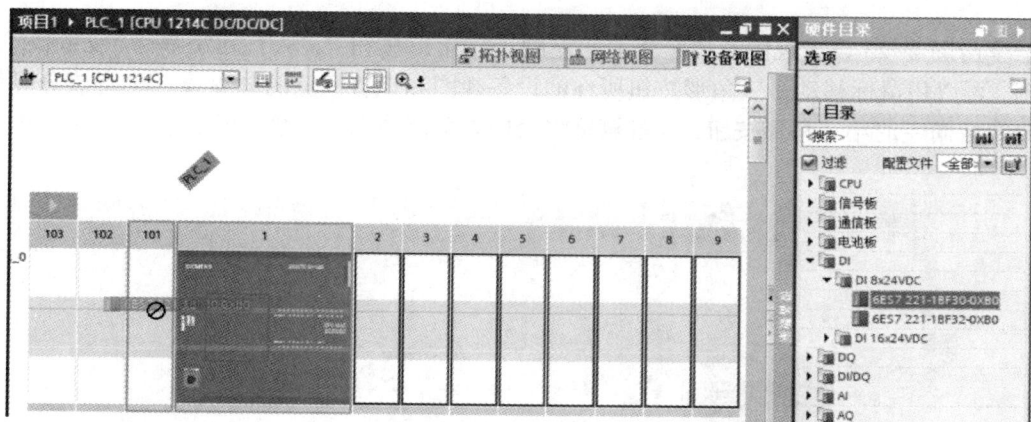

图 2-22　DI 模块放置显示

可以使用拖放方法将信号模块插入已经组态的两个模块中间。插入点右边的模块将向右移动一个插槽的位置,新的模块被插入到空出来的插槽上。

3)删除硬件组态

可以删除设备视图或网络视图中的硬件组件,被删除的组件的地址可供其他组件使用。若删除 CPU,则在项目树中整个 PLC 站都被删除了。删除硬件组件后,可能在项目中产生矛盾,即违反插槽规则。选中指令树中的"PLC_1",单击工具栏上的 按钮,对硬件组态进行编译。编译时进行一致检查,如果有错误将会显示错误信息,应改正错误后重新进行编译。

4)更改设备型号

用鼠标右键单击设备视图中要更改型号的 CPU,在出现的快捷菜单中选择"更改设备类型"命令,再在出现的对话框选中用来替换的设备的订货号,单击"确定"按钮,设备型号被更改。

3.打开已有项目

用鼠标双击桌面的 图标,在 Portal 视图的右窗口中选择"最近使用的"列表中项目,或单击"浏览"按钮,在打开的对话框中找到某个项目的文件夹,双击其中的某一个项目,打开该项目。或打开软件后,在项目视图中,单击工具栏上的 图标或执行"项目"→"打开"命令,双击打开的对话框中列出的最近打开的某个项目,打开该项目;或单击"浏览"按钮,在打开的对话框中找到某个项目的文件夹并打开。

2.2.2　信号模块与信号板的参数设置

信号模块与信号板的参数设置

1.信号模块与信号板的地址分配

双击项目树的 PLC_1 文件夹中的"设备组态",打开 PLC_1 的设备视图。CPU、信号板和信号模块的 I、Q 地址是自动分配的。

单击图 2-23 设备视图右边竖条上向左的小三角形按钮 ，从右到左弹出"设备概览"视图，可以用鼠标移动小三角形按钮所在的设备视图和设备概览的分界线。单击该分界线上向右或向左的小三角形按钮，设备概览将会向右关闭或向左扩展，覆盖整个设备视图。

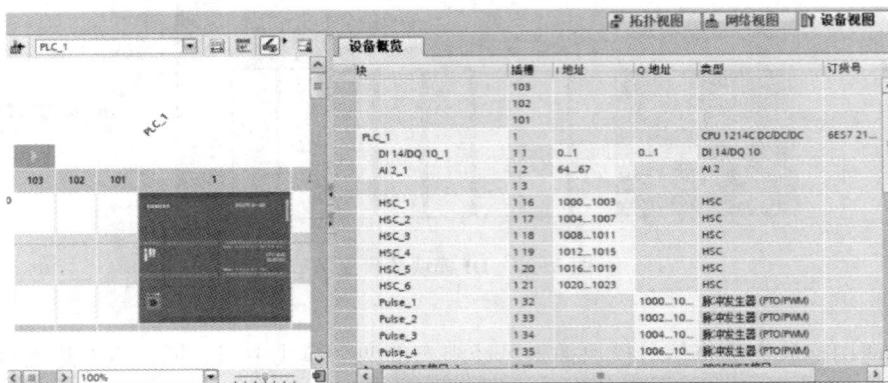

图 2-23 设备视图与设备概览

在设备概览中，可以看到 CPU 集成的 I/O 模块和信号模块的字节地址（见图 2-23）。例如 CPU1214C 集成的 14 点数字量输入的字节地址为 0 和 1（I0.0~I0.7 和 I1.0~I1.5），I/O 点数字量输出的字节地址为 0 和 1（Q0.0~ Q0.7 和 Q1.0~Q1.1）。

CPU 集成的模拟量输入点的地址为 IW64 和 IW66，集成的模拟量输出点的地址为 QW64 和 QW66，每个通道占一个字或两个字节。DI2/DQ2 信号板的字节地址均为 4（I4.0~I4.1 和 Q4.0~Q4.1）。DI、DQ 的地址以字节为单位分配，如果没有用完分配给它的某个字节中所有的位，剩余的位也不能再作其他用。

模拟量输入、模拟量输出的地址以组为单位分配，每一组有两个输入/输出点。从设备概览还可以看到分配给各插槽的信号模块的输入、输出字节地址。选中设备概览中某个插槽的模块，可以修改自动分配的 I、Q 地址。建议采用自动分配的地址，不要修改它。但是在编程时必须使用分配给各 I/O 点的地址。

2. 数字量输入点的参数设置

组态数字量输入时，首先选中设备视图或设备概览中的 CPU 或有数字量输入的信号板，然后选中工作区下面的巡视窗口的"属性">"常规">"数字量输入"中的某个通道（见图 2-24）。可以用选择框设置输入滤波器的输入延时时间。还可以用复选框启用各通道的上升沿中断、下降沿中断和脉冲捕捉（Pulse Catch）功能，以及设置产生中断事件时调用的硬件中断组织块（OB）。脉冲捕捉功能暂时保持窄脉冲的 1 状态，直到下一次刷新输入过程映像。可以同时启用同一通道的上升沿中断和下降沿中断，但是不能同时启用中断和脉冲捕捉功能。DI 模块只能组态 4 点 1 组的输入滤波器的输入延时时间。

3. 数字量输出点的参数设置

在设备视图或设备概览中选中 CPU、数字量输出模块或信号板，在巡视窗口选中"数字量输出"后（见图 2-25），可以选择在 CPU 进入 STOP 模式时，数字量输出保持为上一个

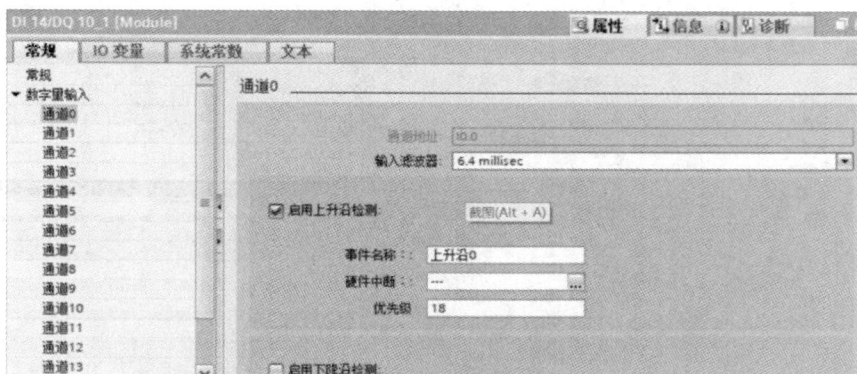

图 2-24　组态 CPU 的数字量输入点

（Keep last value），或者使用替代值。选中后者时，选中左边窗口的某个输出通道，用复选框设置其替代值，以保证系统进入安全的状态。复选框内有"7"表示替代值为 1，反之为 0（默认的替代值）。

图 2-25　组态 CPU 的数字量输出点

4. 模拟量输入模块的参数设置

模拟量输入模块需要设置下列参数：

（1）积分时间（见图 2-26）。它与干扰抑制频率成反比，后者可选 400 Hz、60 Hz、50 Hz 和 10 Hz。积分时间越长，精度越高，快速性越差。积分时间为 20 ms 时，对 50 Hz 的工频干扰噪声有很强的抑制作用，一般选择积分时间为 20 ms。

（2）测量类型（电压或电流）和测量范围。

（3）A/D 转换得到的模拟值的滤波等级。模拟值的滤波处理可以减轻干扰的影响，这对缓慢变化的模拟量信号（例如温度测量信号）是很有意义的。滤波处理根据系统规定的转换次数来计算转换后的模拟值的平均值。有"无、弱、中、强"这 4 个等级，它们对应的计算平均值的模拟量采样值的周期数分别为 1、4、16 和 32。所选的滤波等级越高，滤波后的模拟值越稳定，但是测量的快速性越差。

（4）诊断功能。可以选择是否启用溢出诊断和启用下溢诊断功能。只有 4~20 mA 输入才能检测是否有断路故障。

CPU 集成的模拟量输入点、模拟量输入信号板与模拟量输入模块的参数设置方法基本

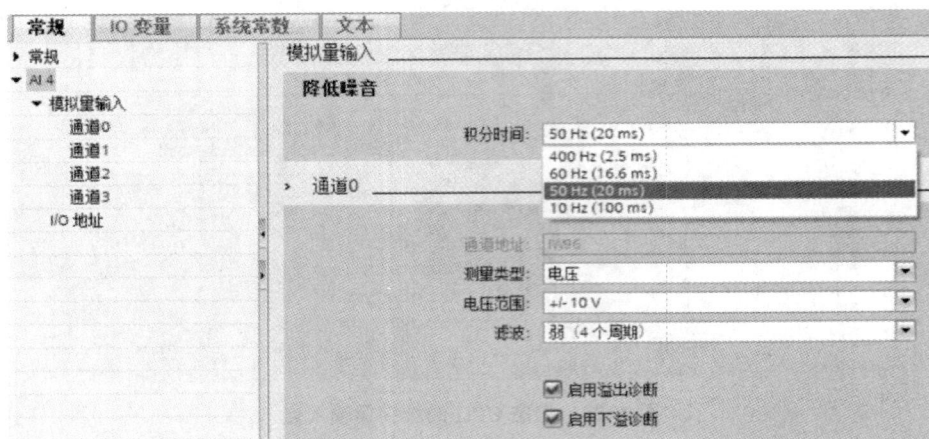

图 2-26 组态模拟量输入模块

上相同。

5. 模拟量输入转换后的模拟值

模拟量输入/输出模块中模拟量对应的数字称为模拟值，模拟值用 16 位二进制补码（整数）来表示。最高位（第 15 位）为符号位，正数的符号位为 0，负数的符号位为 1。

模拟量经 A/D 转换后得到的数值的位数（包括符号位）如果小于 16 位，转换值被自动左移，使其最高的符号位在 16 位字的最高位，模拟值左移后未使用的低位则填入"0"，这种处理方法称为"左对齐"。设模拟值的精度为 12 位加符号位，左移 3 位后未使用的低位（第 0~2 位）为 0，相当于实际的模拟值被乘以 8。

这种处理方法的优点在于模拟量的量程与移位处理后的数字的关系是固定的，与左对齐之前的转换值的位数（即 AI 模块的分辨率）无关，便于后续的处理。表 2-1 给出了模拟量输入模块的模拟值与以百分数表示的模拟量之间的对应关系，其中最重要的关系是双极性模拟量量程的上、下限（100%和-100%）分别对应于模拟值 27648 和-27648，单极性模拟量量程的上、下限（100%和0%）分别对应于模拟值 27648 和 0。

表 2-1　模拟量输入模块的模拟值

范围	双极性				单极性			
	百分比	十进制	十六进制	±10 V	百分比	十进制	十六进制	0~20 mA
上溢出，断电	118.515%	32767	7FFFH	11.851 V	118.515%	32767	7FFFH	23.70 mA
超出范围	117.589%	32511	7EFFH	11.759 V	117.589%	32511	7EFFH	23.52 mA
正常范围	100.000%	27648	6C00H	10 V	100.000%	27648	6C00H	20 mA
	0%！	0	0H	0 V	0%	0	0H	0 mA
	−100.000	−27648	9400H	−10 V				
低于范围	−117.593%	−32512	8100H	−11.759 V				
下溢出，断电	−118.519%	−32768	8000H	−11.851 V				

S7-1200 的热电偶和 RTD (配置为标准范围) 模拟量输入值是对应实际温度值的 10 倍，例如：整数值 600 对应于温度 60.0℃。

6. 模拟量输出模块的参数设置

与数字量输出相同，可以设置 CPU 进入 STOP 模式后，各模拟量输出点保持上一个值，或使用替代值 (见图 2-27)。选中后者时，可以设置各点的替代值。需要设置各输出点的输出类型 (电压或电流) 和输出范围。可以激活电压输出的短路诊断功能，电流输出的断路诊断功能，以及超出上限值或低于下限值的溢出诊断功能。

CPU 集成的模拟量输出点、模拟量输出信号板与模拟量输出模块的参数设置方法基本上相同。

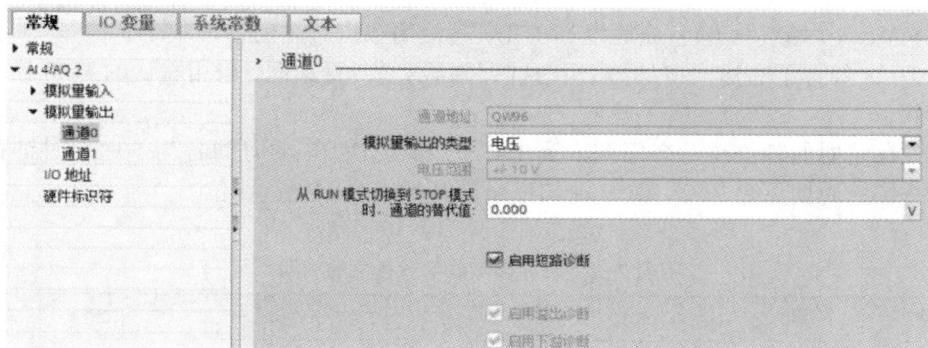

图 2-27　组态模拟量输出模块

2.2.3　CPU 模块的参数设置

CPU 集成的 I/O 点的参数设置方法已在上一节介绍过了，集成的 PROFINET 接口、高速计数器和脉冲发生器的参数设置方法将在有关的章节介绍。本节介绍 CPU 其他主要参数的设置方法。

1. 设置系统存储器字节与时钟存储器字节

双击项目树某个 PLC 文件夹中的"设备组态"，打开该 PLC 的设备视图。选中 CPU 后，再选中下面的巡视窗口的"属性">"常规">系统和时钟存储器"（见图 2-28），可以用复选框分别启用系统存储器字节 (默认地址为 MB1) 和时钟存储器字节 (默认地址为 MB0)，和设置它们的地址值。

将 MB1 设置为系统存储器字节后，该字节的 M1.0~M1.3 的意义如下：

（1）M1.0 (首次循环)：仅在刚进入 RUN 模式的首次扫描时为 TURE (1 状态)，以后为 FALSE (0 状态)。在 TIA 博途中，位编程元件的 1 状态和 0 状态分别用 TRUE 和 FALSE 来表示。

（2）M1.1 (诊断状态已更改)：诊断状态发生变化。

（3）M1.2 (始终为 1)：总是为 TRUE，其常开触点总是闭合。

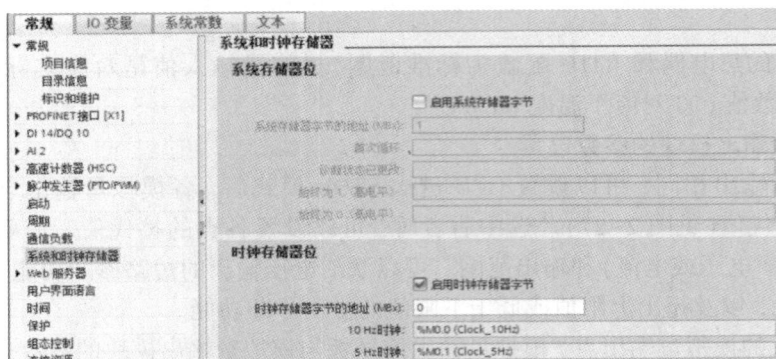

图 2-28 组态系统存储器字节与时钟存储器字节

(4) M1.3（始终为0）：总是为FALSE，其常闭触点总是闭合。

图 2-28 勾选了右边窗口的"启用时钟存储器字节"复选框，采用默认的MB0作时钟存储器字节。

时钟存储器的各位在一个周期内为FALSE和为TRUE的时间各为50%，时钟存储器字节每一位的周期见表 2-2。CPU在扫描循环开始时初始化这些位。

表 2-2 时钟存储器字节各位的周期

位	7	6	5	4	3	2	1	0
周期/s	2	1.6	1	0.8	0.5	0.4	0.2	0.1

M0.5的时钟脉冲周期为1 s，可以用它的触点来控制指示灯，指示灯将以1 Hz的频率闪动，亮0.5 s，熄灭0.5 s。

因为系统存储器和时钟存储器不是保留的存储器，用户程序或通信可能改写这些存储单元，破坏其中的数据。指定了系统存储器和时钟存储器字节后，这两个字节不能再作其他用途，否则将会使用户程序运行出错，甚至造成设备损坏或人身伤害。建议始终使用默认的系统存储器字节和时钟存储器字节的地址（MB1和MB0）。

2. 设置PLC上电后的启动方式

选中设备视图中的CPU后，再选中巡视窗口的"属性"＞"常规"＞"启动"（见图 2-29），可以组态上电后CPU的3种启动方式：

(1) 不重新启动，保持在STOP模式。

(2) 暖启动，进入RUN模式。

(3) 暖启动，进入断电之前的操作模式。

暖启动将非断电保持存储器复位为默认的初始值，但是断电保持存储器中的值不变。

可以用选择框设置当预设的组态与实际的硬件不匹配（不兼容）时，是否启动CPU。在CPU启动过程中，如果中央I/O或分布式I/O在组态的时间段内没有准备就绪（默认值为1 min），则CPU的启动特性取决于"将比较预设为实际组态"的设置。

3. 设置实时时钟

选中设备视图中的CPU后，再选中巡视窗口的"属性""常规""时间"，可以设置本地时

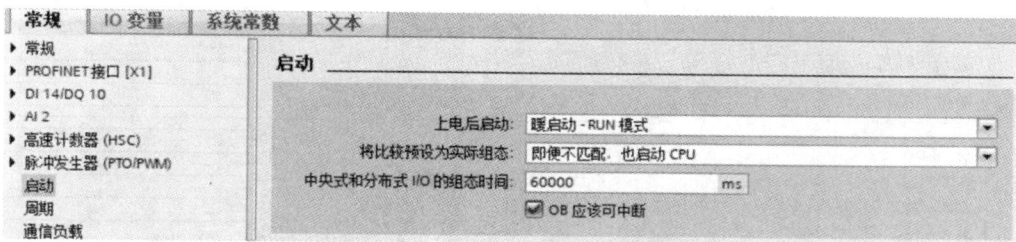

图2-29 设置启动方式

间的时区(北京)和是否启用夏令时。我国不使用夏令时,出口产品可能需要设置夏令时。

4. 设置读写保护和密码

选中设备视图中的 CPU 后,再选中巡视窗口的"属性">"常规">"Web 服务器">"保护"(见图2-30),可以选择右边窗口的 4 个访问级别。其中绿色的钩表示在没有该访问级别密码的情况下可以执行的操作。如果要使用该访问级别没有打钩的功能,需要输入密码。

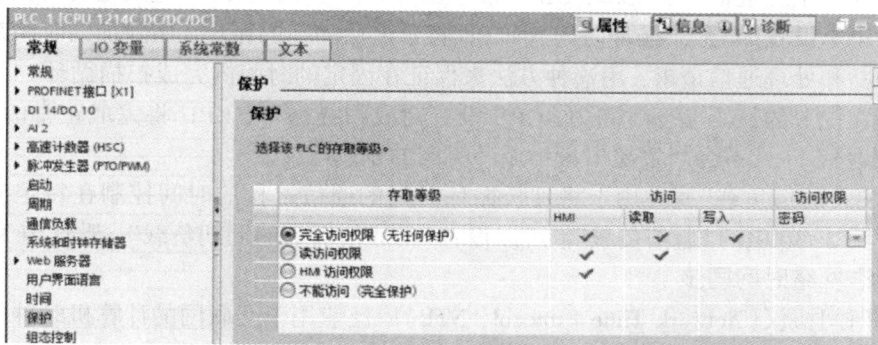

图2-30 设置读写保护与密码

(1)完全访问权限(无任何保护):允许所有用户进行读写访问。

(2)读访问权限:在不输入密码的情况下仅允许对硬件配置和块进行读访问,不能下载硬件配置和块,不能写入测试功能和更新固件。

(3)HMI 访问权限:在不输入密码的情况下只能通过 HMI 读写 CPU 的变量,不能上传和下载硬件配置和块。不能写入测试功能、更改 RUN/STOP 操作状态和更新固件。

(4)不能访问(完全保护):不能进行 HMI 访问,不能对硬件配置和块进行读写访问,禁用 PUT/GET 通信的服务器功能。

如果 S7-1200 的 CPU 在 S7 通信中做服务器,必须在选中图2-30 中的"保护"后,在右边窗口下面的"连接机制"区勾选复选框"允许从远程伙伴(PLC、HMI、OPC、…)使用 PUT/GET 通信访问"。

5. 设置循环周期监视时间

循环时间是操作系统刷新过程映像和执行程序循环 OB 的时间,包括所有中断此循环的程序的执行时间。选中设备视图中的 CPU 后,再选中巡视窗口的"属性""常规""脉冲发生器""周期"(见图2-31),可以设置循环周期监视时间,默认值为 150 ms。

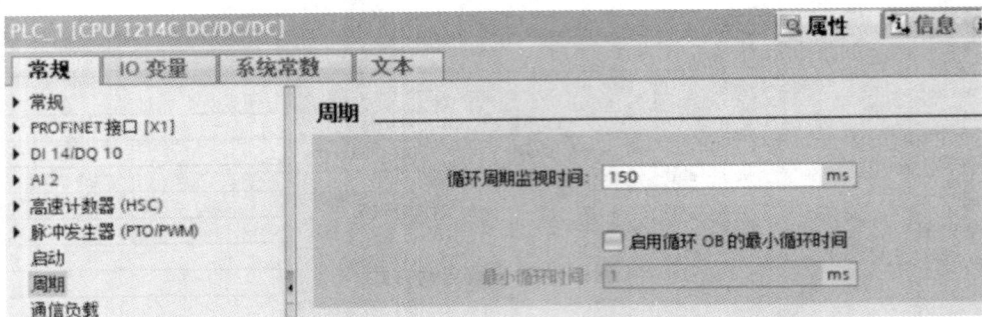

图 2-31　设置循环周期监视时间

如果循环时间超过设置的循环周期监视时间，操作系统将会启动时间错误 OB（OB80）。如果 OB80 不可用，CPU 将忽略这一事件。

如果循环时间超出循环周期监视时间的两倍，CPU 将切换到 STOP 模式。

如果勾选了复选框"启用循环 OB 的最小循环时间"，并且 CPU 完成正常的扫描循环任务的时间小于设置的"最小循环时间"，CPU 将延迟启动新的循环，用附加的时间来进行运行时间诊断和处理通信请求，用这种方法来保证在固定的时间内完成扫描循环。

如果在设置的最小循环时间内，CPU 没有完成扫描循环，CPU 将完成正常的扫描（包括通信处理），并且不会产生超出最小循环时间的系统响应。

CPU 的"通信负载"属性用于将延长循环时间的通信过程的时间控制在特定的限制值内。选中图 2-30 中的"通信负载"，可以设置"由通信引起的周期负载"，默认值为 20%。

6. 组态网络时间同步

网络时间协议（Network Time Protocol，NTP）广泛应用于互联网的计算机时钟的时间同步，局域网内的时间同步精度可达 1 ms。NTP 采用多重冗余服务器和不同的网络路径来保证时间同步的高精度和高可靠性。

选中 CPU 的以太网接口，再选中巡视窗口的"属性">"PROFINET 接口">"时间同步"，勾选"通过 NTP 服务器启动同步时间"复选框（见图 2-32）。然后设置时间同步的服务器的 IP 地址和更新的时间间隔，设置的参数下载后起作用。

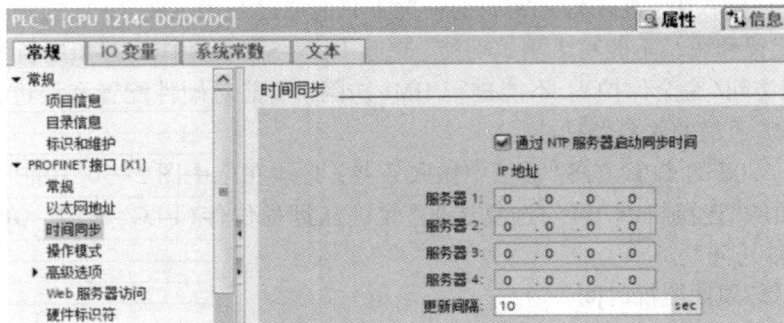

图 2-32　组态网络时间同步

项目三

S7-1200 PLC 位逻辑指令的使用

任务 1 位逻辑指令

3.1.1 触点指令

使用 LAD 和 FBD 处理布尔逻辑非常高效。SCL 不但非常适合处理复杂的数学计算和项目控制结构,而且也可以处理布尔逻辑。

1. 常开触点和常闭触点

触点指令中变量的数据类型为位(Bool 布尔)型,在编程时触点可以并联和串联使用,但不能放在梯形图的最后。常开触点和常闭触点指令如表 3-1 所示。

表 3-1 常开触点和常闭触点

名称	LAD 符号	说明
常开触点	"IN" ┤├	常开触点在指定位为 1 状态时闭合,为 0 状态时断开
常闭触点	"IN" ┤/├	常闭触点在指定位为 1 状态时断开,为 0 状态时闭合。触点符号中间的"/"表示常闭

2. NOT 取反触点

NOT 取反触点指令如表 3-2 所示。

表 3-2 NOT 取反触点

名称	LAD 符号	FBD	说明
取反	"IN" ┤NOT├	 & "IN1" ─○ "IN2" ─☼ & "IN1" ─○ "IN2" ─☼	NOT 触点取反能流输入的逻辑状态。 • 如果没有能流流入 NOT 触点,则会有能流流出; • 如果有能流流入 NOT 触点,则没有能流流出

3.1.2 输出线圈(赋值指令)

输出线圈与继电器控制电路中的线圈一样,如果有电流(信号流)流过线圈,则被驱动的操作数置"1";如果没有电流流过线圈,则被驱动的操作数复位(置"0")。输出线圈只能出现在梯形图逻辑串的最右边。赋值和赋值取反指令如表3-3所示。

表3-3 赋值和赋值取反

名称	LAD 符号	FBD	说明
赋值	"OUT" —( )—	"OUT" =	数据类型:Bool
赋值取反	"OUT" —(/)—	"OUT" /= "OUT" /=	数据类型:Bool

- 如果有能流通过输出线圈或启用了 FBD "=" 功能框,则输出位设置为 1。
- 如果没有能流通过输出线圈或未启用 FBD "=" 赋值功能框,则输出位设置为 0。
- 如果有能流通过反向输出线圈或启用了 FBD "/=" 功能框,则输出位设置为 0。
- 如果没有能流通过反向输出线圈或未启用 FBD "/=" 功能框,则输出位设置为 1。

输出线圈等同于 STL 程序指令中的复制指令(相当于 "="),所使用的操作数可以是:Q、M、L、D。

如图 3-1 所示,满足下列条件之一时,输出端 Q4.0 的信号状态将是"1":

①输入端 I0.0 和 I0.1 的信号状态为"1"时;

②输入端 I0.2 的信号状态为"0"时。

满足下列条件之一时,输出端 Q4.1 的信号状态将是"1":

①输入端 I0.0 和 I0.1 的信号状态为"1"时;

②输入端 I0.2 的信号状态为"0"时,输入端 I0.3 的信号状态为"1"时。

取反指令举例,如图 3-2 所示。

当满足以下任一条件时,可对输出线圈 Q4.0 进行复位。

①输入端 I0.0 的信号状态为"1"时;

②输入端 I0.1 和 I0.2 的信号状态为"1"时。

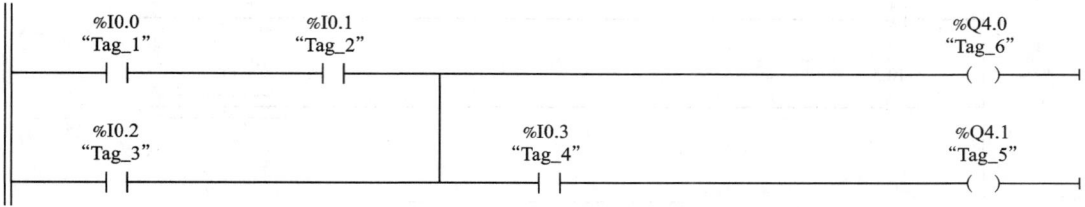

图 3-1 触点和线圈指令应用举例

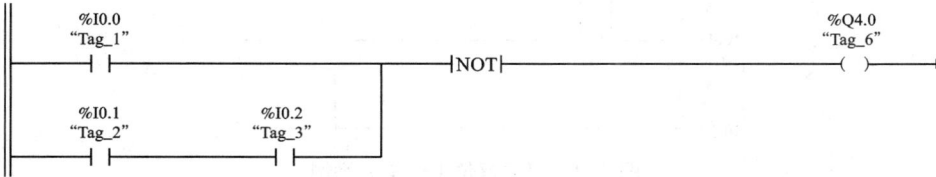

图 3-2 取反指令应用举例

3.1.3 置位和复位指令

1. 置位和复位 1 位

置位和复位 1 位指令如表 3-4 所示。

表 3-4 置位和复位 1 位

名称	LAD 符号	FBD	说明
置位	"OUT" —(S)—	"IN"——S "OUT"	输入(IN)：Bool 类型 置位输出：S(置位)激活时，OUT 地址处的数据值设置为 1；S 未激活时，OUT 不变
复位	"OUT" —(R)—	"IN"——R "OUT"	输入(IN)：Bool 类型 复位输出：R(复位)激活时，OUT 地址处的数据值设置为 0；R 未激活时，OUT 不变

该指令最主要的特点是有记忆和保持功能。置位复位 1 位的应用案例如图 3-3 所示，当输入 I0.4 为 1 时，Q0.5 被置位为 1；当输入 I0.5 为 1 时，Q0.5 被复位为 0。

2. 多点置位和复位

多点置位和复位指令如表 3-5 所示。

多点置位指令将指定的地址开始的连续若干个地址置位(变为 1 状态并保持)。

多点复位指令将指定的地址开始的连续若干个地址复位(变为 0 状态并保持)。

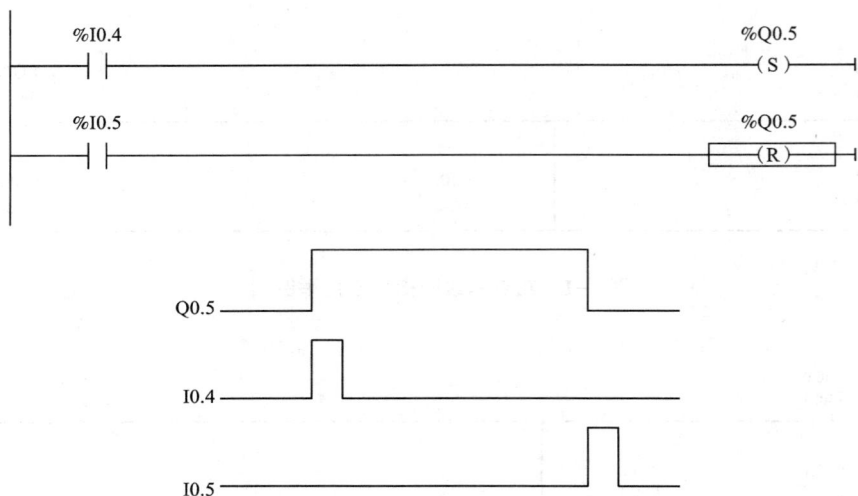

图 3-3　置位复位 1 位指令举例

表 3-5　SET_BF 和 RESET_BF 指令

名称	LAD	FBD	SCL	说明
多点置位	"OUT" ——(SET_BF)— "n"	"OUT" SET_BF EN N	不提供	置位位域：SET_BF 激活时，为从寻址变量 OUT 处开始的"n"位分配数据值 1。SET_BF 未激活时，OUT 不变
多点复位	"OUT" ——(RESET_BF)— "n"	"OUT" RESET_BF EN N	不提供	复位位域：RESET_BF 激活时，为从寻址变量 OUT 处开始的"n"位写入数值 0。RESET_BF 未激活时，OUT 不变

　　对于 LAD 和 FBD：这些指令必须是分支中最右端的指令。多点置位复位指令的应用案例，如图 3-4 所示。

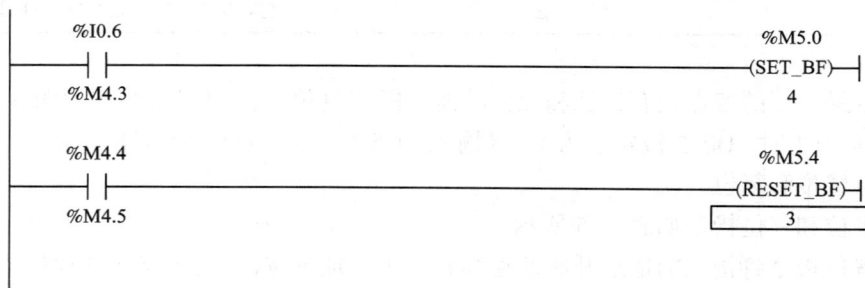

图 3-4　多点置位复位指令举例

任务 2　三相异步电动机的点动控制

3.2.1　任务分析

电动机的点动控制要求是：按下点动按钮，电动机运转；松开点动按钮 SB，电动机停机。三相异步电动机直接启动控制线路如图 3-5 所示。

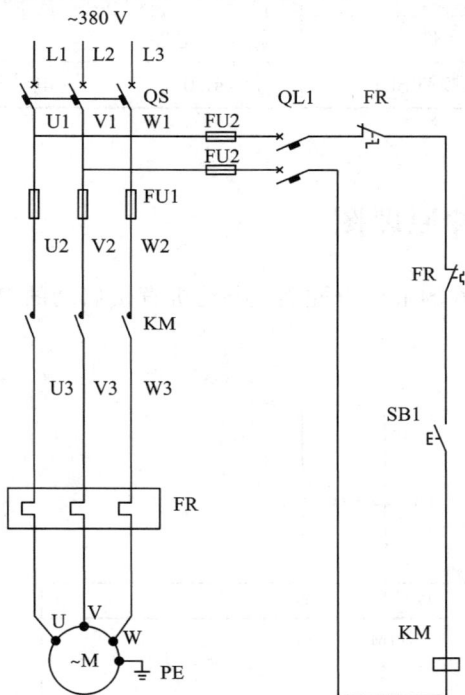

图 3-5　三相异步电动机直接启动控制线路

三相异步电动机直接启动控制线路工作原理就可表示如下：

启动过程：SB+—KM+—M+(启动)

停止过程：SB-—KM-—M-(停止)

其中，SB+表示按下，SB-表示松开。

在本任务中，我们需要完成以下工作：

(1)根据电动机启动运行要求，设计 PLC 外部电路(按 7.5 kW 电机选择接触器、主导线、中间继电器等)；

(2)连接 PLC 外部电路；

(3)编写用户程序；

(4)输入、编辑、编译、下载调试用户程序；

（5）运行用户程序，观察程序运行结果。

3.2.2　IO 分配

完成了电气图和任务控制要求的分析，确定了输入和输出元素，接下来根据 PLC 输入/输出点分配原则，对本案例进行 I/O 地址分配，如表 3-6 所示。

表 3-6　电动机直接启动 PLC 控制的 I/O 分配表

输入		输出	
输入继电器	元件	输出继电器	元件
I0.0	点动按钮 SB1	Q0.0	电动机启动接触器 KM1 线圈

3.2.3　PLC 硬件原理图

根据控制要求及表 3-6 的 I/O 分配表，电动机直接启动的 PLC 控制系统硬件原理图如图 3-6 所示。

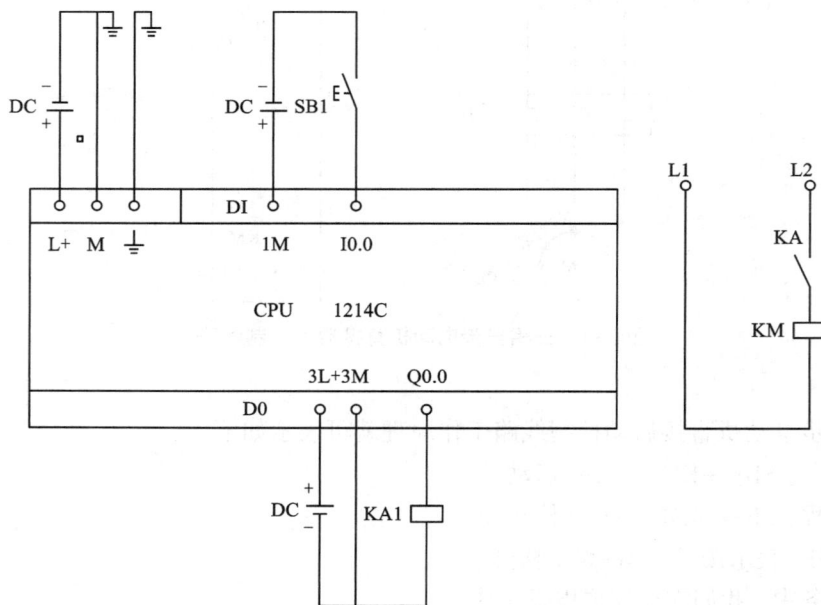

图 3-6　电动机直接启动的 PLC 控制系统硬件原理图

3.2.4 程序编写

程序编写

1. 创建项目

用鼠标双击桌面上的 图标，打开博途编程软件，在 Portal 视图中选择"创建新项目"，输入项目名称："电动机的点动控制"，选择项目保存路径，然后单击"创建"按钮完成项目创建。

2. 硬件组态

选择"设备与网络"选项，单击"添加新设备"，在"控制器"中选择与硬件一致的 CPU 型号和版本号，在本案例中选择 SIMATIC S7-1200→CPU→CPU1214C AC/DC/Rly V4.1 版本，双击选中的 CPU 型号(本案例中选择订货号为 6ES7 214-1BG40-0XB0、版本为 V4.1 的 CPU)或者单击页面下方的"添加"按钮，添加新设备成功后会弹出编辑窗口。

3. 编辑变量表

首先，我们在 PLC 变量表中声明变量。在项目视图的项目树中，双击打开 PLC_1 文件夹，再双击打开 PLC 变量文件夹，选择"添加新变量表"，此时可在新的变量表"变量表_1"的空白部分中完成变量的输入。

在 PLC 变量表中，单击第一行的名称列，输入变量符号名"点动按钮 SB1"，选择数据类型为 Bool，在地址列中输入地址 I0.0，在注释列中根据需要输入注释，如"电动机启动"。

在第二行中，输入变量符号名"启动接触器线圈 KM1"，数据类型采用默认设置，在地址列中输入地址 Q0.0，在注释列中输入"启动接触器线圈"。我们按照 I/O 分配表，对其他的变量进行编辑，如图 3-7 所示。

变量表_1							
	名称	数据类型	地址	保持	在 H…	可从…	注释
1	点动按钮 SB1	Bool	%I0.0		☑	☑	电动机启动
2	启动接触器线圈 KM1	Bool	%Q0.0		☑	☑	启动接触器线圈
3	<添加>				☑	☑	

图 3-7 电动机的点动控制的 PLC 变量表

4. 编写程序

打开项目视图，在项目树中双击打开 PLC_1 下面的"程序块"文件夹，再双击 main 主程序块，在项目树的右侧，即编程窗口中显示编辑器窗口。打开程序编辑器，自动选择程序段 1，开始编写程序，如图 3-8(a)所示。

单击程序编辑器工具栏上的常开触点按钮 ⊣⊢ (或打开指令树中基本指令列表"位逻辑运算"文件夹后双击文件夹中常开触点行 ⊣⊢ ⊣⊢)，在程序行的最左边出现一个常开触点，触点上面红色的问号<???>表示地址未赋值，同时在"程序段 1"的左边出现 ⊗ 符号，表示此程序段正在编辑中，或有错误，如图 3-8(b)所示。继续单击程序编辑器工具栏上

的输出线圈 —( )— （或打开指令树中基本指令列表"位逻辑运算"文件夹后双击文件夹中线圈行 -( )- ），在梯形图的最右端出现一个线圈，如图 3-8(c)所示。

　　单击或双击常开触点上方<??.?>处，输入常开触点的地址 I0.0（不区别大小写），输入完成后，按 1 次计算机的 Enter 键，或单击或双击线圈上方<??.?>处；或输入完地址 I0.0 后连续按两次计算机的 Enter 键，光标自动移至下一需要输入地址处，再输入线圈的地址 Q0.0，如图 3-8(d)所示。或生成一个触点或线圈时，当时也可输入相应的地址。程序编辑正确后，左边的符号 ⊗ 自动消失。

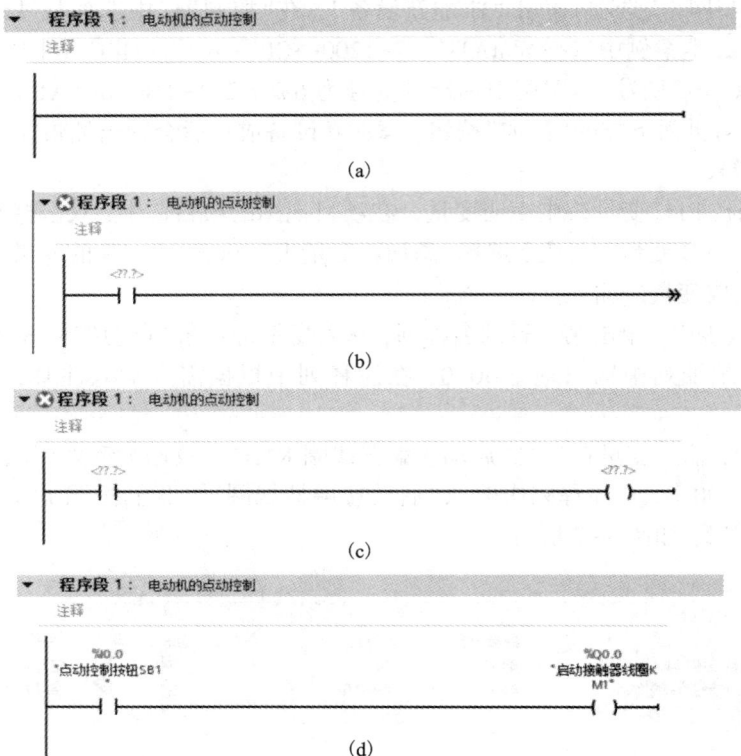

程序段 1: 电动机的点动控制
注释

(a)

程序段 1: 电动机的点动控制
注释
<??.?>

(b)

程序段 1: 电动机的点动控制
注释
<??.?>   <??.?>

(c)

程序段 1: 电动机的点动控制
注释
%I0.0   %Q0.0
"点动控制按钮SB1"   "启动接触器线圈KM1"

(d)

图 3-8　点动控制的梯形图

3.2.5　用户程序下载与上传

用户程序下载
与上传

　　S7-1200 的 CPU 是与运行博途软件的计算机建立以太网通信的，可以执行项目的下载、上传、监控和故障诊断等任务。一对一的通信不需要交换机，两台以上的设备通信则需要交换机。CPU 可以使用直通的或交叉的以太网电缆进行通信。

　　1. 以太网设备的地址

　　1）MAC 地址

　　MAC（Media Access Control，媒体访问控制）地址是以太网接口设备的物理地址。通常

由设备生产厂家将 MAC 地址写入 EEPROM 或闪存芯片。在网络底层的物理传输过程中，通过 MAC 地址来识别发送和接收数据的主机。MAC 地址是 48 位二进制数，分为 6 个字节（6B），一般用十六进制数表示，例如 00-05-BA-CE-07-0C。其中的前 3 个字节是网络硬件制造商的编号，它由 IEEE（国际电气与电子工程师协会）分配，后 3 个字节是该制造商生产的某个网络产品(例如网卡)的序列号。MAC 地址就像我们的身份证号码，具有全球唯一性。

CPU 的每个 PN 接口在出厂时都装载了一个永久的唯一的 MAC 地址，可以在模块上看到它的 MAC 地址。

2）IP 地址

为了使信息能在以太网上快捷准确地传送到目的地，连接到以太网的每台计算机必须拥有一个唯一的 IP 地址。IP 地址由 32 位二进制数(4B)组成，是 Internet Protocol（网际协议）地址。在控制系统中，一般使用固定的 IP 地址。IP 地址通常用十进制数表示，用小数点分隔。CPU 默认的 IP 地址为 192.168.0.1。

3）子网掩码

子网是连接在网络上的设备的逻辑组合。同一个子网中的节点彼此之间的物理位置通常相对较近。子网掩码(Subnet mask)是一个 32 位二进制数，用于将 IP 地址划分为子网地址和子网内节点的地址。二进制的子网掩码的高位应该是连续的 1，低位应该是连续的 0。以常用的子网掩码 255.255.255.0 为例，其高 24 位二进制数(前 3 个字节)为 1，表示 IP 地址中的子网地址(类似于长途电话的地区号)为 24 位；低 8 位二进制数(最后一个字节)为 0，表示子网内节点的地址(类似于长途电话的电话号)为 8 位。

4）路由器

IP 路由器用于连接子网，如果 IP 报文发送给别的子网，首先将它发送给路由器。在组态时子网内所有的节点都应输入路由器的地址。路由器通过 IP 地址发送和接收数据包。路由器的子网地址与子网内的节点的子网地址相同，其区别仅在于子网内的节点地址不同。

在串行通信中，传输速率(又称波特率)的单位为 bit/s，即每秒传送的二进制位数。西门子的工业以太网默认的传输速率为 10M bit/s 或 100M bit/s。

2. 设置组态 CPU 的 PROFINET 接口

双击项目树中 PLC 文件夹内的"设备配置"，打开该 PLC 的设备视图。双击 CPU 的以太网接口，打开该接口的巡视窗口，选中左边的"以太网地址"，采用右边窗口默认的 IP 地址和子网掩码(见图 3-9)。设置的地址在下载后才起作用。

3. 设置计算机网卡的 IP 地址

如果操作系统是 Windows 10，用以太网电缆连接计算机和 CPU，打开"控制面板"，单击"网络和共享中心"，再单击"连接"，打开"以太网状态"对话框。单击其中的"属性"按钮，在以太网属性对话框中(见图 3-10)，双击"此连接使用下列项目"列表框中的"Internet 协议版本 4（TCP/IPv4）"，打开"Internet 协议版本 4（TCP/IPv4）属性"对话框。

用单选框选中"使用下面的 IP 地址"，键入 PLC 以太网接口默认的子网地址 192.168.0.x（见图 3-10 的右图，应与 CPU 的子网地址相同），IP 地址的第 4 个字节是子网内设备的地址，可以取 0~255 中的某个值，但是不能与子网中其他设备的 IP 地址重叠。单击"子网掩

图 3-9　PLC 的以太网地址

码”输入框，自动出现默认的子网掩码 255.255.255.0。一般不用设置网关的 IP 地址。

使用宽带上互联网时，一般只需要用单选框选中图 3-10 中的“自动获得 IP 地址”。设置结束后，单击各级对话框中的“确定”按钮，最后关闭“以太网连接”对话框。

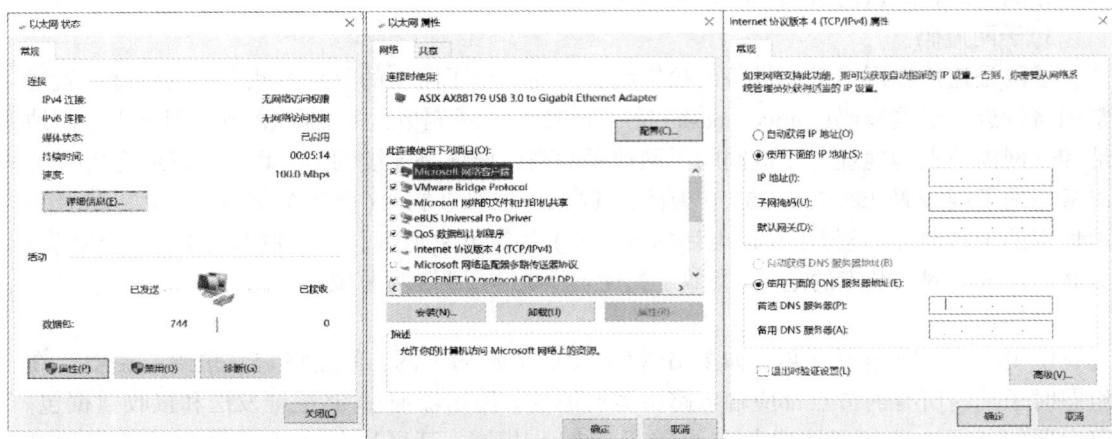

图 3-10　设置计算机网卡的 IP 地址

4.下载项目到新出厂的 CPU

做好上述的准备工作后，接通 PLC 的电源。新出厂的 CPU 还没有 IP 地址，只有厂家设置的 MAC 地址。此时选中项目树中的 PLC_1，单击工具栏上的“下载”按钮，打开“扩展的下载到设备”对话框，或者在菜单选项中选择“在线”→“扩展的下载到设备”命令（见图 3-11）。“扩展的下载到设备”对话框如图 3-12 所示。

有的计算机有多块以太网卡，例如笔记本电脑一般有一块有线网卡和一块无线网卡，在“PG/PC 接口”下拉式列表中选择实际使用的网卡。

单击“开始搜索”按钮，经过一定的时间后，在“选择目标设备”列表中，出现网络上的 S7-1200 CPU 和它的 MAC 地址，图 3-12 中计算机与 PLC 之间的连线由断开变为接通。CPU 所在方框的背景色变为实心的橙色，表示 CPU 进入在线状态。如果网络上有多个 CPU，为了确认设备列表中的 CPU 对应的硬件，选中列表中的某个 CPU，勾选左边的 CPU 图标下面的“闪烁 LED”复选框（见图 3-12），对应的硬件 CPU 上的 LED（发光二极管）将会闪动。

图 3-11　选择"扩展的下载到设备"命令

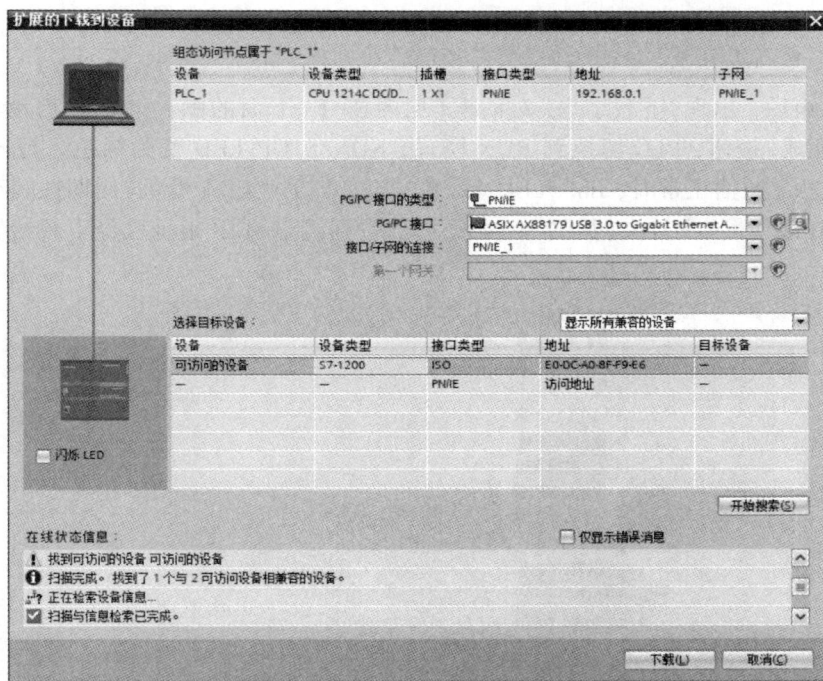

图 3-12　"扩展的下载到设备"对话框

　　选中列表中的 S7-1200，"下载"按钮上的字符由灰色变为黑色。单击该按钮，出现"下载预览"对话框(见图 3-13)。编程软件首先对项目进行编译，编译成功后，单击"装载"按钮，开始下载。

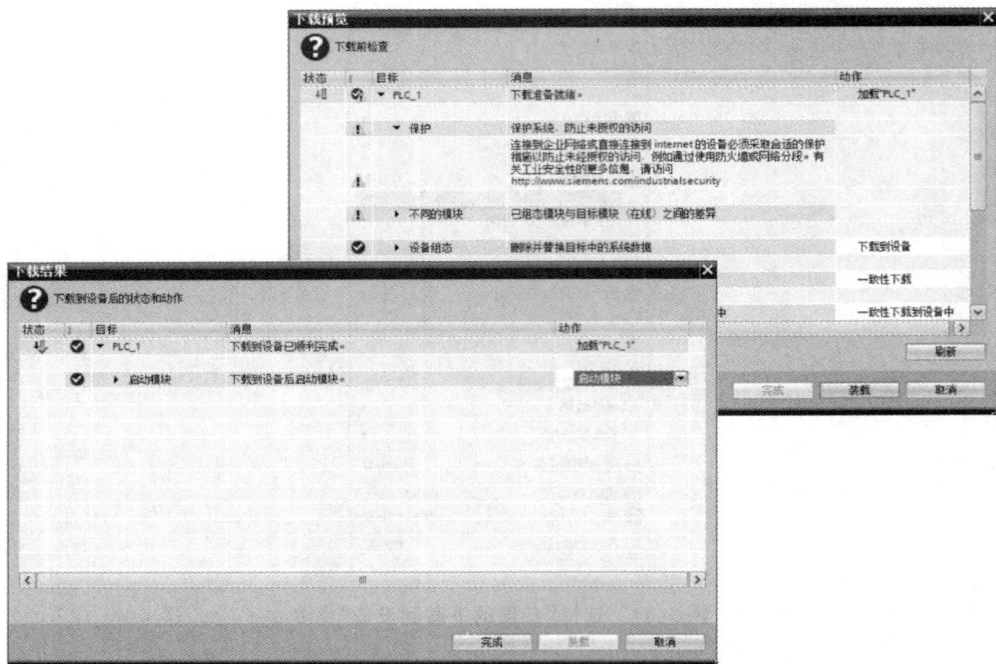

图 3-13   "下载预览"与"下载结果"对话框

　　下载结束后, 出现"下载结果"对话框(见图 3-13 下面的图), 勾选"启动模块"复选框, 单击"完成"按钮, PLC 切换到 RUN 模式, RUN/STOP LED 变为绿色。打开以太网接口上面的盖板, 通信正常时, Link LED (绿色)亮, Rx/Tx LED (橙色)周期性闪动。打开项目树中的"在线访问"文件夹(见图 3-14), 可以看到组态的 IP 地址已经下载给 CPU。

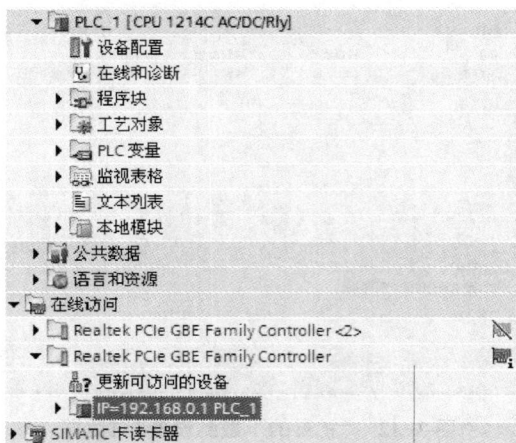

图 3-14   在线的可访问设备

5. 下载项目

将 IP 地址下载到 CPU 后, 可以下载 PLC 项目。选中项目树中的 PLC_1, 单击工具栏上的"下载"按钮，出现"下载预览"对话框，选中复选框"全部覆盖"（见图3-15）。如果PLC处于RUN模式，将会出现"模块因下载到设备而停止"的信息。单击"下载"按钮，出现"装载结果"对话框，CPU切换到STOP模式。选中复选框"全部启动"，单击"完成"按钮，完成下载后CPU进入RUN模式。

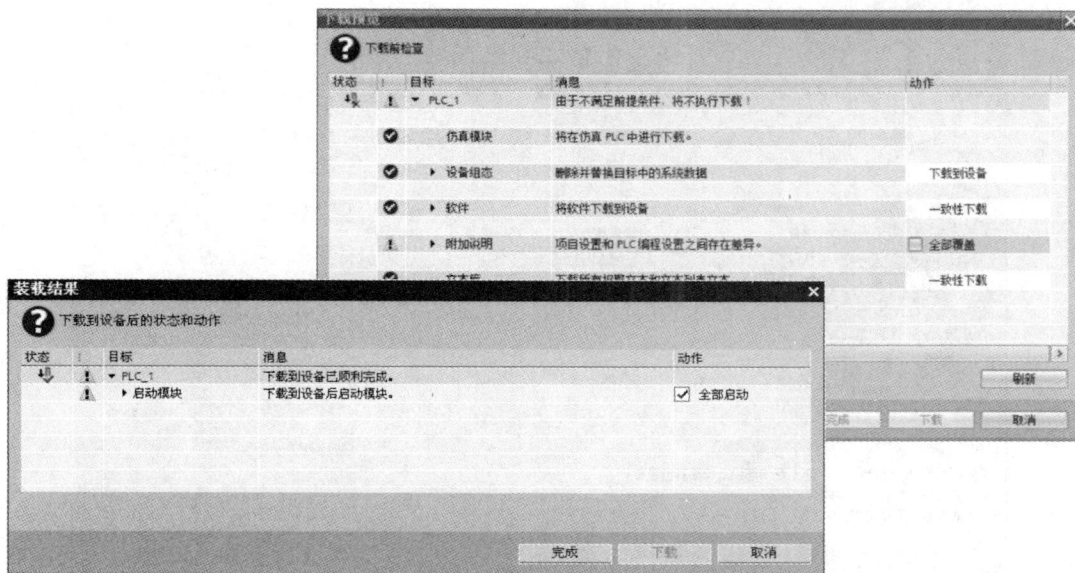

图3-15 "下载预览"与"装载结果"对话框

6. 使用菜单命令下载

（1）选中PLC_1，执行菜单命令"在线"→"下载到设备"，将已编译的硬件组态数据和软件项目数据下载给选中的设备。

（2）执行菜单命令"在线"→"扩展的下载到设备"，出现"扩展的下载到设备"对话框，设置与选中的设备的在线连接，将硬件组态数据和程序下载给选中的设备。

7. 用快捷菜单下载部分内容

用鼠标右键单击项目树中的PLC_1，选中快捷菜单中的"下载到设备"和其中的子选项"硬件和软件""硬件配置"或"软件"，执行相应的操作。也可以在打开某个代码块时，单击工具栏上的"下载"按钮，下载该代码块。

8. 下载时找不到连接的PLC的处理方法

假设PLC原来的IP地址为192.168.0.1，在组态以太网接口时将它改为192.168.0.2，下载时将打开"扩展的下载到设备"对话框（见图3-16），单击"开始搜索"按钮，找不到可访问的设备，不能下载。此时应选择"显示所有兼容的设备"项，单击"开始搜索"按钮，在"选择目标设备"列表中显示出IP地址为192.168.0.1的CPU，选中它后，单击"下载"按钮，下载后CPU的IP地址就被修改为192.168.0.2。

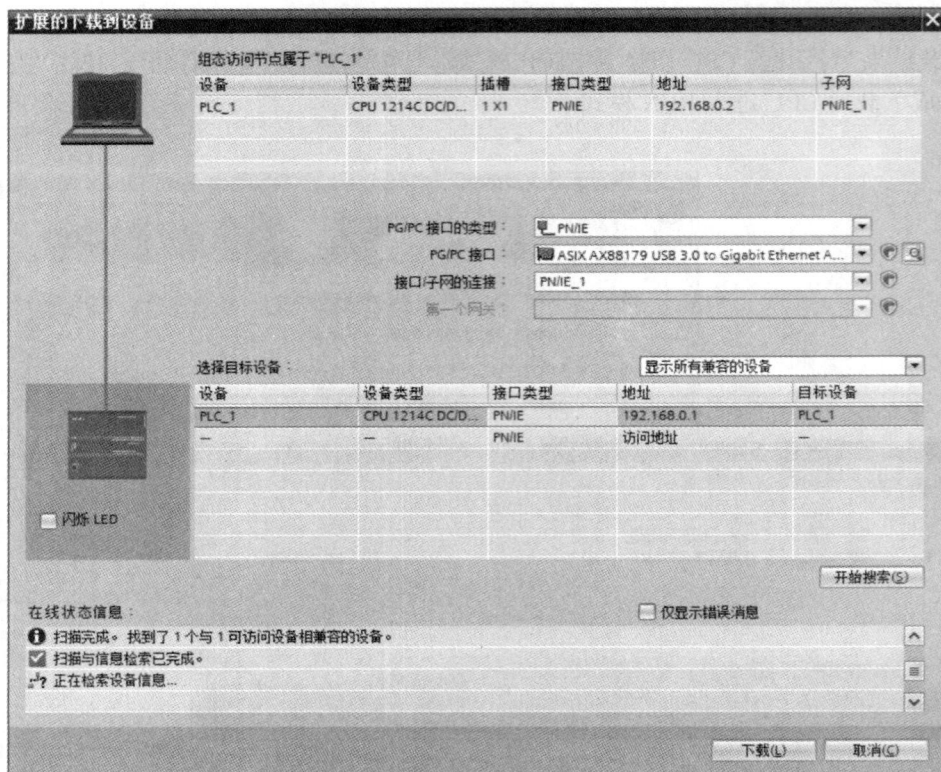

图 3-16　组态不同 IP 地址时"扩展的下载到设备"对话框

9. 上传设备作为新站

CPU 固件版本 V4.0 及以上，TIA 博途 V13 及以上版本新增了"上传设备作为新站"功能。做好计算机与 PLC 通信的准备工作后，新建一个项目，添加新设备（可添加任意型号 CPU），将新设备"转至在线"后，执行菜单命令"在线"→"将设备作为新站上传（硬件和软件）"，出现"将设备上传至 PG/PC"对话框（见图 3-17）。用"PG/PC 接口"下拉式列表选择实际使用的网卡。

单击"开始搜索"按钮，经过一定的时间后，在"所选接口的可访问节点"列表中，出现连接的 CPU 和它的 IP 地址，计算机与 PLC 之间的连线由断开变为接通。CPU 所在方框的背景色变为实心的橙色，表示 CPU 进入在线状态。

选中可访问节点列表中的 CPU，单击对话框下面的"从设备上传"按钮，上传成功后，可以获得 CPU 完整的硬件配置和用户程序。与 S7-300/400 不同，S7-1200 下载了 PLC 变量表和程序中的注释。因此在上传时可以得到 CPU 中的变量表和程序中的注释，它们对于程序的阅读是非常有用的。

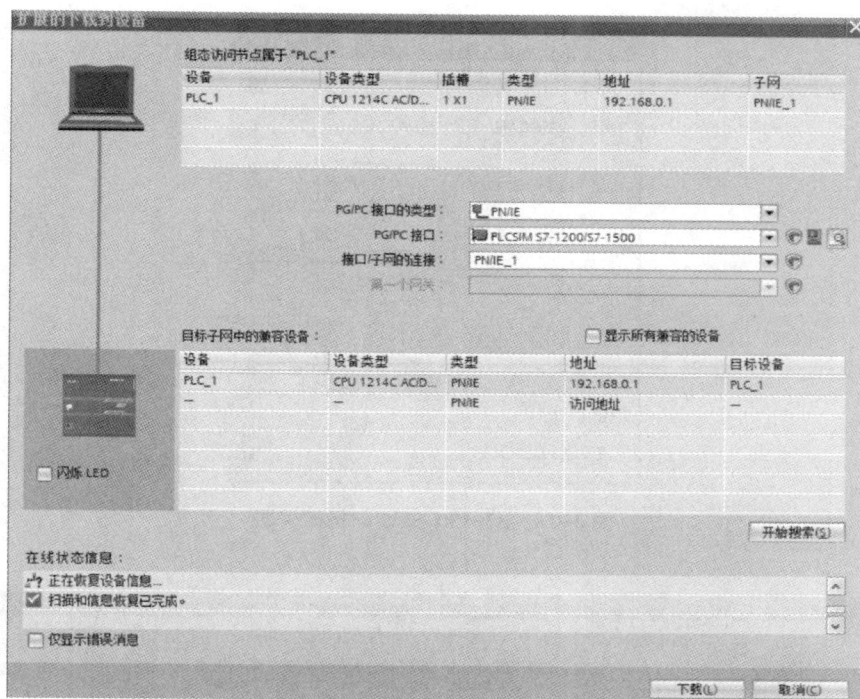

图 3-17　"将设备上传至 PG/PC"对话框

3.2.6　程序调试

在本案例中，我们将启用仿真器来调试程序。

1. S7-1200/S7-1500 的仿真软件

S7-1200 对仿真的硬件、软件的要求如下：固件版本为 V4.0 或更高
版本的 S7-1200 和固件版本为 V4.12 或更高版本的 S7-1200F，S7-PLCSIM 的版本为 V13
SP1 及以上。

S7-PLCSIM V13 SP1 不支持所有的指令，不支持计数、PID 和运动控制工艺模块，不
支持 PID 和运动控制工艺对象。

2. 启动仿真和下载程序

选中项目树中的 PLC_1，单击工具栏上的"开始仿真"按钮，S7-PLCSIM V13 被启动，
出现"自动化许可证管理器"对话框，显示"启动仿真将禁用所有其它的在线接口"。勾选
"不再显示此消息"复选框，以后启动仿真时不会再显示该对话框。单击"确定"按钮，出现
S7-PLCSIM 的精简视图（见图 3-18）。如果没有在 S7-PLCSIM 中设置"启动时加载最近运
行的项目"，将会在默认的文件夹中自动生成一个 S7-PLCSIM 项目。

打开仿真软件后，如果出现"扩展的下载到设备"对话框，如图 3-19 所示，设置好
"PG/PC 接口的类型"和"PG/PC 接口"，用以太网接口下载程序。单击"开始搜索"按钮，
在"选择目标设备"列表中显示出搜索到的仿真 CPU 的以太网接口的 IP 地址。

图 3-18　S7-PLCSIM 的精简视图

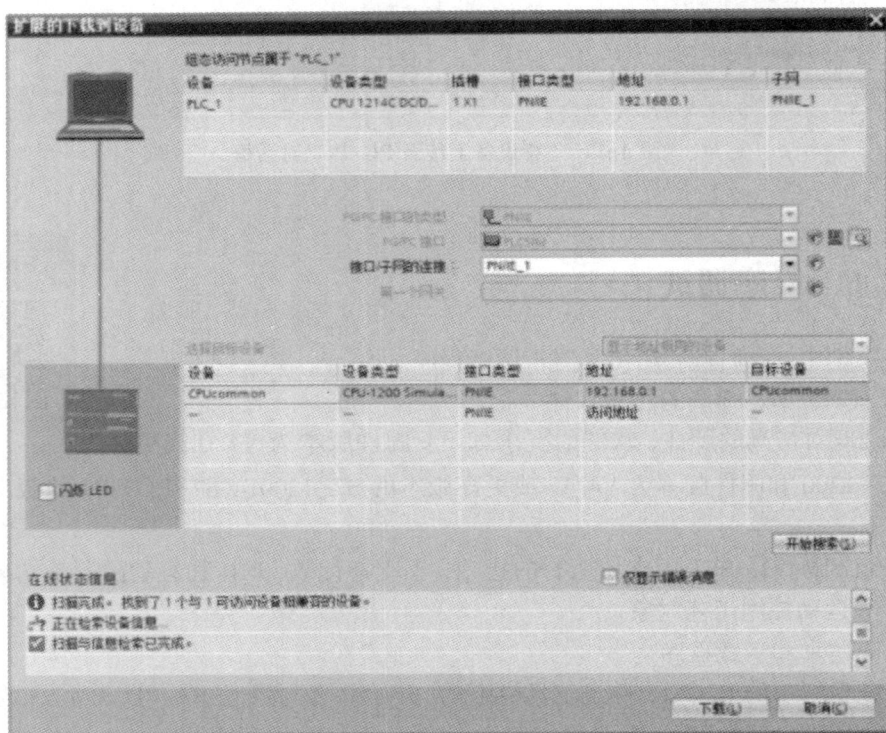

图 3-19　仿真环境下"扩展的下载到设备"对话框

　　单击"下载"按钮，出现的对话框询问"是否要将这些设置保存为 PG/PC 接口的默认值?"单击"是"按钮确认，将出现"下载预览"对话框(见图 3-20)。编译组态成功后，勾选"全部覆盖"复选框，单击"下载"按钮，将程序下载到 PLC。下载结束后，出现"下载结果"对话框。勾选其中的"全部启动"复选框，单击"完成"按钮，仿真 PLC 被切换到 RUN 模式。也可以单击计算机桌面上的 S7-PLCSIM V13 图标，打开 S7-PLCSIM，生成一个新的仿真项目或打开一个现有的项目。选中 TIA 博途中的 PLC，单击工具栏上的"下载"按钮，将用户程序下载到仿真 PLC。

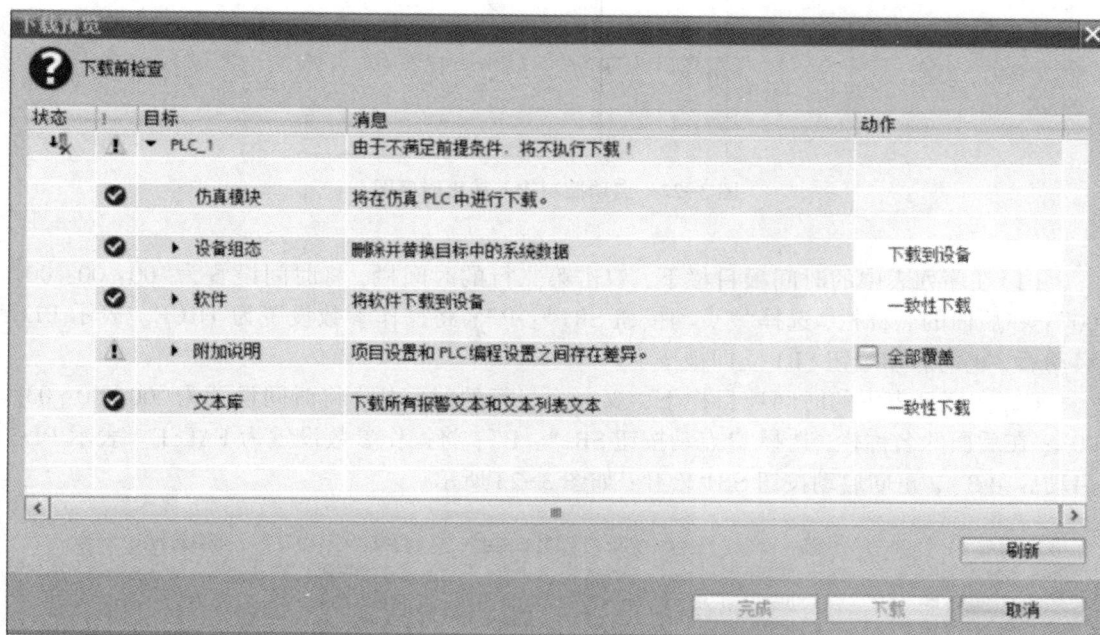

图 3-20　"下载预览"对话框

3. 编辑时间序列

点击图 3-18 中右下角的 图标，进入仿真器设置页面，如图 3-21 所示。在左边项目树中，双击序列，选择"添加新序列"，此时，会产生一个新的序列：序列 1_1。

图 3-21　仿真器序列设置页面

下面根据时序图(图 3-22)，设置输入 I0.0 的时间序列。

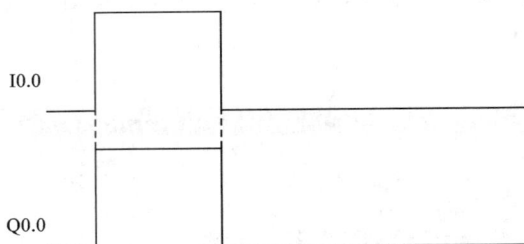

图 3-22 点动控制输入输出时序图

(1)在序列表中的时间项目栏下，双击第二行的时间栏，将时间设置为"00：00：00.00"；在后面的名称栏，选择""点动按钮 SB1"：P"；将操作参数设置为 TRUE。表示 PLC 启动后，正向启动按钮 SB1 立即被按下。

(2)在序列表中的时间项目栏下，双击第三行的时间栏，将时间设置为"00：00：03.00"；在后面的名称栏，选择""点动按钮 SB1"：P"；将操作参数设置为 FALSE。表示 PLC 启动后第 3 s，正向启动按钮 SB1 松开；如图 3-23 所示。

	时间	名称	地址	显示格式	操作	操作参数
⊢	00:00:00.00				启动序列	
	00:00:00.00	"点动按钮SB1":P	%I0.0:P	布尔型	设置为值	TRUE
	00:00:03.00	"点动按钮SB1":P	%I0.0:P	布尔型	设置为值	FALSE
	00:00:03.00			DEC	设置为值	0

图 3-23 点动控制输入输出时序图

选择仿真器设置页面中的"切换到精简视图"图标，返回到仿真器精简视图页面，如图 3-24 所示。

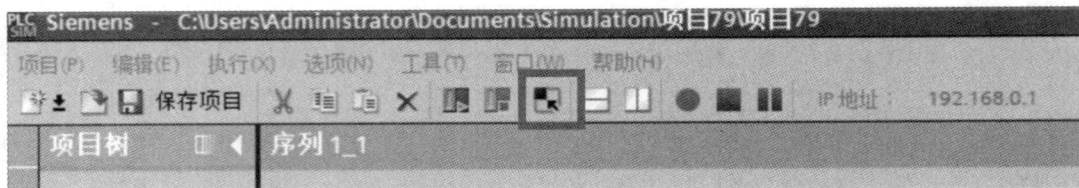

图 3-24 返回到仿真器精简视图页面

4. 仿真调试

(1)将仿真器切换到"RUN"状态。

(2)打开 PLC 程序监视。点击"启用/禁用监视"图标，此时程序段发生颜色变化，触点闭合时，变为绿色；触点断开时，变为蓝色，如图 3-25 所示。

(3)在仿真器页面中，选择序列 1_1，单击"启动"按钮图标，启动序列 1_1，系统

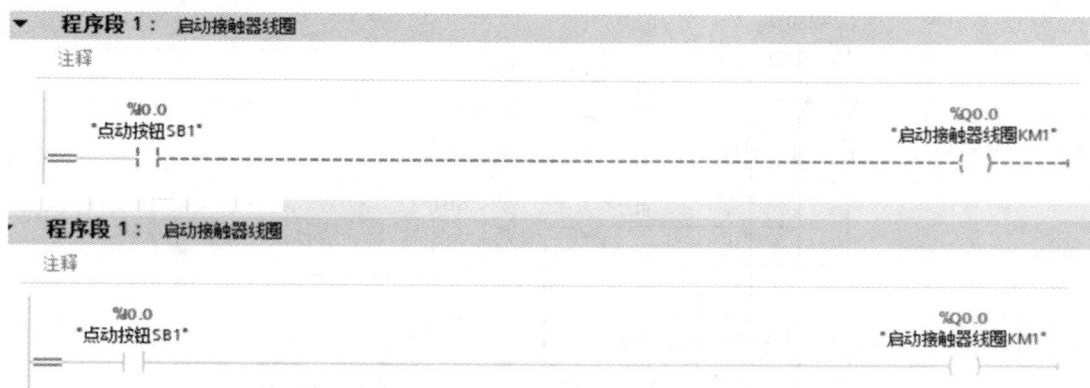

图 3-25　点动控制输入输出程序运行结果

将按照提前设置好的时间序列执行程序。

(4)观察启动接触器线圈 KM1 的运行情况,画出时序图,与图 3-22 进行比较,看是否正确。

任务 3　用 PLC 控制三相交流异步电动机的正转与反转

3.3.1　任务分析

机床主轴电动机在机械零件加工时,需要连续正向或反向运行。现使用 S7-1200 PLC 实现机床主轴电动机的控制,如图 3-26 所示。

1.任务要求

(1)根据电动机启动运行要求,设计 PLC 外部电路(按 7.5 kW 电动机选择接触器、主导线、中间继电器等);

(2)连接 PLC 外部电路;

(3)编写用户程序;

(4)输入、编辑、编译、下载调试用户程序;

(5)运行用户程序,观察程序运行结果。

2.控制要求

(1)三相交流异步电动机正、反转均能启动。

(2)三相交流异步电动机正、反转均能直接进行切换。

(3)具有短路保护和过载保护。

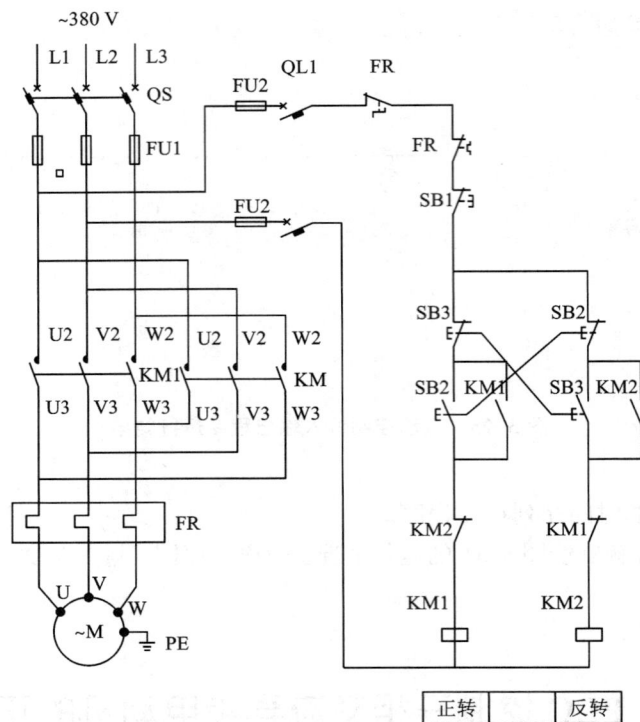

图 3-26　三相交流异步电动机正、反转电气接线图

3.3.2　IO 分配

完成了电气图和任务控制要求的分析，确定了输入和输出元素，接下来根据 PLC 输入/输出点分配原则，对本案例进行 I/O 地址分配，如表 3-7 所示。

表 3-7　主轴电动机的 PLC 控制 I/O 分配表

输入		输出	
输入继电器	元件	输出继电器	元件
I0.0	停止按钮 SB1	Q0.0	正向接触器 KM1 线圈
I0.1	正向启动按钮 SB2	Q0.1	反向接触器 KM2 线圈
I0.2	反向启动按钮 SB3		

3.3.3 PLC 硬件原理图

根据控制要求及表 3-7 的 I/O 分配表，电动机正反转的 PLC 控制系统硬件原理图如图 3-27 所示。

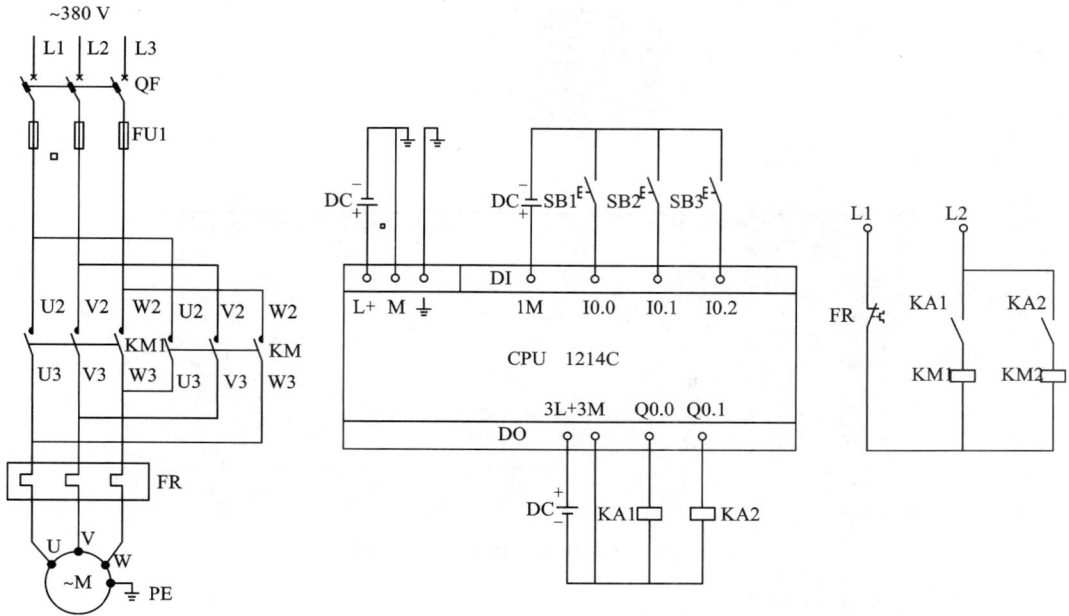

图 3-27 电动机正反转的 PLC 控制系统硬件原理图

3.3.4 程序编写

1. 创建工程项目

用鼠标双击桌面上的 图标，打开博途编程软件，在 Portal 视图中选择"创建新项目"，输入项目名称"电动机正反转控制"，选择项目保存路径，然后单击"创建"按钮完成项目创建，并进行项目的硬件组态。

双击西门子 S7-1200，进入设备视图。点击"属性"，可以看到 PLC 的设备信息，我们在以太网地址中，建立子网，并确认 IP 地址，如图 3-28 所示。在该案例中，系统默认 PLC 的 IP 地址为"192.168.0.1"，这个地址在子网中是唯一的。当系统添加其他设备时，IP 地址不能相冲突。

2. 编辑变量表

首先，我们在 PLC 变量表中声明变量。在项目视图的项目树中，双击打开 PLC_1 文件夹，再双击打开 PLC 变量文件夹，选择"默认变量表"，可在中间的空白表中完成变量的输入，如图 3-29 所示。

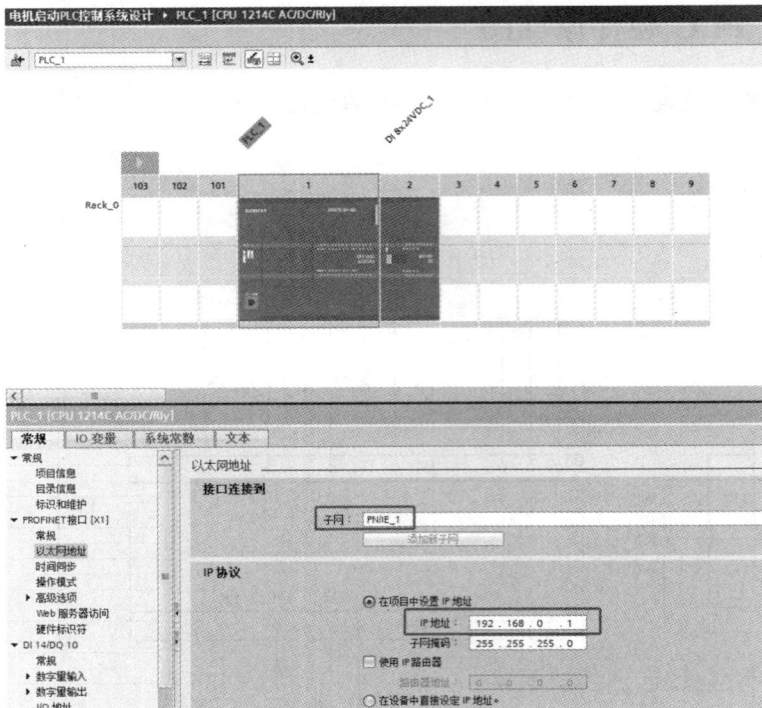

图 3-28　设备视图中 PLC 的参数设置

接下来，在 PLC 变量表中，单击第一行的名称列，输入变量符号名"正向启动按钮 SB2"，选择数据类型为 Bool，在地址列中输入地址 I0.1，在注释列中根据需要输入注释，如"正向启动按钮"。

在第二行中，输入变量符号名"反向启动按钮 SB3"，选择数据类型为 Bool，在地址列中输入地址 I0.2，输入注释"反向启动按钮"。我们按照 I/O 分配表，对其他的变量进行编辑。

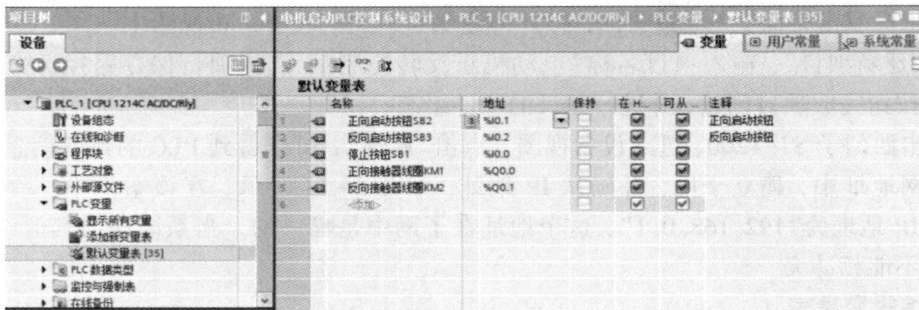

图 3-29　电动机正反向 PLC 控制的变量表

3.编写程序

在程序编辑器中选用和显示 PLC 变量,在项目树中双击打开 PLC_1 下面的"程序块"文件夹,再双击 main 主程序,打开程序编辑器。

(1)在程序段 1 中双击插入常开触点,如图 3-30 所示。

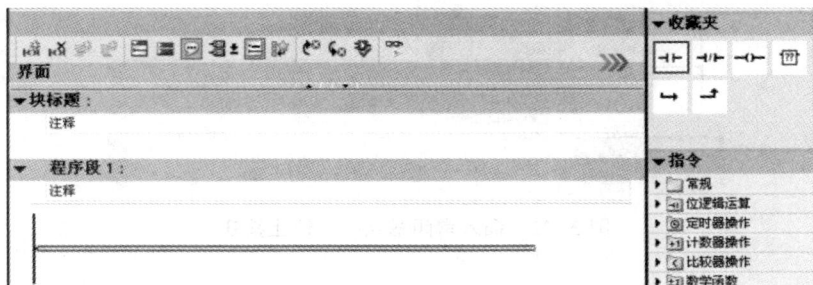

图 3-30　插入常开触点

(2)单击变量按钮,在下拉菜单中选择"正向启动按钮 SB2",如图 3-31 所示。

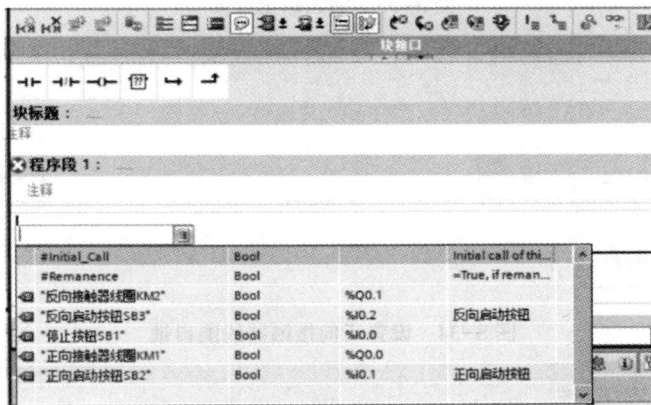

图 3-31　选择触点对应的变量

(3)在程序段 1 中双击插入常闭触点,选择变量"停止按钮 SB1",如图 3-32 所示。

(4)接下来在程序段后面,双击插入输出线圈"正向接触器线圈 KM1"。此时该程序段就有了输出,如图 3-33 所示。

(5)在本案例中,我们需要维持电动机启动后的连续运行状态,因此需要使正向接触器线圈 KM1 保持得电状态,而不受正向启动按钮 SB2 的影响,此处加入一个自锁。点击程序段左侧的竖线,选择分支图标 ⤷ ,插入常开触点 KM1,选择关闭分支图标 ⤶ ,完成自锁,如图 3-34 所示。

下面我们按照任务控制要求,完成梯形图的设计。参考程序如图 3-35 所示。

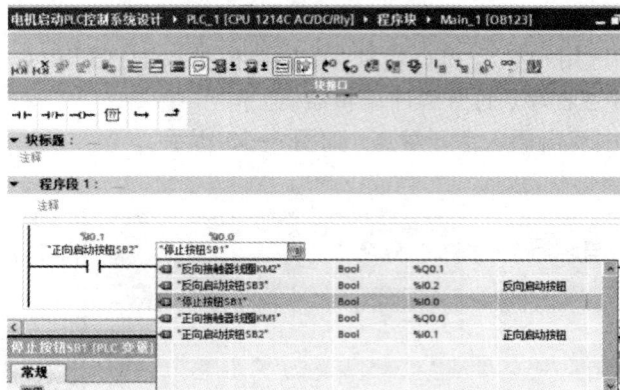

图 3-32　插入常闭触点——停止按钮

图 3-33　插入输出线圈

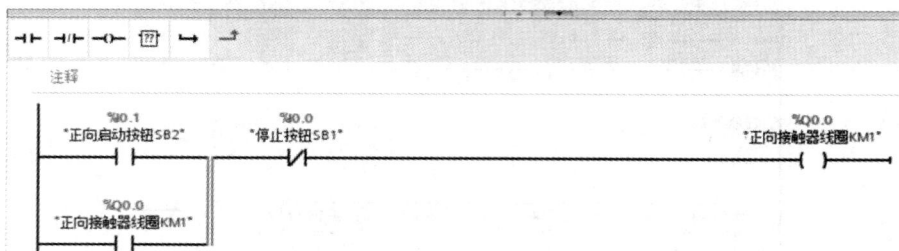

图 3-34　设置正向接触器线圈自锁

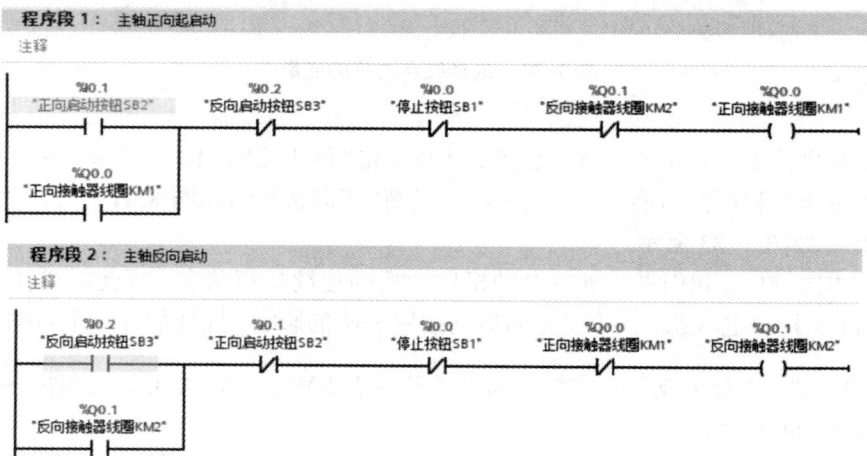

图 3-35　电动机正反转参考程序

3.3.5 程序调试

在本案例中，我们将启用仿真器来调试程序。

第一步：启动仿真。

方法一：如图 3-36 所示，选择仿真器 ▣ 图标，单击左键，启动仿真。方法二：选择
"在线"→"仿真"→"启动"。

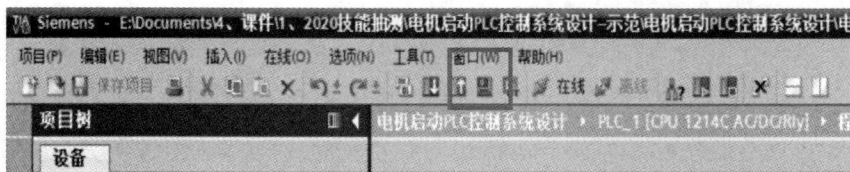

图 3-36　启动仿真器

在弹出的仿真器对话框中，点击"确定"按钮，如图 3-37 所示。然后将 PLC 程序下载
到仿真器中，勾选"全部覆盖"前的框，点击图 3-38 中下方的"下载"按钮。

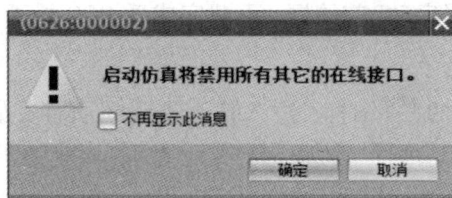

图 3-37　连接仿真器

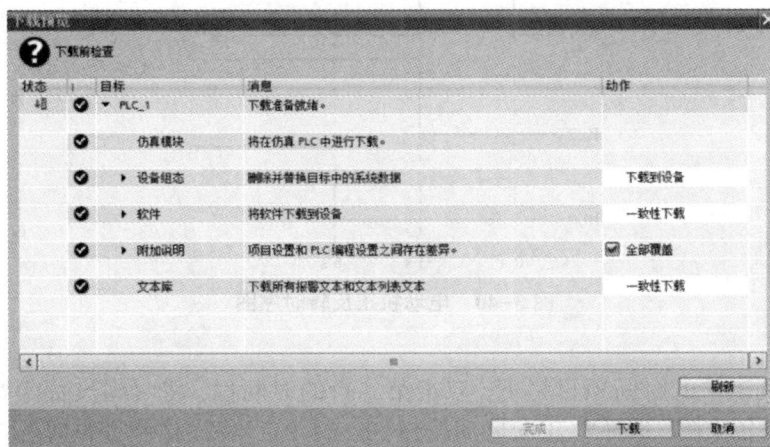

图 3-38　将 PLC 程序下载到仿真器中

下载完之后，进入"下载结果"页面，在页面下方选择"完成"，如图 3-39 所示。

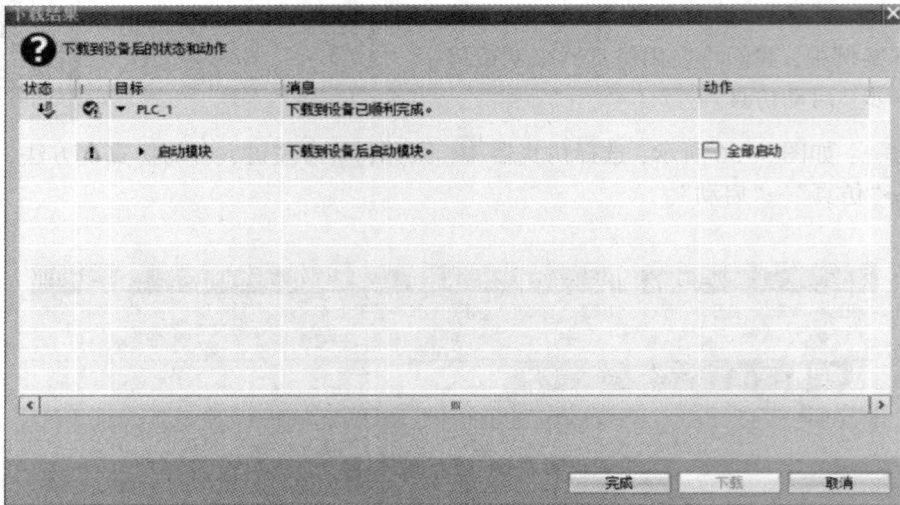

图 3-39 完成下载页面

　　下载完成后，仿真器页面弹出，如任务 2 中图 3-18 所示。此时，PLC 处于 STOP 状态；若勾选图 3-39 中"全部启动"前的框，下载完成后 PLC 处于 RUN 状态。

第二步：编辑时间序列。

　　点击图 3-18 中右下角的 图标，进入仿真器设置页面，如任务 2 中图 3-21 所示。在左边项目树中，双击序列，选择"添加新序列"，此时，会产生一个新的序列：序列 1_1。

下面根据时序图(见图 3-40)设置输入 I0.0, I0.1, I0.2 的时间序列。

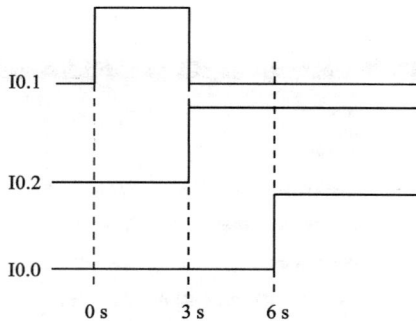

图 3-40 电动机正反转时序图

　　(1)在序列表中的时间项目栏下，双击第二行的时间栏，将时间设置为"00：00：00.00"，在后面的名称栏，选择""正向启动按钮 SB2"：P"，将操作参数设置为 TRUE。表示 PLC 启动后，正向启动按钮 SB2 立即被按下。

　　(2)在序列表中的时间项目栏下，双击第三行的时间栏，将时间设置为"00：00：03.

00"，在后面的名称栏，选择""正向启动按钮 SB2":P"，将操作参数设置为 FALSE。表示 PLC 启动后第 3 s，正向启动按钮 SB2 松开。

（3）在序列表中的时间项目栏下，双击第四行的时间栏，将时间设置为"00：00：03. 00"，在后面的名称栏，选择""反向启动按钮 SB3":P"，将操作参数设置为 TRUE。表示 PLC 启动后第 3 s，反向启动按钮 SB3 按下。

（4）在序列表中的时间项目栏下，双击第五行的时间栏，将时间设置为"00：00：06. 00"，在后面的名称栏，选择""停止按钮 SB1":P"，将操作参数设置为 TRUE。表示 PLC 启动后第 6 s，停止按钮 SB1 按下。如图 3-41 所示。

时间 ▲	名称	地址	显示格式	操作	操作参数
00:00:00.00				启动序列	
00:00:00.00	"正向启动按钮SB2":P	%I0.1:P	布尔型	设置为值	TRUE
00:00:03.00	"正向启动按钮SB2":P	%I0.1:P	布尔型	设置为值	FALSE
00:00:03.00	"反向启动按钮SB3":P	%I0.2:P	布尔型	设置为值	TRUE
00:00:06.00	"停止按钮SB1":P	%I0.0:P	布尔型	设置为值	TRUE

图 3-41　电动机正反转输入时间序列

选择仿真器设置页面中的"切换到精简视图"图标，返回到仿真器精简视图页面。

第三步：开始仿真调试。

（1）将仿真器切换到"RUN"状态。

（2）打开 PLC 程序监视。点击"启用/禁用监视"图标，此时程序段发生颜色变化，触点闭合时，变为绿色；触点断开时；变为蓝色虚线，如图 3-42 所示。

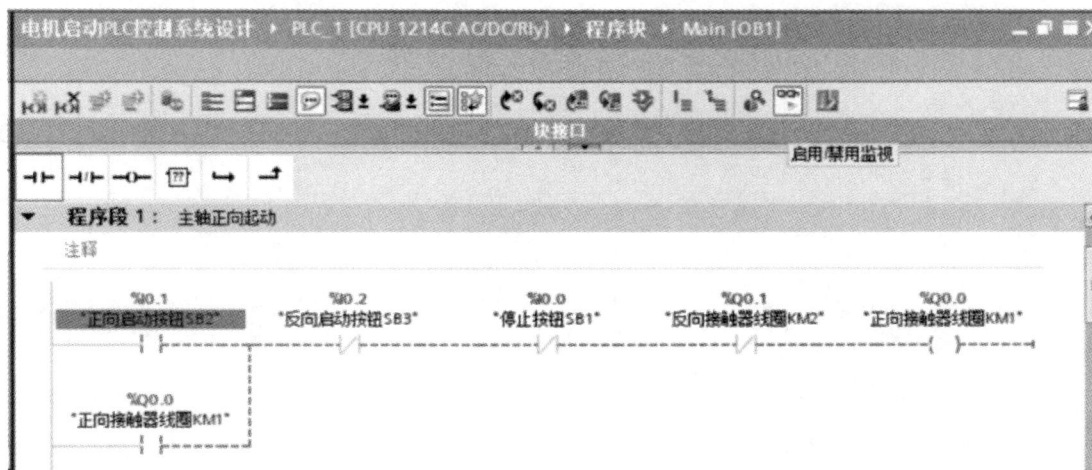

图 3-42　启用监控

（3）在仿真器页面中，选择序列 1_1，单击"启动"按钮　图标，启动序列 1_1，系统将按照提前设置好的时间序列执行程序，如图 3-43 所示。

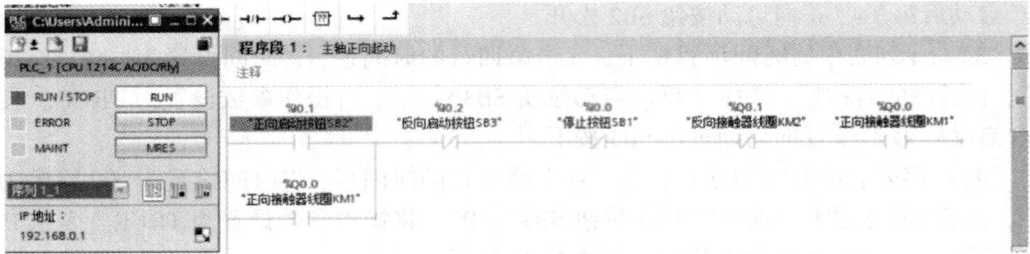

图 3-43 启用序列

(4)观察正向接触器线圈 KM1 和反向接触器线圈 KM2，画出时序图，与图 3-40 进行比较，看是否正确。

项目四

S7-1200 定时器的使用

任务 1　定时器指令

S7-1200 使用符合 IEC 标准的定时器和计数器指令。西门子 S7-1200 PLC 定时器的类型有 4 种，如表 4-1 所示。

表 4-1　西门子 S7-1200 PLC 定时器

类型	时序图
脉冲定时器(TP) TP 定时器可生成具有预设宽度时间的脉冲	
接通延时定时器(TON) TON 定时器在预设的延时过后将输出 Q 设置为 ON	
关断延时(TOF) TOF 定时器在预设的延时过后将输出 Q 重置为 OFF	

续表4-1

类型	时序图
时间累加器（TONR） TONR 定时器在预设的延时过后将输出 Q 设置为 ON。在使用 R 输入重置经过的时间之前，会跨越多个定时时段一直累加经过的时间	

使用定时器指令可创建编程的时间延时。用户程序中可以使用的定时器数仅受 CPU 存储器容量限制。每个定时器均使用 16 字节的 IEC_Timer 数据类型的 DB 结构来存储功能框或线圈指令顶部指定的定时器数据。博途软件会在插入指令时自动创建该 DB。

在博途软件下打开右边的指令列表窗口，将"定时器操作"文件夹中的定时器指令拖放到梯形图中适当的位置。添加 IEC 定时器时，系统会自动为其分配背景数据块。本例程添加一个 TON 定时器，背景 DB 如图 4-1 所示。

步骤：选择 PLC_1→程序块→添加新块。

图 4-1　添加 IEC 定时器

可以修改背景数据块的名称，也可以使用默认值。在本案例中采用默认值，点击"确定"后，在系统块（System Blocks）中可以看到新生成的 IEC 定时器的背景数据块，包含如下参数，如图 4-2 所示。

图 4-2　IEC 定时器参数

IEC 定时器中常用的参数有五个：
- IN：Input，定时器启动，Start Timer；
- R：Reset，定时器复位，Reset Timer；
- PT：Preset Time，时间预设值，必须大于 0；
- ET：Elapse Time，当前时间值，时间流逝值；
- Q：Output，输出。

定时器的输入 IN（见图 4-3）为启动输入端，在输入 IN 的上升沿（从 0 状态变为 1 状态），启动 TP、TON 和 TONR 开始定时。在输入 IN 的下降沿，启动 TOF 开始定时。PT（Preset Time）为预设时间值，ET（Elapsed Time）为定时开始后经过的时间，称为当前时间值，它们的数据类型为 32 位的 Time，单位为 ms，最大定时时间为 T#24D_20H_31M_23S_647MS，D、H、M、S、MS 分别为日、小时、分、秒和毫秒。比如定时 200 s，写作 T#200S；定时 1 天-2 小时-30 分钟-5 秒-200 毫秒，写作 T#1D_2H_30M_5S_200MS。可以不给输出 ET 指定地址。Q 为定时器的位输出，各参数均可以使用 I（仅用于输入参数）、Q、M、D、L 存储区，PT 可以使用常量。定时器指令可以放在程序段的中间或结束处。

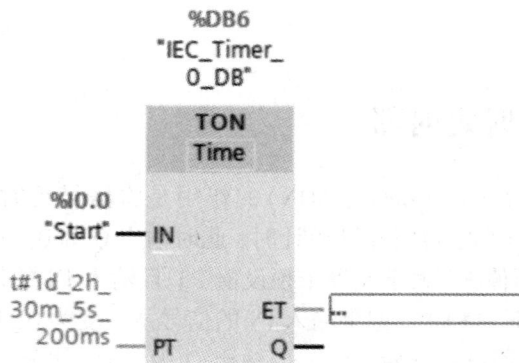

图 4-3　IEC 定时器举例之 TON（接通延时）定时器

4.1.1　脉冲定时器

脉冲定时器

脉冲定时器(Timer Pulse，TP)用来产生一定时间宽度的脉冲信号，当IN 信号从 0 变为 1 时，定时器开始计时，此时输出 Q 为 1；在整个时间流逝的过程中，无论输入 IN 的信号是否变化，输出 Q 始终为 1；当实际值ET 大于或等于预设值 PT 时，输出 Q 变为 0；当输入值 IN 再次从 0 变为 1 时，定时器重新计时。

脉冲定时器的指令名称为"生成脉冲"，用于将输出 Q 置位为 PT 预设的一段时间。用程序状态功能可以观察当前时间值的变化情况(见图 4-4)。在 IN 输入信号的上升沿启动该指令，Q 输出变为 1 状态，开始输出脉冲。定时开始后，当前时间 ET 从 0 ms 开始不断增大，达到 PT 预设的时间时，Q 输出变为 0 状态。如果 IN 输入信号为 1 状态，则当前时间值保持不变。如果 IN 输入信号为 0 状态，则当前时间变为 0 s。IN 输入的脉冲宽度可以小于预设值 PT，在脉冲输出期间，即使 IN 输入出现下降沿和上升沿，也不会影响脉冲的输出。

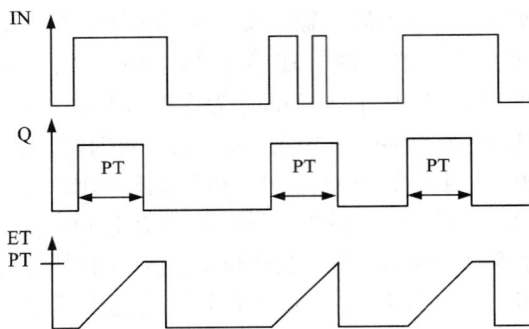

图 4-4　脉冲定时器的时序图

4.1.2　接通延时定时器

接通延时定时器(TON)

接通延时定时器(Timer On-delay，TON)的作用是将信号延时接通。当输入信号 IN 从 0 变为 1 时，定时器开始计时，此时输出 Q 为 0。在计时的过程中，如果时间流逝值 ET 大于或等于预设值 PT 且输入 IN 的信号为1 时，输出 Q 为 1；在计时过程中，如果输入 IN 的信号从 1 变为 0，则定时器停止计时。若再次从 0 变为 1，则定时器重新开始计时。当输出 Q 为 1 时，若输入 IN 从 1 变为 0，则输出 Q 变为 0。其工作时序图，如图 4-5 所示。

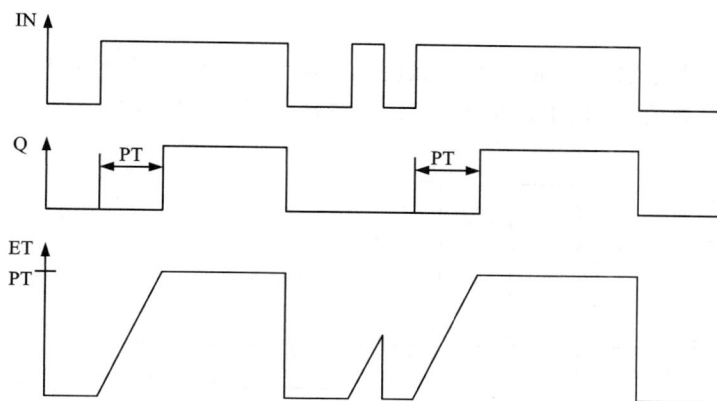

图 4-5 接通延时定时器的时序图

关断延时定时器
(TOF)

4.1.3 关断延时定时器

延时断开定时器(Timer Off-delay, TOF)将某个信号延时断开。

当输入信号 IN 从 0 变为 1 时,定时器启动,此时输出 Q 为 1。当输入信号 IN 从 1 变为 0 时,定时器开始计时,输出 Q 保持为 1,当流逝的时间值 ET 大于或等于预设的时间值 PT 且输入 IN 保持为 0 时,输出 Q 变为 0。在时间流逝的过程中,若输入 IN 从 0 变为 1,则定时器复位,当从 1 变为 0 时,定时器重新开始计时。其工作时序图,如图 4-6 所示。

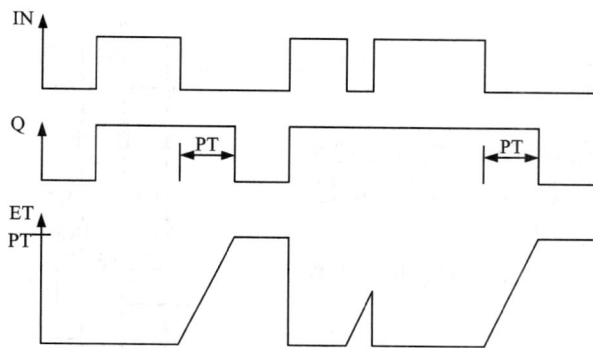

图 4-6 关断延时定时器的时序图

保持型接通延时
定时器(TONR)

4.1.4 保持型接通延时定时器

保持型接通延时定时器(Retentive On-Delay Timer, TONR),又名时间累加器(Timer Accumulator)。时间累加器可以对输入信号 IN 的状态 1 进行累加。当输入 IN 从 0 变为 1 时,定时器开始计时,此时输出 Q 值为 0。定时器计时的过程中,流逝的时间被记录在 ET 中。若在到达预设值 PT 之前,输入信号从 1 变为 0,则定时器停止计时。当下次输入信号 IN 从 0 变为 1 时,定时器从上次记录的 ET 值开始继续计时,直到 ET 累计的时间大于或等于 PT 时, 输出 Q 变为 1。

当输出 Q 变为 1 时, 无论输入 IN 的信号怎么变化, 都保持为 1。当复位信号 R 从 0 变为 1 时, 输出 Q 和时间流逝值 ET 均被复位为 0; 其工作时序图, 如图 4-7 所示。

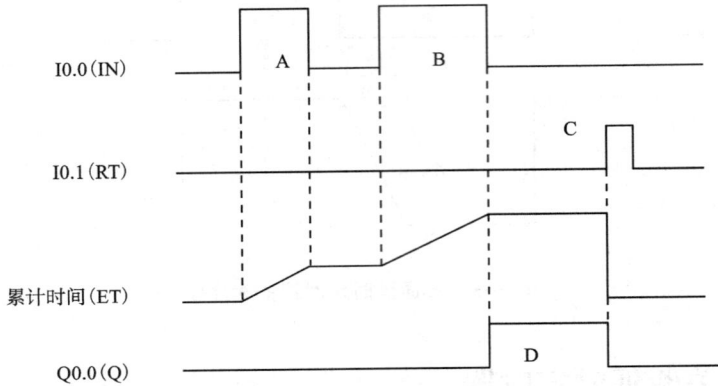

图 4-7　时间累加器的时序图

任务 2　三相交流异步电动机的星—三角(Y—△)降压启动控制

4.2.1　任务分析

控制要求如下: 当按下启动按钮 SB1 时, 电动机 Y 形连接启动, 10 s 后自动转为△形连接运行。当按下停上按钮 SB2 时, 电动机停机。

请先分析图 4-8 所示的电路图, 写下其工作过程。

三相交流异步电动机的星—三角(Y—△)降压启动控制的工作过程如图 4-9 所示。

4.2.2　IO 分配

根据 S7-1200 PLC 输入/输出地址分配原则和任务要求, 对 I/O 地址进行分配, 具体见表 4-2。

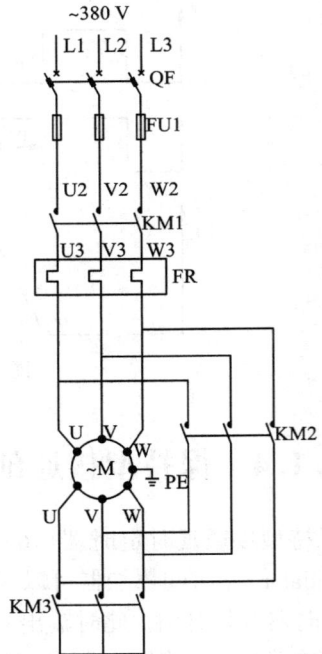

图 4-8　星-三角降压启动主电路图

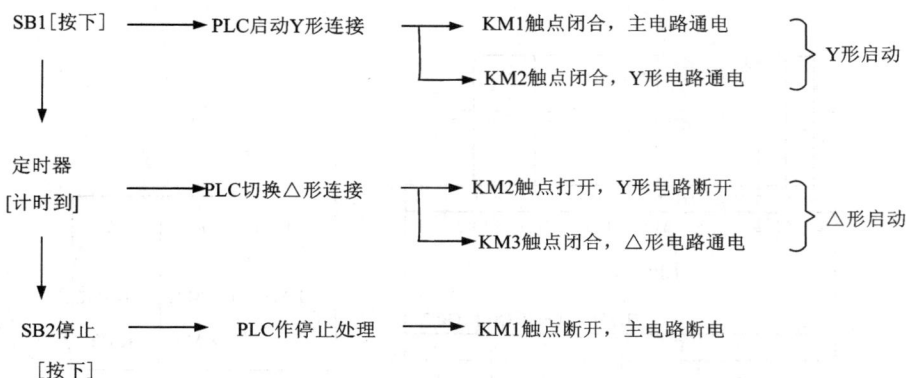

SB1[按下] ⟶ PLC启动Y形连接 ⟶ KM1触点闭合，主电路通电 ⎫ Y形启动
⟶ KM2触点闭合，Y形电路通电 ⎭

定时器
[计时到] ⟶ PLC切换△形连接 ⟶ KM2触点打开，Y形电路断开 ⎫ △形启动
⟶ KM3触点闭合，△形电路通电 ⎭

SB2停止 ⟶ PLC作停止处理 ⟶ KM1触点断开，主电路断电
[按下]

图 4-9 星-三角降压启动工作顺序图

表 4-2 三相交流异步电动机的 Y—△ 降压启动控制的 I/O 分配表

输入		输出	
输入继电器	元件	输出继电器	元件
I0.0	启动按钮 SB1	Q0.1	电源主回路接触器 KM1 线圈
I0.1	停止按钮 SB2	Q0.2	Y 形回路接触器 KM2 线圈
		Q0.3	△形回路接触器 KM3 线圈

4.2.3 PLC 硬件原理图

根据控制要求和 I/O 点表，星-三角降压启动控制系统的 PLC 硬件原理图如图 4-10 所示。

4.2.4 程序编写

1. 创建工程项目

用鼠标双击桌面上的 图标，打开博途编程软件，在 Portal 视图中选择"创建新项目"，输入项目名称"星-三角降压启动控制"，选择项目保存路径，然后单击"创建"按钮完成项目创建。

2. 硬件组态

选择"设备与网络"选项，单击"添加新设备"，设备名称可选择默认值如 PLC_1，也可以自定义。在"控制器"中选择与硬件一致的 CPU 型号和版本号，在本案例中选择 SIMATIC S7-1200→CPU→CPU1214C AC/DC/Rly V4.1 版本，如图 4-11 所示。双击选中的 CPU 型号(本案例中选择订货号为 6ES7 214-1BG40-0XB0，版本为 V4.1 的 CPU)或者单击页面下方的"添加"按钮，添加新设备成功后会弹出编辑窗口。

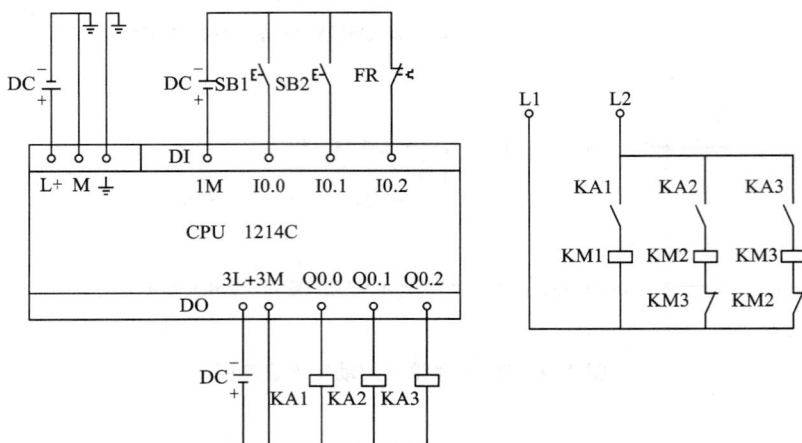

图 4-10　星-三角降压启动 PLC 硬件原理图

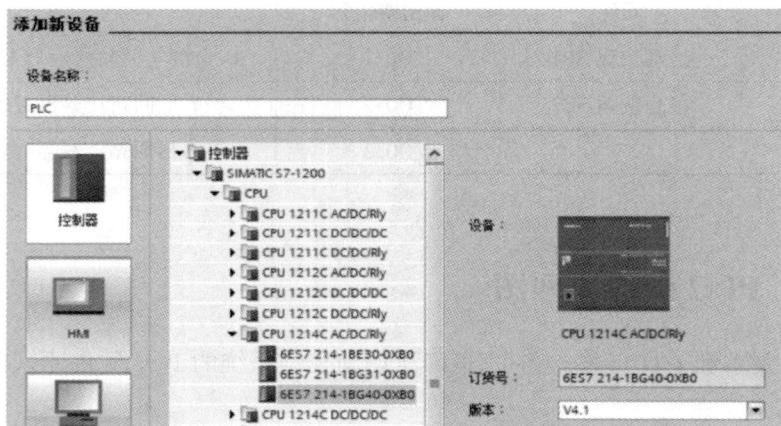

图 4-11　选择 PLC 中 CPU 的型号

3. 编辑变量表

首先，我们在 PLC 变量表中声明变量。在项目视图的项目树中，双击打开 PLC 文件夹，再双击打开 PLC 变量文件夹，选择"添加新变量表"，此时在新的变量表"变量表_1"的空白部分中完成变量的输入。

接下来，在 PLC 变量表中，单击第一行的名称列，输入变量符号名"启动按钮 SB1"，选择数据类型为 Bool，在地址列中输入地址 I0.0，在注释列中根据需要输入注释，如"启动按钮"。

在第二行中，输入变量符号名"停止按钮 SB2"，选择数据类型为 Bool，在地址列中输入地址 I0.1。输入注释"控制系统停止按钮"。我们按照 IO 分配表，对其他的变量进行编辑，如图 4-12 所示。

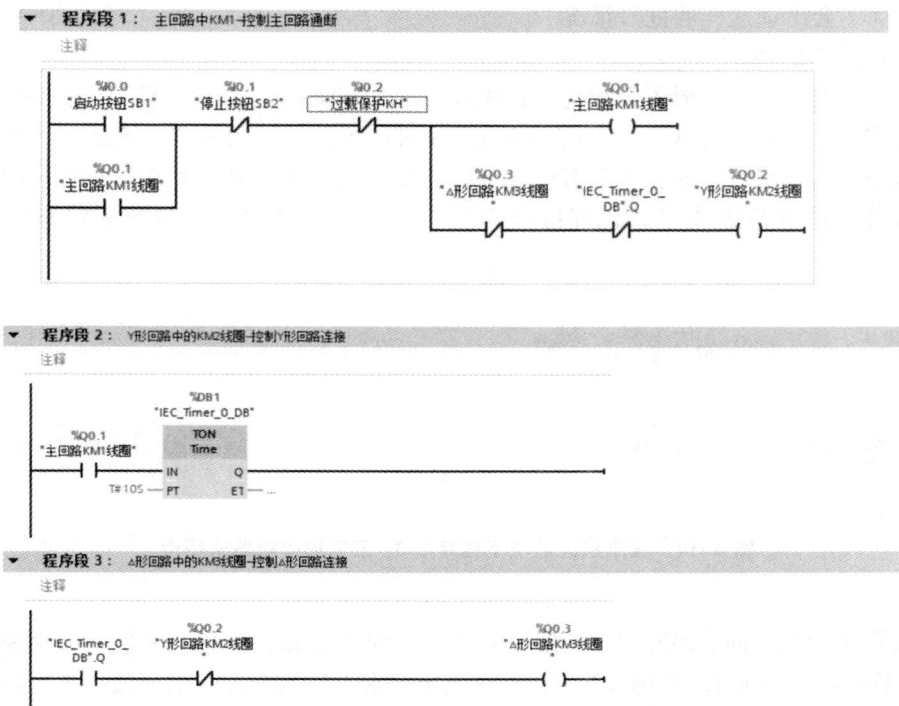

图 4-12　星-三角降压启动控制的 PLC 变量表

4. 编写程序

本案例中当按下启动按钮 SB1 时，电动机 Y 形连接启动，10 s 后自动转为△形连接运行。这个 10 s 时间可通过定时器来实现。按照控制要求，编写本案例的控制程序。参考程序如图 4-13 所示。

图 4-13　星-三角降压启动控制的 PLC 控制程序示例

4.2.5　程序调试

有两种调试用户程序的方法：程序状态与监控表（Watch Table）。程序状态可以监视程序的运行，显示程序中操作数的值和程序段的逻辑运算结果(RLO),查找用户程序的逻辑错误,还可以修改某些变量的值。

使用监控表可以监视、修改和强制用户程序或 CPU 内的各个变量。可以向某些变量写入需要的数值,来测试程序或硬件。例如,为了检查接线,可以在 CPU 处于 STOP 模式时给外设输出点指定固定的值。

在本任务中,将采用程序状态功能调试程序。具体步骤如下:

1. 启动程序状态监视

与 PLC 建立好在线连接后,打开需要监视的代码块,单击程序编辑器工具栏上的“启用/禁用监视”按钮 ，启动程序状态监视。如果在线(PLC 中的)程序与离线(计算机中的)程序不一致,项目树中的项目、站点、程序块和有问题的代码块的右边均会出现表示故障的符号。需要重新下载有问题的块,使在线、离线的块一致,上述对象右边均出现绿色的表示正常的符号后,才能启动程序状态功能。进入在线模式后,程序编辑器最上面的标题栏变为橘红色。

如果在运行时测试程序出现功能错误或程序错误,可能会对人员或财产造成严重损害,应确保不会出现这样的危险情况。

2. 程序状态的显示

启动程序状态后,梯形图用绿色连续线来表示状态满足,即有“能流”流过,见图 4-14 中较浅的实线。用蓝色虚线表示状态不满足,没有能流流过。用灰色连续线表示状态未知或程序没有执行,用黑色的表示没有连接。Bool 变量为 0 状态和 1 状态时,它们的常开触点和线圈分别用蓝色虚线和绿色连续线来表示,常闭触点的显示与变量状态的关系则反之。

图 4-14　程序状态监视下程序段 3:三角形接触器未得电

进入程序状态之前,梯形图中的线和元件因为状态未知,全部为黑色。启动程序状态监视后,梯形图左侧垂直的“电源”线和与它连接的水平线均为连续的绿线,表示有能流从“电源”线流出。有能流流过的处于闭合状态的触点、指令方框、线圈和“导线”均用连续的绿色线表示。

如图 4-13 所示,接通连接在 PLC 的输入端 I0.0 的开关 SB1 后马上断开它(模拟外接的启动按钮的操作),梯形图中 I0.0 的常开触点接通,使 Q0.1(电源接触器)和 Q0.2(星形接触器)的线圈通电并自保持。TON 定时器的 IN 输入端有能流流入,开始定时。TON 的当前时间值 ET 从 0 开始增大,达到 PT 预置的时间 10 s 时,定时器的位输出 Q 变为 1 状态,其常开触点接通,使 Q0.3(三角形接触器)的线圈通电;其常闭触点断开,使 Q0.2 的线圈断电。电动机由星形接法切换到三角形接法运行,如图 4-15 所示。

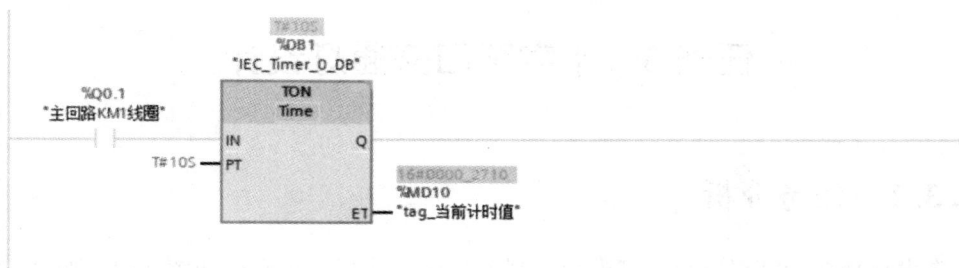

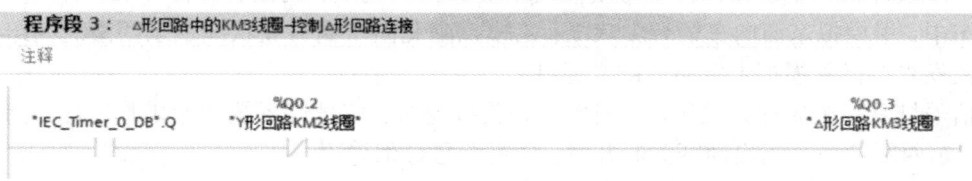

图 4-15 程序状态监视下程序段 3：三角形接触器得电

3. 在程序状态修改变量的值

用鼠标右键单击程序状态中的某个变量，执行出现的快捷菜单中的某个命令，可以修改该变量的值。对于 Bool 变量，执行命令"修改"→"修改为 1"或"修改"→"修改为 0"；对于其他数据类型的变量，执行命令"修改"→"修改值"。执行命令"修改"→"显示格式"，可以修改变量的显示格式。如图 4-16 所示。

不能修改连接外部硬件输入电路的过程映像输入(I)的值。如果被修改的变量同时受到程序的控制(例如受线圈控制的 Bool 变量)，则程序控制的作用优先。在仿真调试过程中，若将连接外部硬件输入电路的过程映像输入(I)，改为 M 存储器暂时替代，则可以更改其值。

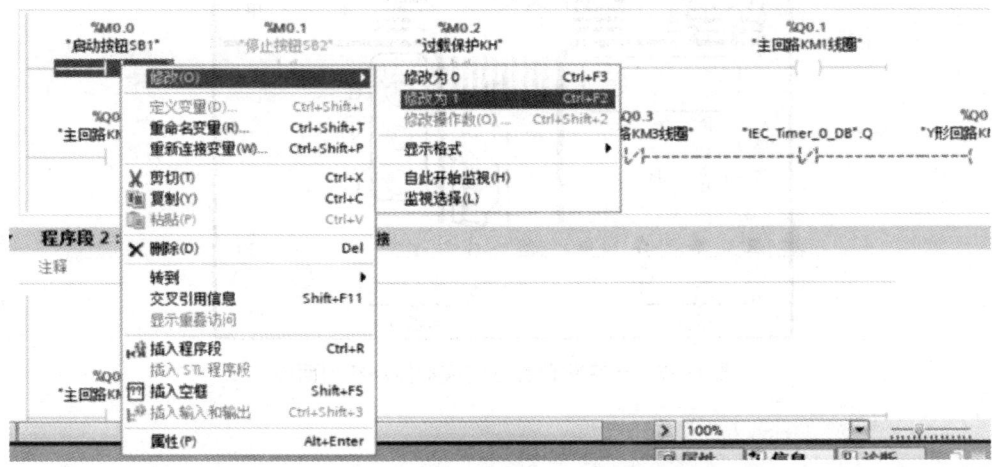

图 4-16 在程序状态监视下修改变量值的对话框

任务3 十字路口交通灯设计

4.3.1 任务分析

本次设计将在十字路口交通灯模拟控制实训区内完成，其面板如图4-17所示。实训面板图中，甲模拟东西向车辆行驶状况；乙模拟南北向车辆行驶状况。东西南北四组红绿黄三色发光二极管模拟十字路口的交通灯。

信号灯受一个启动开关控制，当启动开关接通时，信号灯系统开始工作，且先南北红灯亮，东西绿灯亮。当启动开关断开时，所有信号灯都熄灭。

南北红灯亮维持25 s。东西绿灯亮维持20 s。到20 s时，东西绿灯闪亮（秒级周期闪烁），闪亮3 s后熄灭。在东西绿灯熄灭时，东西黄灯亮，并维持2 s。到2 s时，东西黄灯熄灭，东西红灯亮，同时，南北红灯熄灭，绿灯亮。

东西红灯亮维持25 s。南北绿灯亮维持20 s，然后闪亮3 s后熄灭，接着南北黄灯亮，维持2 s后熄灭，这时南北红灯亮，东西绿灯亮，周而复始。

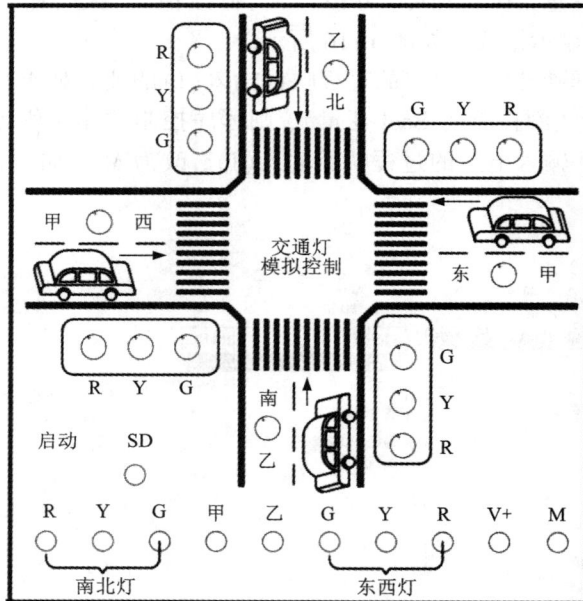

图4-17 十字路口交通灯模拟控制实训面板

4.3.2 IO 分配

根据 S7-1200 PLC 输入/输出地址分配原则和任务要求，对 I/O 地址进行分配，具体见表 4-3。

表 4-3 十字路口交通灯的输入/输出接线列表

输入接线		输出接线	
输入	PLC 接口	输出	PLC 接口
SD(启动)	I0.0	南北 G	Q0.0
		南北 Y	Q0.1
		南北 R	Q0.2
		东西 G	Q0.3
		东西 Y	Q0.4
		东西 R	Q0.5
		甲	Q0.7
		乙	Q0.6
电源接线	1. PLC 上接线端子中，3L+端子接电源+24V，1M、3M 接电源 COM； 2. 交通灯模拟控制中，V+接电源+24V，M 接电源 COM		

4.3.3 PLC 硬件原理图

根据控制要求和 I/O 点表，十字路口交通灯的 PLC 硬件原理图如图 4-18 所示。

4.3.4 程序编写

1. 创建项目

用鼠标双击桌面上的 图标，打开博途编程软件，在 Portal 视图中选择"创建新项目"，输入项目名称"交通灯"，选择项目保存路径，然后单击"创建"按钮完成项目创建。

2. 硬件组态

选择"设备与网络"选项，单击"添加新设备"，设备名称可选默认值如 PLC_1，也可以自定义。在"控制器"中选择与硬件一致的 CPU 型号和版本号，在本案例中选择 SIMATIC S7-1200→CPU→CPU1214C DC/DC/DC V4.1 版本。双击选中的 CPU 型号(本案例中选择订货号为 6ES7 214-1AG40-0XB0，版本为 V4.1 的 CPU)或者单击页面下方的"添加"按钮，添加新设备成功后弹出编辑窗口。

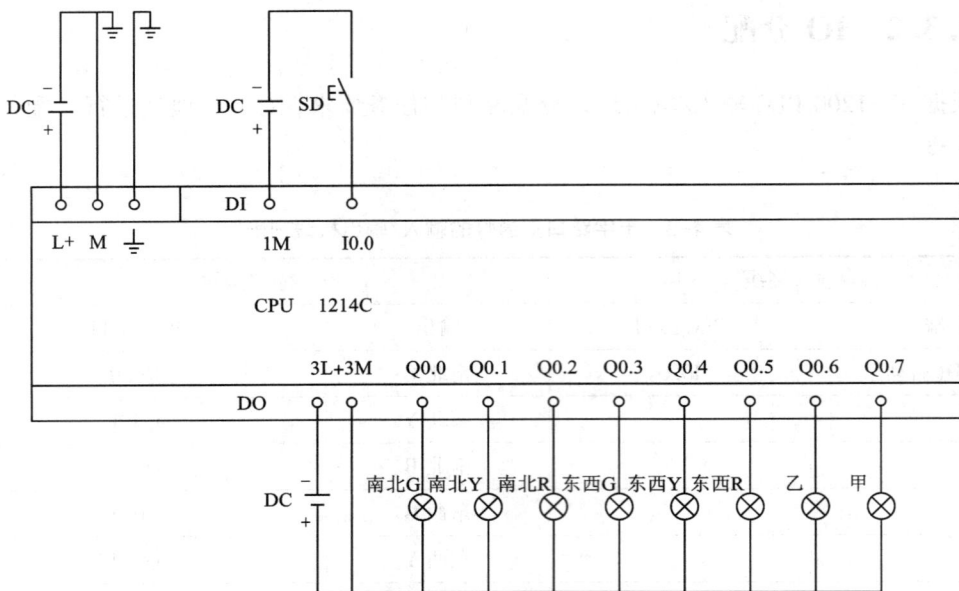

图 4-18　十字路口交通灯的 PLC 硬件原理图

3. 编辑变量表

按照项目四任务 2 中介绍的方法编辑本案例的变量表，如图 4-19 所示。

启动	Bool	%I0.0
东西红灯	Bool	%Q0.5
东西绿灯	Bool	%Q0.3
东西黄灯	Bool	%Q0.4
南北红灯	Bool	%Q0.2
南北绿灯	Bool	%Q0.0
南北黄灯	Bool	%Q0.1
乙	Bool	%Q0.6
甲	Bool	%Q0.7

图 4-19　十字路口交通灯的 PLC 变量表

4. 编写程序

按照本案例的任务要求编写控制程序，其中用到了定时器和比较指令。

本案例中要求到 20 s 时，东西绿灯闪亮，闪亮 3 s 后熄灭，并且以秒级周期闪烁。秒级周期可通过定时器来实现，也可使用系统时钟存储器来实现。下面来介绍系统存储器字节和时钟存储器字节的设置。

1）设置系统存储器字节与时钟存储器字节

双击项目树中 PLC 文件夹中的"设备组态"，打开该 PLC 的设备视图。选中 CPU 后，再选中下面的巡视窗口的"属性>常规>系统和时钟存储器"（见图 4-20），可以用复选框分别启用系统存储器字节（默认地址为 MB1）和时钟存储器字节（默认地址为 MB0），然后设置它们的地址值。

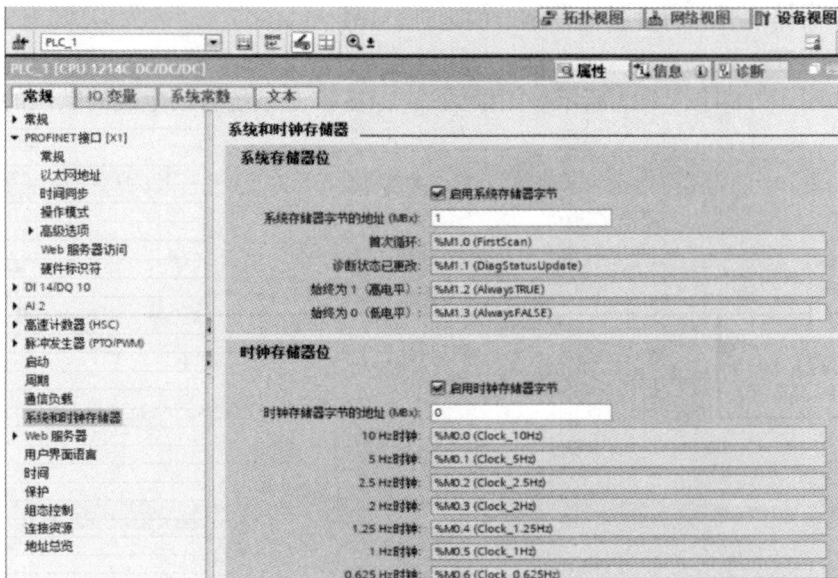

图 4-20　组态系统存储器字节与时钟存储器字节

将 MB1 设置为系统存储器字节后，该字节的 M1.0~M1.3 的意义如下：

（1）M1.0（首次循环）：仅在刚进入 RUN 模式的首次扫描时为 TURE（1 状态），以后为 FALSE（0 状态）。在 TIA 博途中，位编程元件的 1 状态和 0 状态分别用 TRUE 和 FALSE 来表示。

（2）M1.1（诊断状态已更改）：诊断状态发生变化。

（3）M1.2（始终为 1）：总是为 TRUE，其常开触点总是闭合。

（4）M1.3（始终为 0）：总是为 FALSE，其常闭触点总是闭合。

在图 4-20 中勾选了右边窗口的"启用时钟存储器字节"复选框，采用默认的 MB0 作时钟存储器字节。

时钟存储器的各位在一个周期内为 FALSE 和为 TRUE 的时间各为 50%，时钟存储器字节每一位的周期和频率见表 4-4，CPU 在扫描循环开始时初始化这些位。

表 4-4　时钟存储器字节各位的周期与频率

位	7	6	5	4	3	2	1	0
周期/s	2	1.6	1	0.8	0.5	0.4	0.2	0.1

上表中，M0.5 的时钟脉冲周期为 1s，可以用它的触点来控制指示灯，指示灯将以 1Hz

的频率闪动,亮 0.5 s,熄灭 0.5 s。

因为系统存储器和时钟存储器不是保留的存储器,用户程序或通信可能改写这些存储单元,破坏其中的数据。指定了系统存储器和时钟存储器字节后,这两个字节不能再作其他用途,否则将会使用户程序运行出错,甚至造成设备损坏或人身伤害。建议始终使用默认的系统存储器字节和时钟存储器字节的地址(MB1 和 MB0)。

2)编写程序

程序如图 4-21~图 4-23 所示。图中"Tag(标签)"是系统自动生成的默认的符号名。

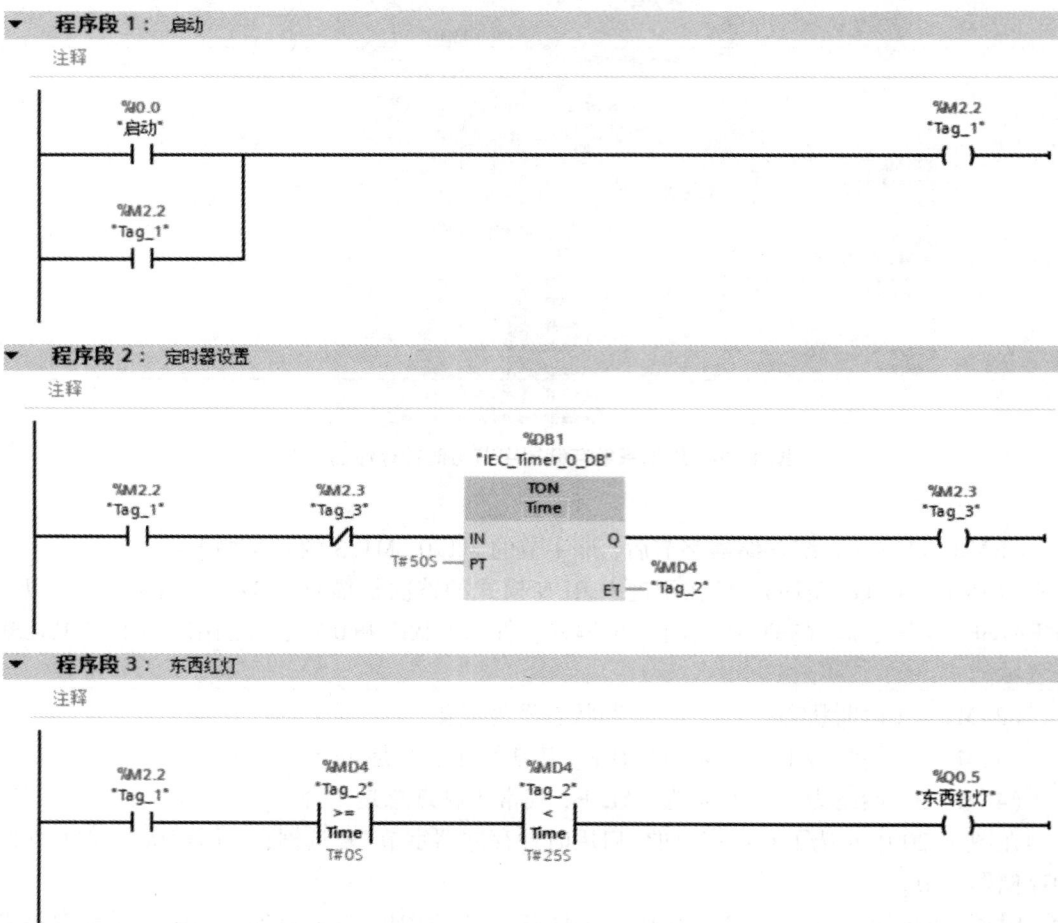

图 4-21 十字路口交通灯的 PLC 控制程序

将程序进行编辑,确认无误后下载进 PLC。完成线路检查后,打开开关,运行程序。

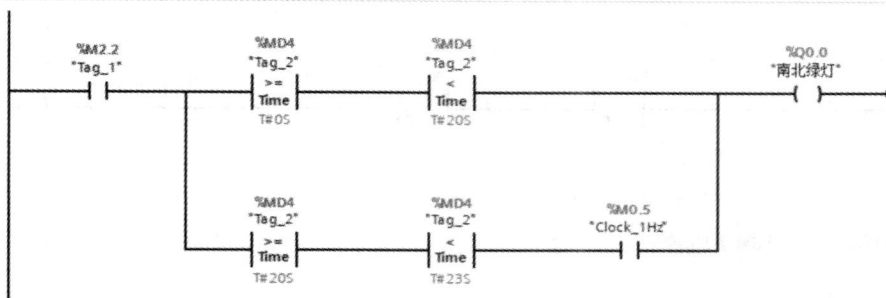

程序段 4: 南北绿灯
注释

程序段 5: 南北黄灯
注释

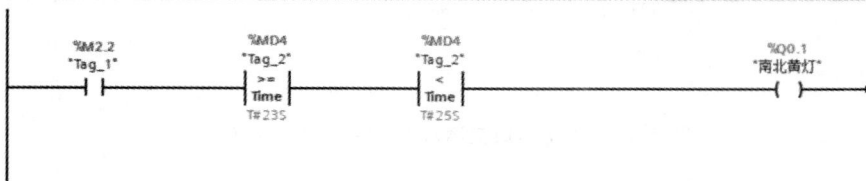

程序段 6: 南北红灯
注释

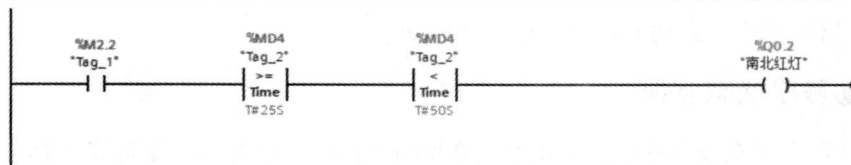

程序段 7: 东西绿灯
注释

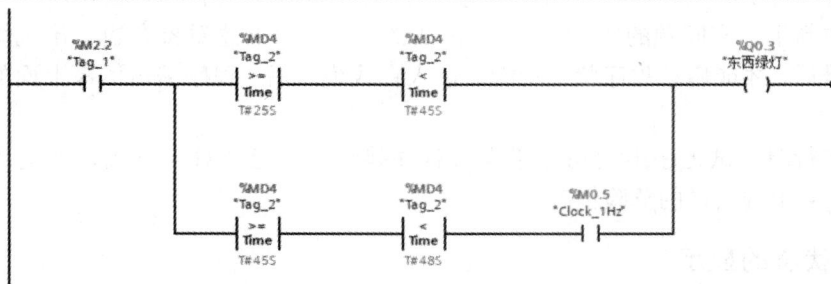

程序段 8: 东西黄灯
注释

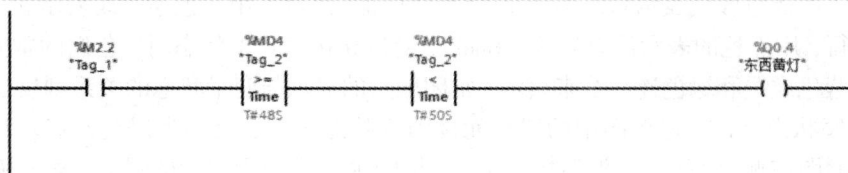

图 4-22 十字路口交通灯的 PLC 控制程序(续)

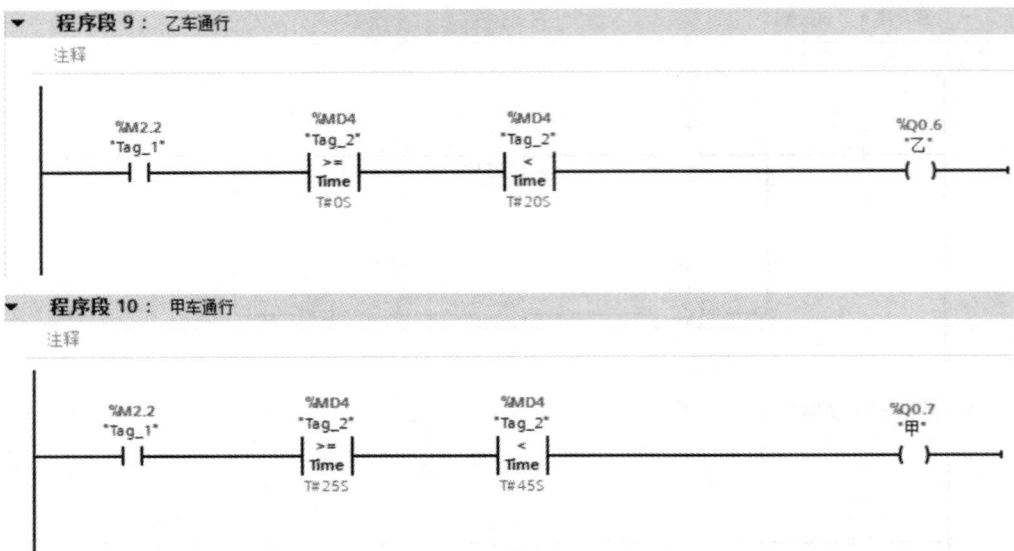

图 4-23 十字路口交通灯的 PLC 控制程序 (续)

4.3.5 程序调试

本案例启用程序状态功能调试程序。步骤如下:

1. 启动程序状态监视

与 PLC 建立好在线连接后,打开需要监视的代码块,单击程序编辑器工具栏上的"启用 /禁用监视"按钮启动程序状态监视。如果在线(PLC 中的)程序与离线(计算机中的)程序不一致,项目树中的项目、站点、程序块和有问题的代码块的右边均会出现表示故障的符号。需要重新下载有问题的块,使在线、离线的块一致,上述对象右边均出现绿色的表示正常的符号后,才能启动程序状态功能。进入在线模式后,程序编辑器最上面的标题栏变为红色。

如果在运行时测试程序出现功能错误或程序错误,可能会对人员或财产造成严重损害,应确保不会出现这样的危险情况。

2. 程序状态的显示

启动程序状态后,梯形图用绿色连续线来表示状态满足,即有"能流"流过,见图4-24 中较浅的实线。用蓝色虚线表示状态不满足,没有"能流"流过。用灰色连续线表示状态未知或程序没有执行,用黑色的表示没有连接。Bool 变量为 0 状态和 1 状态时,它们的常开触点和线圈分别用蓝色虚线和绿色连续线来表示,常闭触点的显示与变量状态的关系则反之。

进入程序状态之前,梯形图中的线和元件因为状态未知,全部为黑色。启动程序状态监视后,梯形图左侧垂直的"电源"线和与它连接的水平线均为连续的绿线,表示有能流从"电源"线流出。有能流流过的处于闭合状态的触点、指令方框、线圈和"导线"均用连续的绿色线表示。

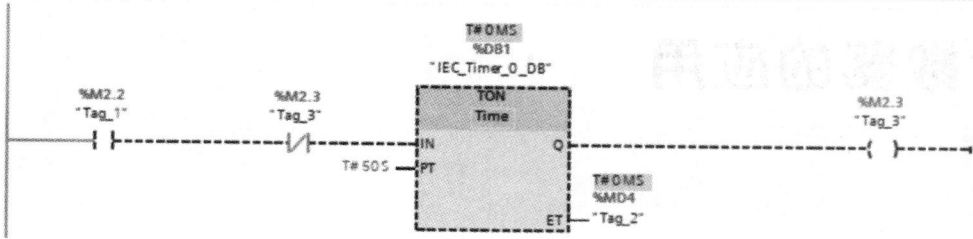

图 4-24　程序状态监视下之程序段 2——定时器设置

　　图 4-24 是程序状态监视下之程序段 2——定时器设置的梯形图。接通连接在 PLC 的输入端 I0.0 的小开关后(模拟外接的启动按钮的操作)，梯形图中 I0.0 的常开触点接通，使 M2.2 的线圈通电并自保持。TON 定时器的 IN 输入端有能流流入，开始定时。TON 的当前时间值 ET 从 0 开始增大，达到 PT 预置的时间 50 s 时，输出线圈 M2.3 通电，同时 M2.3 的常闭触点变为 1 状态，其常闭触点断开，TON 定时器的 IN 端没有能流通过，使 M2.3 的输出线圈断电；接下来 M2.3 的常闭触点变为 0 状态，其常闭触点闭合，TON 定时器的 IN 端有能流通过，使 M2.3 的输出线圈通电。定时器 TON 从 0 开始计时，如此循环。

　　启动 SD 开关，观察红绿灯是否开始运行，并观察各路灯的运行时间，如图 4-25 所示。若上述调试现象与控制要求一致，则说明本案例任务实现。

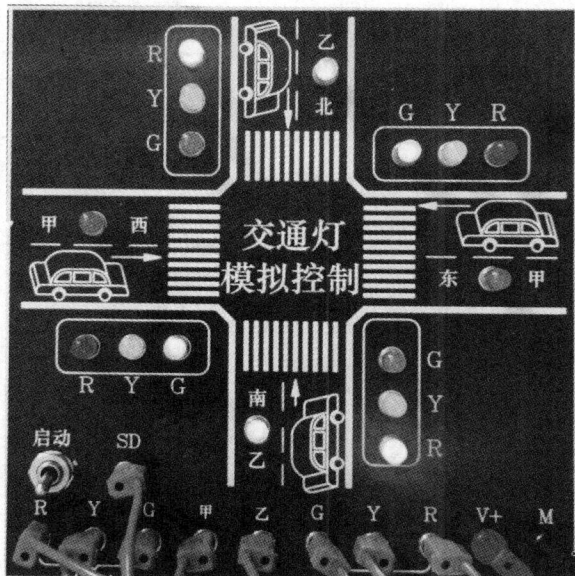

图 4-25　十字路口交通灯模拟控制实物图

项目五

计数器的应用

任务 1　计数器指令

S7-1200 有 3 种计数器：加计数器（CTU）、减计数器（CTD）和加减计数器（CTUD）。它们属于软件计数器，其最大计数速率受到它所在的 OB 的执行速率的限制。

如果需要速率更高的计数器，可以使用 CPU 内置的高速计数器。每个计数器都使用数据块中存储的结构来保存计数器数据。用户在编辑器中放置计数器时分配相应的数据块。计数器指令见表 5-1。

表 5-1　计数器指令简介

名称	LAD/FBD
CTU 加计数器	"IEC_Counter_0_DB" CTU Int CU　　Q R　　CV PV
CTD 减计数器	"IEC_Counter_0_DB_1" CTD Int CD　　Q LD　　CV PV
CTUD 加减计数器	"IEC_Counter_0_DB_2" CTUD Int CU　　QU CD　　QD R　　CV LD PV

各参数的数据类型，如表 5-2 所示。

表 5-2　参数的数据类型

参数	数据类型	说明
CU, CD	Bool	加计数或减计数，按加一或减一计数
R（CTU，CTUD）	Bool	将计数值重置为零
LD（CTD，CTUD）	Bool	预设值的装载控制
PV	SInt, Int, DInt, USInt, UInt, UDInt	预设计数值
Q（CTU），QU	Bool	CV >= PV 时为真
Q（CTD），QD	Bool	CV <= 0 时为真
CV	SInt, Int, DInt, USInt, UInt, UDInt	当前计数值

　　计数值的数值范围取决于所选的数据类型。如果计数值是无符号整型数，则可以减计数到零或加计数到范围限值；如果计数值是有符号整数，则可以减计数到负整数限值或加计数到正整数限值。

　　CU 和 CD 分别是加计数输入和减计数输入，在 CU 或 CD 由 0 变为 1 时，实际计数值 CV 加 1 或减 1。复位输入 R 为 1 时，计数器被复位，CV 被清 0。计数值的数值范围取决于计数器所选的数据类型。

　　说明：在 FB 中放置计数器指令后，可以选择多重背景数据块选项，各计数器结构名称可以对应不同的数据结构，但计数器数据包含在同一个数据块中，从而无需每个计数器都使用一个单独的数据块。这减少了计数器所需的处理时间和数据存储空间。在共享的多重背景数据块中的计数器数据结构之间不存在交互作用。

　　打开加计数器(CTU)的背景数据块，其结构如图 5-1 所示。

图 5-1　计数器的背景数据块结构

　　下面对三种计数器进行分类说明。

5.1.1　加计数器

　　图 5-2 中，计数器的数据类型是整数，预设值 PV 为 3。其工作原理如下：

　　当参数 CU 的值从 0 变为 1 时，CTU 计数器会使计数值 CV 加 1。CTU 时序图显示了计数值为无符号整数时的运行(其中，PV = 3)。

如果参数 CV(当前计数值)的值大于或等于参数 PV(预设值)的值，则计数器输出参数 Q = 1。如果复位参数 R 的值从 0 变为 1，则当前计数值重置为 0。

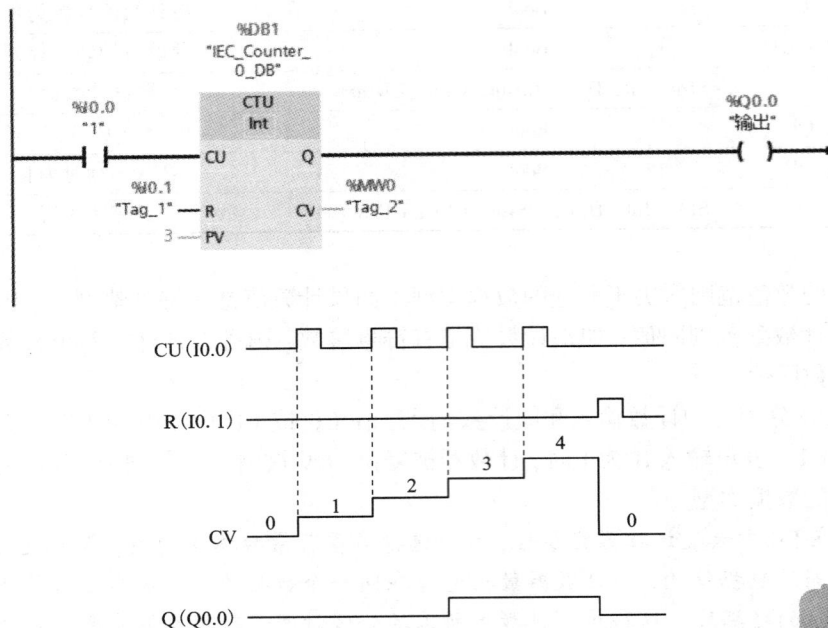

图 5-2　加计数器应用及时序图

5.1.2　减计数器

图 5-3 中，计数器的数据类型是整数，预设值 PV 为 3。其工作原理如下：

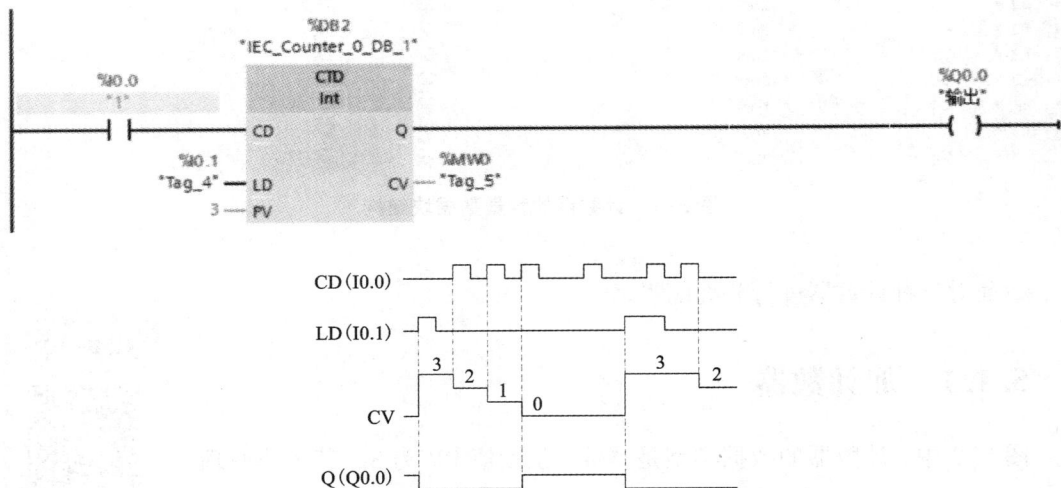

图 5-3　减计数器应用及时序图

当参数 CD 的值从 0 变为 1 时，CTD 计数器会使计数值(CV)减 1。CTD 时序图显示了计数值为无符号整数时的运行(其中，PV = 3)。

如果参数 CV(当前计数值)的值等于或小于 0，则计数器输出参数 Q = 1。

如果参数 LD 的值从 0 变为 1，则参数 PV(预设值)的值将作为新的 CV(当前计数值)装载到计数器。

5.1.3　加减计数器

当加计数(CU)输入或减计数(CD)输入从 0 转换为 1 时，CTUD 计数器将加 1 或减 1。

CTUD 加减计数器指令的使用举例如下：

按下 I0.6 加计数，按下 I0.7 减计数，计数值大于或等于 4 时输出 Q0.0 接通。梯形图如图 5-4 所示。图 5-5 为其工作时序图。

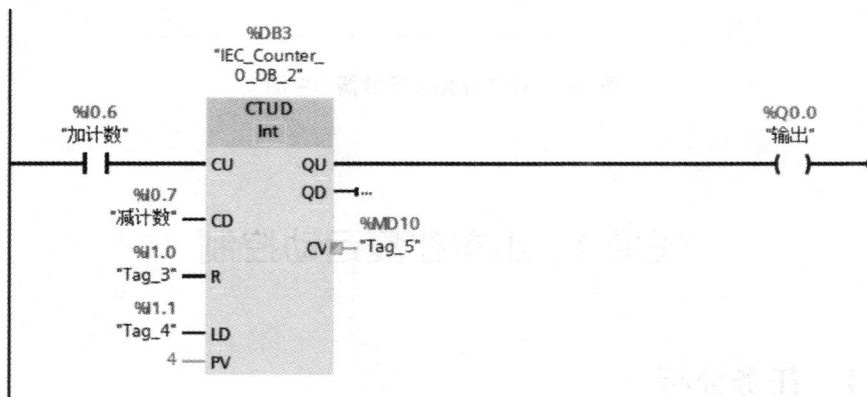

图 5-4　CTUD 加减计数器指令使用示例

图 5-4 中，计数器的数据类型是整数，预设值 PV 为 4。其工作原理如下。

当加减计数器的加计数端 CU(I0.6)输入的值从 0 跳变到 1；计数器的当前计数值 CV 加 1，当减计数端 CD(I0.7)输入的值从 0 跳变到 1 时，CV 减 1。

如果当前计数器的 CV 值大于或者等于预设值 PV 时，计数器输出端 QU 等于 1；如果当前值 CV 小于或等于 0，计数器输出端 QD 等于 1。

当装载输入端 LD(I1.1)从 0 变为 1 时，将计数器的 PV 置入计数器的当前值 CV。当复位端 R 为 1 时，则将计数器的计数值复位为 0。

说明：RUN-STOP-RUN 切换或 CPU 循环上电后保留计数器数据。

如果从运行模式阶段切换到停止模式或 CPU 循环上电并启动了新运行模式阶段，则存储在之前运行模式阶段中的计数器数据将丢失，除非将定时器数据结构指定为具有保持性(CTU、CTD 和 CTUD 计数器)。

将计数器指令放到程序编辑器中后，如果接受调用选项对话框中的默认设置，则将自动分配一个无法实现具有保持性的背景数据块。要使计数器数据具有保持性，必须使用全局数据块或多重背景数据块。

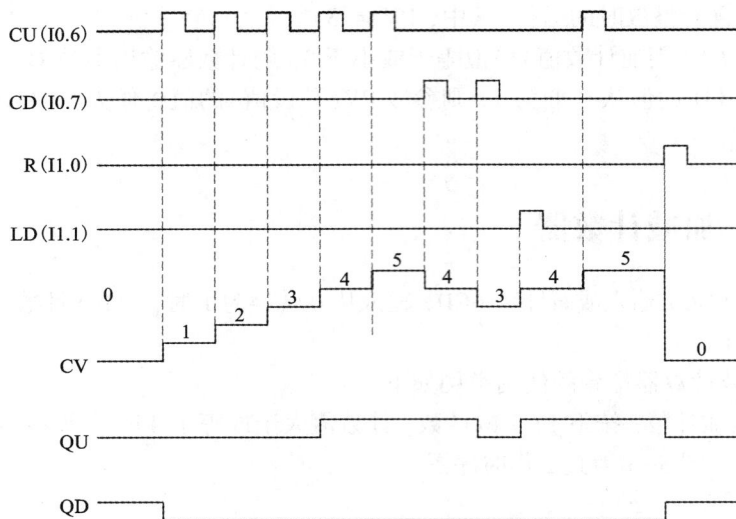

图 5-5　CTUD 加减计数器时序图

任务 2　小车往复运动控制

5.2.1　任务分析

用 PLC 实现小车往复运动控制，系统启动后小车前进，行驶 15 s，停止 3 s，再后退 15 s，停止 3 s，如此往复运动 20 次，循环结束后指示灯以秒级闪烁 5 次后熄灭（使用时钟存储器实现指示灯秒级闪烁功能）。小车往复运动示意图如图 5-6 所示。

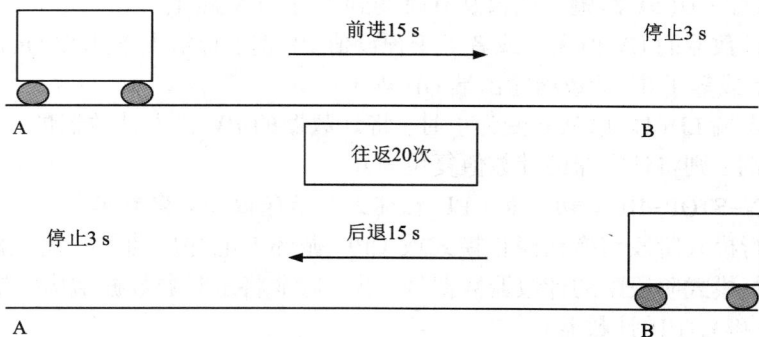

图 5-6　小车往复运动示意图

5.2.2 IO 分配

根据 S7-1200 PLC 输入/输出地址分配原则和任务要求,对 I/O 地址进行分配,具体见表 5-3。

表 5-3 小车往复运动控制系统的 I/O 表

输入接线		输出接线	
输入	PLC 接口	输出	PLC 接口
SB1(启动)	I0.0	电机正转(前进)	Q0.0
SB2(停止)	I0.1	电机反转(后退)	Q0.1

5.2.3 PLC 硬件原理图

根据控制要求和 I/O 点表,小车往复运动的 PLC 控制系统硬件原理图如图 5-7 所示。

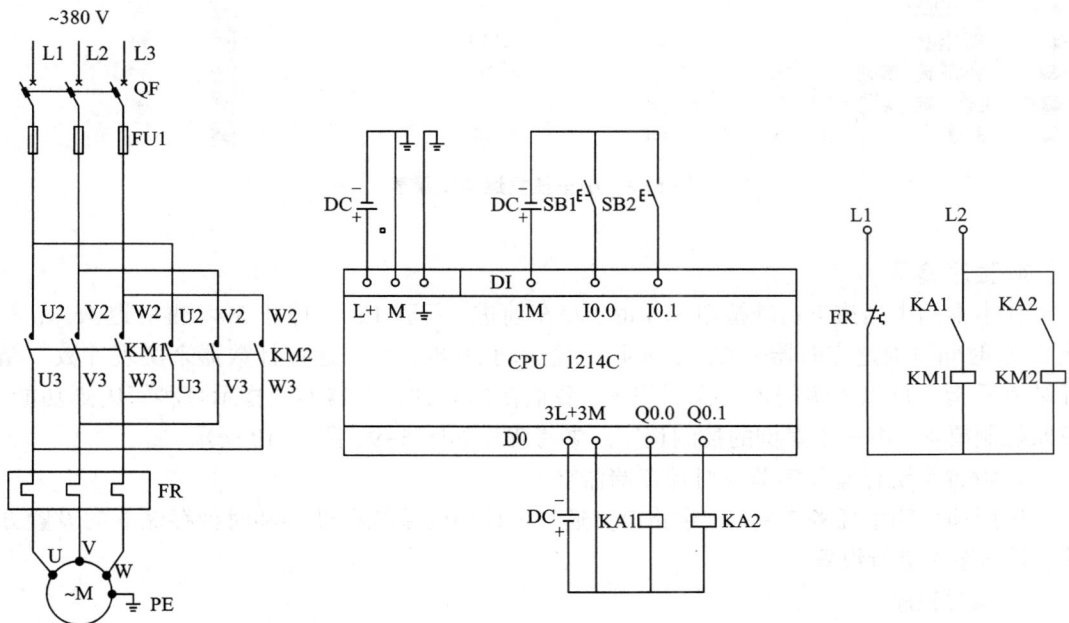

图 5-7 小车往复运动 PLC 控制系统硬件原理图

5.2.4 程序编写

1. 创建项目

用鼠标双击桌面上的 [图标] 图标，打开博途编程软件，在 Portal 视图中选择"创建新项目"，输入项目名称"小车往复控制"，选择项目保存路径，然后单击"创建"按钮完成项目创建。

2. 硬件组态

选择"设备与网络"选项，单击"添加新设备"，设备名称可选择默认值如 PLC_1，也可以自定义。在"控制器"中选择与硬件一致的 CPU 型号和版本号，在本案例中选择 SIMATIC S7-1200→CPU→CPU1214C DC/DC/DC V4.1 版本。双击选中的 CPU 型号（本案例中选择订货号为 6ES7 214-1AG40-0XB0，版本为 V4.1 的 CPU）或者单击页面下方的"添加"按钮，添加新设备成功后会弹出编辑窗口。

3. 编辑变量表

小车往复运动 PLC 控制系统的变量表，如图 5-8 所示。

名称	数据类型	地址	保持	在 H...	可从 ...	注释
SB1(启动)	Bool	%I0.0	□	☑	☑	
SB2(停止)	Bool	%I0.1	□	☑	☑	
电机正转（前进）	Bool	%Q0.0	□	☑	☑	
电机反转（后退）	Bool	%Q0.1	□	☑	☑	
指示灯	Bool	%Q0.5	□	☑	☑	

图 5-8　小车往复运动变量表

4. 程序编写

在本案例中当按下启动按钮 SB1 时，小车前进，行驶 15 s，停止 3 s，再后退 15 s，停止 3 s，时间可通过定时器来实现；如此往复运动 20 次，可以通过计数器来实现计数。循环结束后指示灯以秒级闪烁 5 次后熄灭，我们使用时钟存储器实现指示灯秒级闪烁功能。按照控制要求，编写本案例的控制程序。参考程序如图 5-9、图 5-10 所示。

1）设置系统存储器字节与时钟存储器字节

按照项目四中任务 3——十字路口交通灯设计中的系统存储器和时钟存储器的设置方法，对本案例进行设置。

2）编写程序

将程序进行编辑，确认无误后，建立计算机与 CPU 的硬件连接，将用户程序下载到 PLC。完成线路检查后，打开开关，运行程序。

5.2.5 程序调试

使用程序状态功能，可以在程序编辑器中形象直观地监视梯形图程序的执行情况，触

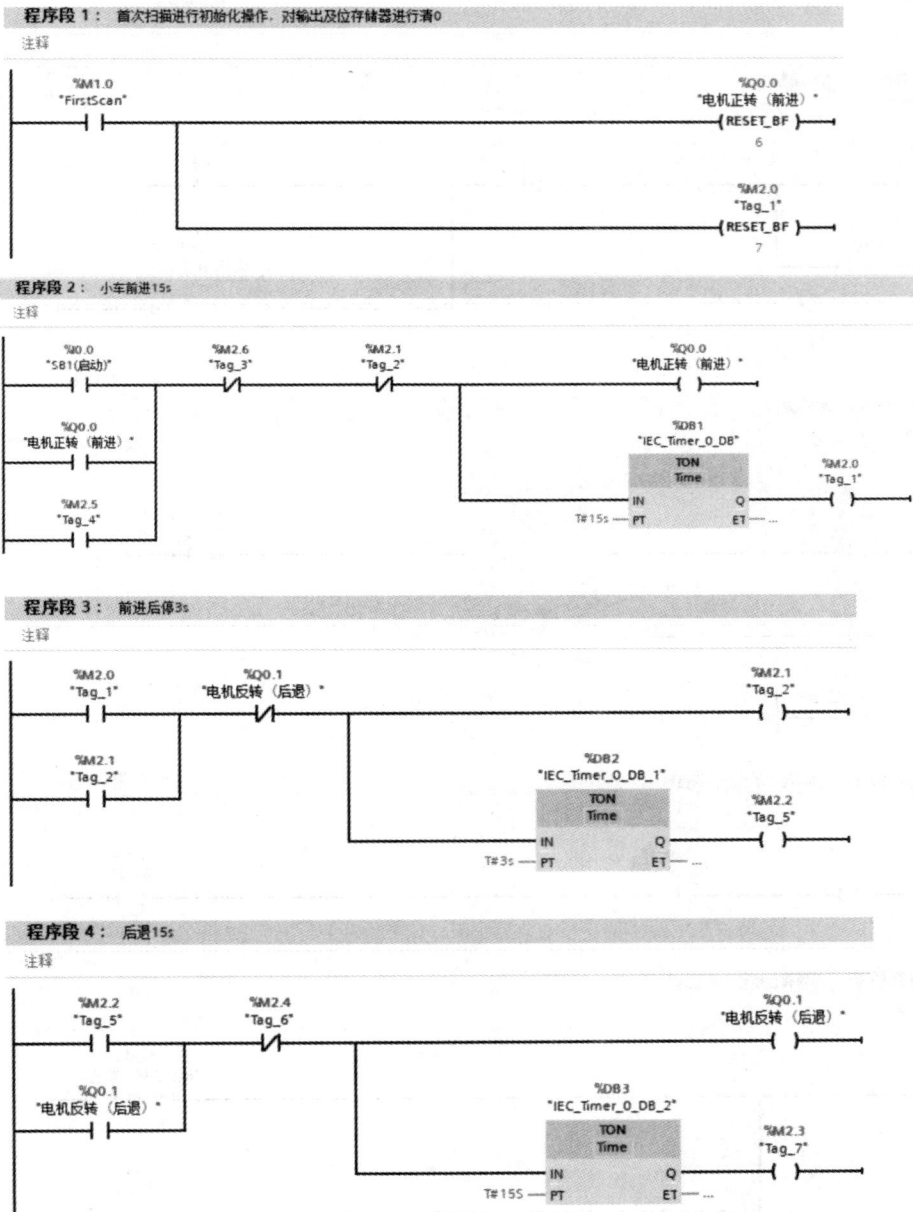

程序段 1： 首次扫描进行初始化操作，对输出及位存储器进行清0

注释

```
%M1.0                                                    %Q0.0
"FirstScan"                                           "电机正转（前进）"
  ┤ ├─────────┬─────────────────────────────────────( RESET_BF )
             │                                            6
             │                                         %M2.0
             │                                         "Tag_1"
             └───────────────────────────────────────( RESET_BF )
                                                          7
```

程序段 2： 小车前进15s

注释

```
  %I0.0          %M2.6         %M2.1                              %Q0.0
"SB1(启动)"      "Tag_3"       "Tag_2"                        "电机正转（前进）"
  ┤ ├─────┬──────┤/├───────────┤/├──┬─────────────────────────────( )
          │                         │           %DB1
  %Q0.0   │                         │      "IEC_Timer_0_DB"
"电机正转（前进）"│                    │          ┌──────────┐
  ┤ ├─────┤                         └──────────┤ TON      │          %M2.0
          │                                    │ Time     │         "Tag_1"
  %M2.5   │                                    │          │──────────( )
"Tag_4"   │                             T#15s──┤IN      Q ├
  ┤ ├─────┘                                    │      ET ├───
                                               └──────────┘ ...
                                               ┤PT
```

程序段 3： 前进后停3s

注释

```
  %M2.0          %Q0.1                                            %M2.1
"Tag_1"       "电机反转（后退）"                                    "Tag_2"
  ┤ ├─────┬──────┤/├──────┬──────────────────────────────────────( )
          │              │            %DB2
  %M2.1   │              │       "IEC_Timer_0_DB_1"
"Tag_2"   │              │          ┌──────────┐
  ┤ ├─────┘              └──────────┤ TON      │          %M2.2
                                    │ Time     │         "Tag_5"
                                    │          │──────────( )
                              T#3s──┤IN      Q ├
                                    │      ET ├───
                                    └──────────┘ ...
                                    ┤PT
```

程序段 4： 后退15s

注释

```
  %M2.2          %M2.4                                            %Q0.1
"Tag_5"         "Tag_6"                                      "电机反转（后退）"
  ┤ ├─────┬──────┤/├──────┬──────────────────────────────────────( )
          │              │            %DB3
  %Q0.1   │              │       "IEC_Timer_0_DB_2"
"电机反转（后退）"│          │          ┌──────────┐
  ┤ ├─────┘              └──────────┤ TON      │          %M2.3
                                    │ Time     │         "Tag_7"
                                    │          │──────────( )
                             T#15S──┤IN      Q ├
                                    │      ET ├───
                                    └──────────┘ ...
                                    ┤PT
```

图 5-9　小车往复运动的 PLC 梯形图

点和线圈的状态一目了然。但是程序状态功能只能在屏幕上显示一小块程序，调试较大的程序时，往往不能同时看到与某一程序功能有关的全部变量的状态。

　　监控表（Watch Table）可以有效地解决上述问题。使用监控表可以在工作区同时监视、修改和强制用户感兴趣的全部变量。一个项目可以生成多个监控表，以满足不同的调试要求。

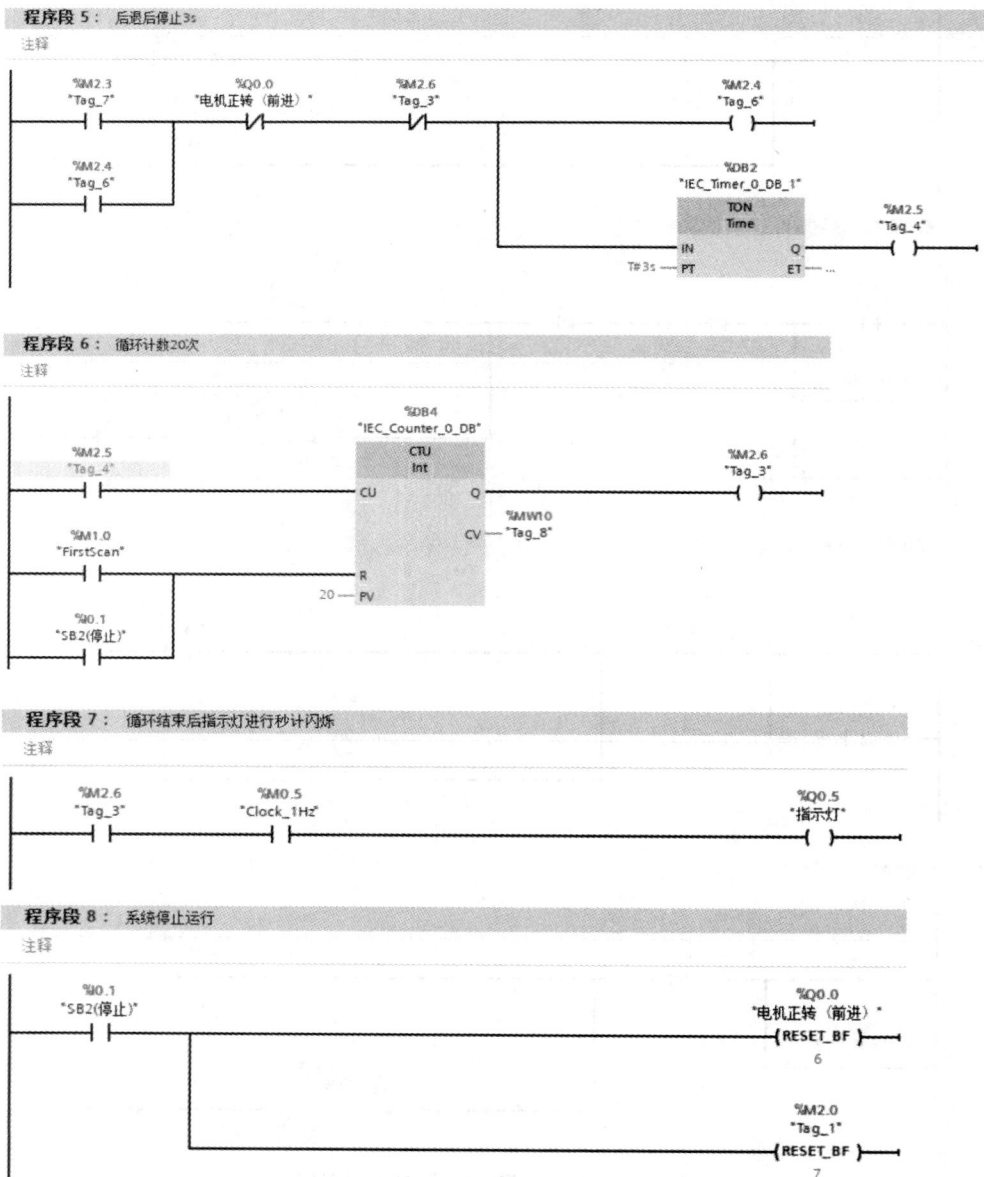

程序段 5: 后退后停止3s

程序段 6: 循环计数20次

程序段 7: 循环结束后指示灯进行秒计闪烁

程序段 8: 系统停止运行

图 5-10　小车往复运动的 PLC 梯形图(续)

　　监控表可以赋值或显示的变量包括过程映像(I 和 Q)、外设输入(I_: P)和外设输出(Q_: P)、位存储器(M)和数据块(DB)内的存储单元。

1. 监控表的功能

(1)监视变量：在计算机上显示用户程序或 CPU 中变量的当前值。

(2)修改变量：将固定值分配给用户程序或 CPU 中的变量。

(3)对外设输出赋值：允许在 STOP 模式下将固定值赋给 CPU 的外设输出点，这一功能可用于硬件调试时检查接线。

2. 生成监控表

打开项目树中 PLC 的"监控与强制表"文件夹，双击其中的"添加新监控表"（图 5-11），生成一个新的监控表，并在工作区自动打开它。根据需要，可以为一台 PLC 生成多个监控表。应将有关联的变量放在同一个监控表内。

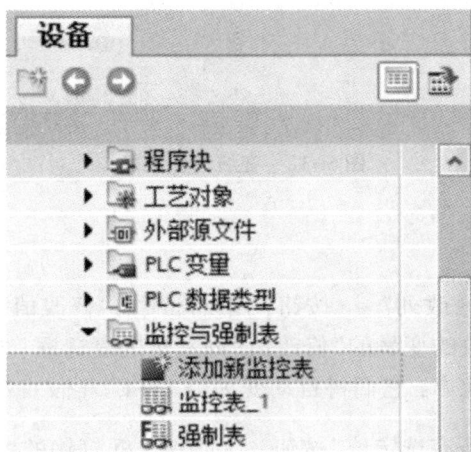

图 5-11 "添加新监控表"对话框

3. 在监控表中输入变量

在监控表的"名称"列输入 PLC 变量表中定义过的变量名称，"地址"列将会自动出现该变量的地址。在地址列输入 PLC 变量表中定义过的地址，"名称"列将会自动地出现它的名称。如果输入了错误的变量名称或地址，将在出错的单元下面出现红色背景的错误提示方框。

可以使用监控表的"显示格式"列默认的显示格式，也可以用鼠标右键单击该列的某个单元，选中出现的列表中需要的显示格式。图 5-12 的监控表用二进制格式显示 QB0，可以同时显示和分别修改 Q0.0~Q0.7 这 8 个 Bool 变量。这一方法用于 I、Q 和 M，可以用字节（8 位）、字（16 位）或双字（32 位）来监视和修改多个 Bool 变量。

4. 监视变量

可以用监控表的工具栏上的按钮来执行各种功能。与 CPU 建立在线连接后，单击工具栏上的 按钮，启动监视功能，将在"监视值"列连续显示变量的动态实际值。再次单击该按钮，将关闭监视功能。

单击工具栏上的"立即一次性监视所有变量"按钮 ，即使没有启动监视，将立即读取一次变量值，并在监视表中显示几秒钟。位变量为 TRUE（1 状态）时，监视值列的方形指示灯为绿色。位变量为 FALSE（0 状态）时，指示灯为灰色。图 5-12 中的 QB0 是系统输出 Q0.0~Q0.7 的状态，在运行过程中，其值随着输出口的变化而发生变化。

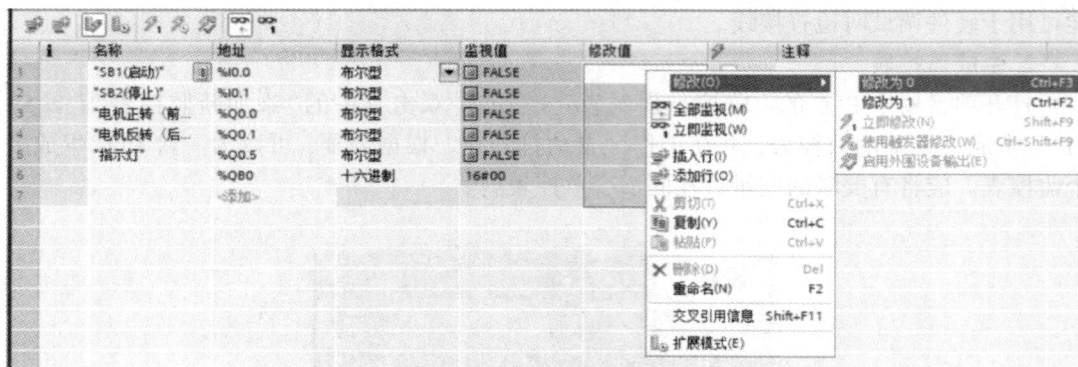

图 5-12　在线的监控表

5. 修改变量

单击"显示/隐藏所有修改列" 按钮,出现隐藏的"修改值"列,在"修改值"列输入变量新的值,并勾选要修改的变量的"修改值"列右边的复选框。输入 Bool 变量的修改值 0 或 1 后,单击监控表其他地方,它们将自动变为"FALSE"(假)或"TRUE"(真)。单击工具栏上的"立即一次性修改所有选定值"按钮 ,复选框打钩的"修改值"被立即送入指定的地址。

用鼠标右键单击某个位变量,执行出现的快捷菜单中的"修改"→"修改为 0"或"修改"→"修改为 1"命令,可以将选中的变量修改为 FALSE 或 TRUE。

在 RUN 模式修改变量时,各变量同时又受到用户程序的控制。假设用户程序运行的结果使 Q0.0 的线圈断电,用监控表不可能将 Q0.0 修改和保持为 1。在 RUN 模式不能改变 I 区分配给硬件的数字量输入点的状态,因为它们的状态取决于外部输入电路的通/断状态。

在程序运行时如果修改变量值出错,可能会导致人身或财产的损害。执行修改功能之前,应确认不会有危险情况出现。

6. 在 STOP 模式改变外设输出的状态

在调试设备时,这一功能可以用来检查输出点连接的过程设备的接线是否正确。以 Q0.0 为例(见图 5-13),操作的步骤如下:

(1)在监控表中输入外设输出点 Q0.0:P,勾选该行"修改值"列右边的复选框。

(2)将 CPU 切换到 STOP 模式。

(3)单击监控表工具栏上的 按钮,切换到扩展模式,出现与"触发器"有关的两列(见图 5-13)。

(4)单击工具栏上的 按钮,启动监视功能。

(5)单击工具栏上的 按钮,出现"启用外围设备输出"对话框,单击"是"按钮确认。

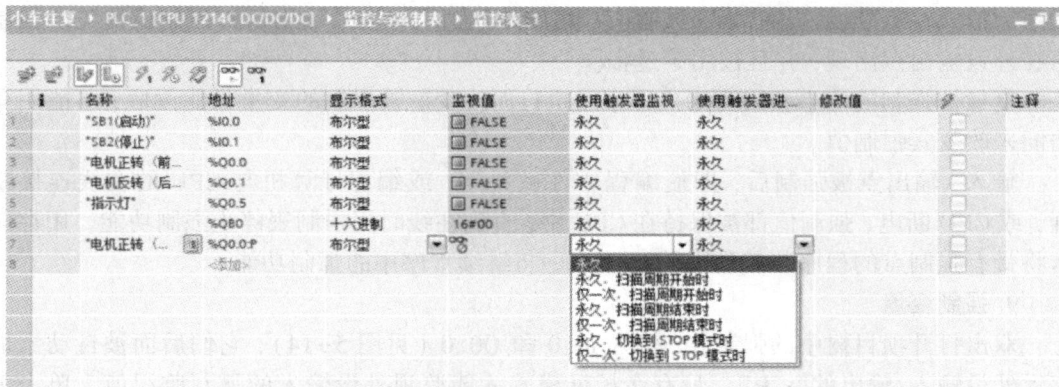

图 5-13　在 STOP 模式改变物理输出的状态

（6）用鼠标右键单击 Q0.0：P 所在的行，执行出现的快捷菜单中的"修改"→"修改为1"或"修改"→"修改为0"命令，CPU 上的 Q0.0 对应的 LED（发光二极管）亮或熄灭，监控表中该行不再显示黄色三角形。

CPU 切换到 RUN 模式后，工具栏上的 按钮变为灰色，该功能被禁止，Q0.0 受到用户程序的控制。如果有输入点或输出点被强制，则不能使用这一功能。

为了在 STOP 模式下允许外设输出，应取消强制功能。因为 CPU 只能改写，不能读取外设输出变量 Q0.0：P 的值，符号 表示该变量被禁止监视（不能读取）。将光标放到图 5-13最下面一行的"监视值"单元时，将会出现弹出项方框，提示"无法监视外围设备输出"。

7. 定义监控表的触发器

触发器用来设置在扫描循环的哪一点来监视或修改选中的变量。可以选择在扫描循环开始、扫描循环结束或从 RUN 模式切换到 STOP 模式时监视或修改某个变量。

单击监控表工具栏上的 按钮，切换到扩展模式，出现"使用触发器监视"和"使用触发器进行修改"列（见图 5-13）。单击这两列的某个单元，再单击单元右边出现的 按钮，用出现的下拉式列表设置监视和修改该行变量的触发点。

触发方式可以选择"仅一次"或"永久"（每个循环触发一次）。如果设置为触发一次，单击一次工具栏上的按钮，执行一次相应的操作。

8. 强制的基本概念

可以用强制表给用户程序中的单个变量指定固定的值，这一功能被称为强制（Force）。强制应在与 CPU 建立了在线连接时进行。使用强制功能时，不正确的操作可能会危及人员的生命或健康，造成设备或整个工厂的损失。

S7-1200 系列 PLC 只能强制外设输入和外设输出，例如强制 I0.0：P 和 Q0.0：P 等。不能强制组态时指定给 HSC（高速计数器）、PWM（脉冲宽度调制）和 PTO（脉冲列输出）的 I/O 点。在测试用户程序时，可以通过强制 I/O 点来模拟物理条件，例如用来模拟输入信号的变化。强制功能不能仿真。

在执行用户程序之前，强制值被用于输入过程映像。在处理程序时，使用的是输入点的强制值。在写外设输出点时，强制值被送给输出过程映像，输出值被强制值覆盖。强制值在外设输出点出现，并且被用于过程。

变量被强制的值不会因为用户程序的执行而改变。被强制的变量只能读取，不能用写访问来改变其强制值。

输入、输出点被强制后，即使编程软件被关闭，或编程计算机与 CPU 的在线连接断开，或 CPU 断电，强制值都被保持在 CPU 中，直到在线时用强制表停止强制功能。用存储卡将带有强制点的程序装载到别的 CPU 时，将继续程序中的强制功能。

9. 强制变量

双击打开项目树中的强制表，输入 I0.0 和 Q0.0（见图 5-14），它们后面被自动添加表示外设输入/输出的"：P"。只有在扩展模式才能监视外设输入的强制监视值。单击工具栏上的"显示/隐藏扩展模式列"按钮 ，切换到扩展模式。将 CPU 切换到 RUN 模式。

同时打开 OB1 和强制表，用"窗口"菜单中的命令，水平拆分编辑器空间，同时显示 OB1 和强制表（见图 5-14）。单击程序编辑器工具栏上的 按钮，启动程序状态功能。

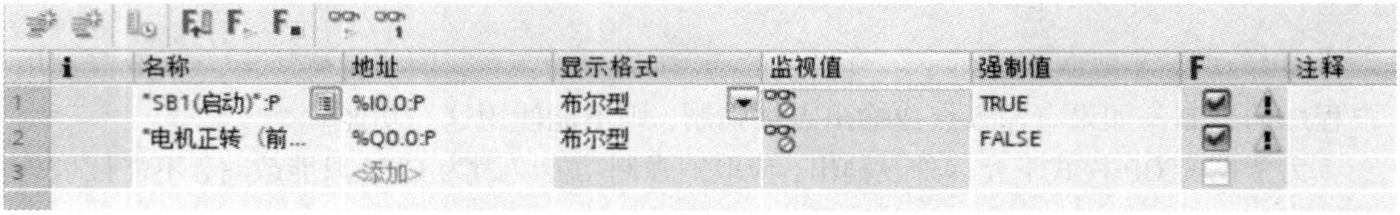

i	名称	地址	显示格式	监视值	强制值	F	注释
1	"SB1(启动)":P	%I0.0:P	布尔型		TRUE	☑ !	
2	"电机正转（前...	%Q0.0:P	布尔型		FALSE	☑ !	
3		<添加>					

图 5-14　用强制表强制 IO 变量

单击强制表工具栏上的 按钮，启动监视功能。用鼠标右键单击强制表的第一行，执行快捷菜单命令，将 I0.0：P 强制为 TRUE。单击出现的"强制为 1"对话框中的"是"按钮确认。强制表第一行出现表示被强制的 F 符号，第一行"F"列的复选框中出现钩。PLC 面板上 I0.0 对应的 LED 不亮，梯形图中 I0.0 的常开触点接通，上面出现被强制的 F 符号，由于 PLC 程序的作用，梯形图中 Q0.0 的线圈通电，PLC 面板上 Q0.0 对应的 LED 亮。

用鼠标右键单击强制表的第二行，执行快捷菜单命令，将 Q0.0：P 强制为 FALSE。单击出现的"强制为 0"对话框中的"是"按钮确认。强制表第二行出现表示被强制的 F 符号。梯形图中 Q0.0 线圈上面出现表示被强制的 F 符号，PLC 面板上 Q0.0 对应的 LED 熄灭。

10. 停止强制

单击强制表工具栏上的 F 按钮，停止对所有地址的强制。被强制的变量最左边和输入点的"监视值"列红色的标有："F"的小方框消失，表示强制被停止。复选框后面的黄色三角形符号重新出现，表示该地址被选择强制，但是 CPU 中的变量没有被强制。梯形图中的 F 符号也消失了。

为了停止对单个变量的强制，可以清除该变量的 F 列的复选框，然后重新启动强制。

在调试结束，程序正式运行前，必须停止对所有强制的变量的强制，否则会影响程序的正常运行，甚至造成事故。

任务 3 小型灯光的 PLC 控制

5.3.1 任务描述

用 PLC 实现按第 1 次按钮，第 1 盏灯亮；按第 2 次按钮，第 2 盏灯亮；按第 3 次按钮，第 3 盏灯亮；按第 4 次按钮，第 1，2，3 盏灯亮；按第 5 次按钮，第 1，2，3 盏灯全部熄灭。

5.3.2 IO 分配

根据 S7-1200 PLC 输入/输出地址分配原则和任务要求，对 I/O 地址进行分配，具体见表 5-4。

表 5-4 小型灯光的 PLC 控制系统的 I/O 表

输入接线		输出接线	
输入	PLC 接口	输出	PLC 接口
SB1	I0.0	灯 1	Q0.0
		灯 2	Q0.1
		灯 3	Q0.2

5.3.3 PLC 硬件原理图

根据控制要求和 I/O 点表，小型灯光的 PLC 控制系统硬件原理图如图 5-15 所示。

5.3.4 程序编写

1.创建项目

用鼠标双击桌面上的 图标，打开博途编程软件，在 Portal 视图中选择"创建新项目"，输入项目名称"小型灯光控制"，选择项目保存路径，然后单击"创建"按钮完成项目创建。

2.硬件组态

选择"设备与网络"选项，单击"添加新设备"，设备名称可选择默认值如 PLC_1，也可以自定义。在"控制器"中选择与硬件一致的 CPU 型号和版本号，在本案例中选择

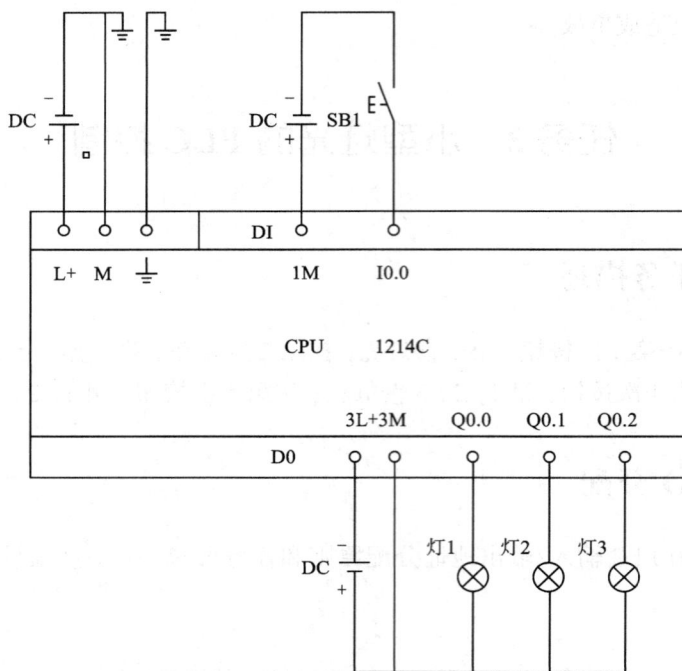

图 5-15　小型灯光的 PLC 控制系统硬件原理图

SIMATIC S7-1200→CPU→CPU1214C DC/DC/DC V4.1 版本。双击选中的 CPU 型号(本案例中选择订货号为 6ES7 214-1AG40-0XB0,版本为 V4.1 的 CPU)或者单击页面下方的"添加"按钮,添加新设备成功后会弹出编辑窗口。

3. 编辑变量表

小型灯光 PLC 控制系统的变量表如图 5-16 所示。

	名称	数据类型	地址	保持	在 H...	可从 ...	注释
⬚	SB1(启动)	Bool	%I0.0	☐	☑	☑	
⬚	灯1	Bool	%Q0.0	☐	☑	☑	
⬚	灯2	Bool	%Q0.1	☐	☑	☑	
⬚	灯3	Bool	%Q0.2	☐	☑	☑	

图 5-16　小型灯光 PLC 控制系统变量表

4. 程序编写

在本案例中当按下启动按钮 SB1 时,用 PLC 实现按按键按下的次数点亮和熄灭灯光。按照控制要求,编写本案例的控制程序。参考程序如 5-17 所示。

将程序进行编辑,确认无误后,建立计算机与 CPU 的硬件连接,将用户程序下载到 PLC。完成线路检查后,打开开关,运行程序。

5. 程序调试

将调试好的程序下载到 CPU 中,并接好线路。按下按钮 SB1,观察 3 盏灯点亮的情况,看是否符合任务要求。若调试现象与控制要求一致,则说明本案例任务完成。

注释

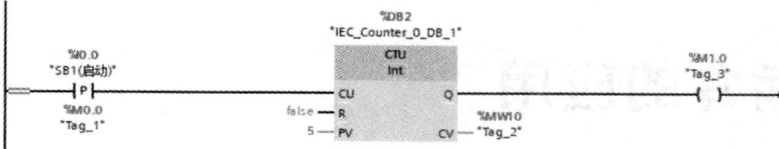

注释

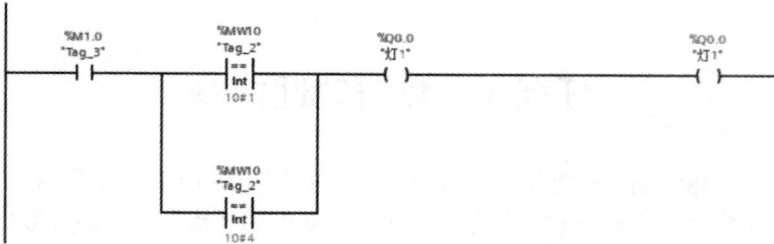

注释

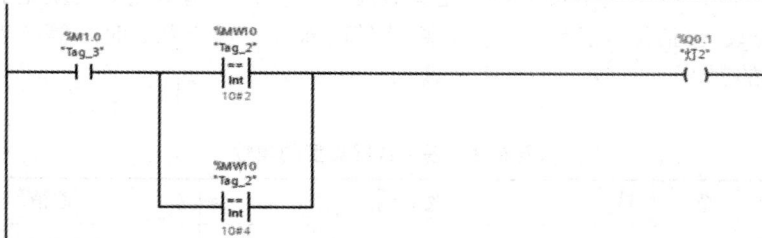

注释

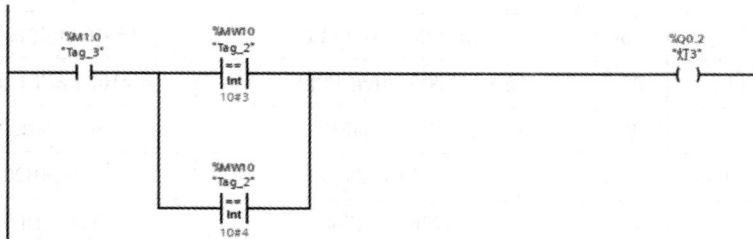

注释

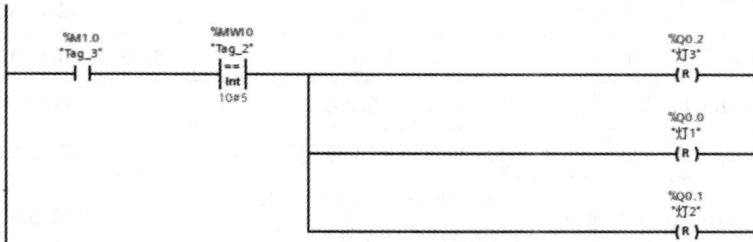

图 5-17 小型灯光 PLC 控制系统梯形图

项目六

功能指令的应用

任务 1   数据处理指令

学习数据处理指令前，需要先了解数据类型。数据类型用于描述数据的长度和属性，每个数据处理指令至少支持一种数据类型，而部分数据处理指令支持多种数据类型。

S7-1200 PLC 使用的数据类型有：基本的数据类型、复杂的数据类型、参数数据类型、系统数据类型、硬件数据类型及用户自定义数据类型。其中基本数据类型是 PLC 编程中最常用的数据类型，包括位、字节、字、双字、字符、整数、浮点数、时间等。表 6-1 给出了基本数据类型的属性。

表 6-1   基本数据类型的属性

数据类型	位数	取值范围	取值/寻址
位（Bool）	1	1，0	1/（I0.1、M0.0）
字节（Byte）	8	16#00~16#FF	16#01/（MB3、QB0）
字（Word）	16	16#0000~16#FFFF	16#10AF/（MW3、QW1）
双字（DWord）	32	16#00000000~16#FFFFFFFF	16#10AFBC01/（MD1、ID0）
字符（Char）	8	16#00~16#FF	'S'/（MB20、MB4）
有符号短整数（SInt）	8	−128~127	18/（MB20、MB4）
整数（Int）	16	−32768~32768	−234/（DB1.DBW0）
双整数（DInt）	32	−2147483648~2147483647	1234321/（DB2.DBD20）
无符号短整数（USInt）	8	0~255	23/（MB3）
无符号整数（UInt）	16	0~65535	55634/（DB1.DBW20、MW3）
无符号双整数（UDInt）	32	0~4294967295	332/（MD1）
浮点数/实数（Real）	32	±1.1755494e−38~±3.402823e+38	32.4/（MD1）
双精度浮点数（LReal）	64	±2.2250738585072020e−308~±1.7976931348623157e+308	−132.55/（MD1）
时间（Time）	32	T#−24d20h31m23s648ms~T#24d20h31m23s647ms	T#1D_10H_20M_3S_40MS/（MD5）

6.1.1 转换指令

1. CONV 指令

CONV 指令可以完成数据类型的转换，如图 6-1 所示，可以通过下拉菜单选择输入及输出数据的数据类型。当 M0.0 为高电平时，将整数 10 转换为实数，并将其保存在输出端（OUT）指定的存储空间 MD20 中。

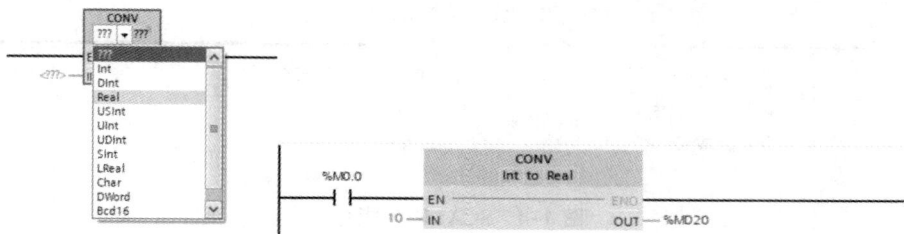

图 6-1　CONV 指令

2. ROUND 和 TRUNC 指令

取整指令 ROUND 用于将浮点数转换为整数。浮点数的小数点部分舍入为最接近的整数值。如果浮点数刚好是两个连续整数的中值，则舍入为偶数。截取指令 TRUNC 同样用于将浮点数转换为整数，区别在于，TRUNC 指令直接将小数部分舍去，如图 6-2 所示。

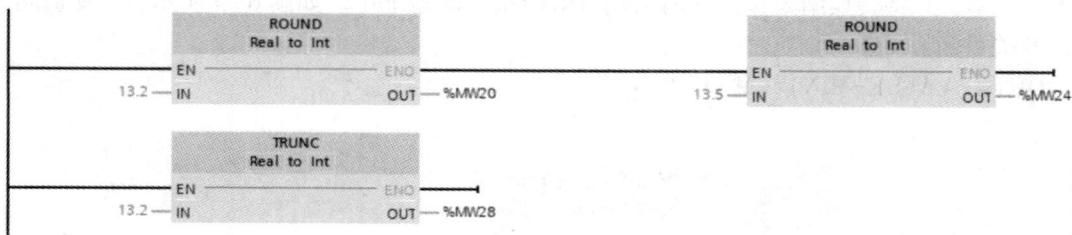

图 6-2　ROUND 和 TRUNC 指令

3. CEIL 和 FLOOR 指令

上取整指令 CEIL 用于将浮点数转换为大于或等于该实数的最小整数，例如，CEIL（13.2）= 14；下取整指令 FLOOR 用于将浮点数转换为小于或等于该实数的最大整数，如图 6-3 所示。

4. SCALE_X 和 NORM_X 指令

缩放指令 SCALE_X 又称标定指令，它可以将输入值 VALUE（$0.0 \leqslant VALUE \leqslant 1.0$）线性映射到下限（MIN）与上限（MAX）定义的数值范围内的整数，并将转换结果保存在输出端（OUT）指定的存储单元。如图 6-4 所示，各变量间的线性关系为：

$$OUT = VALUE \times (MAX - MIN) + MIN$$

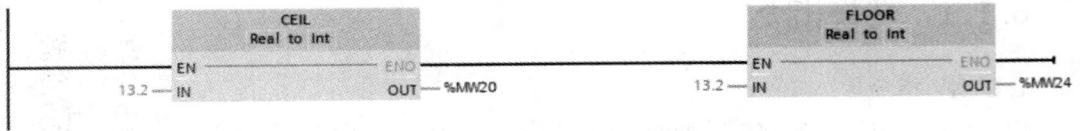

图 6-3　CEIL 和 FLOOR 指令

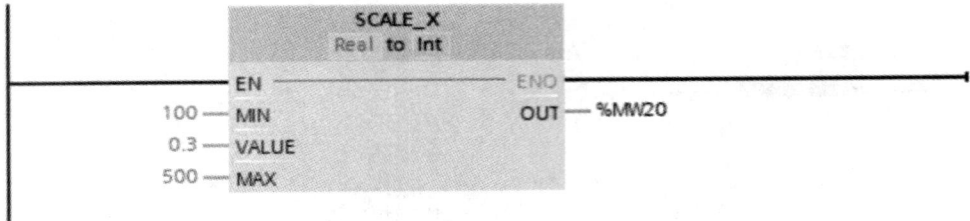

图 6-4　SCALE_X 指令

如果参数 VALUE 不在 0.0~1.0 的范围内，可以生成小于 MIN 或者大于 MAX 的输出值，此时 ENO 输出值为"1"。

当满足下列条件之一时，ENO 的输出值为"0"：①EN 输入为"0"；②MIN 的值大于等于 MAX 的值；③实数值超出其规定的取值范围（详见表 6-1）；④有溢出；⑤输入 VALUE 为无效的算数运算结果（NaN）。

标准化指令 NORM_X 将输入值 VALUE（MIN≤VALUE≤MAX）线性转换为 0.0~1.0 之间的浮点数，并将转换结果保存在输出端（OUT）指定的地址中。如图 6-5 所示，各变量间的线性关系为：

OUT = (VALUE-MIN)/(MAX-MIN)

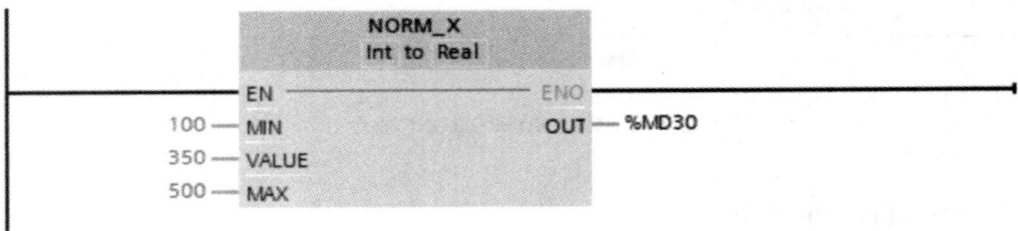

图 6-5　NORM_X 指令

6.1.2　移动操作指令

1. MOVE 指令

MOVE 指令用于将输入端（IN）的数据传送给输出端（OUT1）指定的目标地址，并将其转换为输出端（OUT1）对应的数据类型，源数据保持不变。输入端（IN）与输出端（OUT1）

数据可以是除 Bool 型以外的所有基本数据类型，输入端(IN)还可以是常数。

MOVE 指令可用于不同数据类型之间的数据传送，当输入端(IN)数据类型的位长度超出输出端(OUT1)数据类型的长度，只传送源值的低位数据，源值高位丢失；当输入端(IN)数据类型的位长度低于输出端(OUT1)数据类型的长度，则输出端的高位会被改写为 0。

MOVE 指令允许有多个输出，单击 OUT1 前面的" "，将会增加一个名为"OUT2"的输出端；鼠标右键单击某个输出端的短线，通过快捷菜单可以删除多余的输出端。图 6-6 中，MOVE 指令将常数 12 传送给 MB20，将 MD24 中的数据(16#12F0_00AF)分别传送给 MD28 及 MD32。

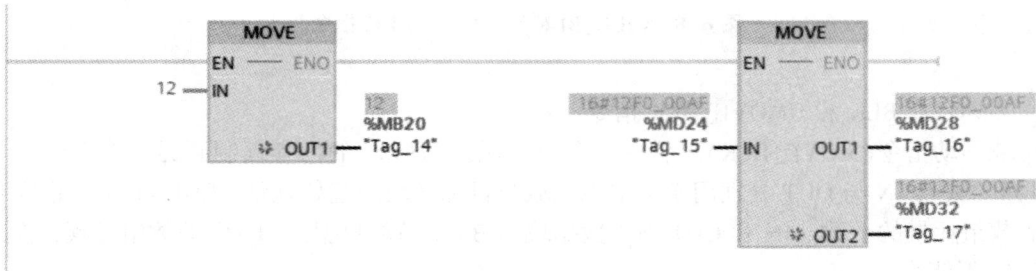

图 6-6　MOVE 指令

2. SWAP 指令

SWAP 指令用于调换数据的字节顺序，需要指定数据类型。当 IN 和 OUT 数据类型为 Word 时，SWAP 指令交换输入 IN 的高、低字节后，将数据保存至 OUT 指定的地址。当 IN 和 OUT 数据类型为 DWord 时，交换 4 个字节的顺序，将数据保存至 OUT 指定的地址，如图 6-7 所示。

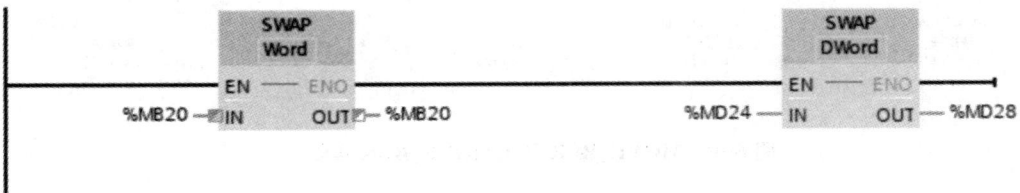

图 6-7　SWAP 指令

3. FILL_BLK 和 UFILL_BLK 指令

填充存储区指令(FILL_BLK)将输入端(IN)的数据填充到输出端(OUT)指定起始地址的目标存储区，COUNT 为移动的数组元素的个数。输入端(IN)和输出端(OUT)须为数据块(DB)或局部数据区(L)中的数组元素，输入端(IN)可以为常数。

不可中断的存储区填充指令 UFILL_BLK 与 FILL_BLK 的功能相同，区别在于前者的填充操作不会被系统其他任务打断。

图6-8中，当常开触点M0.1接通时，FILL_BLK指令将常数123填充到数据块DB1的DW0开始的4个字中。UFILL_BLK指令将数据块DB1的DW0开始的2个字依次填充到数据块DB1的DW20开始的2个字中。

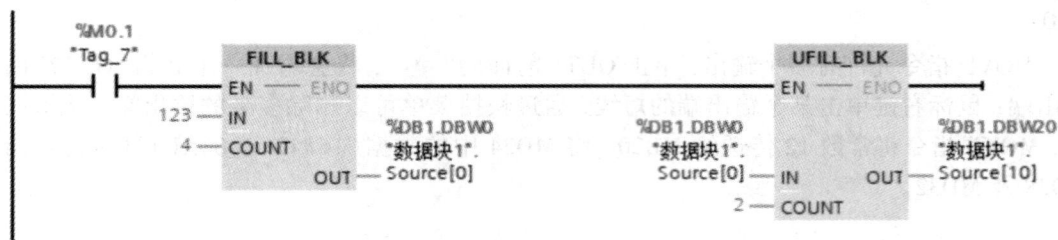

图6-8　FILL_BLK和UFILL_BLK指令

4. MOVE_BLK和UMOVE_BLK指令

块移动指令(MOVE_BLK)可将一个存储区域(源区域)的内容复制到另一个存储区域(目标区域)，IN与OUT分别用于指定源区域与目标区域的起始地址，COUNT用于指定移动的数组元素的个数。IN和OUT须为数据块(DB)或局部数据区(L)中的数组元素，输入端(IN)不能为常数。

不可中断的块移动指令UMOVE_BLK与MOVE_BLK的功能相同，区别在于前者的移动操作不会被系统其他任务打断。

图6-9中，当常开触点M0.1接通时，MOVE_BLK指令将数据块DB1的DW0开始的10个字复制到数据块DB1的DW20开始的10个字。UFILL_BLK指令将数据块DB1的DW0开始的4个字复制到数据块DB3的DW10开始的4个字。

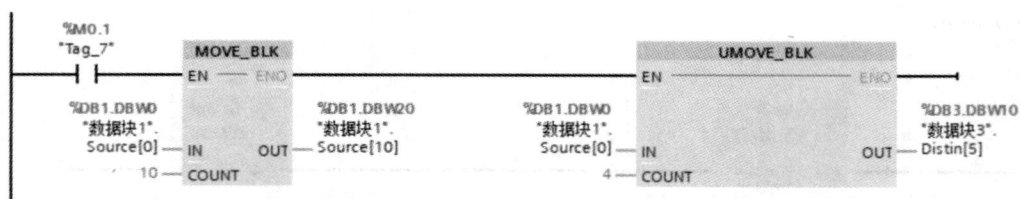

图6-9　MOVE_BLK和UMOVE_BLK指令

6.1.3　移位和循环移位指令

1. SHL和SHR指令

"左移"指令SHL与"右移"指令"SHR"将输入端(IN)中的数据逐位左移或者右移，移位的位数由N指定，移位后的结果保存在输出端(OUT)指定的存储单元。当位移位数N等于0时，不会移动，但是输入端(IN)指定的数值会被复制给输出端(OUT)指定的存储单元。

无符号数位移和有符号数左移后空出来的位用 0 来填充。有符号整数右移后空出来的位用符号位填充。其中，正数的符号位为 0，负数的符号位为 1。

放置移位指令后，单击指令框上的问号 ??? ，可以通过下拉菜单选择或修改操作数据的类型；双击 SHR ，可以通过下拉菜单修改指令类型。如图 6-10 所示。

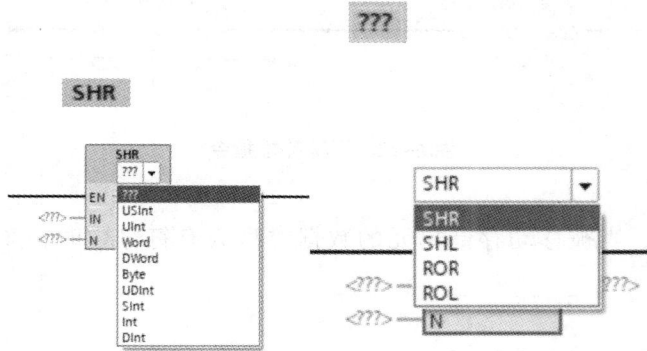

图 6-10　移位指令数据类型选择

左移 N 位，相当于源数据乘以 2^N；右移 N 位，相当于源数据除以 2^N。图 6-11 中，当 I0.0 为高电平时，将 16 进制数 16#30 左移 2 位，相当于乘以 4，输出端数据为 16#C0；将有符号数-100 右移 2 位，相当于除以 4，输出端输出为-25。

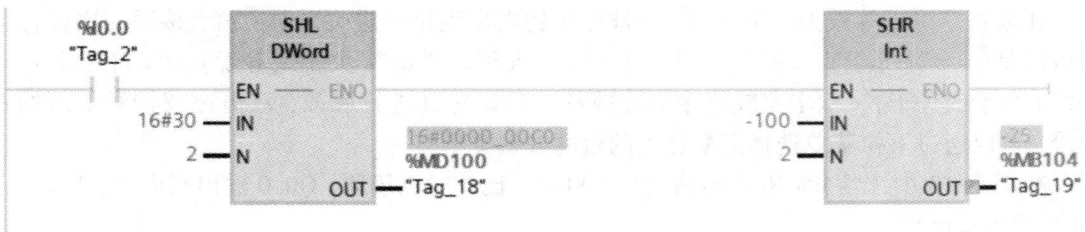

图 6-11　移位指令

使用移位指令时应注意，如果移位后的数据要送回原地址，则要将图 6-11 中的 I0.0 的常开触点改为边沿检测触点，否则在 I0.0 为高电平的每个扫描周期都要位移一次。

2. ROL 和 ROR 指令

循环位移指令 ROL 和 ROR 将输入端（IN）中的数据逐位左移或者右移，并将移出来的位送回存储单元另一端空出来的位。移位的位数由 N 指定，N 可以大于被移动存储单元的位数，移位后的结果保存在输出端（OUT）指定的存储单元。

图 6-12 中，组态 CPU 属性时，设置系统存储器地址为 MB0。首次扫描时，M1.0 为高电平，QB0 的值为 1，用二进制表示为 2#0000 0001，即 Q0.0 输出高电平，Q0.1~10.7 输出低电平。当 I0.0 出现一个上升沿，QB0 的数据（2#0000 0001）向左循环移动一位，变为 2#0000 0010，即 Q0.1 输出高电平，其余输出低电平。

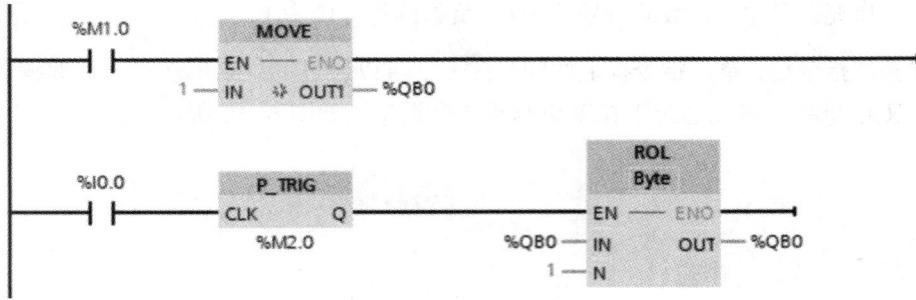

图 6-12 循环移位指令

需要注意的是，当被移动存储单元的数据类型为有符号数时，符号位会跟着一起移动。

6.1.4 比较器操作指令

1. 比较指令

比较指令用于比较数据类型相同的两个数 IN1 和 IN2 的大小，IN1 和 IN2 分别在触点的上方和下方。操作数可以是 I、Q、M、L、D 存储区中的变量或常数。当操作数数据类型为字符串时，实际上是比较它们各字符对应的 ASCII 码的大小，第一个不相同的字符决定了比较的结果。

比较指令可以等效为一个触点，当被比较的数据满足对应关系时，触点接通。比较符号可以是"＝＝"（等于），"<>"（不等于），">"（大于），"≥"（大于或等于），"<"（小于），"≤"（小于或等于）。双击比较指令的比较符号可以对其进行修改，双击比较符号下面的问号，可以通过下拉菜单选择需要比较的数的数据类型。

在图 6-13 中，当 MW20 中的值大于 100 时，比较触点接通，Q0.0 输出高电平；反之，Q0.0 输出低电平。

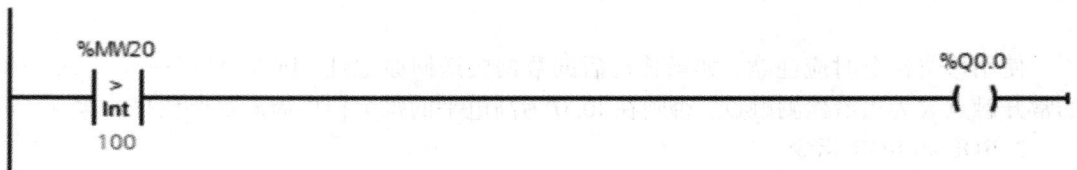

图 6-13 比较指令

2. IN_RANGE 与 OUT_RANGE 指令

范围内比较指令 IN_RANGE 与范围外比较指令 OUT_RANGE 也可以等效为一个触点，其等效触点接通的条件如下：

IN_RANGE 指令：$MIN \leqslant VAL \leqslant MAX$

OUT_RANGE 指令: VAL<MIN 或 VAL>MAX

图 6-14 中, 当 MD20 的值在 0.0~1.0 时, 范围比较指令等效触点接通, Q0.0 输出高电平; 反之, Q0.0 输出低电平。

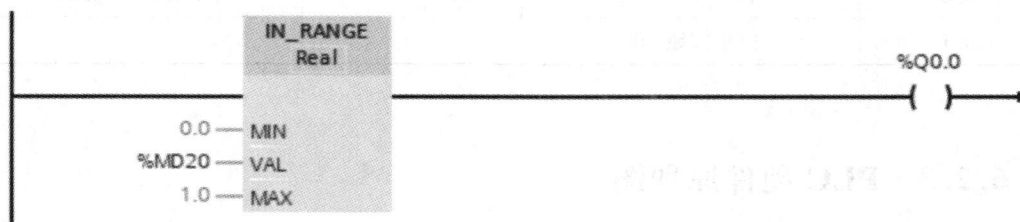

图 6-14 范围内比较指令

3. OK 与 NOT_OK 指令

OK 与 NOT_OK 指令用于检测输入数据是否为实数。如图 6-15 所示, 如果 MD20 中为有效实数, 则 OK 触点接通, Q0.0 输出高电平; 反之, NOT_OK 触点接通, Q0.1 输出高电平。

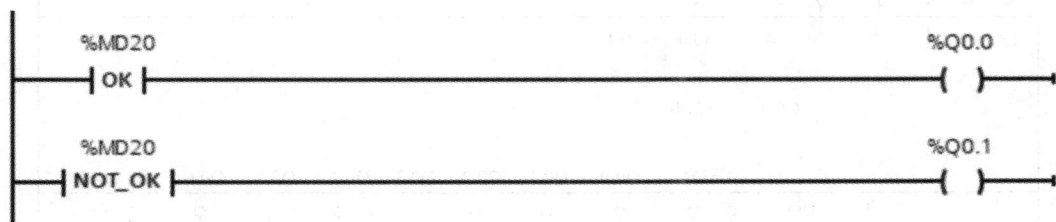

图 6-15 OK 与 NOT_OK 指令

任务 2 流水灯的 PLC 控制

6.2.1 任务分析

使用 S7-1200 PLC 实现一个 8 盏灯的流水灯控制。要求按下 SB1 后, 仅点亮第 1 盏; 1 s 后, 仅点亮第 2 盏灯; 以此类推, 实现 8 盏灯的循环点亮。无论何时按下停止按钮 SB2, 8 盏灯全部熄灭。

6.2.2 IO 分配

根据 S7-1200 PLC 输入/输出地址分配原则和任务要求, 对 I/O 地址进行分配, 具体见表 6-2。

表 6-2 流水灯的 PLC 控制 I/O 点表

输入		输出	
I0.0	启动按钮 SB1	Q0.0~Q0.7	灯 LED1~灯 LED8
I0.1	停止按钮 SB2		

6.2.3 PLC 硬件原理图

根据控制要求和 I/O 点表, 流水灯的控制电路原理图如图 6-16 所示。

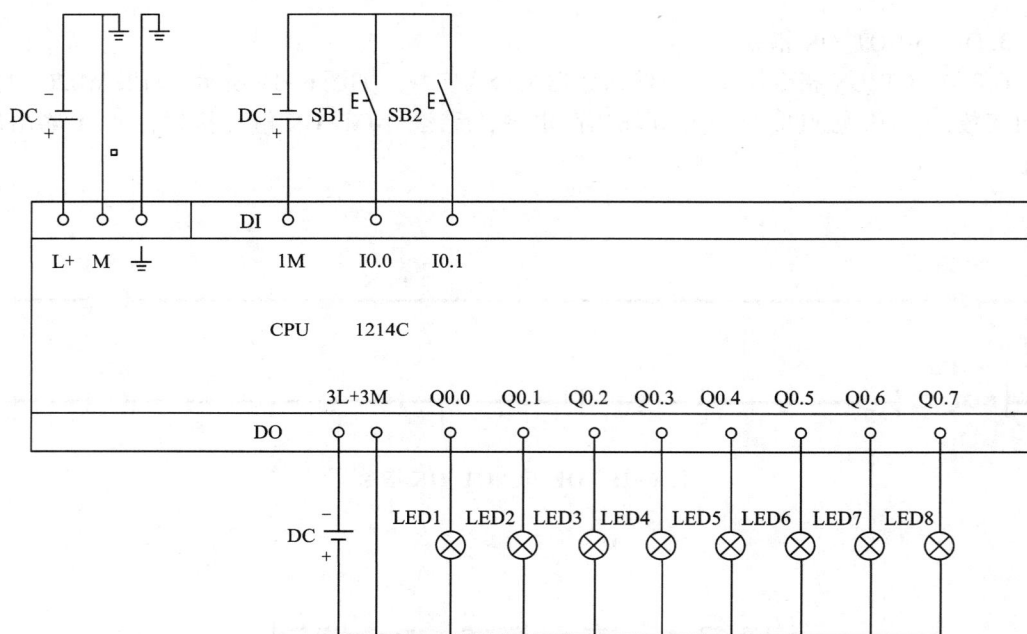

图 6-16 流水灯 PLC 控制电路原理图

6.2.4 程序编写

1. 创建项目

打开 TIA Protel 软件, 在 Protel 视图中点击"创建新项目", 修改项目名称后点击"创建"按钮完成项目创建; 点击"项目视图"进入项目视图显示界面, 完成项目的硬件组态。

2. 编辑变量表

PLC 变量表如图 6-17 所示。

🔲 变量　　　□ 用户常量

滚水灯控制

	名称	数据类型	地址	保持	在 H...	可从 ...	注释
1	启动按钮SB1	Bool	%I0.0	☐	☑	☑	
2	停止按钮SB2	Bool	%I0.1	☐	☑	☑	
3	LED1	Bool	%Q0.0	☐	☑	☑	
4	LED2	Bool	%Q0.1	☐	☑	☑	
5	LED3	Bool	%Q0.2	☐	☑	☑	
6	LED4	Bool	%Q0.3	☐	☑	☑	
7	LED5	Bool	%Q0.4	☐	☑	☑	
8	LED6	Bool	%Q0.5	☐	☑	☑	
9	LED7	Bool	%Q0.6	☐	☑	☑	
10	LED8	Bool	%Q0.7	☐	☑	☑	

图 6-17　温度控制系统的 PLC 变量表

3. 编写程序

采用移动指令与比较指令编写本案例控制程序，如图 6-18 所示，程序中时间信号由定时器产生。

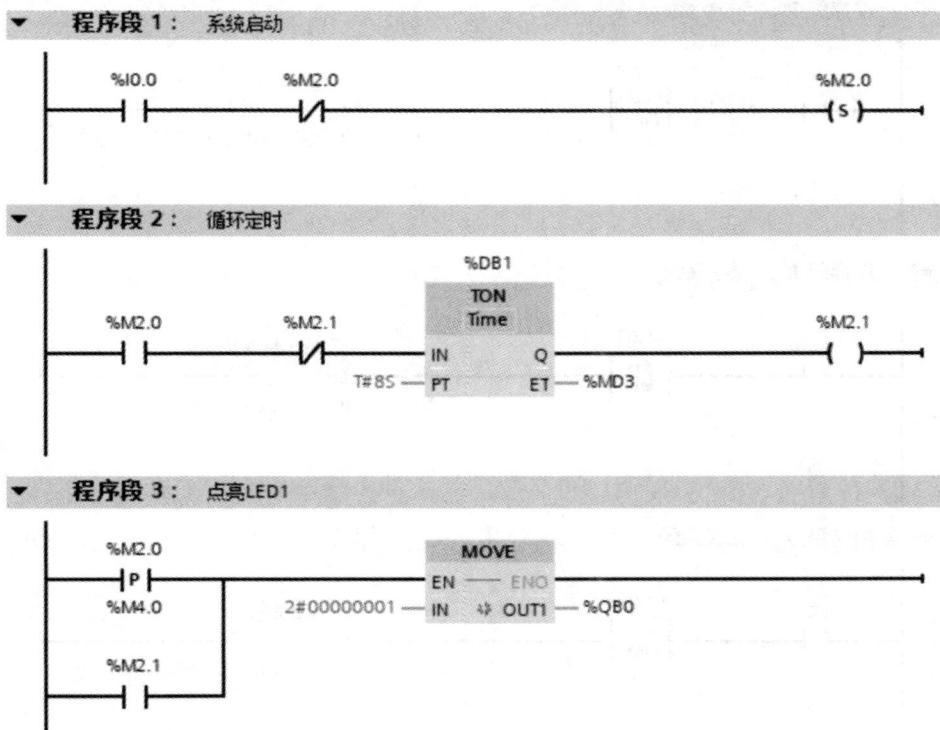

程序段 4: 点亮LED2

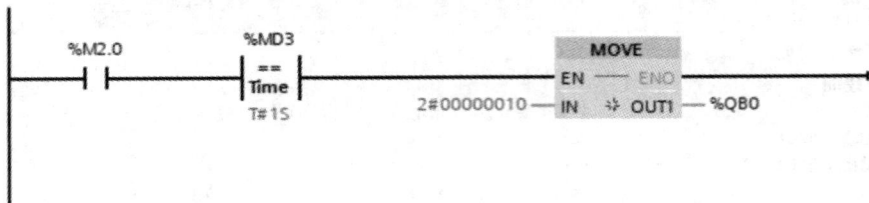

```
  %M2.0          %MD3                        MOVE
───┤ ├───       ──┤ == ├──              ┌──────────────┐
                   Time                 │ EN    ENO ├───
                   T#1S     2#00000010 ─┤ IN   ✳ OUT1 ├─ %QB0
                                        └──────────────┘
```

程序段 5: 点亮LED3

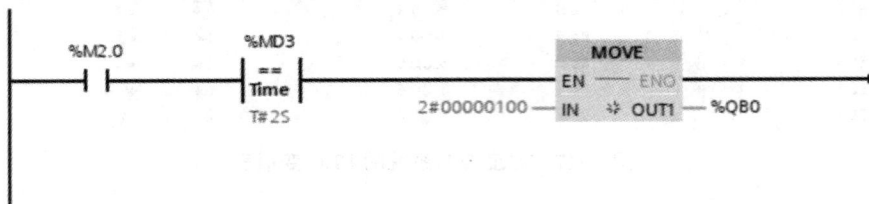

```
  %M2.0          %MD3                        MOVE
───┤ ├───       ──┤ == ├──              ┌──────────────┐
                   Time                 │ EN    ENO ├───
                   T#2S     2#00000100 ─┤ IN   ✳ OUT1 ├─ %QB0
                                        └──────────────┘
```

程序段 6: 点亮LED4

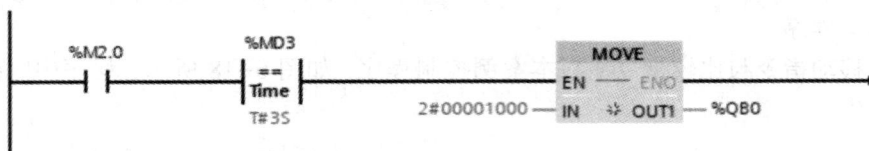

```
  %M2.0          %MD3                        MOVE
───┤ ├───       ──┤ == ├──              ┌──────────────┐
                   Time                 │ EN    ENO ├───
                   T#3S     2#00001000 ─┤ IN   ✳ OUT1 ├─ %QB0
                                        └──────────────┘
```

程序段 7: 点亮LED5

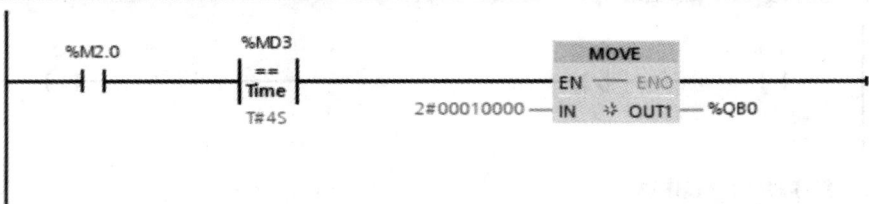

```
  %M2.0          %MD3                        MOVE
───┤ ├───       ──┤ == ├──              ┌──────────────┐
                   Time                 │ EN    ENO ├───
                   T#4S     2#00010000 ─┤ IN   ✳ OUT1 ├─ %QB0
                                        └──────────────┘
```

程序段 8: 点亮LED6

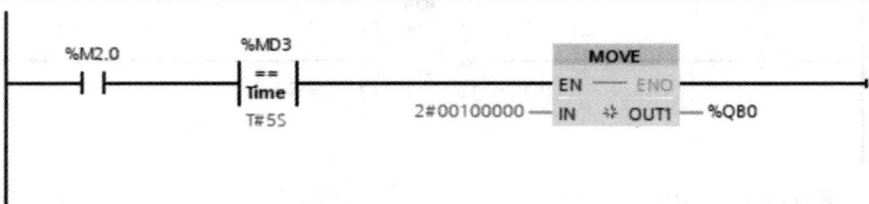

```
  %M2.0          %MD3                        MOVE
───┤ ├───       ──┤ == ├──              ┌──────────────┐
                   Time                 │ EN    ENO ├───
                   T#5S     2#00100000 ─┤ IN   ✳ OUT1 ├─ %QB0
                                        └──────────────┘
```

程序段 9: 点亮LED7

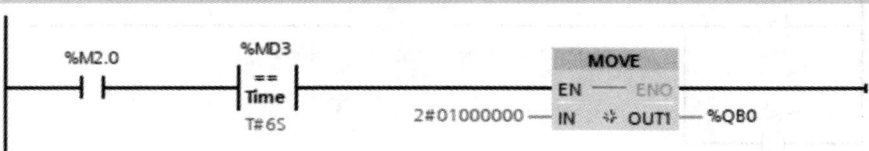

```
  %M2.0          %MD3                        MOVE
───┤ ├───       ──┤ == ├──              ┌──────────────┐
                   Time                 │ EN    ENO ├───
                   T#6S     2#01000000 ─┤ IN   ✳ OUT1 ├─ %QB0
                                        └──────────────┘
```

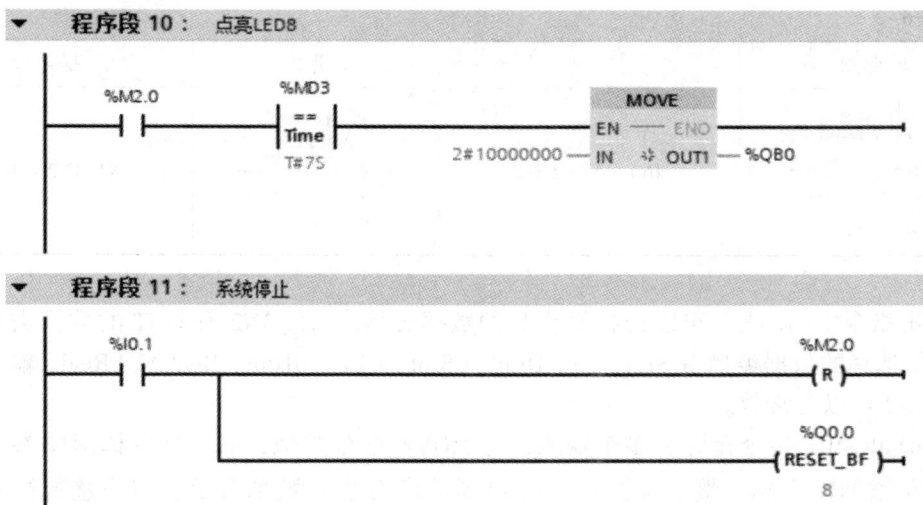

程序段 10: 点亮LED8

程序段 11: 系统停止

图 6-18　流水灯 PLC 控制程序

4.调试程序

将编写好的程序和硬件组态下载至 CPU 中，等 CPU 运行后，按下按钮 SB1，观察 8 盏灯的点亮情况，看是否循环逐一点亮。按下按钮 SB2，观察 8 盏灯是否全部熄灭。若程序控制与任务要求一致，则完成流水灯的 PLC 控制任务要求。

任务 3　运算指令

6.3.1　数学运算指令

数学运算指令主要包括四则运算指令、其他整数数学运算指令及浮点数函数运算指令。

1.四则运算指令

四则运算指令包括加指令（ADD）、减指令（SUB）、乘指令（MUL）、除指令（DIV），它们的操作表见表 6-2。

表 6-2　四则运算指令

梯形图	描述	梯形图	描述
ADD Auto (???) EN　ENO IN1　OUT IN2	IN1+IN2=OUT	MUL Auto (???) EN　ENO IN1　OUT IN2	IN1×IN2=OUT

梯形图	描述	梯形图	描述
SUB Auto (???) EN — ENO IN1 OUT IN2	IN1-IN2=OUT	DIV Auto (???) EN — ENO IN1 OUT IN2	IN1÷IN2=OUT

点击指令中的问号，可以选择操作数的数据类型，IN1、IN2 及 OUT 的数据类型需相同，可供选择的数据类型有 SInt、Int、DInt、USInt、UInt、UDInt、Real 和 LReal，输入参数 IN1 与 IN2 可以为常数。

ADD 和 MUL 指令允许有多个输入，与 MOVE 指令类似，单击指令梯形图参数后的 ，即可增加输入端。整数除法指令将得到的商舍去小数部分后，作为整数格式输出至 OUT。

编程完成 (20+16+41-13)×5÷12.5 的运算，如图6-19所示，在进行除法运算前，需先将前面的运算结果转换为浮点数。

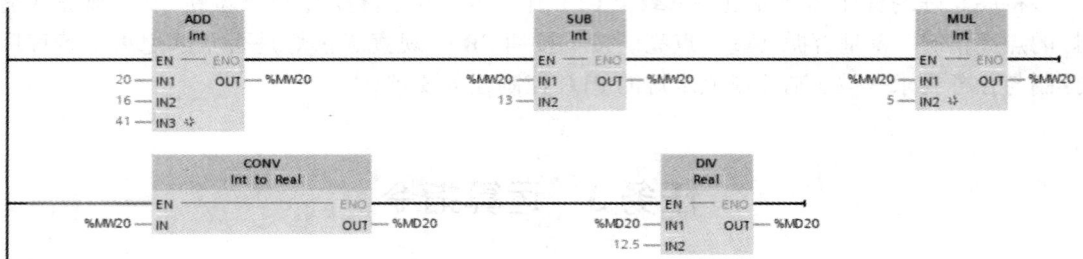

图6-19　四则运算指令

2. 其他整数数学运算指令

1) MOD 指令

取余指令 MOD 可以用来求除法的余数，OUT 输出值为 IN1/IN2 的余数，如图6-20所示。

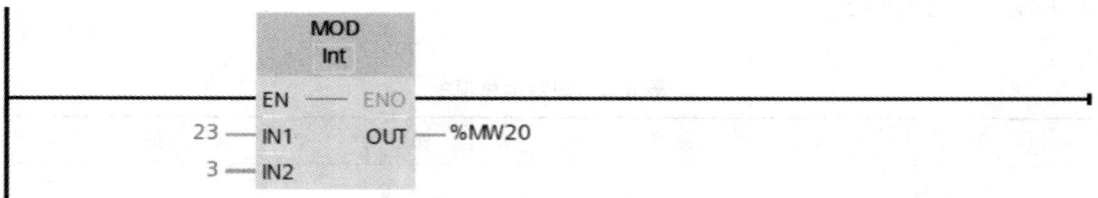

图6-20　MOD 指令

2）INC 与 DEC 指令

递增指令 INC 与递减指令 DEC 分别将（IN/OUT）端的值加 1 与减 1 后所得的数值仍保存在（IN/OUT）端指定地址中，如图 6-21 所示。（IN/OUT）端的数据类型可以选各种有符号或无符号的整数。

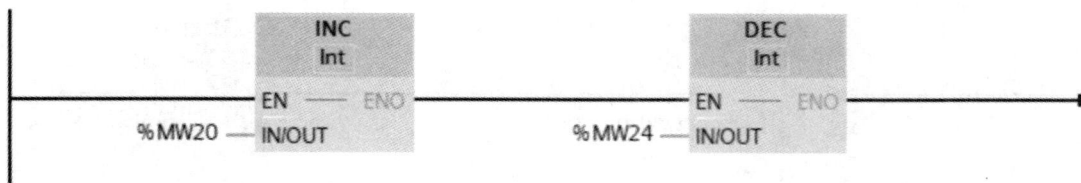

图 6-21　INC 与 DEC 指令

3）NEG 与 ABS 指令

取反指令 NEG 将输入值的符号取反后，将结果保存在输出 OUT 中，IN 和 OUT 的数据类型可以是整数或者浮点数，输入端 IN 还可以是常数。

计算绝对值指令 ABS 用于求输入值的绝对值，并将结果保存在输出 OUT 中，IN 和 OUT 的数据类型应一致。NEG 与 ABS 指令的用法如图 6-22 所示。

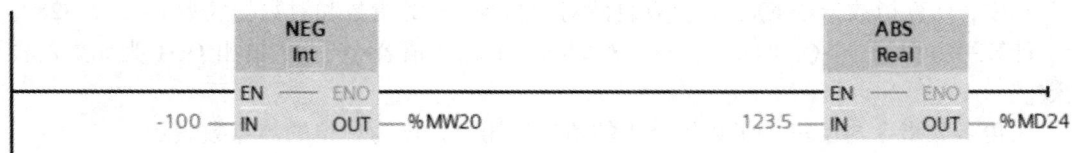

图 6-22　NEG 与 ABS 指令

4）MIN 与 MAX 指令

获取最小值指令 MIN 与获取最大值指令 MAX，分别用于求取输入变量中的最小值与最大值，并将符合条件的数据输出到 OUT 指定的存储单元。输入端的数据类型需相同才能执行指定的操作，如图 6-23 所示。

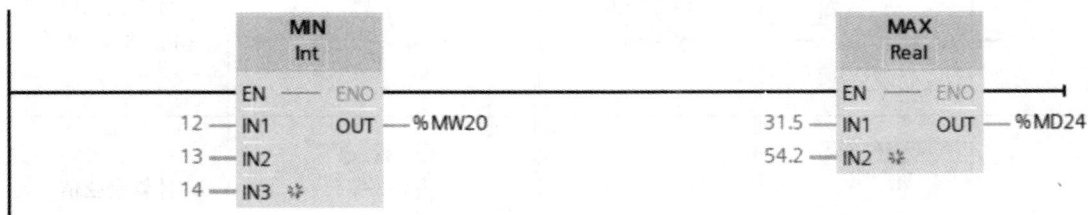

图 6-23　MIN 与 MAX 指令

5）LIMIT 指令

设定限制指令 LIMIT 用于检查输入 IN 的值是否在 MN 与 MX 指定的范围内，如果 IN 的值没有超出指定范围，将它的值直接保存至 OUT 指定的地址。如果 IN 的值大于 MX 或者小于 MN，则将 MX 或 MN 的值保存至 OUT 指定的地址，如图 6-24 所示。

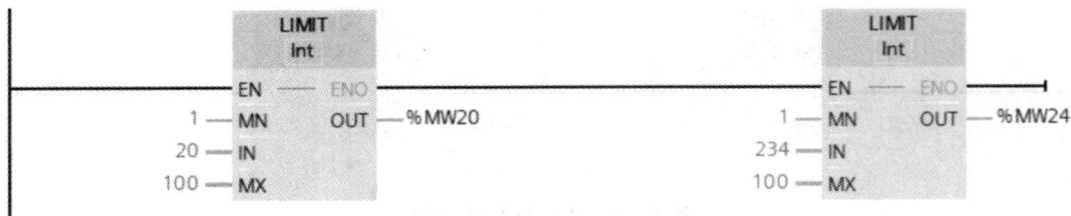

图 6-24 LIMIT 指令

3. 浮点数函数运算指令

浮点数函数运算指令主要有计算平方指令（SQR）、计算平方根指令（SQRT）、计算自然对数指令（LN）、计算指数指令（EXP）、取幂指令（EXPT）、提取小数指令（FRAC）及三角函数指令。浮点数函数运算指令的操作数 IN 和 OUT 的数据类型均为 Real，其操作表见表 6-3。

其中，计算指数指令 EXP 和计算自然对数指令 LN 的指数和对数的底数 e＝2.718282。

计算平方根指令 SQRT 和计算自然对数指令的输入值若小于 0，输出 OUT 为无效的浮点数。

三角函数指令与反三角函数指令中的角度均用以弧度为单位的浮点数表示。

ASIN 和 ACOS 指令的输入值的取值范围为 −1.0～1.0，ATAN 指令输入值的取值范围为有效实数。ASIN 与 ATAN 指令的输出值的取值范围为 $-\pi/2 \sim \pi/2$，ACOS 指令的输出值的取值范围为 $0 \sim \pi$。

表 6-3 浮点数函数运算指令

梯形图	描述	梯形图	描述
SQR ??? EN — ENO / IN — OUT	计算平方 $IN^2 = OUT$	SIN ??? EN — ENO / IN — OUT	计算正弦值 $\sin(IN) = OUT$
SQRT ??? EN — ENO / IN — OUT	计算平方根 $\sqrt{IN} = OUT$	COS ??? EN — ENO / IN — OUT	计算余弦值 $\cos(IN) = OUT$

梯形图	描述	梯形图	描述
LN ??? EN — ENO — IN — OUT	计算自然对数 LN(IN) = OUT	**TAN** ??? EN — ENO — IN — OUT	计算正切值 tan(IN) = OUT
EXP ??? EN — ENO — IN — OUT	计算指数 e^{IN} = OUT	**ASIN** ??? EN — ENO — IN — OUT	计算反正弦值 arcsin(IN) = OUT
FRAC ??? EN — ENO — IN — OUT	返回小数值	**ACOS** ??? EN — ENO — IN — OUT	计算反余弦值 arccos(IN) = OUT
EXPT ??? ** ??? EN — ENO IN1 — OUT IN2	取幂	**ATAN** ??? EN — ENO — IN — OUT	计算反正切值 arctan(IN) = OUT
CALCULATE ??? EN — ENO OUT := <???> IN1 — OUT IN2	用户自己定义表达式，可组合某些指令的函数以执行复杂数学计算		

6.3.2　逻辑运算指令

逻辑运算指令包括字逻辑运算指令、解码编码指令、选择指令、多路复用及多路分用指令。

1. 字逻辑运算指令

字逻辑运算指令包括与、或、异或及取反运算，对输入的两个或多个数据进行逐位逻辑运算，并将运算结果输出至 OUT 指定的地址。

如图 6-25 所示，与运算指令 AND 的两个操作数同一位均为 1 时，运算结果对应的位为 1，否则为 0；或运算指令 OR 的两个操作数同一位均为 0 时，运算结果对应的位为 0，否则为 1；异或指令 XOR 的两个操作数的同一位如果不相同，运算结果对应的位为 1，否则为 0；取反指令 INV 将输入数据的二进制数逐位取反，将运算结果保存至 OUT 指定的地址。

2. 解码和编码运算指令

解码指令 DECO 又称为译码指令，当输入参数 N 的值为 n 时，解码指令将输出参数的第 n 位置为 1，其余各位置为 0。

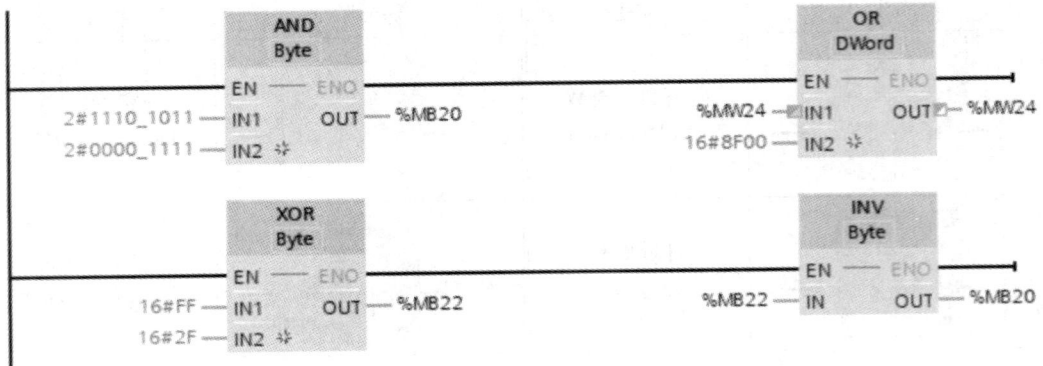

图 6-25　字逻辑运算指令

IN 的数据类型为 UInt，OUT 的数据类型根据输入参数值的大小进行选择。当 IN 的值为 0~7 的整数时，OUT 数据类型为 Byte；当 IN 的值为 0~15 的整数时，OUT 数据类型为 Word；当 IN 的值为 0~31 的整数时，OUT 数据类型为 DWord；当 IN 的值大于 31 时，将 IN 对 32 取余，用所得余数来进行解码操作。

编码指令 ENCO 与解码指令相反，将 IN 中为 1 的最低位的位数传送给输出参数 OUT 指定的地址，如图 6-26 所示。

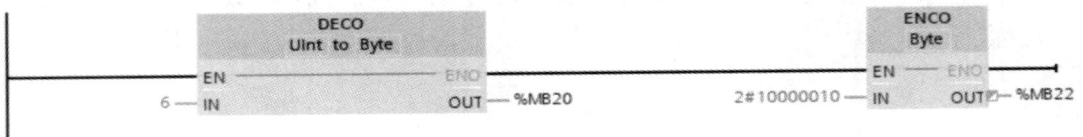

图 6-26　解码编码指令

3. 选择、多路复用和多路分用指令

选择指令 SEL 的 Bool 型输入参数 G 为 0 时选中 IN0，G 为 1 时选中 IN1，并将选中的输入端变量传送至 OUT 指定的地址。

多路复用指令 MUX 又称为多路开关选择器，当输入值 K = m 时，选中 IN_m 端，并将其变量值传送至 OUT 指定的地址，当 m 超过允许范围时，将选中输入参数 ELSE。

多路分用指令 DEMUX 指令根据输入参数 K 的值，将输入 IN 的内容传送至指定的输入地址中。参数 K 的数据类型只能为整数，输入端 IN 与所有输出端必须有相同的数据类型。如图 6-27 所示，当 K = m 时，将输入 IN 的数据传送至 OUT_m 指定的输出地址，当 K 的值大于可用输出数，输入 IN 的内容将被传送到 ELSE 指定的地址，同时 ENO 的输出值为 0。

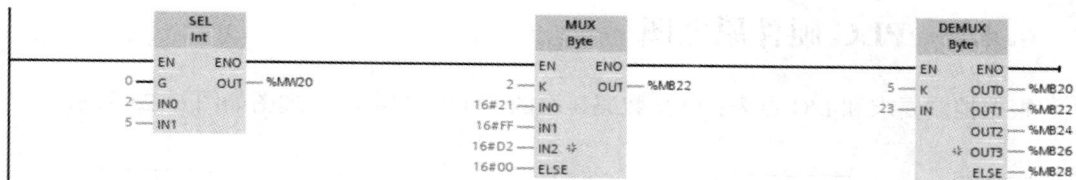

图 6-27　选择、多路复用与多路分用指令

任务 4　LED 数码显示的 PLC 控制

6.4.1　任务分析

设计一个 LED 数码显示控制电路，用 SB0～SB9 分别控制数码管显示数字 0～9。当按下按钮 SB1 时，数码管显示数字 1；当按下按钮 SB2 时，数码管显示数字 2；依此类推，LED 数码管采用七段共阴数码管。

6.4.2　IO 分配

根据 S7-1200 PLC 输入/输出地址分配原则和任务要求，对 I/O 地址进行分配，具体见表 6-4。

表 6-4　LED 数码显示的 PLC 控制 I/O 点表

输入		输出	
I0.0	按钮 SB0	Q0.0	数码管 a 段显示
I0.1	按钮 SB1	Q0.1	数码管 b 段显示
I0.2	按钮 SB2	Q0.2	数码管 c 段显示
I0.3	按钮 SB3	Q0.3	数码管 d 段显示
I0.4	按钮 SB4	Q0.4	数码管 e 段显示
I0.5	按钮 SB5	Q0.5	数码管 f 段显示
I0.6	按钮 SB6	Q0.6	数码管 g 段显示
I0.7	按钮 SB7		
I1.0	按钮 SB8		
I1.1	按钮 SB9		

6.4.3 PLC 硬件原理图

根据控制要求和 I/O 点表，LED 数码显示的 PLC 控制电路原理图如图 6-28 所示。

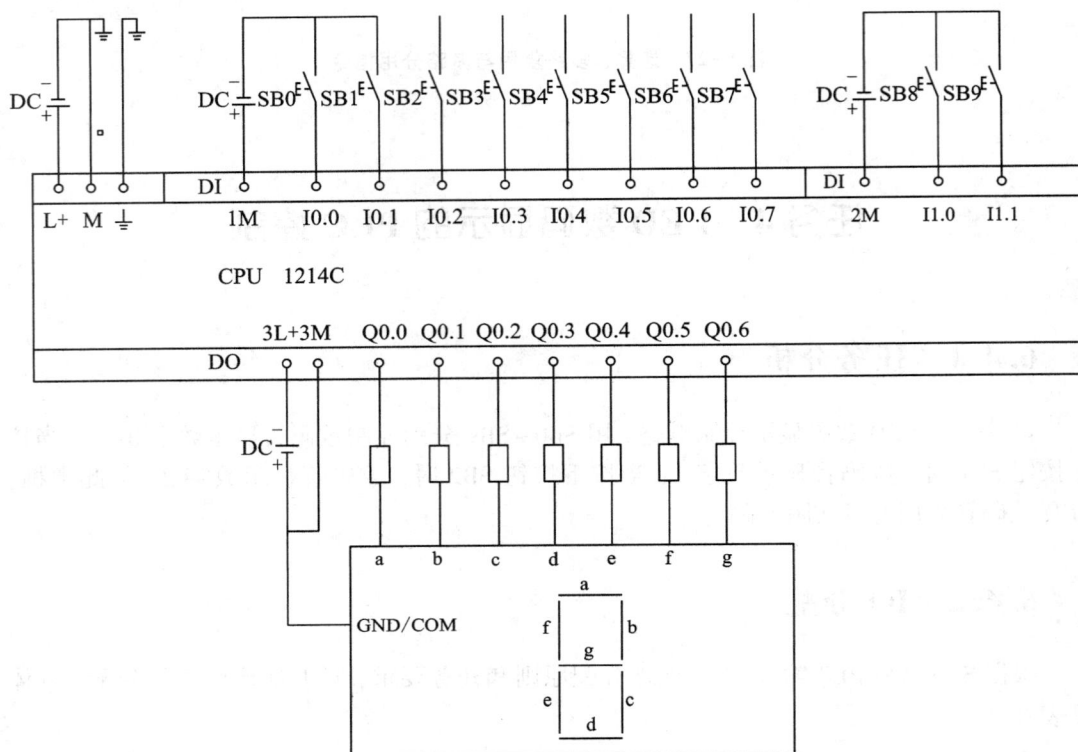

图 6-28　LED 数码显示的 PLC 控制电路原理图

6.4.4　程序编写

1. 创建项目

打开 TIA Protel 软件，在 Protel 视图中点击"创建新项目"，修改项目名称后点击"创建"按钮完成项目创建；点击"项目视图"进入项目视图显示界面，完成项目的硬件组态。

2. 编辑变量表

PLC 变量表如图 6-29 所示。

3. 编写程序

按字符驱动来编写本案例控制程序，如图 6-30 所示。

◁ 变量 | ⊡ 用户常量

LED数码管显示控制

	名称	数据类型	地址	保持	在 H...	可从 ...	注释
1	按钮SB0	Bool	%I0.0	☐	☑	☑	
2	按钮SB1	Bool	%I0.1	☐	☑	☑	
3	按钮SB2	Bool	%I0.2	☐	☑	☑	
4	按钮SB3	Bool	%I0.3	☐	☑	☑	
5	按钮SB4	Bool	%I0.4	☐	☑	☑	
6	按钮SB5	Bool	%I0.5	☐	☑	☑	
7	按钮SB6	Bool	%I0.6	☐	☑	☑	
8	按钮SB7	Bool	%I0.7	☐	☑	☑	
9	按钮SB8	Bool	%I1.0	☐	☑	☑	
10	按钮SB9	Bool	%I1.1	☐	☑	☑	
11	数码管显示a段	Bool	%Q0.0	☐	☑	☑	
12	数码管显示b段	Bool	%Q0.1	☐	☑	☑	
13	数码管显示c段	Bool	%Q0.2	☐	☑	☑	
14	数码管显示d段	Bool	%Q0.3	☐	☑	☑	
15	数码管显示e段	Bool	%Q0.4	☐	☑	☑	
16	数码管显示f段	Bool	%Q0.5	☐	☑	☑	
17	数码管显示g段	Bool	%Q0.6	☐	☑	☑	

图 6-29　LED 数码显示控制电路的 PLC 变量表

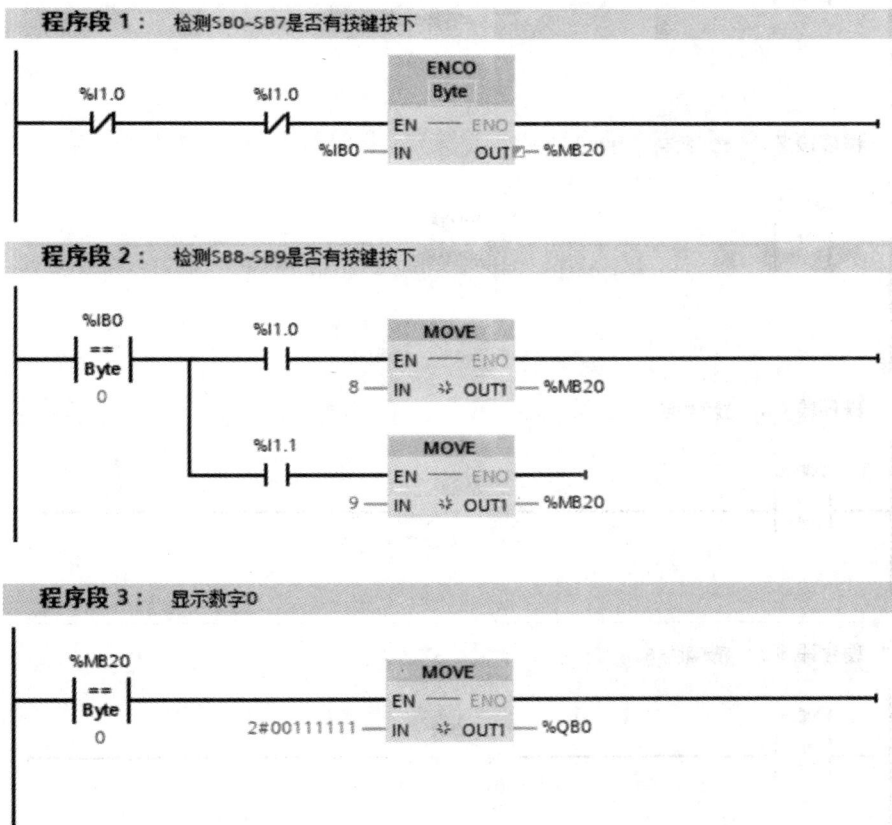

程序段 1：　检测SB0~SB7是否有按键按下

程序段 2：　检测SB8~SB9是否有按键按下

程序段 3：　显示数字0

程序段 4: 显示数字1

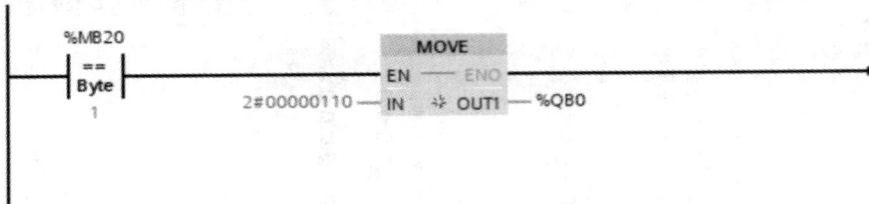

```
      %MB20                          MOVE
      ==                        ┌──────────────┐
     ─┤Byte├──────────────────── EN ─── ENO ──────────────
       1          2#00000110 ── IN  ✣ OUT1 ── %QB0
```

程序段 5: 显示数字2

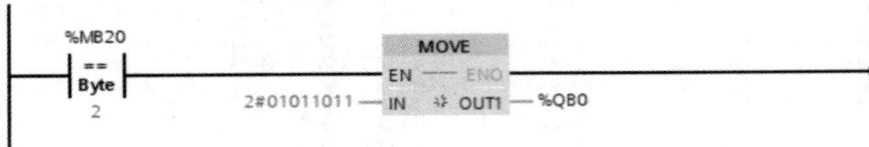

```
      %MB20                          MOVE
      ==                        ┌──────────────┐
     ─┤Byte├──────────────────── EN ─── ENO ──────────────
       2          2#01011011 ── IN  ✣ OUT1 ── %QB0
```

程序段 6: 显示数字3

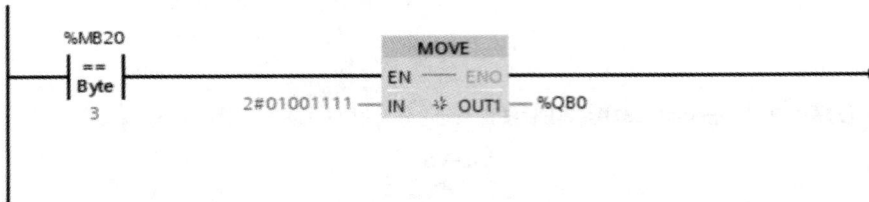

```
      %MB20                          MOVE
      ==                        ┌──────────────┐
     ─┤Byte├──────────────────── EN ─── ENO ──────────────
       3          2#01001111 ── IN  ✣ OUT1 ── %QB0
```

程序段 7: 显示数字4

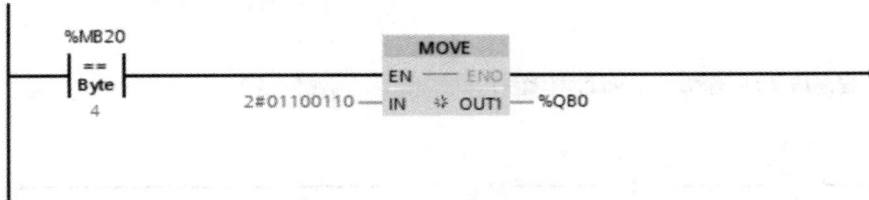

```
      %MB20                          MOVE
      ==                        ┌──────────────┐
     ─┤Byte├──────────────────── EN ─── ENO ──────────────
       4          2#01100110 ── IN  ✣ OUT1 ── %QB0
```

程序段 8: 显示数字5

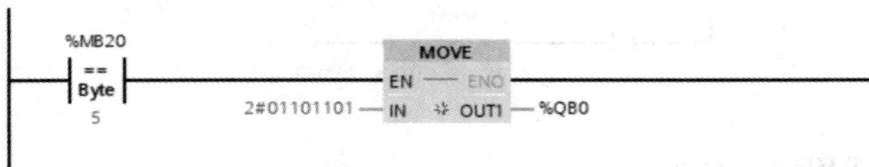

```
      %MB20                          MOVE
      ==                        ┌──────────────┐
     ─┤Byte├──────────────────── EN ─── ENO ──────────────
       5          2#01101101 ── IN  ✣ OUT1 ── %QB0
```

程序段 9: 显示数字6

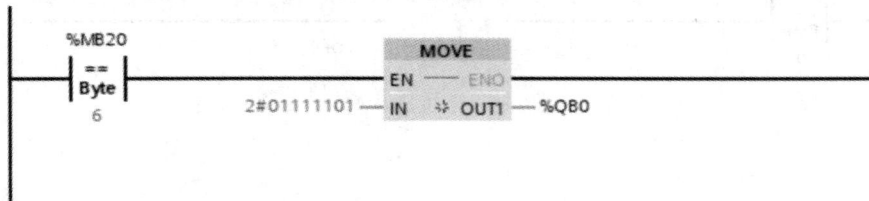

```
      %MB20                          MOVE
      ==                        ┌──────────────┐
     ─┤Byte├──────────────────── EN ─── ENO ──────────────
       6          2#01111101 ── IN  ✣ OUT1 ── %QB0
```

程序段 10: 显示数字7

%MB20
==
Byte
7

MOVE
EN — ENO
2#00000111 — IN ✹ OUT1 — %QB0

程序段 11: 显示数字8

%MB20
==
Byte
8

MOVE
EN — ENO
2#01111111 — IN ✹ OUT1 — %QB0

程序段 12: 显示数字9

%MB20
==
Byte
9

MOVE
EN — ENO
2#01101111 — IN ✹ OUT1 — %QB0

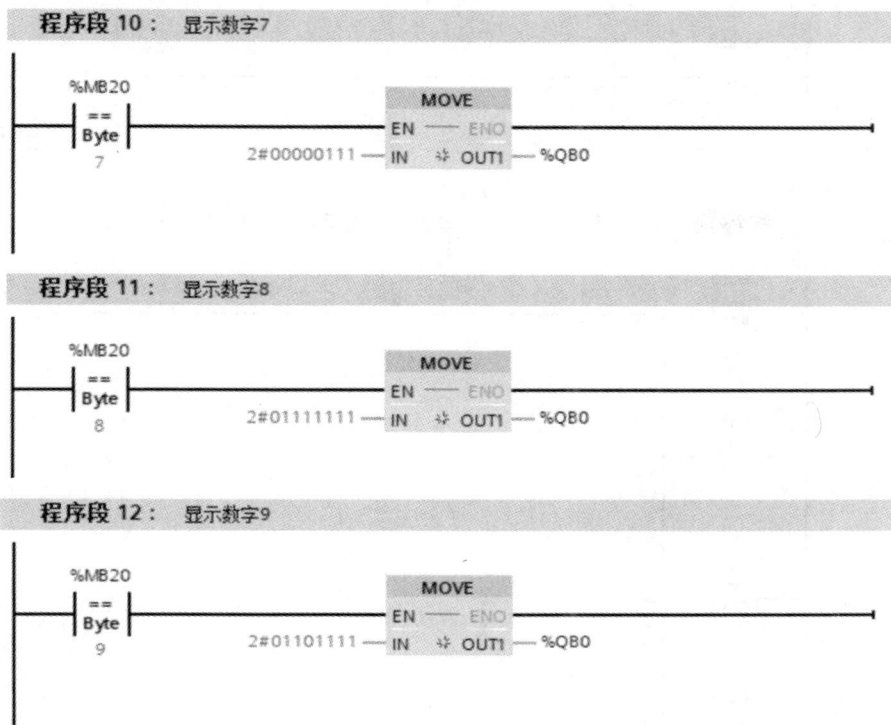

图 6-30　LED 数码显示的 PLC 控制程序

数码管的显示亦可以按段驱动，如表 6-5 所示。

表 6-5　数码管段与显示数字对应关系

点亮数码管段	对应显示数字
a 段	0, 2, 3, 5, 6, 7, 8, 9
b 段	0, 1, 2, 3, 4, 7, 8, 9
c 段	0, 1, 3, 4, 5, 6, 7, 8, 9
d 段	0, 2, 3, 5, 6, 8, 9
e 段	0, 2, 6, 8
f 段	0, 4, 5, 6, 8, 9
g 段	2, 3, 4, 5, 6, 8, 9

以 a、e 段为例，说明如何用按段驱动的方式来编写数码管显示控制程序，如图 6-31 所示。

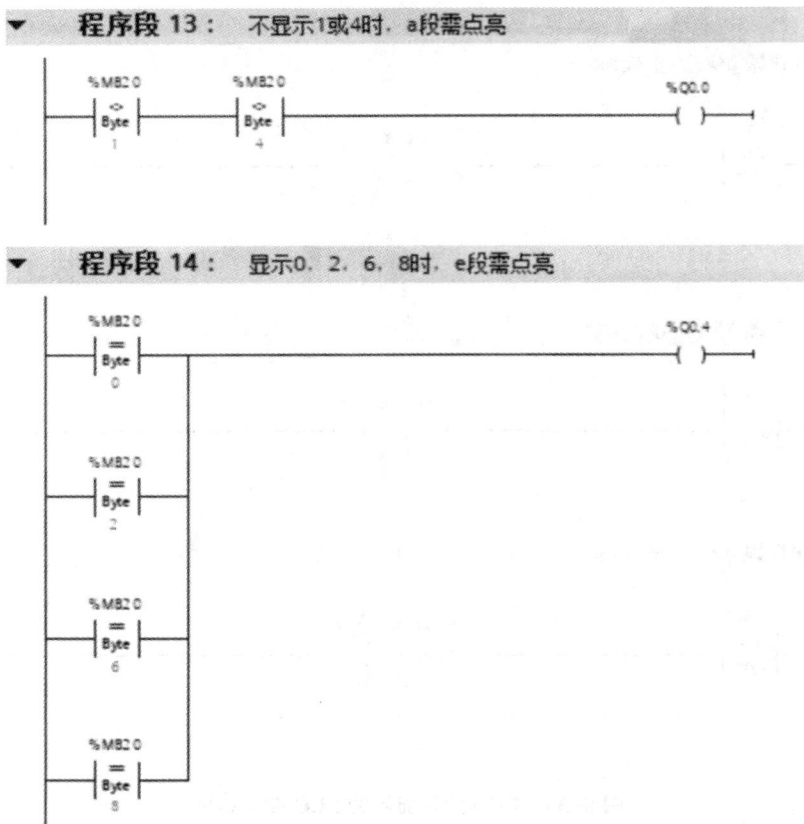

程序段 13: 不显示1或4时，a段需点亮

程序段 14: 显示0、2、6、8时，e段需点亮

图 6-31　按段驱动数码管程序示例

4. 调试程序

将编写好的程序和硬件组态下载至 CPU 中，等 CPU 运行后，按下按钮 SB1，观察数码管是否显示数字 1；按下按钮 SB2，观察数码管是否显示数字 2；依此类推。若程序控制与任务要求一致，则完成 LED 数码管显示的 PLC 控制任务要求。

任务 5　程序控制操作指令

6.5.1　程序跳转指令

1. JMP 和 LABEL 指令

在没有跳转指令 JMP 时，各个程序以线性扫描的方式按从上到下的先后顺序执行。JMP 指令终止程序的线性扫描，程序跳转到指令中标签地址所在的位置执行。跳转标签指令 LABEL 用于标记跳转指令 JMP 的跳转目标位置。

JMP 指令可以在一个代码块内实现前后跳转，同一代码块内不能出现重复的标签。

在图 6-32 中，当 I0.0 触点断开时，不满足跳转条件，程序将按顺序继续执行程序段 2 的程序。当 I0.0 触点接通时，即满足跳转指令 JMP 的跳转条件，程序将跳转到标签所在程序段 3，执行标签之后的第一条指令。

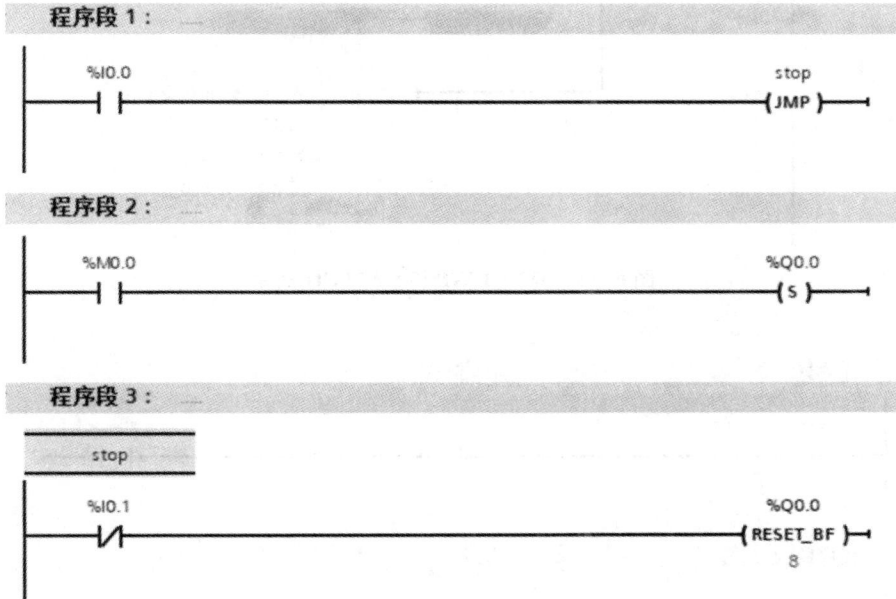

图 6-32　JMP 和 LABEL 指令

2. JMP_LIST 和 SWITCH 指令

跳转列表指令 JMP_LIST 可以定义多个跳转条件，K 参数用于指定输出编号，如图 6-33 所示，当 K=1 时，程序跳转至输出 DEST1 指定的程序块 loop1；当 K 的参数值大于最大输出编号时，程序不跳转，继续执行下一条指令。

跳转分支指令 SWITCH，又称为跳转分配器，指令可以根据一个或多个比较指令结果，执行对应的程序跳转。该指令从第一个比较开始执行，直至满足比较条件为止，程序跳转至该比较条件所对应的输出端指定的程序段。如不满足任何比较条件，程序跳转至 ELSE 输出端指定的程序段。图 6-33 中，参数 K 的值为 5，满足第三个比较条件（<=100），即程序跳转至输出 DEST2 指定的标签 loop2 处开始执行。

3. RET 指令

返回指令 RET 有条件地结束块，当 RET 指令线圈接通时，停止执行当前的块，返回调用它的块后，执行调用指令后的程序。一个块可以使用多条 RET 指令，在块结束时一般不需要使用 RET 指令来结束块。

图 6-34 中，在函数块 FB1 中使用 RET 指令，当 I0.0 触点断开时，继续执行函数块内下一程序段程序；当 I0.0 触点接通时，程序将返回调用该函数块的位置继续执行。

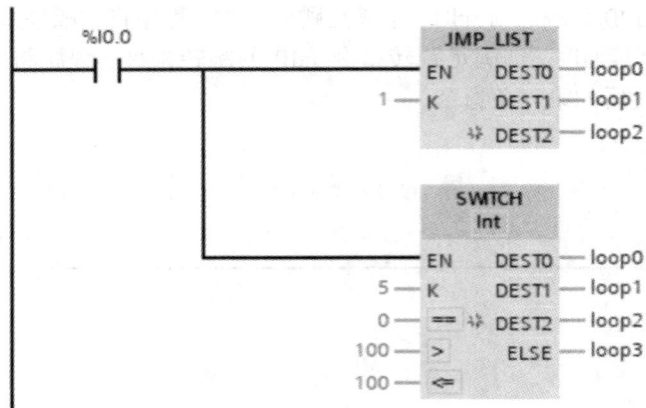

图 6-33 JMP_LIST 和 SWITCH 指令

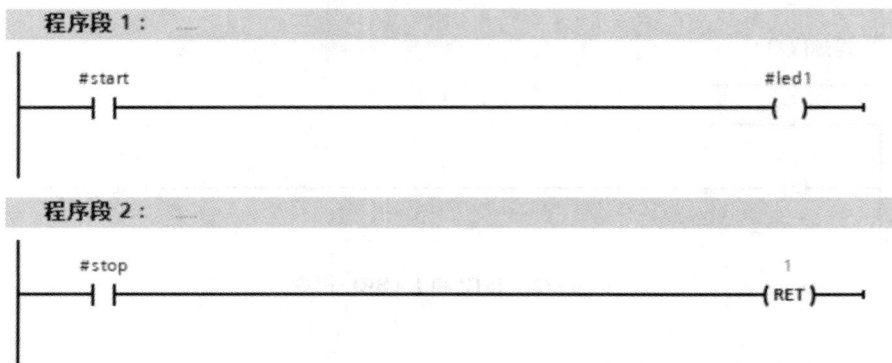

图 6-34 RET 指令

6.5.2 运行时控制指令

1. RE_TRIGR 指令

监控定时器指令 RE_TRIGR 又称为看门狗指令，它可以对程序的扫描周期进行监控。在对 CPU 进行组态时，可以通过参数"周期"来设置循环周期检测时间。每个扫描周期 RE_TRIGR 指令都被自动复位一次，当程序正常工作时，最大扫描循环时间小于监控定时器设定的时间值，它不会起作用。

当出现以下情况时，程序扫描周期可能大于监控定时器的设定时间，监控定时器将会起作用，设备将停机报警：

（1）用户程序过长；

（2）一个扫描周期内执行中断程序的时间过长；

（3）循环指令执行时间过长。

可以在程序中的任意位置使用 RE_TRIGR 指令，来复位监控定时器，如图 6-35 所示。

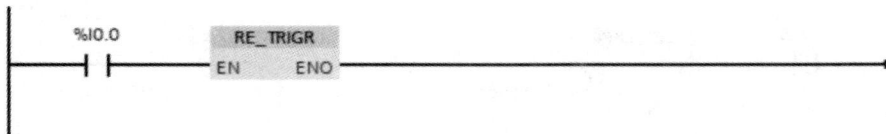

图 6-35 RE_TRIGR 指令

2. STP 指令

退出指令 STP 的 EN 端为高电平状态时，PLC 强制进入 STOP 模式。STP 指令使 CPU 集成的输出、信号板和信号模块的输出进入组态时设置的安全状态。如图 6-36 所示，可以使输出冻结在最后状态，或使用替代值设置为安全状态，默认的数字量替代输出为 FALSE，模拟量替代输出为 0。

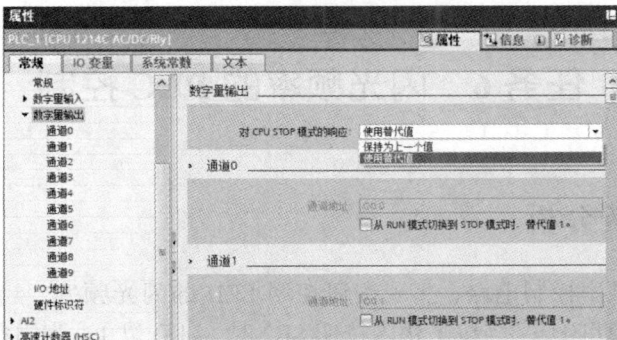

图 6-36 组态数字量输出点

3. GET_ERROR 和 GET_ERR_ID 指令

获取本地错误信息指令 GET_ERROR 用来提供有关程序块执行错误的信息，并将详细的错误信息填入 ERROR 输出指定的地址中，ERROR 输出端变量的数据类型需为 ErrorStuct。

获取本地错误 ID 指令 GET_ERR_ID 用来获取错误的标识符。图 6-37 中，当出现执行错误时，指令 GET_ERROR 的输出端 ENO 为"1"，即指令 GET_ERR_ID 的使能端 EN 为"1"，出现的第一个错误的标识符保存在输出 ID 指定的地址中；当第一个错误消失时，指定输出下一个错误的 ID。

4. RUNTIME 指令

测量程序运行时间指令 RUNTIME 用于测量整个程序、单个块或命令序列的运行时间，如图 6-38 所示。

当在主程序 OB1 中调用该指令时，将测量整个程序的运行时间，包括程序执行过程中可能运行的所有 CPU 进程。在第一次调用时开始测量运行时间，在第二次调用后输出 Ret_Val 将返回程序的运行时间。

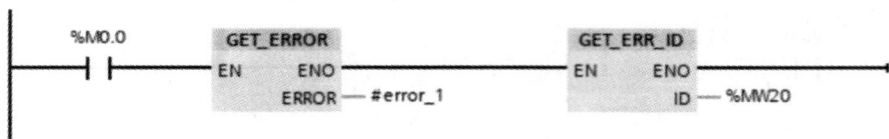

图 6-37　GET_ERROR 和 GET_ERR_ID 指令

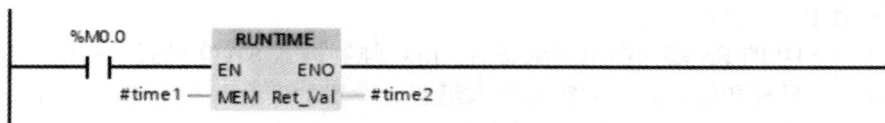

图 6-38　RUNTIME 指令

任务 6　闪光频率的 PLC 控制

6.6.1　任务分析

设计一个闪光频率控制电路，实现按钮控制 LED 的闪光频率。当按下慢闪按钮 SB1 时，LED 以 2 s 为周期闪烁；当按下快闪按钮 SB2 时，LED 以 1 s 为周期闪烁；当按下超闪按钮 SB3 时，LED 以 0.5 s 为周期闪烁；无论何时按下停止按钮 SB0，LED 熄灭。

6.6.2　IO 分配

根据 S7-1200 PLC 输入/输出地址分配原则和任务要求，对 I/O 地址进行分配，具体见表 6-6。

表 6-6　闪光频率的 PLC 控制 I/O 点表

输入		输出	
I0.0	停止按钮 SB0	Q0.0	闪光 LED
I0.1	慢闪按钮 SB1		
I0.2	快闪按钮 SB2		
I0.3	超闪按钮 SB3		

6.6.3 PLC 硬件原理图

根据控制要求和 I/O 点表, 闪光频率的 PLC 控制电路原理图如图 6-39 所示。

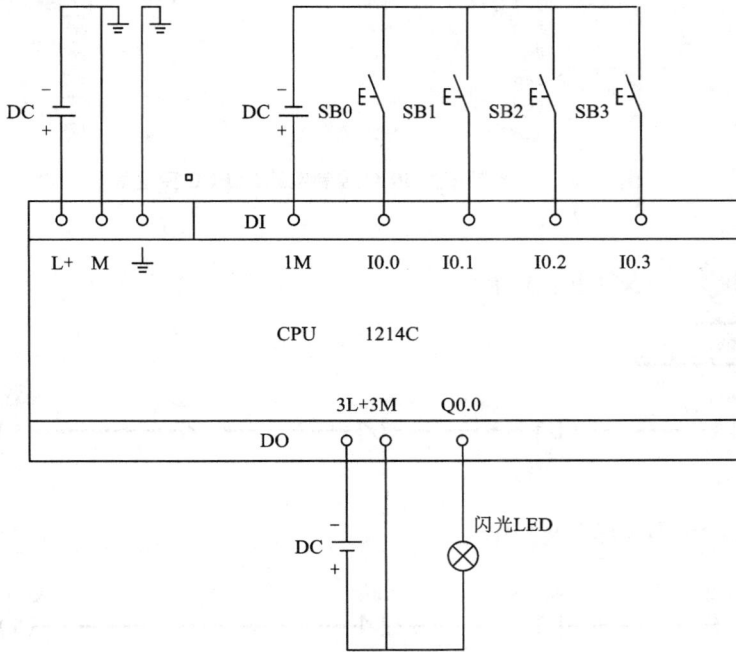

图 6-39 闪光频率的 PLC 控制电路原理图

6.6.4 程序编写

1. 创建项目

打开 TIA Protel 软件, 在 Protel 视图中点击"创建新项目", 修改项目名称后点击"创建"按钮完成项目创建; 点击"项目视图"进入项目视图显示界面, 完成项目的硬件组态。

2. 编辑变量表

PLC 变量表如图 6-40 所示。

3. 编写程序

本案例采用系统时钟存储器字节(默认字节 MB0)输出所需的脉冲时间信号, 控制程序如图 6-41 所示。

闪光频率控制

	名称	数据类型	地址	保持	在 H...	可从 ...	注释
1	停止按钮SB0	Bool	%I0.0	☐	☑	☑	
2	慢闪按钮SB1	Bool	%I0.1	☐	☑	☑	
3	快闪按钮SB2	Bool	%I0.2	☐	☑	☑	
4	超闪按钮SB3	Bool	%I0.3	☐	☑	☑	
5	闪光LED	Bool	%Q0.0	☐	☑	☑	

图 6-40　闪光频率的 PLC 控制电路的 PLC 变量表

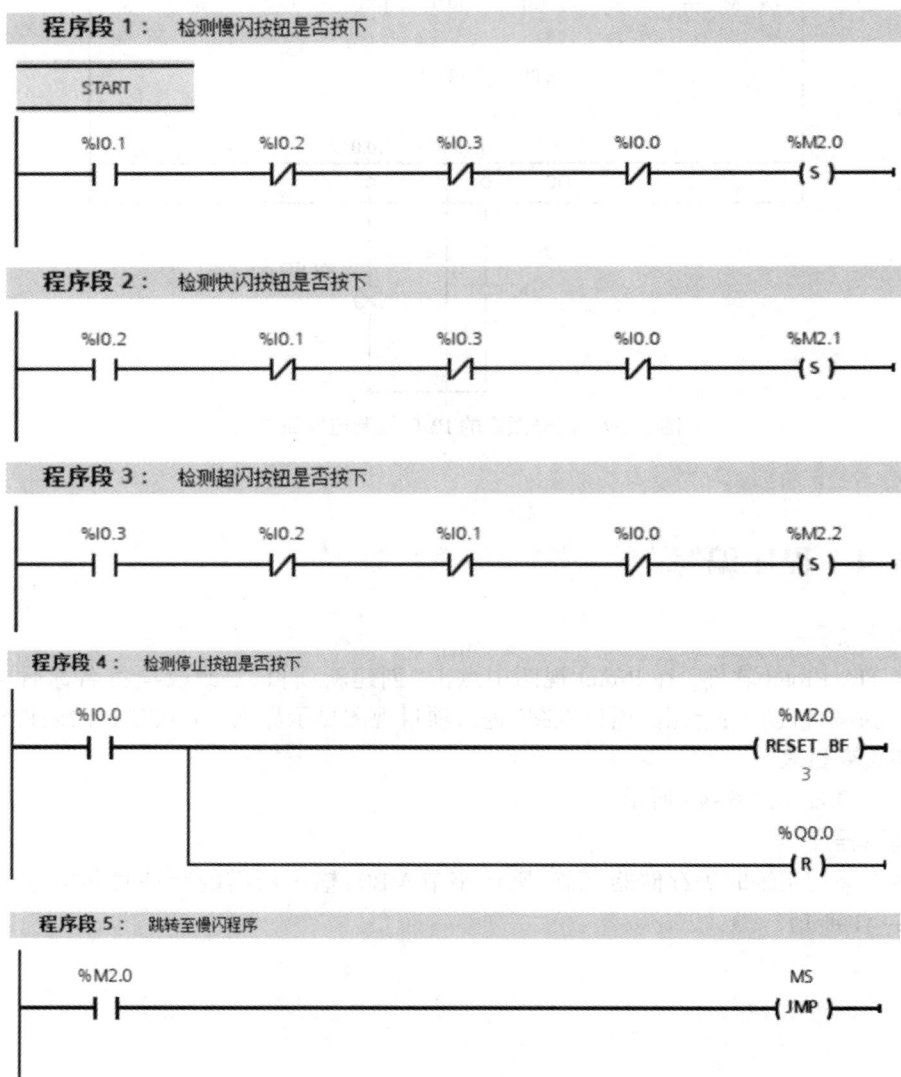

程序段 1: 检测慢闪按钮是否按下

```
        START
├──────┤   ├──────────────────────────────────────────────
       %I0.1         %I0.2         %I0.3         %I0.0         %M2.0
       ─┤ ├─         ─┤/├─         ─┤/├─         ─┤/├─         ─( S )─
```

程序段 2: 检测快闪按钮是否按下

```
       %I0.2         %I0.1         %I0.3         %I0.0         %M2.1
├──────┤ ├──────────┤/├──────────┤/├──────────┤/├──────────( S )──
```

程序段 3: 检测超闪按钮是否按下

```
       %I0.3         %I0.2         %I0.1         %I0.0         %M2.2
├──────┤ ├──────────┤/├──────────┤/├──────────┤/├──────────( S )──
```

程序段 4: 检测停止按钮是否按下

```
       %I0.0                                                  %M2.0
├──────┤ ├──────┬────────────────────────────────────────( RESET_BF )─
                │                                               3
                │                                            %Q0.0
                └────────────────────────────────────────────( R )──
```

程序段 5: 跳转至慢闪程序

```
       %M2.0                                                   MS
├──────┤ ├──────────────────────────────────────────────────( JMP )──
```

```
      %M2.1                                                    KS
      ──┤ ├──────────────────────────────────────────────────( JMP )──
```

程序段 7： 跳转至超闪程序

```
      %M2.2                                                    CS
      ──┤ ├──────────────────────────────────────────────────( JMP )──
```

程序段 8： LED慢闪

```
   ┌─────────┐
   │    MS    │
   └─────────┘
      %M2.0          %M0.7                                   %Q0.0
      ──┤ ├────────────┤ ├──────┬───────────────────────────( )──
                              │
                              │                            START
                              └───────────────────────────( JMP )──
```

程序段 9： LED快闪

```
   ┌─────────┐
   │    KS    │
   └─────────┘
      %M2.1          %M0.5                                   %Q0.0
      ──┤ ├────────────┤ ├──────┬───────────────────────────( )──
                              │
                              │                            START
                              └───────────────────────────( JMP )──
```

程序段 10： LED超闪

```
   ┌─────────┐
   │    CS    │
   └─────────┘
      %M2.2          %M0.3                                   %Q0.0
      ──┤ ├────────────┤ ├──────┬───────────────────────────( )──
                              │
                              │                            START
                              └───────────────────────────( JMP )──
```

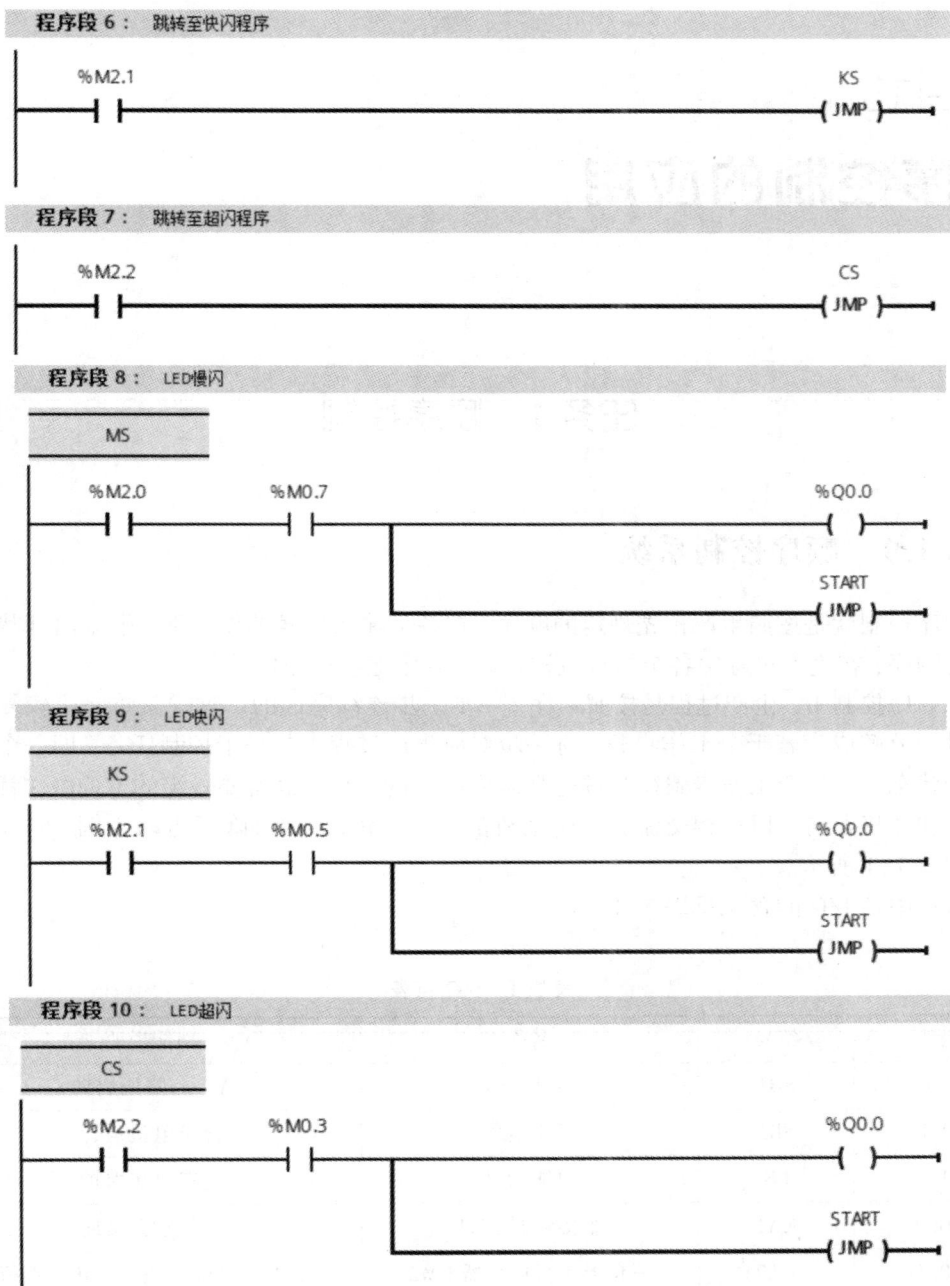

图 6-41　闪光频率的 PLC 控制程序

4. 调试程序

将编写好的程序和硬件组态下载至 CPU 中，等 CPU 运行后，依次按下按钮 SB1~SB3，观察 LED 的闪光频率是否上升；按下停止按钮 SB0，观察 LED 是否熄灭。若程序控制与任务要求一致，则完成 LED 数码管显示的 PLC 控制任务要求。

项目七

顺序控制的应用

任务 1   顺序控制

7.1.1   顺序控制系统

顺序控制就是按照生产预先规定的顺序，在各个输入信号的作用下，根据内部状态和时间的顺序，在生产过程中各个执行机构自动、有序地进行操作。

在顺序控制中，生产过程是按照顺序，一步一步连续完成的。这样就将一个较复杂的生产过程分解成为若干个工作步骤，每一步对应生产过程中的一个控制任务，即一个工步或一个状态。且每个工作步骤往下进行都需要一定的条件，也需要一定的方向，这就是转移条件和转移方向。以三相交流异步电动机的星—三角（Y-△）降压启动为例，电气控制原理如图 7-1 所示。

PLC 中各 I/O 的含义见表 7-1。

表 7-1   I/O 点表

地址	符号	名称	功能说明
I0.0	SB1	启动信号	Y—△降压启动
I0.1	SB2	停止信号	停下电机运行
I0.2	FR	热继信号	电机过热保护
Q0.0	KA1	主接触器 KM1	主接触器接通
Q0.1	KA2	三角形运行接触器 KM2	KM1、KM2 接通为三角形运行
Q0.2	KA3	星形启动接触器 KM3	KM1、KM3 接通为星形启动
TON1	KT1	启动时间控制信号	控制 Y—△的转换时间

电动机启动的动作过程如图 7-2 所示。

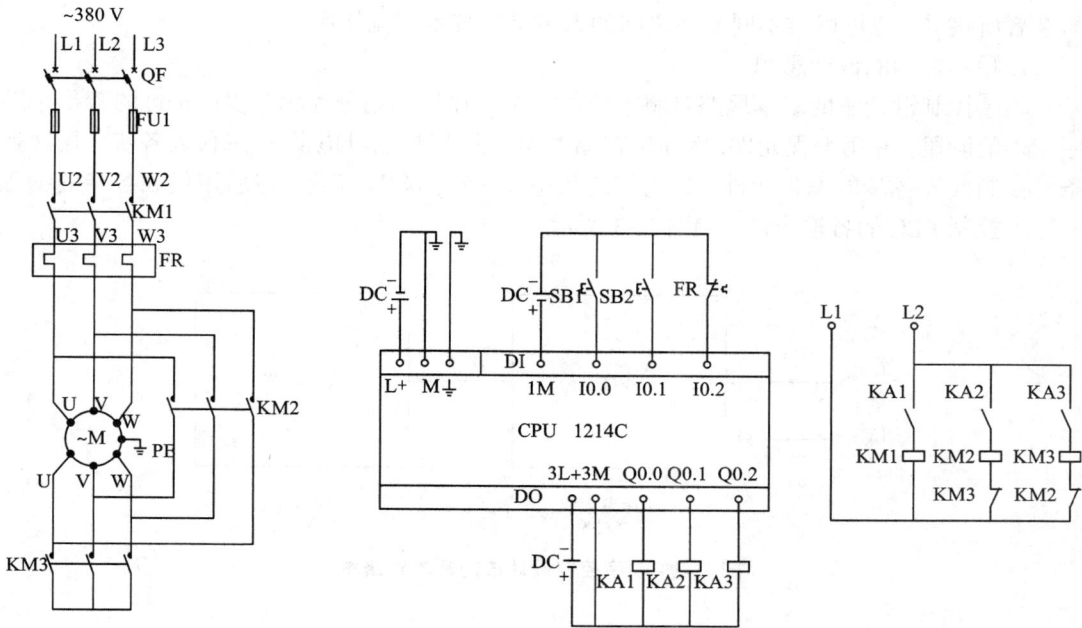

图 7-1　三相交流异步电动机的星—三角（Y—△）降压启动原理图

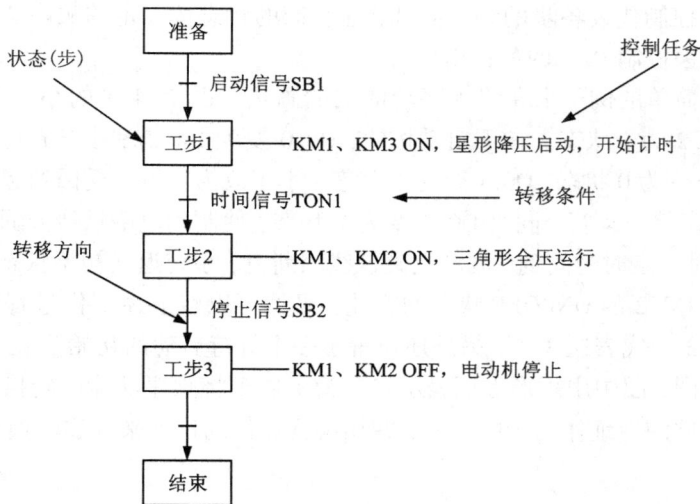

图 7-2　电动机启动的动作过程

7.1.2　顺序功能图

顺序功能图（SFC，Sequential Function Chart）采用 IEC 标准的语言，用于编制复杂的顺控程序，又称为状态转移图或功能表图。它是描述控制系统的控制流程功能和特性的一种图形语言。它并不涉及所描述的控制功能的具体技术，是一种通用的技术语言，很容易被初学者所接受，也可以供不同专业之间的人员进行技术交流使用。

1. 顺序控制的设计思想

顺序控制设计法的基本思路是将系统的一个工作周期划分为称为步（Step）的若干个顺序相连的阶段，并用编程元件（例如位存储器 M 和顺序控制继电器 S）来代表各步。用转换条件控制代表各步的编程元件，让它们的状态按一定的顺序变化，然后用代表各步的编程元件去控制 PLC 的各输出位，如图 7-3 所示。

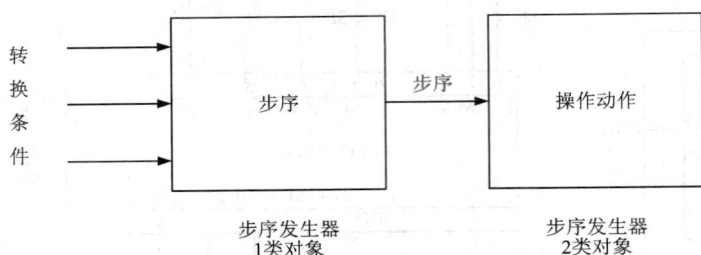

图 7-3　顺序控制设计法的基本思路图

2. 顺序功能图的组成

顺序功能图主要由步、有向连线、转换、转换条件和动作（或命令）组成。顺序控制设计法用转换条件控制代表各步的编程元件，让它们的状态按一定的顺序变化，然后用代表各步的编程元件去控制 PLC 的各输出位。

下面用一个简单的例子来介绍顺序功能图的画法。图 7-4 中的小车开始时停在最左边，限位开关 I0.2 为 1 状态。按下启动按钮，Q0.0 变为 1 状态，小车右行。碰到右限位开关 I0.1 时，Q0.0 变为 0 状态，Q0.1 变为 1 状态，小车改为左行。返回到起始位置时，Q0.1 变为 0 状态，小车停止运行，同时 Q0.2 变为 1 状态，使制动电磁铁线圈通电，接通延时定时器 T1 开始定时。定时时间到，制动电磁铁线圈断电，系统返回初始状态。

根据 Q0.0～Q0.2 的 ON/OFF 状态的变化，显然可以将上述工作过程划分为 3 步，分别用 M4.1～M4.3 来代表这 3 步，另外还设置了一个等待启动的初始步。图 7-5 是描述该系统的顺序功能图，图中用矩形方框表示步。为了便于将顺序功能图转换为梯形图，用代表各步的编程元件的地址作为步的代号，并用编程元件的地址来标注转换条件和各步的动作或命令。

1）步

SFC 中的步是控制系统的一个工作状态，用矩形框表示，方框中可以用数字表示该步的编号，也可以用代表该步的编程元件的地址作为步的编号（如 M4.0），这样在根据顺序功能图设计梯形图时较为方便，SFC 就由这些顺序相连的步所组成。其中，初始步表示系统的初始工作状态，用双线框表示，初始状态一般是系统等待启动命令的相对静止的状态。每一个顺序功能图至少应该有一个初始步。

2）动作（或命令）

与步对应的动作或命令在每一步内把状态为 ON 的输出位表示出来。可以将一个控制

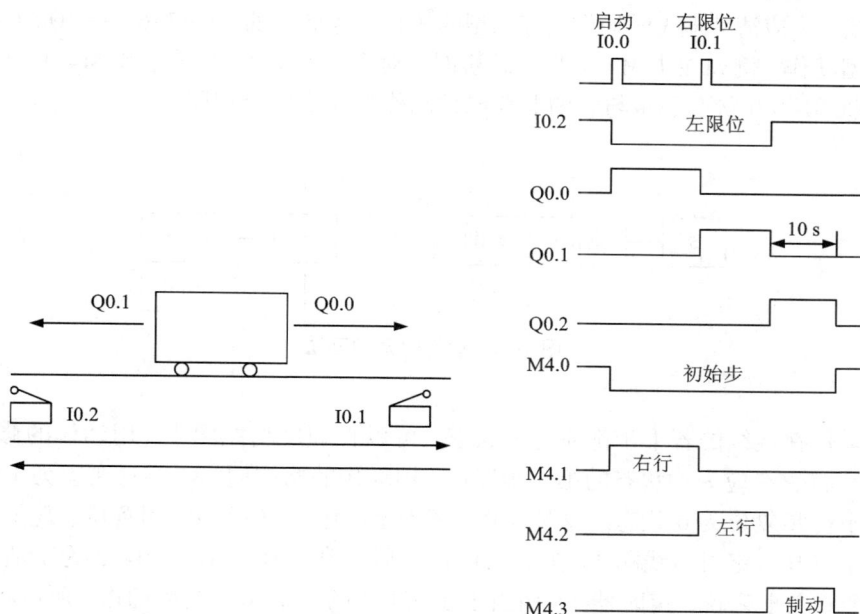

图 7-4 小车运行系统示意图与波形图

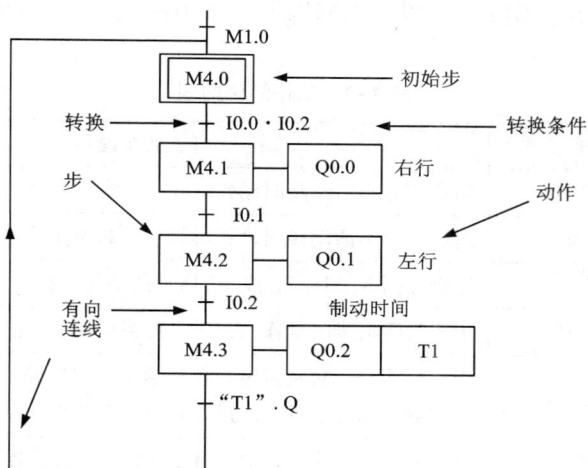

图 7-5 小车运行顺序功能图

系统划分为被控系统和施控系统。对于被控系统，在某一步要完成某些"动作"(action)；对于施控系统，在某一步要向被控系统发出某些"命令"(command)。

为了方便，以后将命令或动作统称为动作，也用矩形框中的文字或符号表示，该矩形框与对应的步相连表示在该步内的动作，并放置在步序框的右边。在每一步之内只标出状态为 ON 的输出位，一般用输出类指令(如输出、置位、复位等)表示。步相当于这些指令的子母线，这些动作命令平时不被执行，只有当对应的步被激活才被执行。

如果某一步有几个动作,可以用图 7-6 中的两种画法来表示,但是并不隐含这些动作之间的任何顺序。应清楚地表明动作是存储型的还是非存储型的。图 7-6 中的 Q0.0~Q0.2 均为非存储型动作,例如在步 M4.1 为活动步时,动作 Q0.0 为 1 状态;步 M4.1 为不活动步时,动作 Q0.0 为 0 状态。步与它的非存储性动作的波形完全相同。

图 7-6 动作的两种画法

某些动作在连续的若干步都应为 1 状态,可以在顺序功能图中,用动作的修饰词"S" (见表 7-2)将它在应为 1 状态的第一步置位,用动作的修饰词"R"将它在应为 1 状态的最后一步的下一步复位为 0 状态。这种动作是存储性动作,在程序中用置位、复位指令来实现。在图 7-5 中,定时器线圈 T1 在步 M4.3 为活动步时通电,在步 M4.3 为不活动步时断电,从这个意义上来说,定时器 T1 相当于步 M4.3 的一个非存储型动作,所以将 T1 放在步 M4.3 的动作框内。

使用动作的修饰词(见表 7-2),可以在一步中完成不同的动作。修饰词允许在不增加逻辑的情况下控制动作。例如,可以使用修饰词 L 来限制配料阀打开的时间。

表 7-2 动作的修饰词

修饰词	动作	动作说明
N	非存储型	当步变为不活动步时动作终止
S	置位(存储)	当步变为不活动步时动作继续,直到动作被复位
R	复位	被修饰词 S、SD、SL 或 DS 启动的动作被终止
L	时间限制	步变为活动步时动作被启动,直到步变为不活动步或设定时间到
D	时间延迟	步变为活动步时延迟定时器被启动,如果延迟之后步仍然是活动的,动作被启动和继续,直到步变为不活动步
P	脉冲	当步变为活动步,动作被启动并且只执行一次
SD	存储与时间延迟	在时间延迟之后动作被启动,一直到动作被复位
DS	延迟与存储	在延迟之后如果步仍然是活动的,动作被启动直到被复位
SL	存储与时间限制	步变为活动步时动作被启动,一直到设定的时间到或动作被复位

3)有向连线

在顺序功能图中,随着时间的推移和转换条件的实现,将会发生步的活动状态的进展,这种进展按有向连线规定的路线和方向进行。在画顺序功能图时,将代表各步的方框按它们成为活动步的先后次序顺序排列,并用有向连线将它们连接起来。步的活动状态习惯的进展方向是从上到下或从左至右，在这两个方向有向连线上的箭头可以省略。如果不是上述的方向，则应在有向连线上用箭头注明进展方向。为了更易于理解，在可以省略箭头的有向连线上也可以加箭头。

如果在画图时有向连线必须中断（例如在复杂的图中，或者用几个图来表示一个顺序功能图时），应在有向连线中断之处标明下一步的标号。

4）活动步

活动步是指系统正在执行的那一步。步处于活动状态时，相应的非存储动作被执行，即该步内的元件为 ON 状态；处于不活动状态时，相应的非存储型动作被停止执行，即该步内的元件为 OFF 状态。有向连线的默认方向由上至下，凡与此方向不同的连线均应标注箭头表示方向。

5）转换

转换用有向连线上与有向连线垂直的短画线来表示，将相邻两步分隔开。步的活动状态的进展是由转换的实现来完成的，并与控制过程的发展相对应。转换表示从一个状态到另一个状态的变化，即从一步到另一步的转移，用有向连线表示转移的方向。

转换实现的条件：该转换所有的前级步都是活动步，且相应的转换条件得到满足。

转换实现后的结果：使该转换的后续步变为活动步，前级步变为不活动步。

6）转换条件

使系统由当前步进入到下一步的信号称为转换条件。转换是一种条件，当条件成立时，称为转换使能。该转换如果能够使系统的状态发生转换，则称为触发。转换条件是指系统从一个状态向另一个状态转移的必要条件。

转换条件是与转换相关的逻辑命令，转换条件可以用文字语言、布尔代数表达式或图形符号标注在表示转换的短画线旁边，使用最多的是布尔代数表达式。转换条件 I0.0 和 $\overline{\text{I0.0}}$ 分别表示当输入信号 I0.0 为 1 状态和 0 状态时转换实现。转换条件"↑I0.0"和"↓$\overline{\text{I0.0}}$"分别表示当 I0.0 从 0 状态到 1 状态（上升沿）和从 1 状态到 0 状态（下降沿）时转换实现。实际上即使不加符号"↑"，转换一般也是在信号的上升沿实现的，因此一般不加"↑"。

图 7-7 中的波形图用高电平表示步 M2.1 为活动步，反之则用低电平表示。转换条件 I0.0·$\overline{\text{I2.1}}$ 表示 I0.0 的常开触点与 I2.1 的常闭触点同时闭合，在梯形图中则用两个触点的串联来表示这样一个"与"逻辑关系。

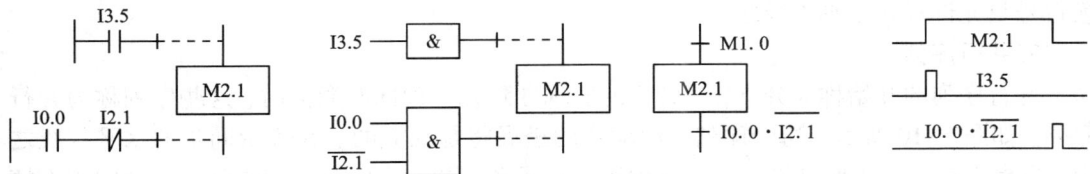

图 7-7 转换与转换条件

在顺序功能图中，只有当某一步的前级步是活动步时，该步才有可能变成活动步。如果用没有断电保持功能的编程元件代表各步，进入 RUN 工作方式时，它们均处于 0 状态，必须在开机时将初始步预置为活动步，否则因顺序功能图中没有活动步，系统将无法工作。

在对 CPU 组态时设置默认的 MB1 为系统存储器字节，用开机时接通一个扫描周期的 M1.0（FirstScan）的常开触点作为转换条件，将初始步预置为活动步（见图 7-5），否则因为顺序功能图中没有活动步，系统将无法工作。如果系统有自动、手动两种工作方式，顺序功能图是用来描述自动工作过程的，这时还应在系统由手动工作方式进入自动工作方式时，用一个适当的信号将初始步置为活动步。

3. 绘制顺序功能图的注意事项

（1）由于步是根据系统输出状态的改变而划分的，不同的步其输出状态不同，因此相邻的两个步不能直接相连，中间必须有转换条件。

（2）转换是系统从一个状态进展到下一个状态的条件，每一个转换必然使系统的状态发生改变，因此两个转换不能直接相连，必须用一个步将它们隔开。

（3）顺序功能图中的初始步一般对应于系统等待启动的初始状态，是必不可少的。

（4）一般情况下，由步和有向连线组成的顺序功能图应能构成一个闭环回路，这样系统才能够在完成一次工艺过程的全部操作之后返回到初始步或下一工作周期开始运行的第一步，以重复执行下一次工艺过程。

（5）在顺序功能图中，只有当某一步的前级步是活动步时，该步才有可能变成活动步。

7.1.3　顺序功能图的基本结构

顺序功能图主要用 3 种类型：单序列、选择序列、并行序列。

1. 单序列

单序列由一系列相继激活的步组成，每步的后面仅有一个转换，每一个转换的后面只有一个步，如图 7-8 所示。

2. 选择序列

选择序列的开始称为分支，转换符号只能标在水平连线之下，如图 7-9 所示。一般只允许同时选择一个列，即选择序列中的各列是互相排斥的，其中的任何两个序列都不会同时执行。

选择序列的结束称为合并，几个选择序列合并到一个公共序列时，需要用与重新组合的序列相同数量的转换符号和水平连线来表示，转换符号只允许标在水平连线之上。

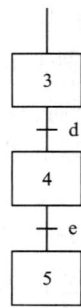

图 7-8　单序列

3. 并行序列

并行序列的开始称为分支，当转换的实现导致几个列同时激活时，这些序列称为并行序列，如图 7-10 所示。每个序列中活动步的进展将是独立的。在表示同步的水平双线之上，只允许有一个转换符号。并行序列用来表示系统的几个同时工作的独立部分的工作情况。并行序列的结束成为合并，在表示同步的水平双线之下，只允许有一个转换符号。

上面介绍的 SFC 中的结构仅是一些基本的结构形式。一般而言，除了比较简单的控制系统可以直接采用基本结构编制出 SFC 外，稍微复杂一些的控制系统都需要将不同的基本结构组合在一起，才能组成一个完整的 SFC。

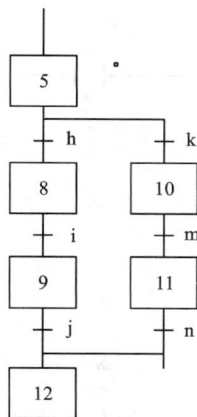

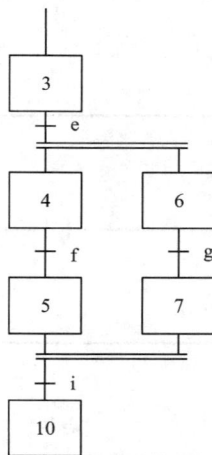

图 7-9　选择序列　　　　　　　图 7-10　并行序列

7.1.4　顺序功能图的编程方法

SFC 仅能作为组织编程的工具使用，不能被 PLC 执行。因此还需要其它编程语言（主要是梯形图）将它转换成 PLC 可执行的程序。根据 SFC 设计梯形图的方法，成为 SFC 的编程方法。

目前，常用的 SFC 的编程方法有三种，分别是应用启保停电路进行编程；应用置位/复位指令进行编程和应用 PLC 特有的步进顺控指令进行编程。

1. 启保停编程

应用启保停电路进行编程仅仅使用与触点和线圈相关的指令，任何一种 PLC 的指令系统都有这一类，是一种通用的编程方法，可以用于任意型号的 PLC。

设计启保停电路的关键是找出它的启动条件和停止条件。根据转换实现的基本规则，转换实现的条件是它的前级步为活动步，并且满足相应的转换条件。在启保停电路中，则应将代表前级步的存储器位 Mx. x 的常开触点和代表转换条件的如 Ix. x 的常开触点串联，作为控制下一位的启动电路。

图 7-5 给出了小车运行顺序功能图，当 M4.1 和 I0.1（右限位）的常开触点均闭合时，步 M4.2 变为活动步，这时步 M4.1 应变为不活动步，因此可以将 M4.2 为 ON 状态作为使存储器位 M4.1 变为 OFF 的条件，即将 M4.2 的常闭触点与 M4.1 的线圈串联。

根据上述编程方法和顺序功能图，很容易编写出梯形图，如图 7-11 所示。

2. 置位/复位指令编程

在使用置位/复位指令设计顺序控制程序时，将各转换的所有前级步对应的常开触点与转换对应的触点或电路串联，该串联电路即启保停电路中的启动电路，用它作为使所有后续步置位（使用 S 指令）和使所有前级步复位（使用 R 指令）的条件。在任何情况下，各步的控制电路都可以用这一原则来设计，每一个转换对应一个这样的控制置位和复位的电路块，有多少个转换就有多少个这样的电路块。这种设计方法特别有规律可循，梯形图与

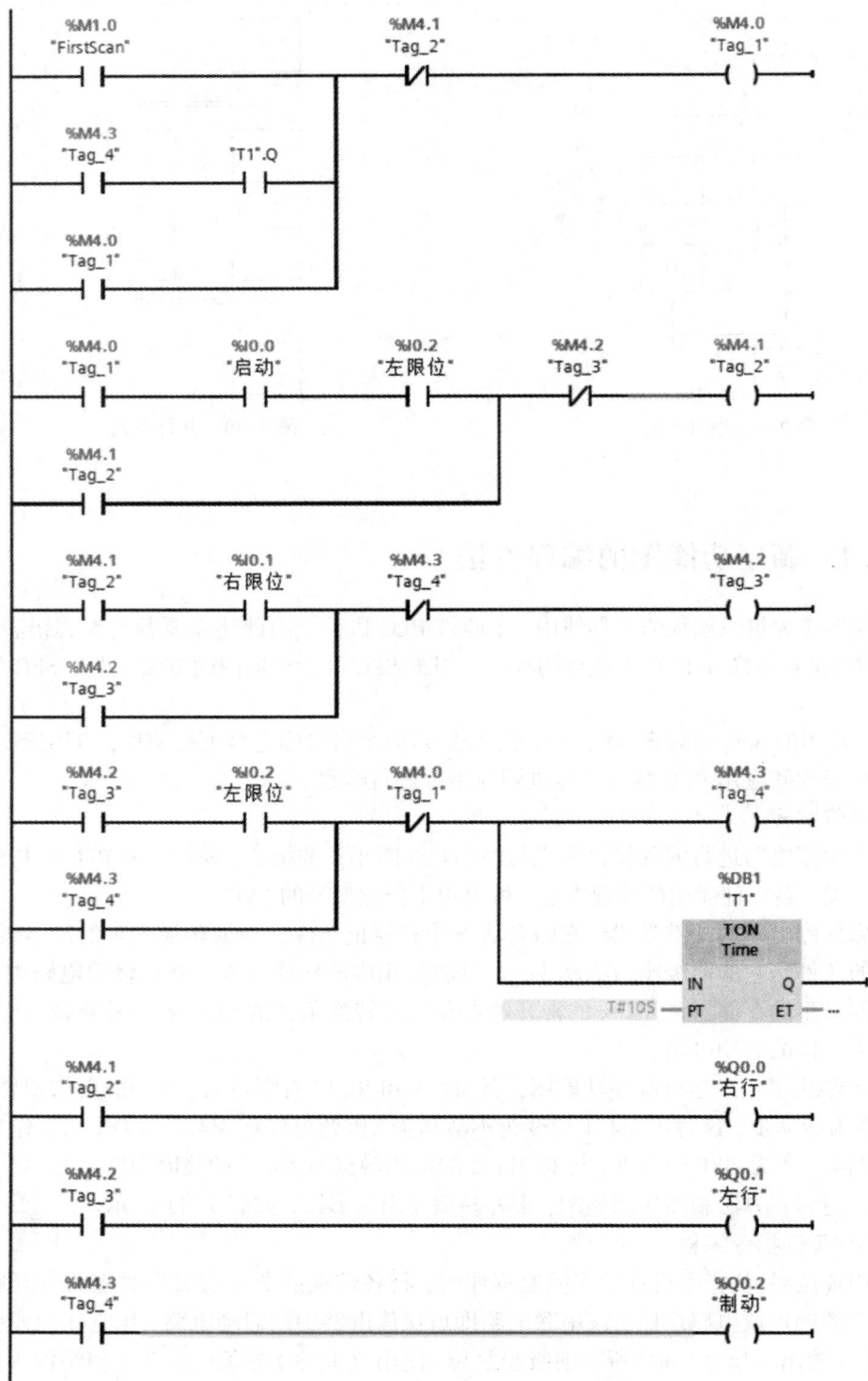

图 7-11 小车运行顺序控制的梯形图

转换实现的基本规则之间有着严格的对应关系，在设计复杂的顺序功能图的梯形图时，既容易掌握，又不容易出错。

1）单序列的编程方法

图 7-12 是某工作台旋转运动的示意图。工作台在初始状态时停在限位开关 I0.1 处，I0.1 为 1 状态。按下启动按钮 I0.0，工作台正转，旋转到限位开关 I0.2 处改为反转，返回到限位开关 I0.1 处又改为正转，旋转到限位开关 I0.3 处又改为反转，回到初始点时停止工作。

根据工作台旋转的运动要求编写出顺序功能图，如图 7-13 所示。

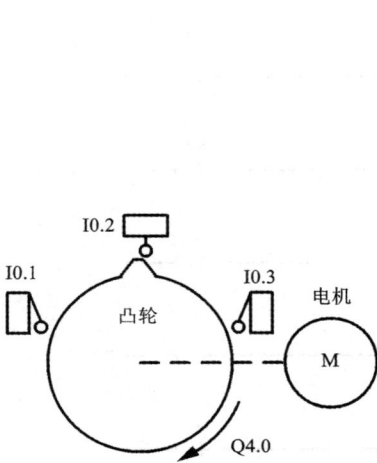

图 7-12　工作台旋转运动示意图

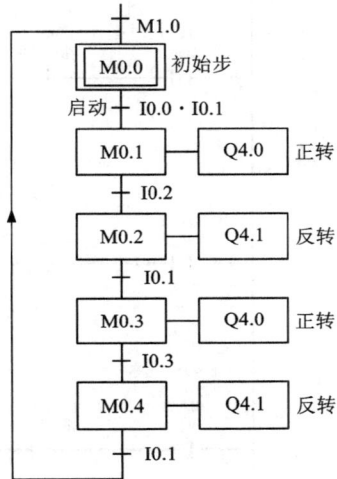

图 7-13　工作台旋转运动顺序功能图

根据顺序功能图编写梯形图，如图 7-14 所示。

2）并行序列的编程方法

图 7-15 是一个并行序列的顺序功能图，采用 S、R 指令进行并行序列控制程序设计的梯形图如图 7-16 所示。

（1）并行序列分支的编程。

在图 7-15 中，步 M2.0 之后有一个并行序列的分支，当 M2.0 是活动步，并且转换条件 I0.0 为 ON 时，步 M2.1 和步 M2.3 应同时变为活动步，这时用 M2.0 和 I0.0 的常开触点串联电路使 M2.1 和 M2.3 同时置位，用复位指令使步 M2.0 变为不活动步。

（2）并行序列合并的编程。

在图 7-15 中，在转换条件 I0.2 之前有一个并行序列的合并，当所有的前级步 M2.2 和 M2.3 都是活动步，并且转换条件 I0.2 为 ON 时，实现并行序列的合并。用 M2.2、M2.3 和 I0.2 的常开触点串联电路使后续步 M2.4 置位，用复位指令使前级步 M2.2 和 M2.3 变为不活动步。

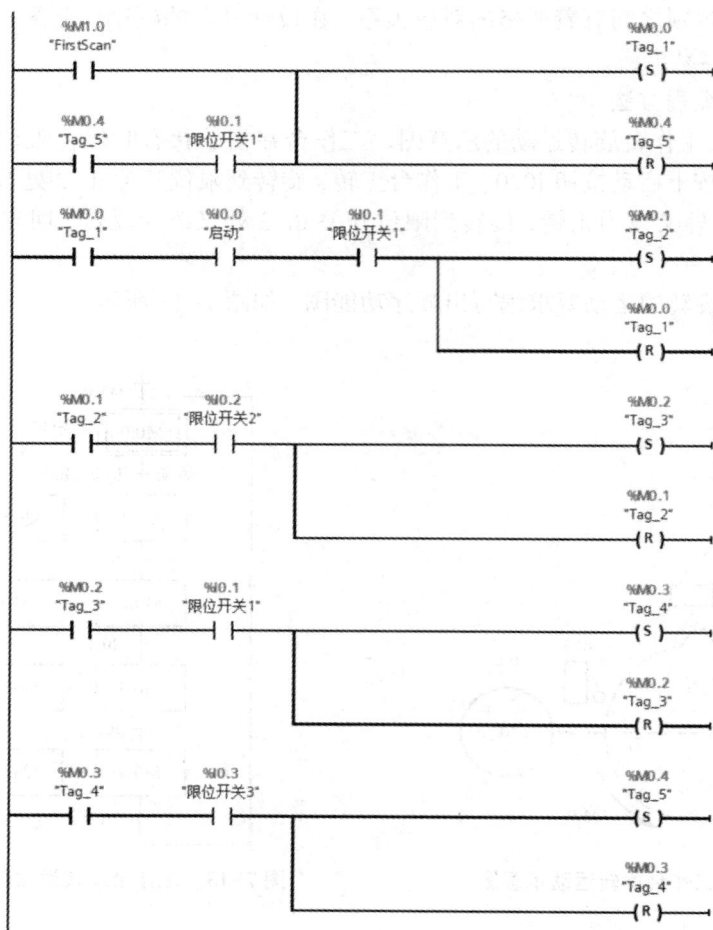

图 7-14 工作台旋转运动梯形图

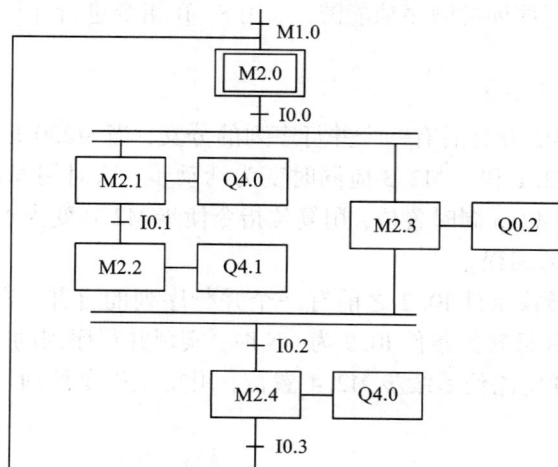

图 7-15 并行序列的顺序功能图

%M1.0
"FirstScan"
%M2.0
"Tag_1"
—(S)—

%M2.4
"Tag_8"
%I0.3
"Tag_9"
%M2.4
"Tag_8"
—(R)—

%M2.0
"Tag_1"
%I0.0
"Tag_2"
%M2.1
"Tag_3"
—(S)—

%M2.3
"Tag_5"
—( )—

%M2.0
"Tag_1"
—(R)—

%M2.1
"Tag_3"
%I0.1
"Tag_6"
%M2.2
"Tag_4"
—(S)—

%M2.1
"Tag_3"
—(R)—

%M2.2
"Tag_4"
%M2.3
"Tag_5"
%I0.2
"Tag_7"
%M2.4
"Tag_8"
—(S)—

%M2.2
"Tag_4"
—(R)—

%M2.3
"Tag_5"
—(R)—

%M2.1
"Tag_3"
%Q0.0
"Tag_10"
—( )—

%M2.2
"Tag_4"
%Q0.1
"Tag_11"
—( )—

%M2.3
"Tag_5"
%Q0.2
"Tag_12"
—( )—

%M2.4
"Tag_8"
%Q0.3
"Tag_13"
—( )—

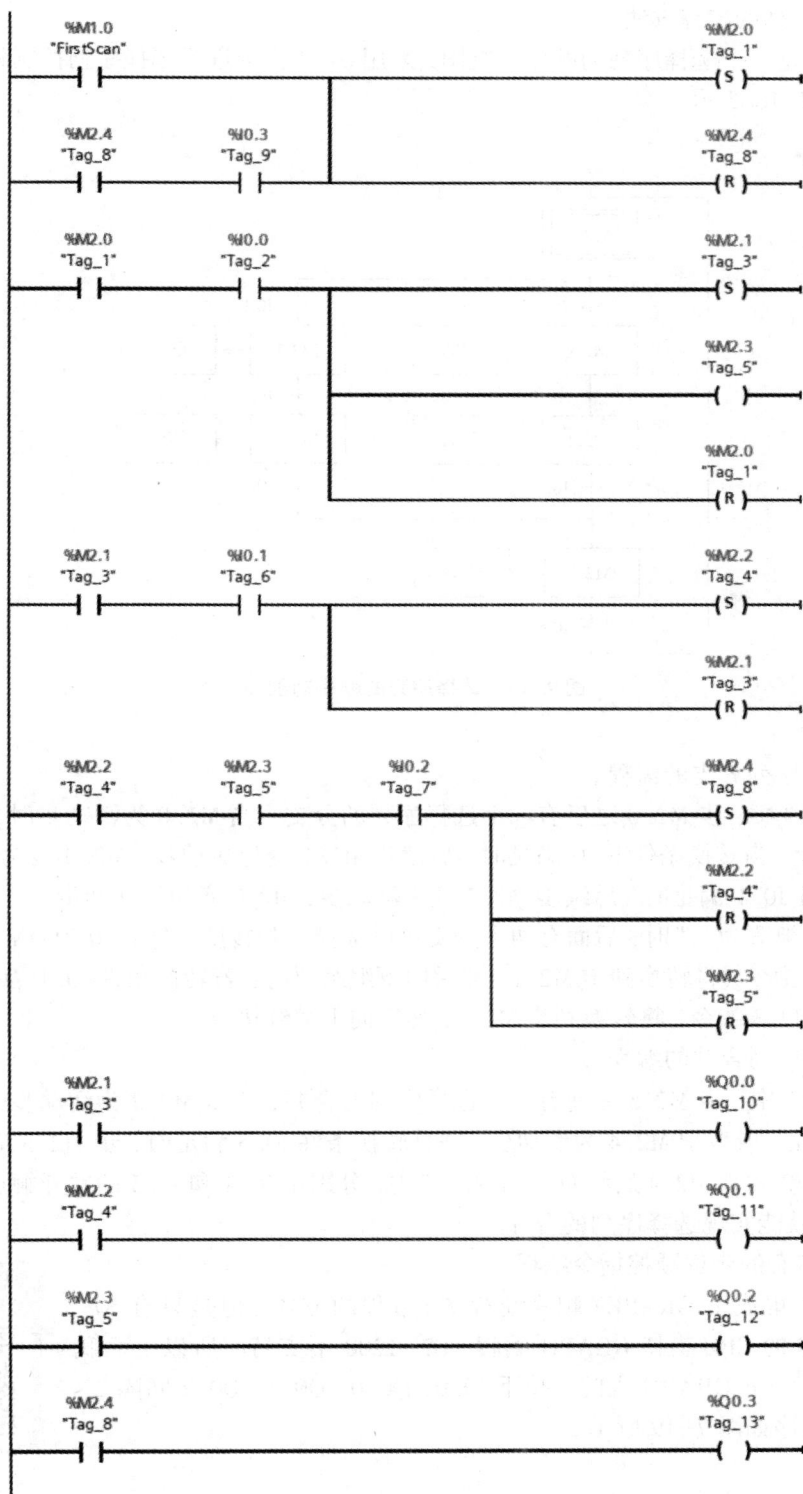

图 7-16 并行序列的梯形图

项目七 顺序控制的应用 >> 161

3）选择序列的编程方法

图 7-17 是一个选择序列的顺序功能图，采用 S、R 指令进行选择序列控制程序设计的梯形图如图 7-18 所示。

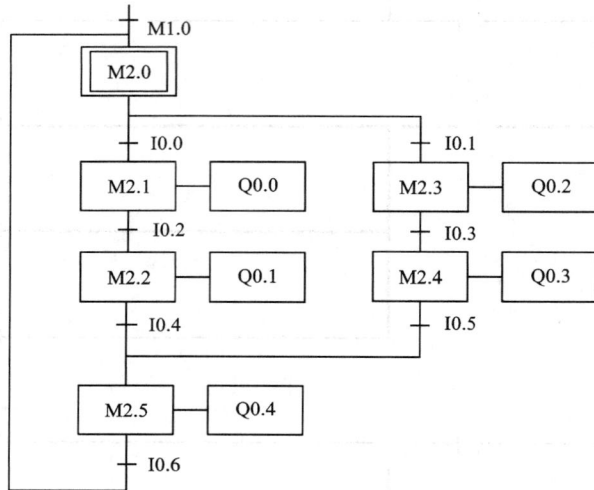

图 7-17　选择序列的顺序功能图

（1）选择序列分支的编程。

在图 7-17 中，步 M2.0 之后有一个选择序列的分支。当 M2.0 为活动步时，可以有两种不同的选择，当转换条件 I0.0 满足时，后续步 M2.1 变为活动步，M2.0 变为不活动步；而当转换条件 I0.1 满足时，后续步 M2.3 变为活动步，M2.0 变为不活动步。

当 M2.0 被置为"1"时，后面有两个分支可以选择。若转换条件 I0.0 为 ON 时，该程序段置位 M2.1 指令，将转换到步 M2.1，然后向下继续执行；若转换条件 I0.1 为 ON 时，该程序段置位 M2.3 指令，将转换到步 M2.3，然后向下继续执行。

（2）选择序列合并的编程。

在图 7-17 中，步 M2.5 之前有一个选择序列的合并，当步 M2.2 为活动步，并且转换条件 I0.4 满足，或者步 M2.4 为活动步，并且转换条件 I0.5 满足时，步 M2.5 应变为活动步。在步 M2.2 和步 M2.4 后续对应的程序段中，分别用 I0.4 和 I0.5 的常开触点驱动置位 M2.5 指令，就能实现选择序列的合并。

3. PLC 特有的步进顺控指令编程

在博途中集成了 GRAPH（顺序流程图）编程的方式，但是只有 S7-300/400/1500 的 CPU 支持 GRAPH 编程，S7-1200 不支持。所以下面我们只简单讲解一下 GRAPH 入门。按下 I0.0，Q0.0、Q0.1、Q0.2 间隔 2 s 依次输出，程序如图 7-19 所示。

PLC特有的步进顺控指令编程

%M1.0
"FirstScan"

%M2.0
"Tag_1"
(S)

%M2.5
"Tag_11"

%I0.6
"Tag_13"

%M2.5
"Tag_11"
(R)

%M2.0
"Tag_1"

%I0.0
"Tag_2"

%M2.1
"Tag_3"
(S)

%M2.0
"Tag_1"
(R)

%M2.1
"Tag_3"

%I0.2
"Tag_4"

%M2.2
"Tag_5"
(S)

%M2.1
"Tag_3"
(R)

%M2.0
"Tag_1"

%I0.1
"Tag_6"

%M2.3
"Tag_7"
(S)

%M2.0
"Tag_1"
(R)

%M2.3
"Tag_7"

%I0.3
"Tag_8"

%M2.4
"Tag_9"
(S)

%M2.3
"Tag_7"
(R)

%M2.2
"Tag_5"

%I0.4
"Tag_10"

%M2.5
"Tag_11"
(S)

%M2.2
"Tag_5"
(R)

%M2.1
"Tag_3"

%Q0.0
"Tag_14"
( )

%M2.2
"Tag_5"

%Q0.1
"Tag_15"
( )

%M2.3
"Tag_7"

%Q0.2
"Tag_16"
( )

%M2.4
"Tag_9"

%Q0.3
"Tag_17"
( )

%M2.5
"Tag_11"

%Q0.4
"Tag_18"
( )

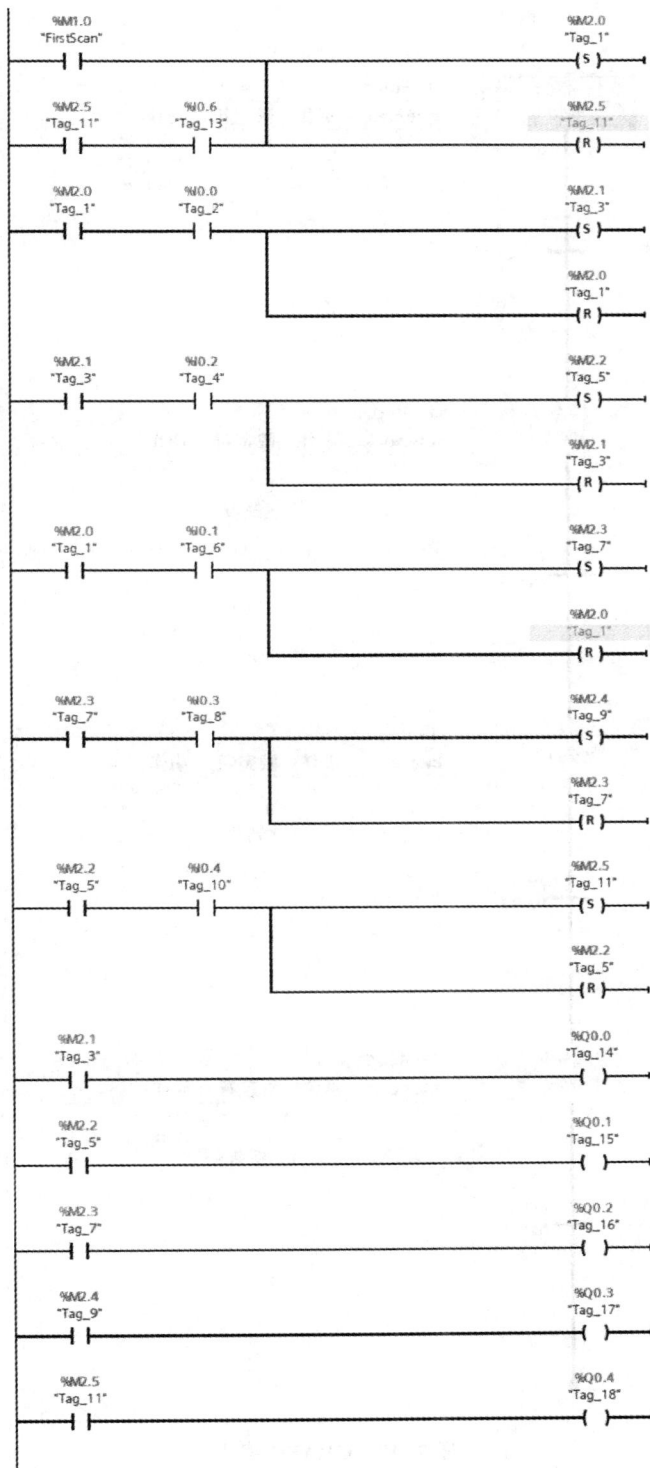

图 7-18　选择序列的梯形图

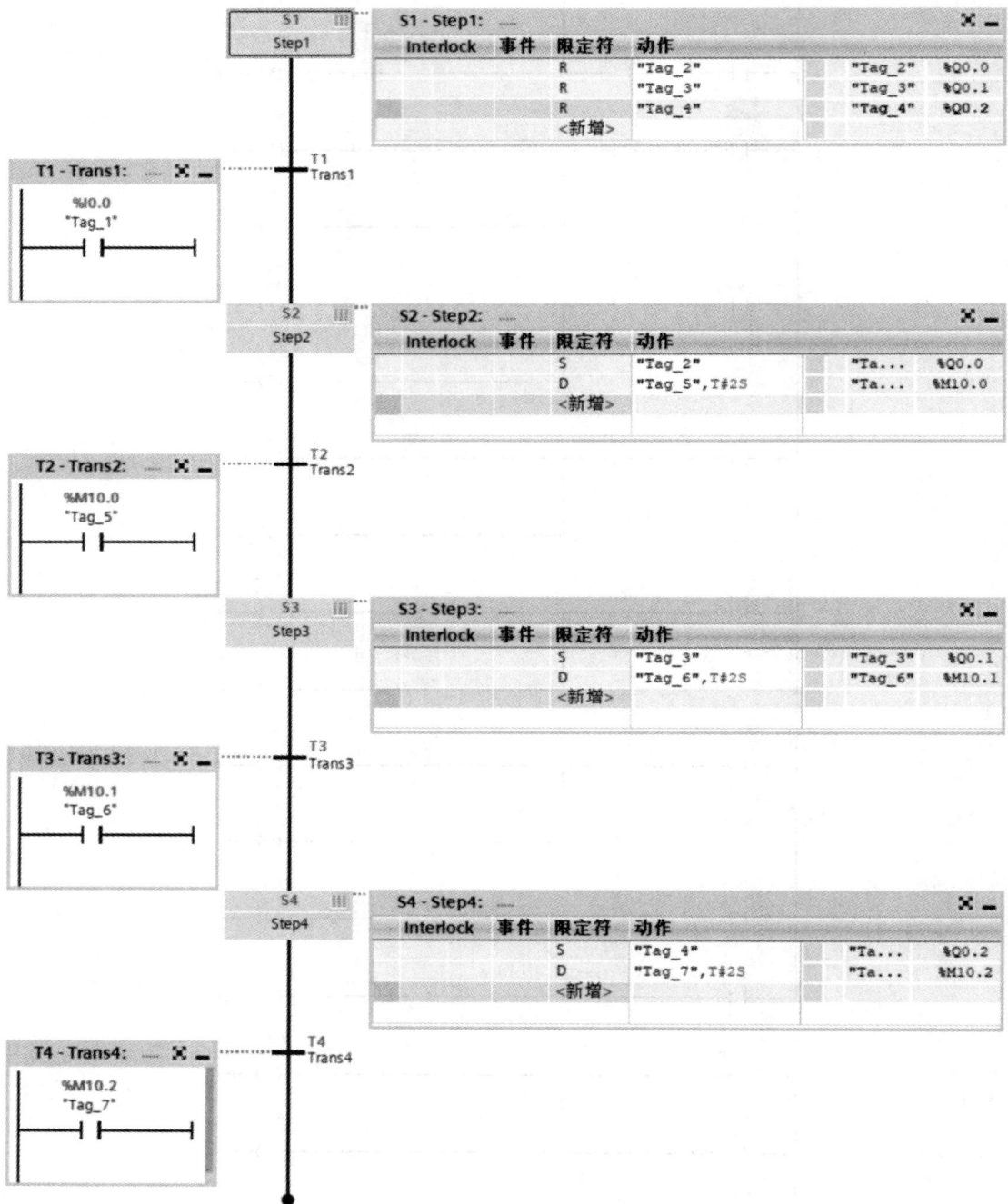

图 7-19　GRAPH 编程

任务 2   自动混合装置的 PLC 控制

7.2.1   任务分析

图 7-20 所示的液体混合装置，SL1、SL2、SL3 为液面传感器，液体 A、B 阀门与混合阀门分别由电磁阀 YV1、YV2、YV3 控制，YKM 为搅匀电机。

按下启动按钮(SD)，打开液体 A 阀门 YV1，开始注入液体 A；当液位到达 SL2 时，关闭液体 A 阀门 YV1，停止注入液体 A，打开液体 B 阀门 YV2，注入液体 B；当液位到达 SL1 时，关闭液体 B 阀门 YV2，停止注入液体 B，开启搅匀电机 YKM；搅拌 30 s 后，停止搅拌，打开液体混合阀 YV3，开始放出液体；当液位降至 SL3 时，再经过 5 s，关闭液体混合阀 YV3；同时液体 A 注入，开始循环。

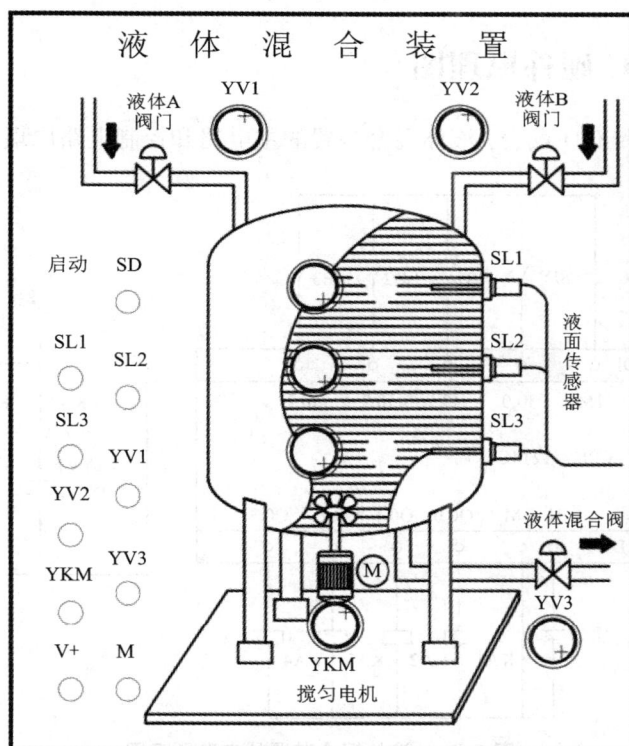

图 7-20   液体混合装置

7.2.2 IO 分配

根据 S7-1200 PLC 输入/输出地址分配原则和任务要求，对 I/O 地址进行分配，具体见表 7-3。

表 7-3 液体混合装置 I/O 分配表

输入		输出	
输入继电器	元件	输出继电器	元件
I0.0	启动按钮 SD	Q0.0	液体 A 阀门 YV1
I0.1	液位上限 SL1	Q0.1	液体 B 阀门 YV2
I0.2	液位中限 SL2	Q0.2	液体混合阀 YV3
I0.3	液位下限 SL3	Q0.3	搅匀电机 YKM

7.2.3 PLC 硬件原理图

根据控制要求和 I/O 点表，液体混合装置的主电路和控制电路原理图如图 7-21 所示。

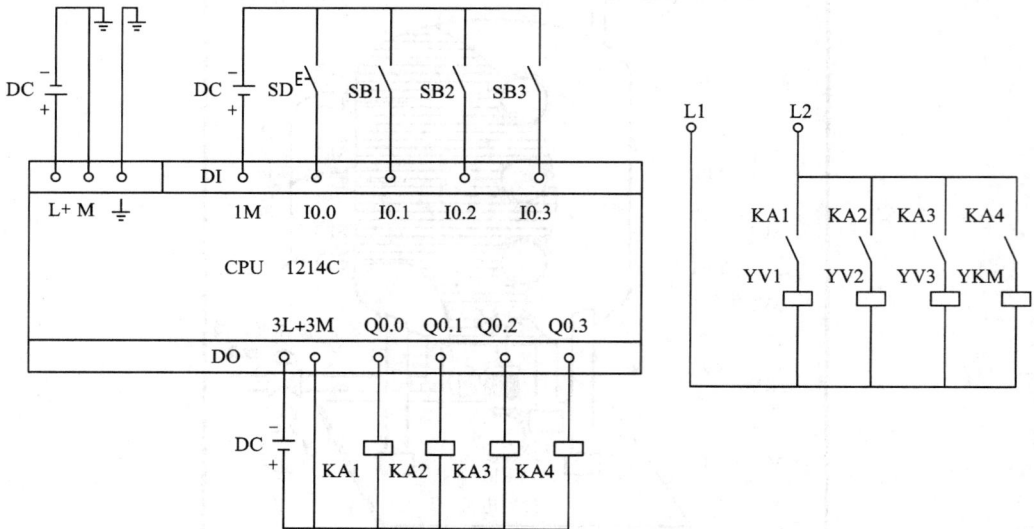

图 7-21 液体混合装置的电路原理图

7.2.4 顺序功能图编写

根据液体混合装置的工业控制和 I/O 分配表可以绘制出顺序功能图，如图 7-22 所示。

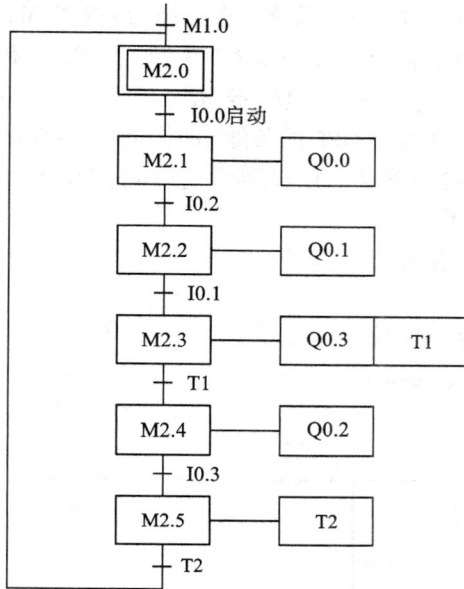

图 7-22　液体混合装置的顺序功能图

7.2.5　程序编写

1. 创建项目

打开 TIA Portal 软件，在 Portal 视图中点击"创建新项目"，修改项目名称后点击"创建"按钮完成项目创建；点击"项目视图"进入项目视图显示界面。

双击"添加新设备"，选择添加 CPU 1214C DC/DC/DC，完成 CPU 上 PROFINET 接口的网络参数设置，以及模拟量输入通道的信号类型和信号范围的设置。

2. 编辑变量表

PLC 变量表如图 7-23 所示。

		名称	变量表	数据类型	地址	保持	在 H...	可从 ...
1		启动按钮SD	默认变量表	Bool	%I0.0	☐	☑	☑
2		液位上限SL1	默认变量表	Bool	%I0.1	☐	☑	☑
3		液位中限SL2	默认变量表	Bool	%I0.2	☐	☑	☑
4		液位下限SL3	默认变量表	Bool	%I0.3	☐	☑	☑
5		液体A阀门YV1	默认变量表	Bool	%Q0.0	☐	☑	☑
6		液体B阀门YV2	默认变量表	Bool	%Q0.1	☐	☑	☑
7		液体混合阀YV3	默认变量表	Bool	%Q0.2	☐	☑	☑
8		搅匀电机YKM	默认变量表	Bool	%Q0.3	☐	☑	☑

图 7-23　液体混合装置的 PLC 变量表

3. 编写程序

（1）初始步激活的程序编写，采用系统首次扫描为 ON 的 M1.0 来激活初始步 M2.0。

（2）其余各活动步激活的程序编写，以 M2.2 为例，当 M2.1 和 I0.2（液位中限 SL2）的常开触点均闭合时，步 M2.2 变为活动步，这时步 M2.1 应变为不活动步，因此可以将 M2.2 为 ON 状态作为使存储器位 M2.1 变为 OFF 的条件，即将 M2.2 的常闭触点与 M2.1 的线圈串联。

（3）最后一个活动步 M2.5 激活，T2 达到设定时间，M2.5 和 T2. Q 又重新激活初始步 M2.0，程序进入下一个循环。

程序梯形图如图 7-24 所示。

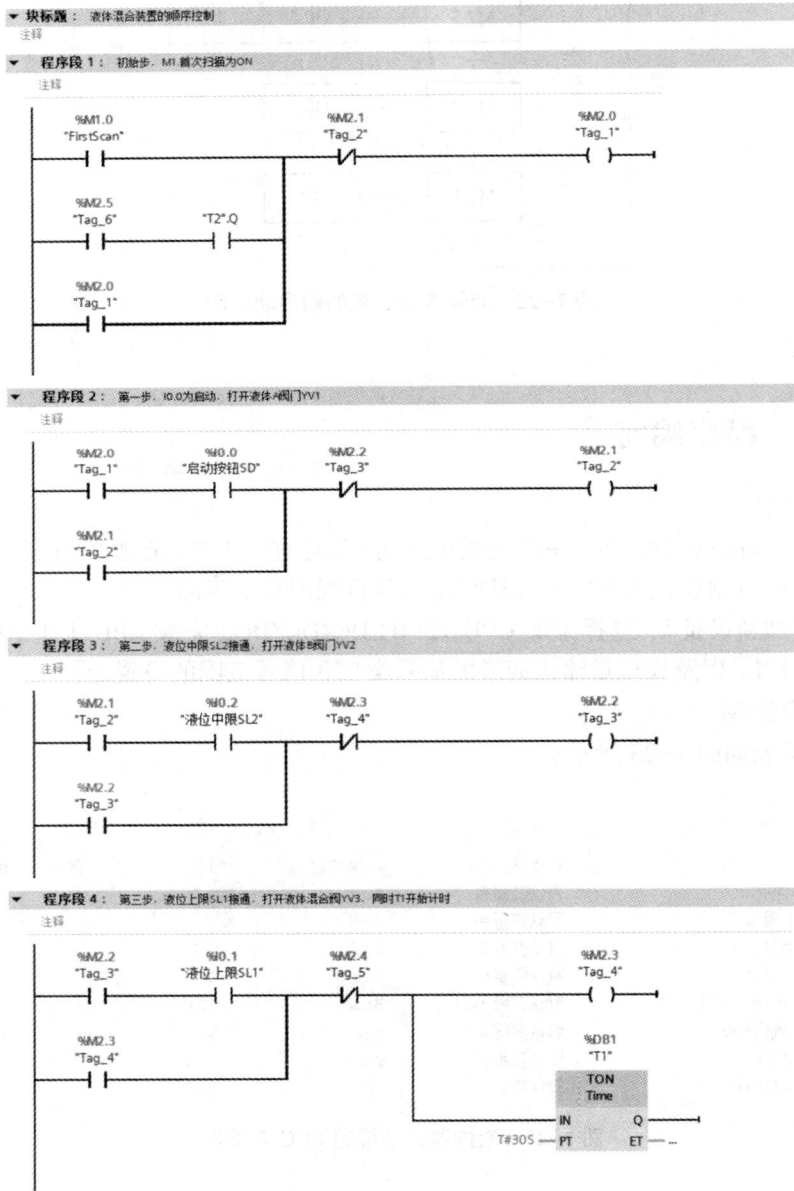

程序段 5： 第四步，T1计时时间到，打开液体混合阀YV3
注释

程序段 6： 第五步，液位下限SL3断开，T2开始计时
注释

程序段 7： Q0.0为ON，打开液体A阀门YV1
注释

程序段 8： Q0.1为ON，打开液体B阀门YV2
注释

程序段 9： Q0.3为ON，打开搅匀电机YKM
注释

程序段 10： Q0.2为ON，打开液体混合阀YV3
注释

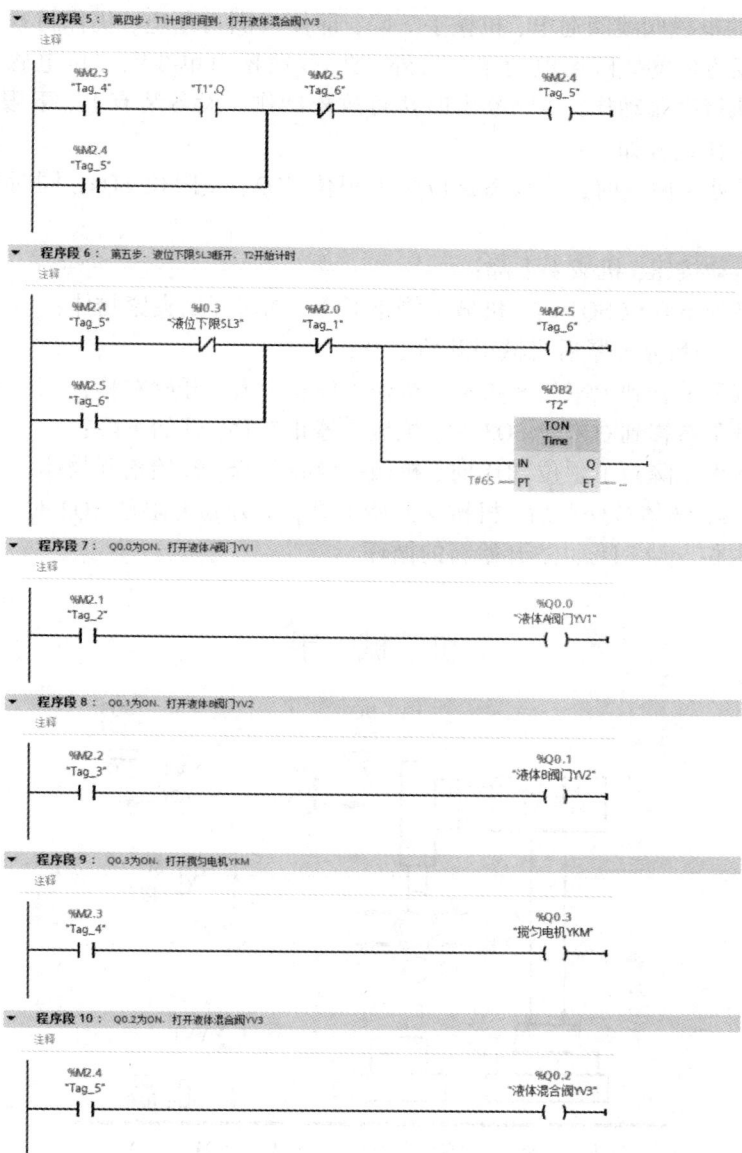

图 7-24　液体混合装置顺序控制的梯形图

任务 3　机械手的 PLC 控制

7.3.1　任务分析

图 7-25 是一个将工件由 A 处传送到 B 处的机械手，上升/下降和左移/右移的执行用双线圈二位电磁阀推动气缸完成。当某个电磁阀线圈通电，就一直保持现有的机械动作，

例如一旦下降的电磁阀线圈通电,机械手下降,即使线圈再断电,仍保持现有的下降动作状态,直到相反方向的线圈通电为止。另外,夹紧/放松由单线圈二位电磁阀推动气缸完成,线圈通电执行夹紧动作,线圈断电时执行放松动作。设备装有上、下限位和左、右限位开关,具体工作过程如下:

(1)机械手处于原点时,其状态是位于上限位 SQ2、左限位 SQ4,同时夹爪处于松开状态;

(2)点击启动按钮,机械手下降;

(3)当下降到下限位 SQ1 时,机械手停止下降,同时开始夹紧物体;

(4)计时 5 s,物体夹紧后机械手开始上升;

(5)当机械手上升到上限位 SQ2 时,机械手停止上升,开始右移;

(6)当机械手右移到右限位 SQ3 时,机械手停止右移,开始下降;

(7)当机械手下降到下限位 SQ1 时,机械手停止下降,开始松开物体;

(8)计时 3 s,物体被松开后,机械手开始上升,上升到上限位 SQ2 时,停止上升开始左移;到达左限位 SQ4 时停止,开始新的循环。

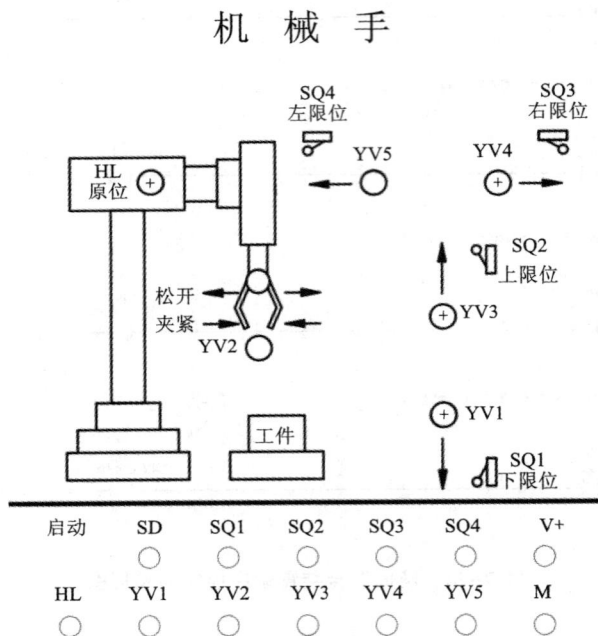

图 7-25 机械手装置

7.3.2 IO 分配

根据 S7-1200 PLC 输入/输出地址分配原则和任务要求,对 I/O 地址进行分配,具体见表 7-4。

表 7-4 机械手装置 I/O 分配表

输入		输出	
输入继电器	元件	输出继电器	元件
I0.0	启动按钮 SD	Q0.0	机械手下降 YV1
I0.1	下限位 SQ1	Q0.1	机械手松开/夹紧 YV2
I0.2	上限位 SQ2	Q0.2	机械手上升 YV3
I0.3	右限位 SQ3	Q0.3	机械手右行 YV4
I0.4	左限位 SQ4	Q0.4	机械手左行 YV5

7.3.3 PLC 硬件原理图

根据控制要求和 I/O 点表, 机械手装置 PLC 控制电路原理图如图 7-26 所示。

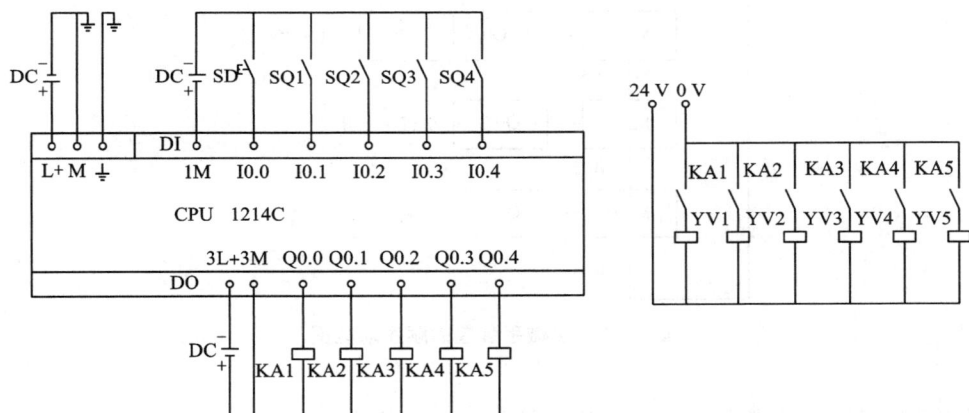

图 7-26 机械手装置的电路原理图

7.3.4 顺序功能图编写

根据机械手装置的工业控制和 I/O 分配表可以绘制出顺序功能图, 如图 7-27 所示。

7.3.5 程序编写

1. 创建项目

打开 TIA Portal 软件, 在 Portal 视图中点击"创建新项目", 修改项目名称后点击"创建"按钮完成项目创建; 点击"项目视图"进入项目视图显示界面。

双击"添加新设备", 选择添加 CPU 1214C DC/DC/DC, 完成 CPU 上 PROFINET 接口

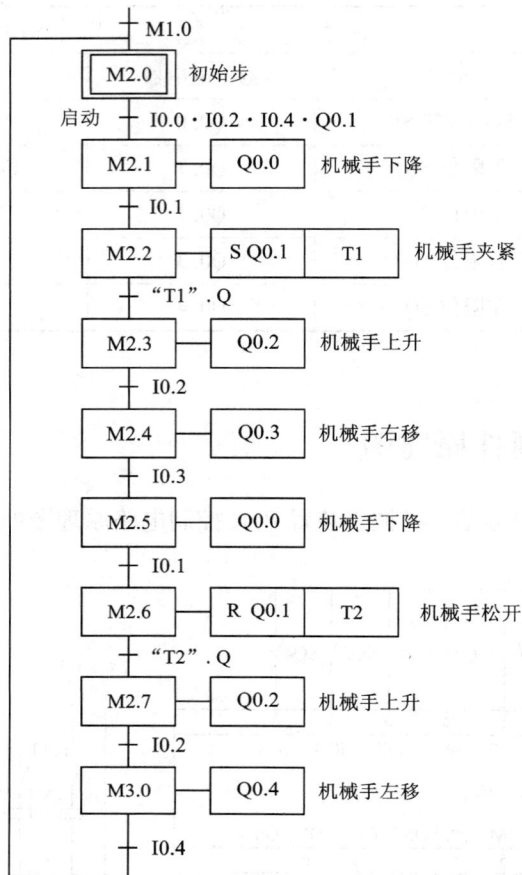

図 7-27 机械手装置的顺序功能图

的网络参数设置，以及模拟量输入通道的信号类型和信号范围的设置。

2.编辑变量表

PLC 变量表如图 7-28 所示。

3.编写程序

（1）初始步激活的程序编写，采用系统首次扫描为 ON 的 M1.0 来激活初始步 M2.0。

（2）初始步激活以后，机械手处于原点位置时（机械手处于左限位和上限位并且机械手处于松开状态），当启动信号 I0.0 为 ON 时，激活第一个活动步 M2.1。

（3）其余各活动步激活的程序编写，以 M2.2 为例，当 M2.1 和 I0.1（下限位 SQ1）的常开触点均闭合时，步 M2.2 变为活动步，这时步 M2.1 应变为不活动步，因此可以采用置位指令 S 使 M2.2 为 ON，采用复位指令 R 使 M2.1 变为 OFF。

（4）最后一个活动步 M3.0 激活，同时达到 I0.4（左限位），M3.0 和 I0.4 又重新激活初始步 M2.0，程序进入下一个循环。

程序梯形图如图 7-29 所示。

		名称	数据类型	地址	保持	在 H...	可从 ...
1	▣	启动按钮SD	Bool	%I0.0	☐	☑	☑
2	▣	下限位SQ1	Bool	%I0.1	☐	☑	☑
3	▣	上限位SQ2	Bool	%I0.2	☐	☑	☑
4	▣	右限位SQ3	Bool	%I0.3	☐	☑	☑
5	▣	左限位SQ4	Bool	%I0.4	☐	☑	☑
6	▣	机械手下降YV1	Bool	%Q0.0	☐	☑	☑
7	▣	机械手松开/夹紧YV2	Bool	%Q0.1	☐	☑	☑
8	▣	机械手上升YV3	Bool	%Q0.2	☐	☑	☑
9	▣	机械手右行YV4	Bool	%Q0.3	☐	☑	☑
10	▣	机械手左行YV5	Bool	%Q0.4	☐	☑	☑

图 7-28　机械手装置的 PLC 变量表

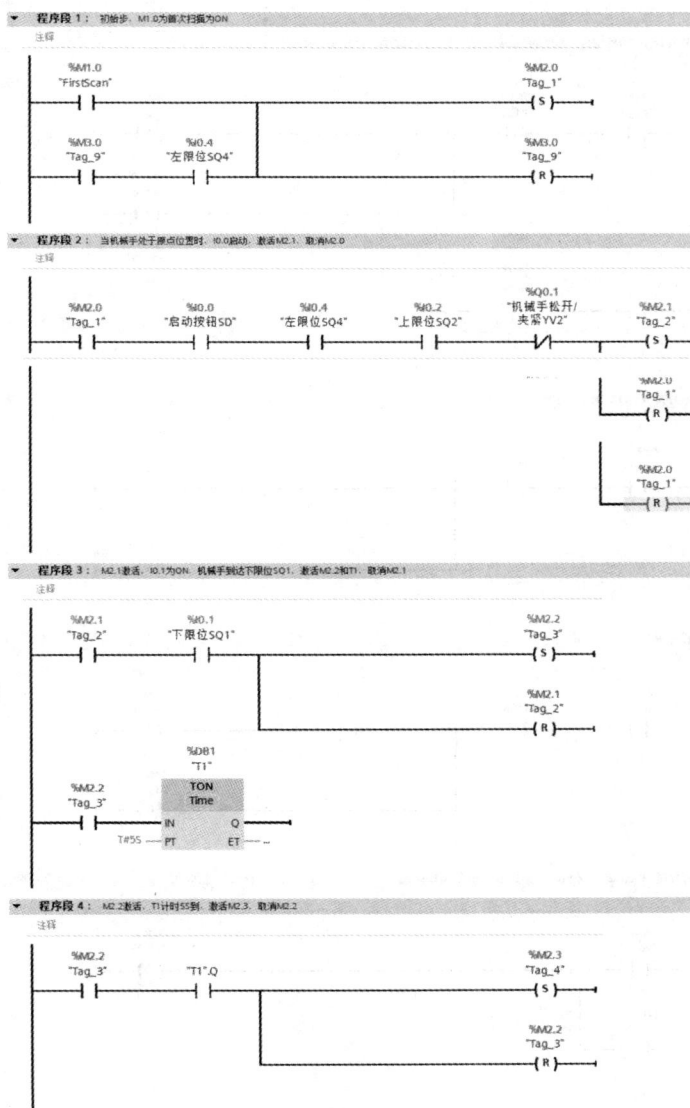

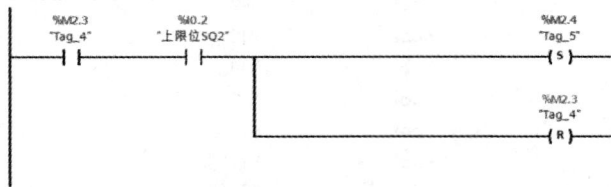

▼ 程序段 5： M2.3激活，I0.2为ON，机械手到达上限位SQ2，激活M2.4，取消M2.3
注释

```
    %M2.3          %I0.2                                    %M2.4
    "Tag_4"        "上限位SQ2"                               "Tag_5"
    ─┤ ├──────────┤ ├──────────┬─────────────────────────( S )──
                                │
                                │                          %M2.3
                                │                          "Tag_4"
                                └─────────────────────────( R )──
```

▼ 程序段 6： M2.4激活，I0.3为ON，机械手到达右限位SQ3，激活M2.5，取消M2.4
注释

```
    %M2.4          %I0.3                                    %M2.5
    "Tag_5"        "右限位SQ3"                               "Tag_6"
    ─┤ ├──────────┤ ├──────────┬─────────────────────────( S )──
                                │
                                │                          %M2.4
                                │                          "Tag_5"
                                └─────────────────────────( R )──
```

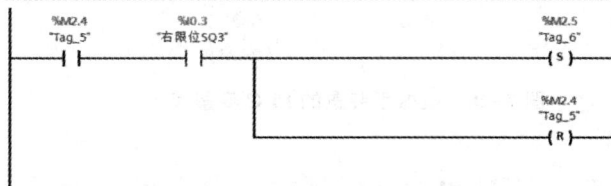

▼ 程序段 7： M2.5激活，I0.1为ON，机械手到达下限位SQ1，激活M2.6和T2，取消M2.5
注释

```
    %M2.5          %I0.1                                    %M2.6
    "Tag_6"        "下限位SQ1"                               "Tag_7"
    ─┤ ├──────────┤ ├──────────┬─────────────────────────( S )──
                                │
                                │                          %M2.5
                                │                          "Tag_6"
                                └─────────────────────────( R )──

                          %DB2
                          "T2"
                        ┌──────────┐
    %M2.6               │   TON    │
    "Tag_7"             │   Time   │
    ─┤ ├────────────────┤IN      Q ├───
                        │          │
            T#3S ───────┤PT     ET ├─ ...
                        └──────────┘
```

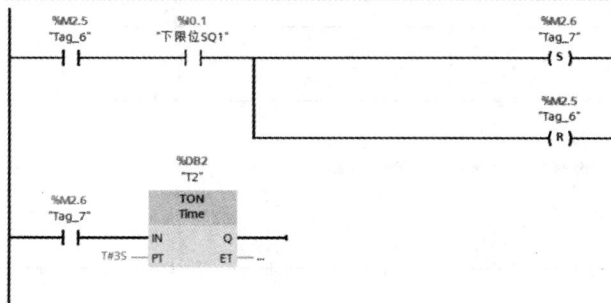

▼ 程序段 8： M2.7激活，T2计时3S到，激活M2.7，取消M2.6
注释

```
    %M2.6          %T2".Q                                   %M2.7
    "Tag_7"                                                 "Tag_8"
    ─┤ ├──────────┤ ├──────────┬─────────────────────────( S )──
                                │
                                │                          %M2.6
                                │                          "Tag_7"
                                └─────────────────────────( R )──
```

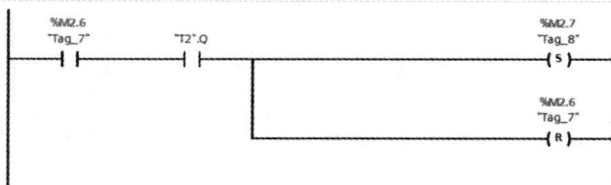

▼ 程序段 9：
注释

```
    %M2.7          %I0.2                                    %M3.0
    "Tag_8"        "上限位SQ2"                               "Tag_9"
    ─┤ ├──────────┤ ├──────────┬─────────────────────────( S )──
                                │
                                │                          %M2.7
                                │                          "Tag_8"
                                └─────────────────────────( R )──
```

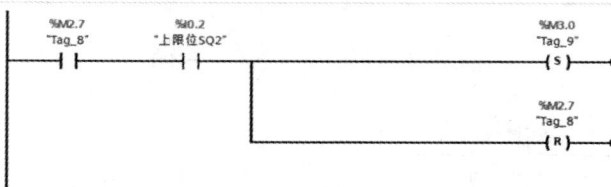

▼ 程序段 10： M2.1激活或者M2.5激活，Q0.0为ON，机械手下降
注释

```
    %M2.1                                                  %Q0.0
    "Tag_2"                                            "机械手下降YV1"
    ─┤ ├──────────┬───────────────────────────────────────( )──
                   │
    %M2.5          │
    "Tag_6"        │
    ─┤ ├──────────┘
```

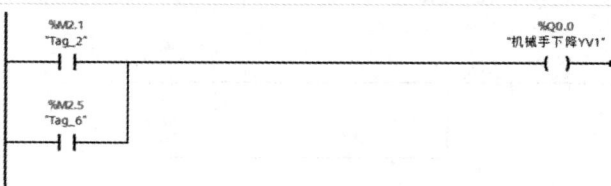

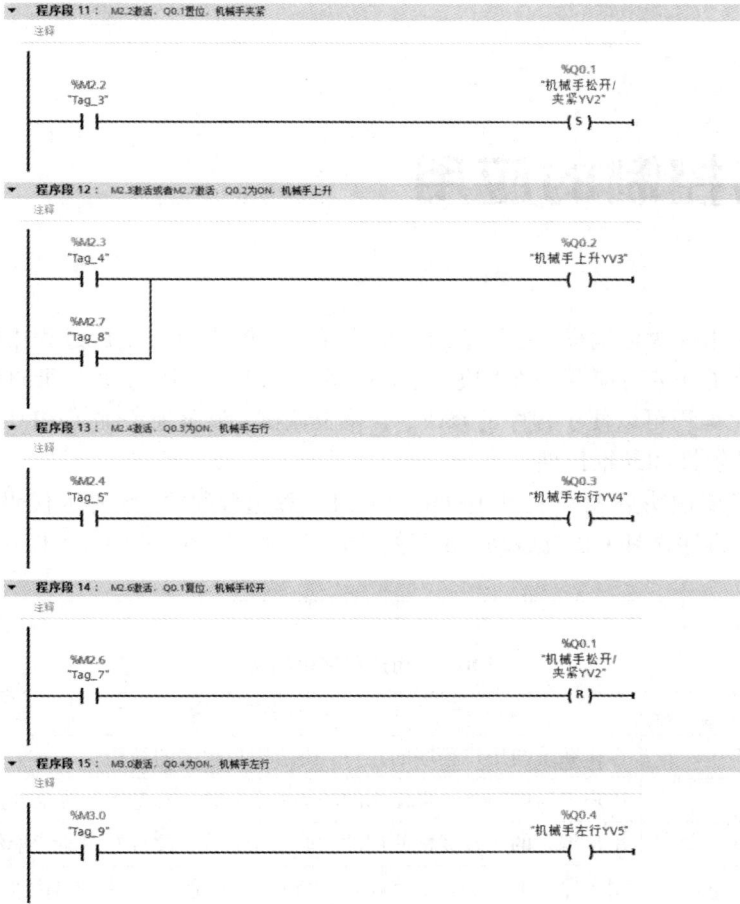

▼ 程序段 11： M2.2激活，Q0.1置位，机械手夹紧
　　注释

```
    %M2.2                                              %Q0.1
    "Tag_3"                                        "机械手松开/
     ┤├                                             夹紧YV2"
                                                      ─( S )─
```

▼ 程序段 12： M2.3激活或者M2.7激活，Q0.2为ON，机械手上升
　　注释

```
    %M2.3                                              %Q0.2
    "Tag_4"                                       "机械手上升YV3"
     ┤├───┬                                          ─( )─
          │
    %M2.7 │
    "Tag_8"
     ┤├───┘
```

▼ 程序段 13： M2.4激活，Q0.3为ON，机械手右行
　　注释

```
    %M2.4                                              %Q0.3
    "Tag_5"                                       "机械手右行YV4"
     ┤├                                               ─( )─
```

▼ 程序段 14： M2.6激活，Q0.1置位，机械手松开
　　注释

```
    %M2.6                                              %Q0.1
    "Tag_7"                                        "机械手松开/
     ┤├                                             夹紧YV2"
                                                      ─( R )─
```

▼ 程序段 15： M3.0激活，Q0.4为ON，机械手左行
　　注释

```
    %M3.0                                              %Q0.4
    "Tag_9"                                       "机械手左行YV5"
     ┤├                                               ─( )─
```

图 7-29　机械手装置顺序控制的梯形图

项目八
模块化控制的应用

    S7-1200采用模块化编程，将复杂的自动化任务分解为对应生产过程中技术功能较小的子任务，每个子任务对应于一个"块"的子程序，可以通过块与块之间的调用来组织程序。采用模块化编程可以便于程序的修改、查错及调试，显著地增加了PLC控制程序的组织透明性、可理解性和易维护性。

    各种块的简要说明见表8-1，其中OB、FB、FC都包含程序，统称为代码块。代码块可以嵌套调用，从程序循环OB或启动OB开始，嵌套深度为16；从中断OB开始，嵌套深度为6。

表8-1　用户程序中的块

块	简要描述
组织块（OB）	操作系统与用户程序的接口，决定用户程序的结构
函数块（FB）	用户编写的包含经常使用的功能的子程序，有专用的背景数据块
函数（FC）	用户编写的包含经常使用的功能的子程序，没有专用的背景数据块
背景数据块（DB）	用于保存FB的输入、输出参数和静态变量，其数据在编译时自动生成
全局数据块（DB）	存储用户数据的数据区域，供所有代码块共享

任务1　函数和函数块

8.1.1　函数

    函数是用户编写的子程序，简称FC，它包含完成特定任务的代码和参数，可以在不同代码块中反复调用。函数是快速执行的代码块，没有固定的存储区，函数执行结束后，其临时变量的数据不会保存。

    下面以电动机的连续运行控制程序为例，说明如何创建、编写及调用函数。

1. 创建FC

    在项目视图项目树下，选择文件夹"\PLC_1\程序块"，双击其中的"添加新块"，可以打开"添加新块"的界面，如图8-1所示。选中FC，可以通过界面修改FC的名称、编程语言及编号。默认的函数编号为 1，勾选"手动"可以对函数编号进行修改，点击"确认"按钮即可完成 FC 的创建。创建完成后，在项目树对应的 PLC 程序块下，可以看到新生成的名为"电动机连续运行"的 FC。

图 8-1　FC 创建界面

2. 编写 FC 中程序

双击项目树下的"电动机连续运行"函数，即可打开函数的编辑界面。编写函数程序前，先在函数的接口区生成函数的局部数据，如图 8-2 所示。

函数的局部变量只能在它所在的块中使用，采用符号寻址的方式访问。局部变量的名称由字符、数字和下划线组成。如图 8-2 所示，函数主要有以下 5 种局部变量：

（1）Input（输入参数）：由调用它的块体提供的输入数据。

（2）Output（输出参数）：返回给调用它的块的程序执行结果。

（3）InOut（输入/输出参数）：初值由调用它的块提供，块执行后将它的值返回给调用它的块。

（4）Temp（临时数据）：暂时保存在局部堆栈中的数据。只是在执行块时使用临时数

电动机连续运行

		名称	数据类型	默认值	注释
1	◀	▼ Input			
2	◀	■ start	Bool		
3	◀	■ stop	Bool		
4	◀	▼ Output			
5	◀	■ motor	Bool		
6	◀	▼ InOut			
7	◀	■ display	Bool		
8	◀	▼ Temp			
9		＜新增＞			
10	◀	▼ Constant			
11		＜新增＞			
12	◀	▼ Return			
13	◀	电动机连续运行	Void		

图 8-2　FC1 的局部数据

据，执行完后，不再保存临时数据的数值，它可能被别的块的临时数据覆盖。

（5）Return（返回）：属于输出参数，块执行后将它的值返回给调用它的块，若将它设置为 Void 类型，则说明该函数不需要返回值。

"电动机连续运行"函数的输入参数有电动机启动信号（start）、电动机停止信号（stop），输出参数有电动机启动运行控制信号（motor）、输入/输出参数有电动机运行指示信号（display），该函数无临时数据及返回值。

根据函数的功能完成函数程序的编写，函数的编写方法与主程序的编写方法类似，如图 8-3 所示。

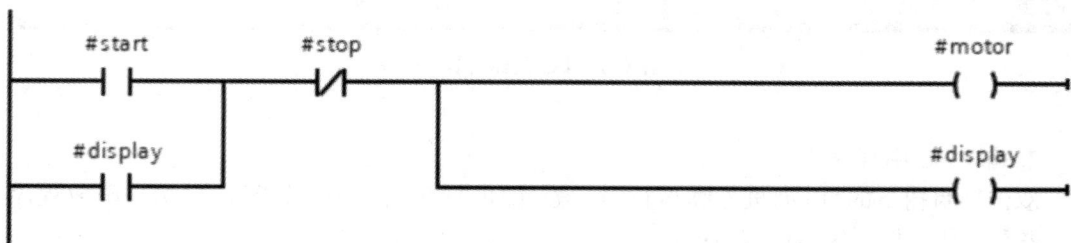

图 8-3　FC1 程序代码

3. 在 OB1 中调用 FC

在主程序（OB1）中调用"电动机连续运行"函数（FC1），完成对两台电动机的控制。要求按下按钮 SB1 时，电动机 1 启动，按下按钮 SB2 时，电动机 2 启动，I/O 地址分配如表 8-2 所示。

将项目树中的函数 FC1 拖拽至 OB1 中对应位置，即可完成函数的调用，OB1 中调用

FC 如图 8-4 所示。在电动机 1 启动运行程序中，只需调用函数 FC1，将函数的输入输出端参数修改为需要控制的电动机对应的变量参数。

表 8-2　电动机启动的 PLC 控制 I/O 点表

输入		输出	
I0.0	电动机 1 启动按钮 SB1	Q0.0	电动机 1 接触器线圈
I0.1	电动机 2 启动按钮 SB2	Q0.1	电动机 1 启动指示灯
I0.2	停止按钮 SB3	Q0.2	电动机 2 接触器线圈
		Q0.3	电动机 2 启动指示灯

程序段 1：　电动机 1 启动运行

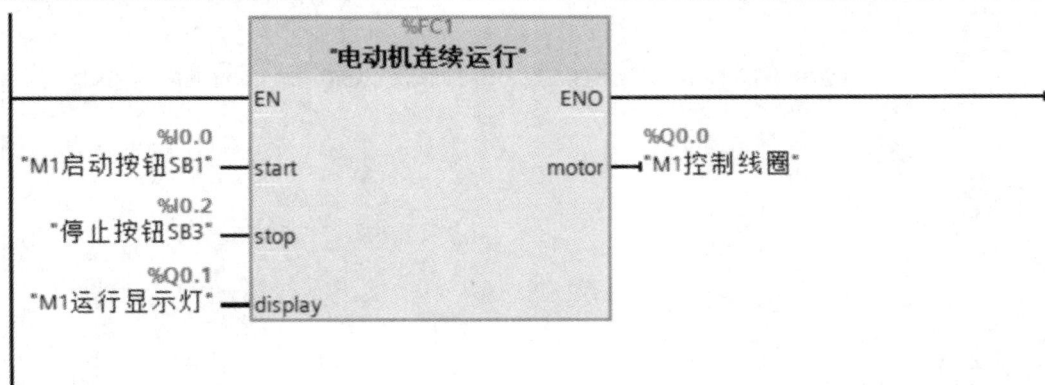

%FC1
"电动机连续运行"

%I0.0 "M1启动按钮SB1" — start
%I0.2 "停止按钮SB3" — stop
%Q0.1 "M1运行显示灯" — display

EN　　　ENO
motor —— %Q0.0 "M1控制线圈"

程序段 2：　电动机 2 启动运行

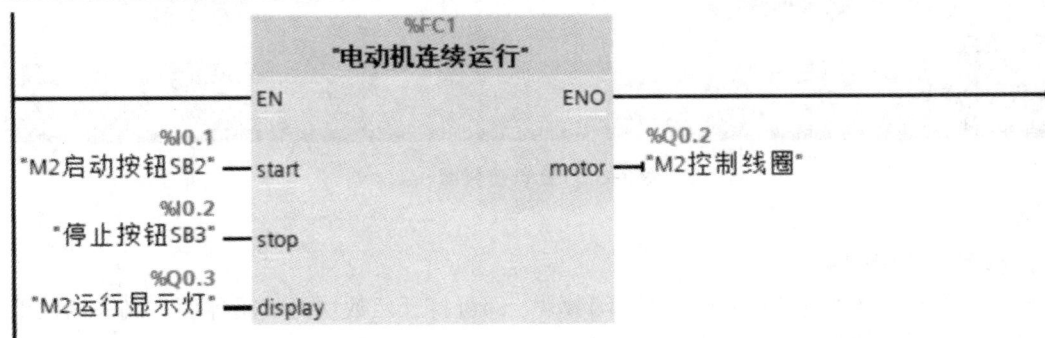

%FC1
"电动机连续运行"

%I0.1 "M2启动按钮SB2" — start
%I0.2 "停止按钮SB3" — stop
%Q0.3 "M2运行显示灯" — display

EN　　　ENO
motor —— %Q0.2 "M2控制线圈"

图 8-4　OB1 中调用 FC1

8.1.2　函数块

　　函数块与函数的区别在于前者有自己的存储空间，即背景数据块。函数块的典型应用是执行不能在一个扫描周期结束的操作，例如函数中包含定时器指令。

　　下面以电动机的延时启动程序为例，说明如何创建、编写及调用函数块。

1.创建 FB

FB 的创建方法与 FC 一致,用上述方法完成"电动机延时启动"函数块 FB1 创建,如图
8-5 所示。

图 8-5 FB 创建界面

2.编写 FB 中程序

双击项目树下的"电动机延时启动"函数块,即可打开函数块的编辑界面。编写函数块
程序前,先在函数块的接口区生成函数块的局部数据,如图 8-6 所示。

与函数相同,函数块的局部变量中也有 Input(输入)参数、Output(输出)参数、InOut
(输入\输出)参数和 Temp(临时)等参数,函数块执行完后,下一次重新调用它时,其 Static
(静态)变量中的值保持不变。

根据函数块的功能,在 FB1 程序编辑视窗中完成"电动机延时启动"控制程序的编写,
程序设计如图 8-7 所示。

3.在 OB1 中调用 FB

在主程序(OB1)中调用"电动机延时启动"函数块(FB1),完成对电动机的延时启动控

	名称		数据类型	默认值	保持性	可从 HMI ...	在 HMI ...	设置值	注释
1	🔽 ▼ Input								
2	🔽 ▪	Start	Bool	false	未保留	☑	☑	☐	
3	🔽 ▪	Stop	Bool	false	未保留	☑	☑	☐	
4	🔽 ▪	Time	Time	T#0ms	未保留	☑	☑	☐	
5	🔽 ▼ Output								
6	🔽 ▪	Motor	Bool	false	未保留	☑	☑	☐	
7	🔽 ▼ InOut								
8	🔽 ▪	Display	Bool	false	未保留	☑	☑	☐	
9	🔽 ▼ Static								
10	🔽 ▪ ▶	Timer	IEC_TIMER		未保留	☑	☑	☐	

图 8-6 FB1 的局部变量

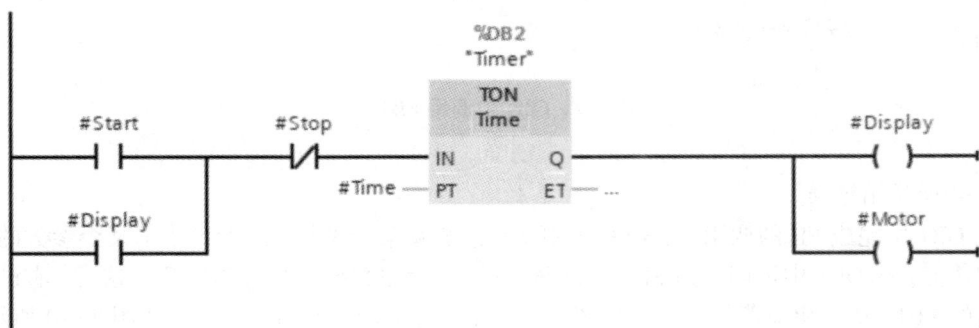

图 8-7 FB1 程序代码

制，要求按下按钮 SB1 后，延时 2 s，电动机 1 启动。

将项目树中的函数 FB1 拖拽至 OB1 中对应位置，在弹出的"调用选项"对话框中，输入 FB1 背景数据块名称，单击"确定"按钮后，则自动生成 FB1 背景数据块 DB3，如图 8-8 所示。

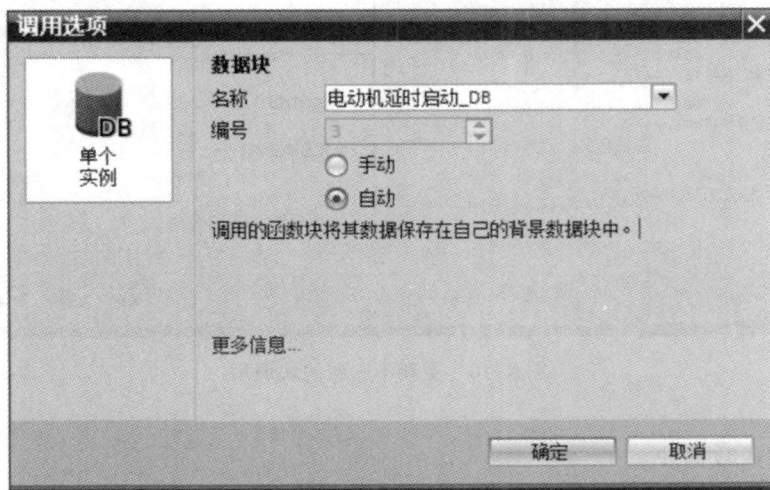

图 8-8 创建 FB1 的背景数据块

将函数块的形参修改为对应的实参，即可完成函数块的调用，如图 8-9 所示。

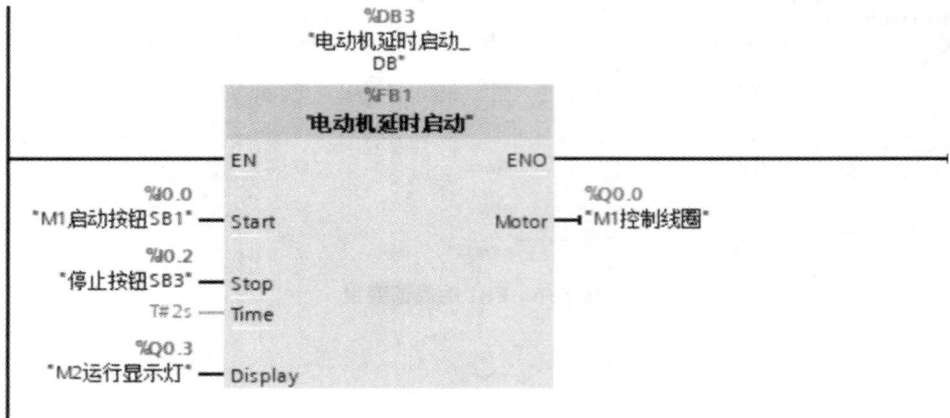

图 8-9　OB1 中调用 FB1

4. 处理调用错误

在 OB1 中完成 FB 的调用后，若 FB1 中增加或删减某个参数，或者修改了某个参数的名称或默认值，在 OB1 中被调用的 FB1 的方框、字符及背景数据块将变为红色。这时，右键单击出错的 FB1，执行快捷菜单中的"更新"命令，即可完成新旧接口的更新，如图 8-10 所示；也可以单击程序编辑器工具栏上的 按钮，完成块调用的更新。

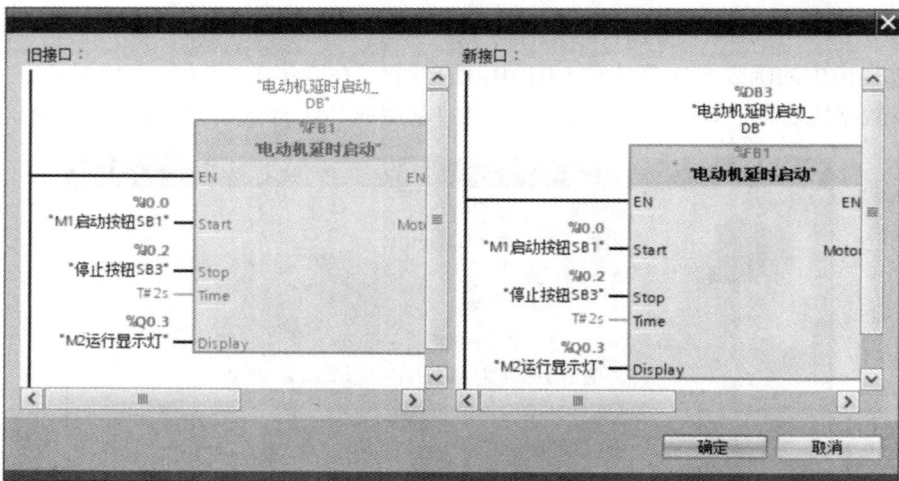

图 8-10　更新不一致的块调用

5. 多重背景数据块

当一个程序中需要用到多个定时器或者计数器时，可以在函数块的接口定义区定义数据类型为 IEC_TIMER 或 IEC_COUNTER 的静态变量，用这些静态变量来提供定时器和计数器的背景数据,这种函数块的背景数据块被称为多重背景数据块。

这样多个定时器或计数器的背景数据被包含在它们所在的函数块的背景数据中,而不需要为每个定时器或计数器单独设置一个背景数据块,减少了数据处理的时间,避免产生大量的数据"碎片",使得存储空间的使用更为合理。

任务 2　组织块

组织块是操作系统与用户程序的接口,由操作系统调用,简称 OB。组织块可以用来实现 PLC 扫描循环控制、PLC 的启动控制、中断程序的执行及错误处理。

8.2.1　事件和组织块

事件是 S7-1200 PLC 操作系统的基础,根据其能否启动 OB,将事件分为两种类型:无法启动 OB 的事件和能够启动 OB 的事件。出现能够启动 OB 的事件时,由操作系统调用其对应的 OB。如果当前不能调用 OB,则按照事件的优先级将其保存到队列。出现不能启动 OB 事件时,会根据事件类别触发默认的系统响应。

无法启动 OB 的事件如表 8-3 所示。能够启动组织块的事件属性如表 8-4 所示,优先级的编号越大,代表事件的优先级越高。事件一般按优先级的高低来处理,先处理高优先级的事件,优先级相同的事件按"先来先服务"的原则处理。

表 8-3　无法启动 OB 的事件

事件类型	事件	事件优先级	系统响应
插入/卸下	插入/卸下模块	21	STOP
访问错误	刷新过程映像的 I/O 访问错误	22	忽略
编程错误	块内的编程错误	23	STOP
I/O 访问错误	块内的 I/O 访问错误	24	STOP
超过最大循环时间两倍	超过最大循环时间两倍	27	STOP

表 8-4　能够启动 OB 的事件

事件类型	OB 编号	OB 数目	启动事件	OB 优先级
程序循环	1 或 ≥123	≥1	启动或结束上一个循环 OB	1
启动	100 或 ≥123	≥0	STOP 到 RUN 的转换	1
延时中断	20~30 或 ≥123	≥0	延时时间到	3
循环中断	30~38 或 ≥123	≥0	固定的循环时间到	4

续表8-4

事件类型	OB 编号	OB 数目	启动事件	OB 优先级
硬件中断	40~47 或≥123	≤50	上升沿≤16 个，下降沿≤16 个	5
			HSC 计数值＝设定值，计数方向变化，外部复位，最多各 6 次	6
诊断错误中断	82	0 或 1	模块检测到错误	9
时间错误	80	0 或 1	超过最大循环时间，调用的 OB 正在执行，队列溢出，因中断负载过高而丢失中断	26

8.2.2　程序循环组织块

程序循环组织块用于存放需要连续执行的程序，主程序 OB1 即属于程序循环组织块。CPU 在 RUN 模式下循环执行 OB1，可以在 OB1 中调用 FC 和 FB。当用户程序生成了其他程序循环 OB，则首先执行 OB1，然后执行编号大于或等于 123 的其他程序循环 OB。程序循环组织块的优先级最低，其他事件都可以中断它们。

在项目树下选择文件夹"\PLC_1\程序块"，双击其中的"添加新块"，打开对话框如图 8-11 所示。选择新增组织块，选择列表中的"Program cycle"，生成一个程序循环 OB。OB 的默认编号为 123，语言为 LAD，默认名称为 Main_1。单击"确定"按钮，即可在项目树文件夹"\PLC_1\程序块"中看到新生成的 OB123。

图 8-11　新增程序循环 OB

分别在 OB1 和 OB123 中生成简单的程序，如图 8-12 和图 8-13 所示，将它们下载至 CPU，将 CPU 切换到 RUN 模式，I0.0 和 I0.1 可以分别控制 Q0.0 和 Q0.1，说明 OB1 和 OB123 均被执行。

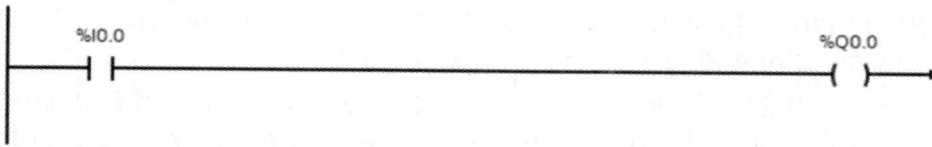

图 8-12　OB1 中的程序

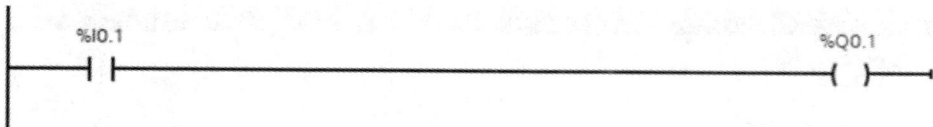

图 8-13　OB123 中的程序

8.2.3　启动组织块

启动组织块一般用于系统初始化，CPU 从 STOP 切换到 RUN 时，执行一次启动 OB。允许生成多个启动 OB，默认的是 OB100，其他启动 OB 的编号应大于或等于 123，一般只需要一个启动 OB。

S7-1200 PLC 支持三种启动模式：不重新启动模式、暖启动——RUN 模式、暖启动——断电前的操作模式。不管选择哪种启动模式，已编写的启动 OB 都会按其编号顺序执行。

新增启动组织块的操作同新增程序循环组织块的操作。打开新增组织块的界面，在列表中选择"Startup"，单击"确定"按钮，即可在项目树文件夹"\PLC_1\程序块"中看到新生成的启动组织块 OB100。在 OB100 中写入图 8-14 中所示的程序，将其下载至 CPU，并切换到 RUN 模式后，可以看到 MB20 被初始化为 16#FF。

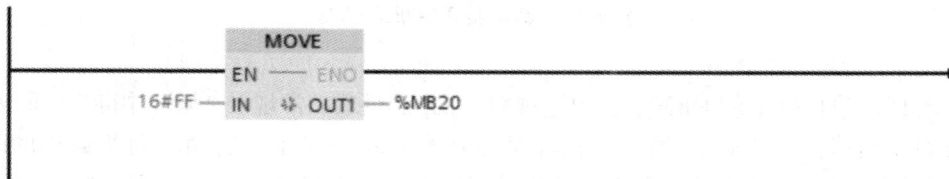

图 8-14　OB100 中的程序

8.2.4 循环中断组织块

循环中断组织块以设定的循环时间(1~60000 ms)周期性地执行,例如周期性地执行闭环控制系统 PID 运算程序等,循环中断组织块和延时中断组织块组织块的个数之和最多为 4 个,循环中断 OB 的编号为 30~38,或者大于或等于 123。

双击项目树中的"添加新块",选中"组织块",在出现的对话框列表中选中"Cyclic interrupt",将循环中断的循环时间由默认值 100 ms 修改为 1000 ms,默认编号为 OB30,如图 8-15 所示。

图 8-15　新增循环中断组织块

双击打开项目树中的 OB30,选中巡视窗口的"属性">"常规">"循环中断",可以修改循环时间和相移,如图 8-16 所示。相移是与基本时间周期相比启动时间所偏移的时间,用于在循环时间间隔到达时,延时一定的时间后再执行循环中断 OB。可以错开不同时间间隔的几个循环中断 OB,使它们不会被同时执行,当这些循环中断 OB 的时间基数有公倍数时,可以使用相移防止它们同时被启动。相移的设置范围为 1~100 ms。

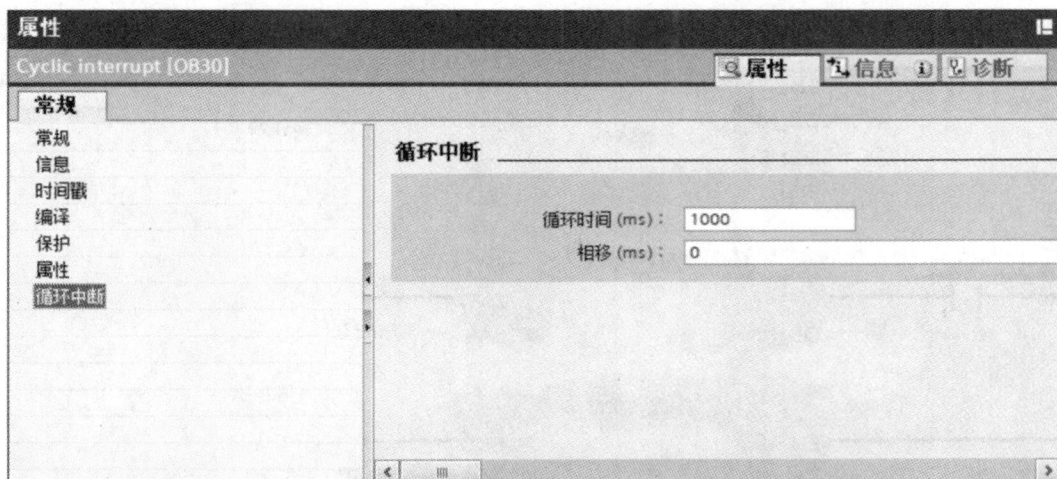

图 8-16　循环中断组织块属性对话框

8.2.5　延时中断组织块

PLC 的普通定时器的工作过程与扫描工作方式有关,其定时精度较差。如果需要高精度的延时,可以使用时间延时中断。延时中断 OB 的编号必须为 20~23,或大于或等于123,通过调用"SRT_DINT"指令启动延时中断 OB。在使用"SRT_DINT"指令编程时,需要提供 OB 号、延时时间,当到达设定的延时时间,操作系统将启动相应的延时中断 OB;尚未启动的延时中断 OB 也可以通过"CAN_DINT"指令取消执行,同时还可以使用"QRY_DINT"指令查询延时中断的状态。

例如当 I0.0 由 1 变 0 时,延时 5 s 后启动延时中断 OB20,并将输出 Q0.0 置位。首先,通过项目树中"添加新块"选项,选择"组织块→Time delay interrupt"创建延时中断组织块 OB20,并编写 OB20 程序,如图 8-17 所示。

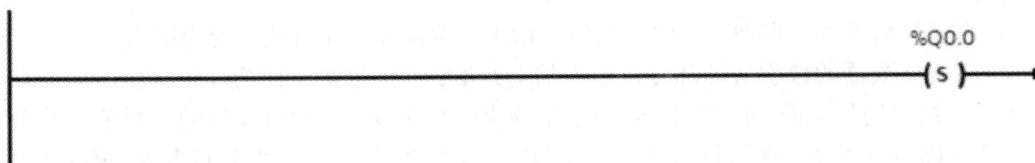

图 8-17　OB20 中的程序

然后,在 OB1 中编程调用"SRT_DINT"指令启动延时中断;调用"CAN_DINT"指令取消延时中断;调用"QRY_DINT"指令查询中断状态,OB1 中程序如图 8-18 所示。

当指令"SRT_DINT"使能端"EN"出现下降沿,即当 I0.0 由 1 变为 0 时,开启延时定时器,定时时间由指令参数"DTIME"指定。定时时间到后,调用指令参数"OB_NR"指定的程

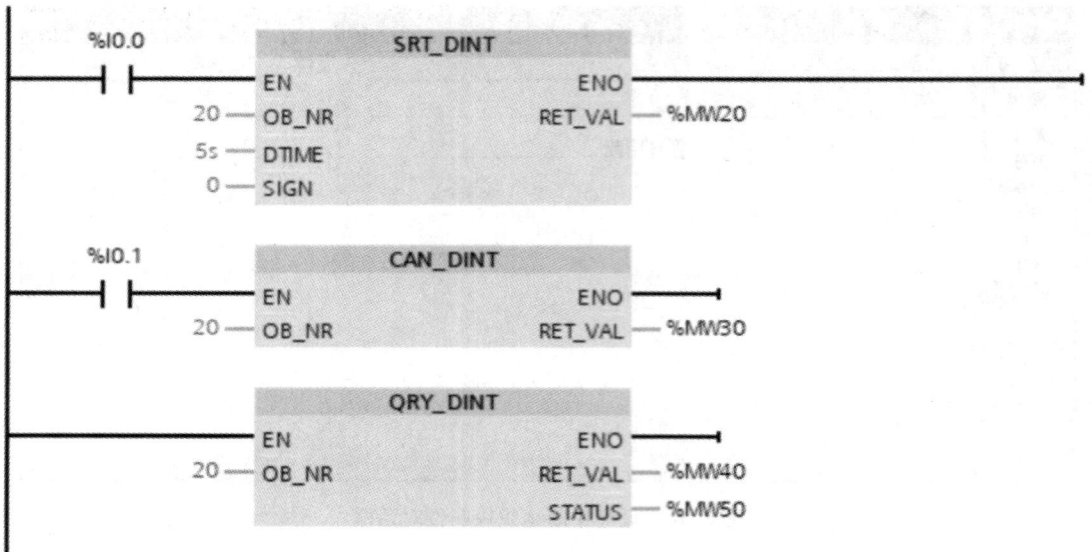

图 8-18　OB1 中的程序

序块。在延时时间到达前，若指令"CAN_DINT"的使能端"EN"出现上升沿，则可以取消正在进行中的延时中断。

8.2.6　硬件中断组织块

硬件中断组织块用来处理需要快速响应的过程事件。出现 CPU 内置的数字量输入的上升沿、下降沿或高速计数器事件时，立即中止当前正在执行的程序，改为执行对应的硬件中断 OB。硬件中断组织块没有启动信息。

硬件中断 OB 最多可以生成 50 个，在硬件组态时定义中断事件。硬件中断 OB 的编号应为 40~47，或大于或等于 123。S7-1200 支持下列硬件中断事件：

（1）CPU 内置的数字量输入和信号板的数字量输入的上升沿事件和下降沿事件。

（2）高速计数器的实际计数值等于设定值。

（3）高速计数器的方向改变，即计数值由增大变为减小，或由减小变为增大。

（4）高速计数器的数字量外部复位输入的上升沿，计数值被复位为 0。

如果在执行硬件中断 OB 期间，同一个中断事件再次发生，则新发生的中断事件丢失。如果一个中断事件发生，在执行该中断 OB 期间，又发生多个不同的中断事件，则新发生的中断事件进入排队，等待第一个中断 OB 执行完毕后依次执行。

双击项目树中的"添加新块"，选中"组织块"，在出现的对话框列表中选中"Hardware interrupt"，可以新建硬件中断组织块 OB40。

双击项目树中文件夹"PLC_1"中的"设备组态"，打开设备视图，选中 CPU，再选中巡视窗口的"属性→常规"选项卡左边的"数字量输入"的通道 0，用复选框启用"上升沿检测"功能。如图 8-19 所示，单击选择框"硬件中断"右边的按钮，通过下拉列表将 OB40 指定给 I0.0 的上升沿中断事件，则当出现该事件时将调用 OB40。

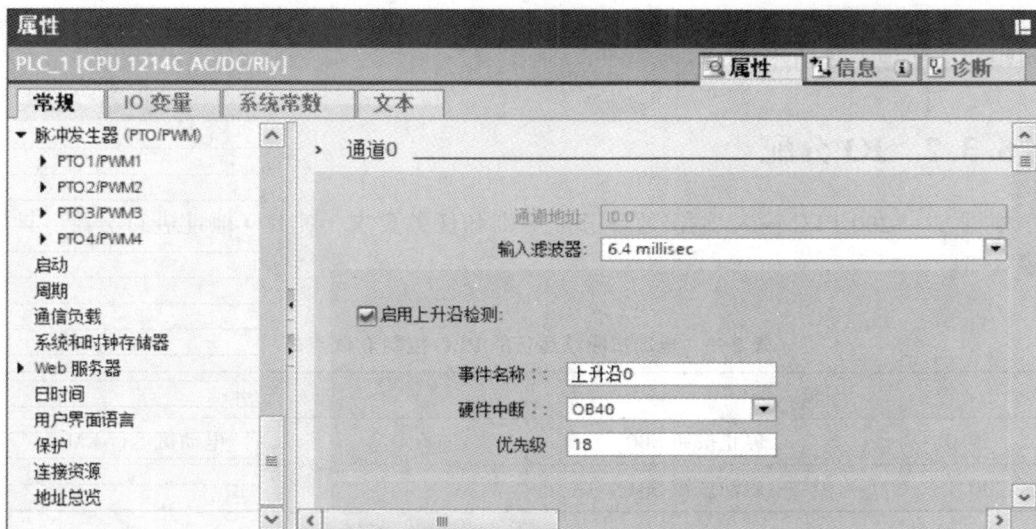

图 8-19　组态硬件中断事件

8.2.7　时间错误组织块

在用户程序中只能使用一个时间错误中断 OB，即 OB80。如果发生以下事件之一，操作系统将调用时间错误中断组织块。

（1）循环程序超出最大循环时间。

（2）被调用的 OB 当前正在执行。

（3）中断 OB 队列发生溢出。

（4）由于中断负载过大而导致中断丢失。

8.2.8　诊断错误组织块

用户程序中只能使用一个诊断错误中断 OB，即 OB82；可以为具有诊断功能的模块启用诊断错误中断功能，使模块能检测到 I/O 状态变化，因此模块会在出现故障（进入事件）或者故障不再存在（离开事件）时触发诊断错误中断。如果没有其他中断 OB 激活，则调用中断错误中断 OB，若正在执行其他中断 OB，则诊断错误中断将置于同优先级的队列中。

任务 3　电动机断续运行的 PLC 控制

8.3.1　任务分析

使用 S7-1200 PLC 实现电动机断续运行控制，要求电动机在启动后，工作 2 h，停止

1 h，再工作 2 h，停止 1 h，如此循环；按下停止按钮后电动机停止运行。要求使用循环中断组织块来实现上述功能。

8.3.2　IO 分配

根据 S7-1200 PLC 输入/输出地址分配原则和任务要求，对 I/O 地址进行分配，具体见表 8-5。

表 8-5　电动机断续运行的 PLC 控制 I/O 点表

输入		输出	
I0.0	停止按钮 SB0	Q0.0	电动机运行 KM
I0.1	启动按钮 SB1		

8.3.3　PLC 硬件原理图

根据控制要求和 I/O 点表，电动机断续运行的 PLC 控制电路原理图如图 8-20 所示。

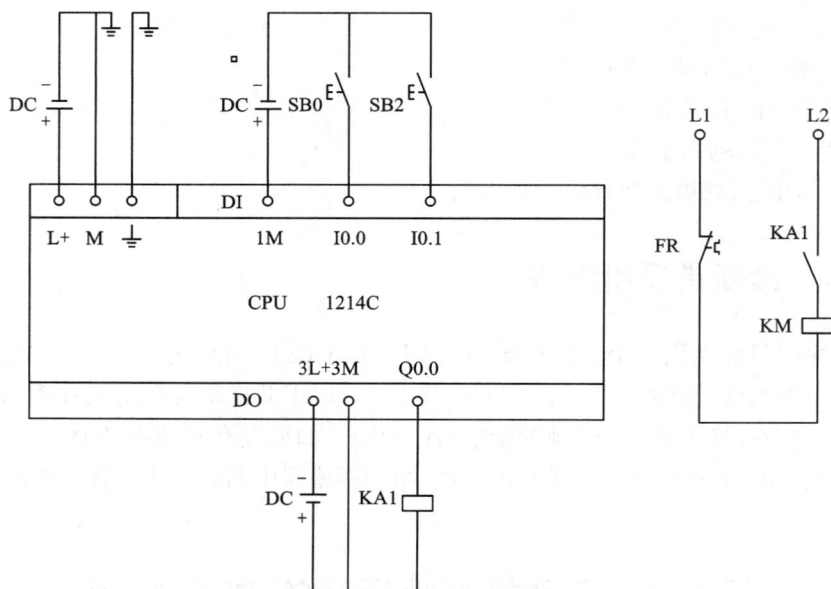

图 8-20　电动机断续运行的 PLC 控制原理图

8.3.4 程序编写

1. 创建项目

打开 TIA Protel 软件，在 Protel 视图中点击"创建新项目"，修改项目名称后点击"创建"按钮完成项目创建；点击"项目视图"进入项目视图显示界面，完成项目的硬件组态。

2. 编辑变量表

PLC 变量表如图 8-21 所示。

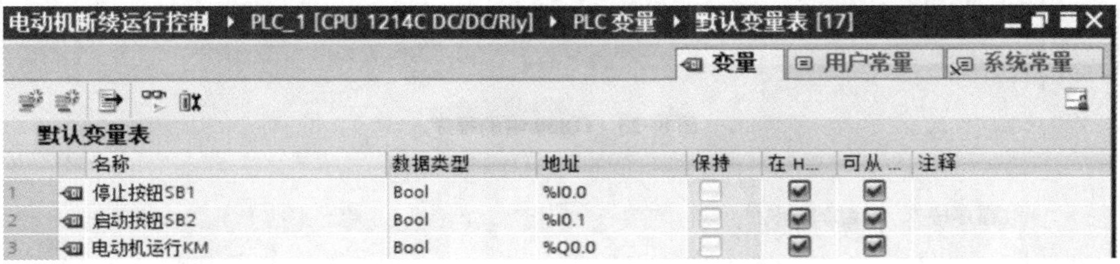

图 8-21　电动机断续运行的 PLC 变量表

3. 编写程序

1) 编写 OB100 程序

按照 8.2.3 中方法生成一个启动组织块 OB100，在启动组织块中对中断计数值 MW20 清 0，其程序如图 8-22 所示。

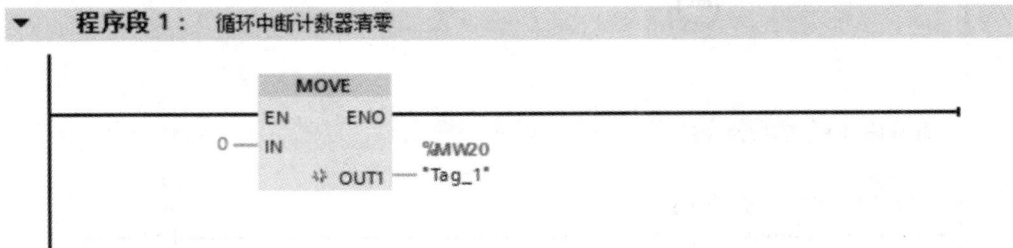

图 8-22　OB100 中的程序

2) 编写 OB30 程序

按照 8.2.4 中方法生成一个循环中断组织块 OB30，设置循环时间为 1 min；在循环中断组织块中对循环中断次数进行计数，设置计数值为 180 次，即每 3 h 为一周期，其程序如图 8-23 所示。

3) 编写 OB1 程序

在主程序 OB1 中，完成电动机的断续运行控制，即电动机每工作 2 h 后停机 1 h，其程序如图 8-24 所示。

程序段 1: 每隔1min计数器加1

程序段 2: 每3h,计数器清零

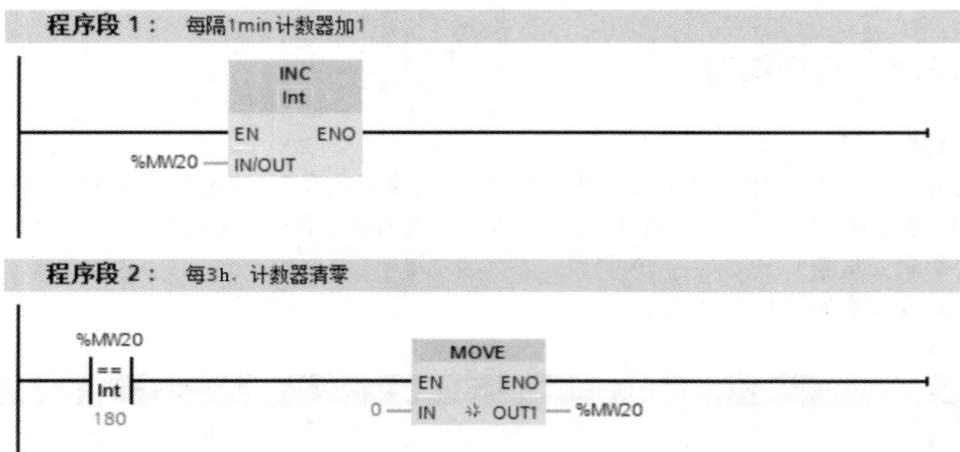

图 8-23 OB30 中的程序

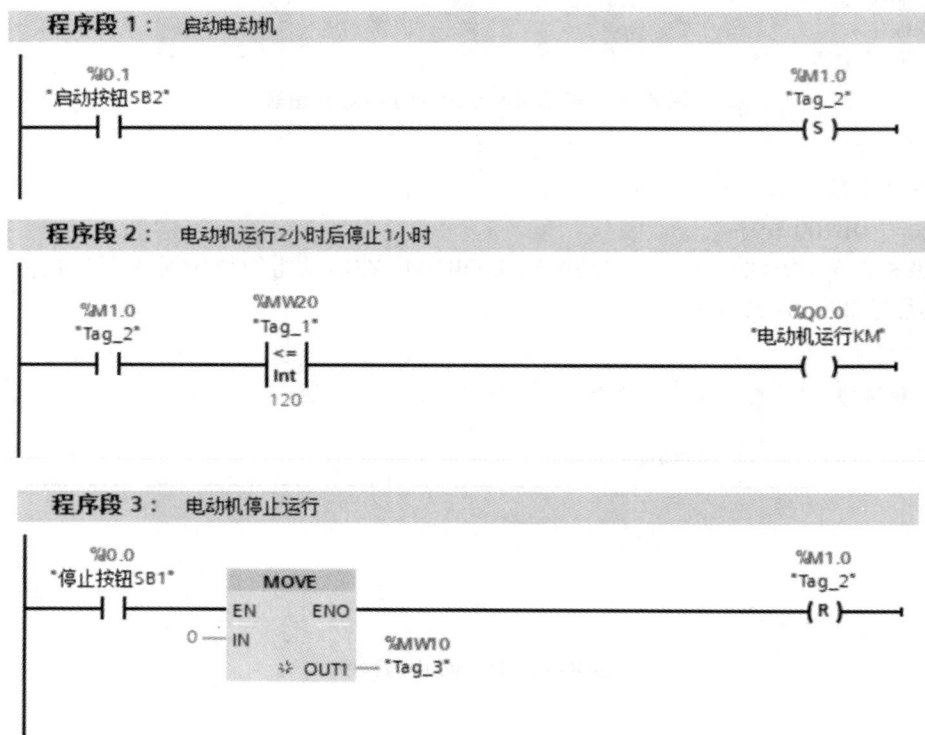

程序段 1: 启动电动机

程序段 2: 电动机运行2小时后停止1小时

程序段 3: 电动机停止运行

图 8-24 OB1 中的程序

4. 调试程序

将编写好的程序和硬件组态下载至 CPU 中, 为了缩短调试时间, 可将电动机断续运行周期修改为 6 min。等 CPU 运行后, 分别按下启动按钮 SB1, 停止按钮 SB0, 观察电动机运行情况。若电动机运行情况与任务要求一致, 则完成电动机断续运行的 PLC 控制任务要求。

项目九
脉冲控制指令的应用

任务1　高速计数器

9.1.1　编码器

编码器以信号原理来分，有增量式编码器（SPC）和绝对式编码器（APC）。顾名思义，绝对式编码器可以记录编码器在一个绝对坐标系上的位置，而增量式编码器可以输出编码器从预定义的起始位置发生的增量变化。增量式编码器需要使用额外的电子设备（通常是PLC、计数器或变频器）以进行脉冲计数，并将脉冲数据转换为运动数据，而绝对式编码器可产生能够识别绝对位置的数字信号。增量式编码器通常更适用于低性能的简单应用，而绝对式编码器则更适用复杂的关键应用，这些应用具有更高的速度和位置控制要求，输出类型取决于具体应用。

1. 增量式编码器

1）增量式编码器的工作原理

增量式旋转编码器通过两个光敏接收管来转化角度码盘的时序和相位关系，得到角度码盘角度位移的增加量（正方向）或减少量（负方向）。

增量式旋转编码器的工作原理如图9-1所示。

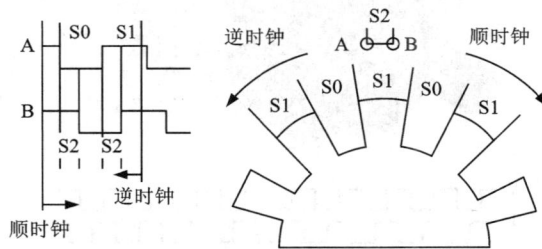

图9-1　增量式旋转编码器的工作原理

图中A、B两点的间距为S2，分别对应两个光敏接收管，角度码盘的光栅间距分别为S0和S1。当角度码盘匀速转动时，可知输出波形图中的S0：S1：S2比值与实际图的S0：S1：S2比值相同，同理，角度码盘变速转动时，输出波形图中的S0：S1：S2比值与实际图中的 S0：S1：S2 比值仍相同。通过输出波形图可知每个运动周期的时序，见表 9-1。

表 9-1　运动周期的时序

顺时针运动	逆时针运动
A B	A B
1 1	1 1
0 1	1 0
0 0	0 0
1 0	0 1

我们把当前的 A、B 输出值保存起来，与下一个到来的 A、B 输出值做比较，就可以得出角度码盘转动的方向，如果光栅格 S0 等于 S1 时，也就是 S0 和 S1 弧度夹角相同，且 S2 等于 S0 的 1/2，那么可得到此次角度码盘运动位移角度为 S0 弧度夹角的 1/2，再除以所用的时间，就得到此次角度码盘运动的角速度。

S0 等于 S1 时，且 S2 等于 S0 的 1/2 时，1/4 个运动周期就可以得到运动方向位和位移角度，如果 S0 不等于 S1，S2 不等于 S0 的 1/2，那么要 1 个运动周期才可以得到运动方向位和位移角度。我们常用的鼠标的滚轮也是这个原理。

实际使用的增量式编码器输出三相方波脉冲 A、B 和 Z(有的叫 C)。A、B 两相脉冲相位差 90°，通过它们可以判断出旋转方向和旋转速度。而 Z 相脉冲又叫作零位脉冲(有时也叫索引脉冲)，为每转一周输出一个脉冲，Z 相脉冲代表零位参考位。通过零位脉冲，可获得编码器的零位参考位，专门用于基准点定位，如图 9-2 所示。

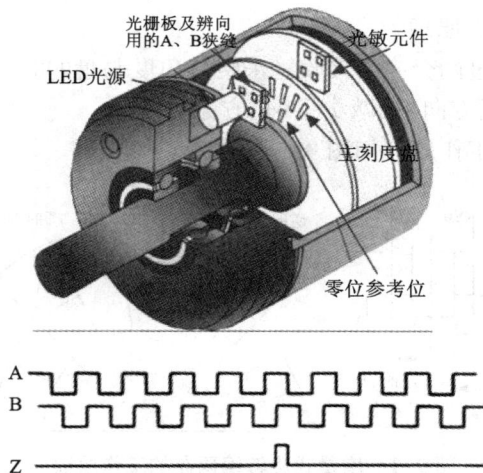

图 9-2　增量式编码器

增量式编码器旋转轴旋转时，有相应的脉冲输出，其计数起点可以任意设定，可实现多圈无限累加和测量。编码器旋转轴转动一圈会输出固定的脉冲数，脉冲数由编码器码盘上面的光栅的线数所决定，编码器以每旋转360°提供多少通或暗的刻线称为分辨率，也称解析分度，或称作多少线，一般在每转5～10000线。当需要提高分辨率时，可利用90°相位差的A、B两路信号进行倍频或者更换高分辨率编码器。

增量式编码器精度取决于机械和电气的因素，这些因素有光栅分度误差、光盘偏心、轴承偏心、电子读数装置引入的误差以及光学部分的不精确性，误差存在于任何编码器中。

2）增量式编码器的分类

增量式编码器一般分为3种类型：单相增量式编码器、双相增量式编码器、三相增量式编码器。

（1）单相增量式编码器。

单相增量式编码器内部只有一对光电耦合器，只能产生一个脉冲序列。

（2）双（AB）相增量式编码器。

AB相增量式编码器内部有两对光电耦合器，输出相位差为90°的两组脉冲序列。正转和反转时两路脉冲的超前、滞后关系刚好相反。由图9-1可知，在B相脉冲的上升沿，正转和反转时A相脉冲的电平高低刚好相反，因此使用AB相编码器，PLC可以很容易地识别出转轴旋转的方向。需要增加测量的精度时，可以采用4倍频方式，即分别在A、B相波形的上升沿和下降沿计数，分辨率可以提高4倍，但是被测信号的最高频率相应降低。

（3）三相增量式编码器。

三相增量式编码器内部除了有双相增量式编码器的两对光电耦合器外，在脉冲码盘的另外一个通道有1个透光段，每转1圈，输出1个脉冲，该脉冲称为Z相零位脉冲，用作系统清零信号，或坐标的原点，以减少测量的积累误差。

3）增量式编码器的选型

首先根据测量要求选择编码器的类型，增量式编码器每转发出的脉冲数等于它的光栅的线数。在设计时应根据转速测量或定位的分辨率要求来确定编码器的线数。编码器安装在电动机轴上，或安装在减速后的某个转轴上，编码器的转速有很大的区别。还应考虑它发出的脉冲的最高频率是否在PLC的高速计数器允许的范围内。

2. 绝对式编码器

绝对式编码器是利用自然二进制或循环二进制（格雷码）方式进行光电转换的，根据编码的变化可以判别正反方向和位移所处的位置，绝对零位代码还可以用于停电位置记忆。绝对式编码器的测量范围常规为0°～360°。绝对式编码器与增量式编码器不同之处在于圆盘上透光、不透光的线条图形，绝对式编码器有若干编码，根据读出的码盘上的编码，检测绝对位置。编码的设计可采用二进制码、循环码、二进制补码等。它的特点是：

（1）可以直接读出角度坐标的绝对值；

（2）没有累积误差；

（3）电源切除后位置信息不会丢失。但是分辨率是由二进制的位数来决定的，也就是说精度取决于位数，目前有10位、14位等多种。

9.1.2　高速计数器

S7-1200 V4.0 CPU提供了最多6个高速计数器，其独立于CPU的扫描周期进行计数。

1217C 可测量的脉冲频率最高为 1MHz，其他型号的 S7-1200 V4.0 CPU 可测量到的单相脉冲频率最高为 100 kHz，A/B 相最高为 80 kHz。如果使用信号板还可以测量单相脉冲频率高达 200 kHz 的信号，A/B 相最高为 160 kHz 的信号。

S7-1200 V4.0 CPU 和信号板具有可组态的硬件输入地址，因此可测量到的高速计数器频率与高速计数器号无关，而与所使用的 CPU 和信号板的硬件输入地址有关。CPU 和信号板的输入的最大频率见表 9-2、表 9-3。

表 9-2　CPU 集成点输入的最大频率

CPU	CPU 输入通道	1 或 2 相位模式	A/B 相正交相位模式
1211C	Ia. 0~Ia. 5	100 kHz	80 kHz
1212C	Ia. 0~Ia. 5	100 kHz	80 kHz
	Ia. 6~Ia. 7	30 kHz	20 kHz
1214C	Ia. 0~Ia. 5	100 kHz	80 kHz
	Ia. 6~Ib. 5	30 kHz	20 kHz
1215C	Ia. 0~Ia. 5	100 kHz	80 kHz
	Ia. 6~Ib. 5	30 kHz	20 kHz
1217C	Ia. 0~Ia. 5	100 kHz	80 kHz
	Ia. 6~Ib. 1	30 kHz	20 kHz
	Ib. 2~Ib. 5 (.2+, .2-到.5+, .5-)	1 MHz	1 MHz

表 9-3　信号板输入的最大频率

SB 信号板	SB 输入通道	1 或 2 相位模式	A/B 相正交相位模式
SB1221 200K	Ie. 0~Ie. 3	200 kHz	160 kHz
SB1223 200K	Ie. 0~Ie. 1	200 kHz	160 kHz
SB1223	Ie. 0~Ie. 1	30 kHz	20 kHz

1. 高速计数器工作模式

S7-1200 V4.0 高速计数器定义为 4 种工作模式。

（1）单相计数器，外部方向控制。

（2）单相计数器，内部方向控制。

（3）双相增/减计数器，双脉冲输入。

（4）A/B 相正交脉冲输入。

S7-1200 V4.0 CPU 与早期版本的 S7-1200 高速计数器相比有部分不同，具体见表 9-4。

表 9-4　S7-1200 V4.0 CPU 与早期版本的 S7-1200 高速计数器比较

高速计数器特征	早期版本的 S7-1200 CPU	S7-1200 V4.0 CPU
高速计数器个数	并非所有 CPU 都可以使用 6 个高速计数器	最多可组态 6 个任意 CPU 内置或信号板输入的高速计数器
高速计数器最大频率	HSC1，HSC2，HSC3 可测量的单相脉冲频率最高为 100 kHz，A/B 相最高为 80 kHz；HSC4，HSC5，HSC6 可测量的单相脉冲频率最高为 30 kHz，A/B 相最高为 20 kHz	1217C 可测量的脉冲频率最高为 1 MHz；其它型号的 S7-1200 V4.0 CPU 可测量到的单相脉冲频率最高为 100 kHz，A/B 相最高为 80 kHz。
高速计数器硬件输入地址	固定	可组态
高速计数器工作模式	高速计数器定义为 5 种工作模式 1. 单相计数器，外部方向控制。 2. 单相计数器，内部方向控制。 3. 双相增/减计数器，双脉冲输入。 4. A/B 相正交脉冲输入。 5. 监控 PTO 输出（仅限 V2.2 版本以前的 S7-1200 CPU）	高速计数器定义为 4 种工作模式 1. 单相计数器，外部方向控制。 2. 单相计数器，内部方向控制。 3. 双相增/减计数器，双脉冲输入。 4. A/B 相正交脉冲输入。 不能监控 PTO 脉冲输出

2. 高速计数器工作模式

CPU 将每个高速计数器的测量值，存储在输入过程映像区内，数据类型为 32 位双整型有符号数，用户可以在设备组态中修改这些存储地址，在程序中可直接访问这些地址，但由于过程映像区受扫描周期影响，读取到的值并不是当前时刻的实际值，在一个扫描周期内，此数值不会发生变化，但计数器中的实际值有可能会在一个周期内变化，用户无法读到此变化。用户可通过读取外设地址的方式，读取到当前时刻的实际值。以 ID1000 为例，其外设地址为"ID1000：P"。表 9-5 为高速计数器寻址列表。

表 9-5　高速计数器寻址

高速计数器号	数据类型	默认地址
HSC1	DINT	ID1000
HSC2	DINT	ID1004
HSC3	DINT	ID1008
HSC4	DINT	ID1012
HSC5	DINT	ID1016
HSC6	DINT	ID1020

3. 中断功能

S7-1200 在高速计数器中提供了中断功能，用以处理在某些特定条件下触发的程序共有 3 种中断事件。

（1）当前值等于预置值；

（2）使用外部信号复位；

（3）带有外部方向控制时，计数方向发生改变。

4. 频率测量

S7-1200 除了提供计数功能外，还提供了频率测量功能，有 3 种不同的频率测量周期：1.0 s，0.1 s 和 0.01 s。

频率测量周期是这样定义的：计算并返回新的频率值的时间间隔。返回的频率值为上一个测量周期中所有测量值的平均，无论测量周期如何选择，测量出的频率值总是以 Hz（每秒脉冲数）为单位。

5. 高速计数器指令块

高速计数器指令块，需要使用指定背景数据块用于存储参数，如图 9-3 所示，其参数含义见表 9-6。

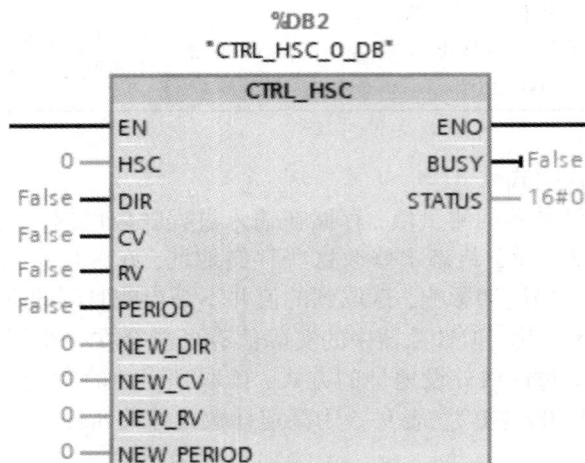

图 9-3　高速计数器指令块

表 9-6　高速计数器参数说明

参数	含义
HSC（HW_HSC）	高速计数器硬件识别号
DIR（BOOL）TRUE	使能新方向
CV（BOOL）TRUE	使能新起始值
RV（BOOL）TRUE	使能新参考值
PERIOD（BOOL）TRUE	使能新频率测量周期
NEW_DIR（INT）	方向选择：1，正向；-1，反向
NEW_CV（DINT）	新起始值

参数	含义
NEW_RV(DINT)	新参考值
NEW_PERIOD(INT)	更新频率测量周期
BUSY(BOOL)	为1表示指令正处于运行状态
STATUS(WORD)	指令的执行状态,可以查找指令执行期是否出错

6.高速计数器的应用

1)任务要求

假设在旋转机械上有单相增量式编码器作为反馈,接入到 S7-1200CPU,要求在计数 25 个脉冲时,计数器复位,置位 M0.5,并设定新预置值为 50 个脉冲,当计满 50 个脉冲后复位 M0.5,并将预置值再设为25,周而复始执行此功能。针对此应用,选择 CPU 1214C,高速计数器为 HSC1。模式为单相计数,内部方向控制,无外部复位。脉冲输入接入 I0.0,使用 HSC1 的预置值中断(CV=RV)功能实现此应用。

2)硬件组态

(1)进入 CPU 的硬件视图。如图 9-4 所示,①展开 PLC,左键双击设备组态;②在 CPU 硬件视图,左键选中 CPU。

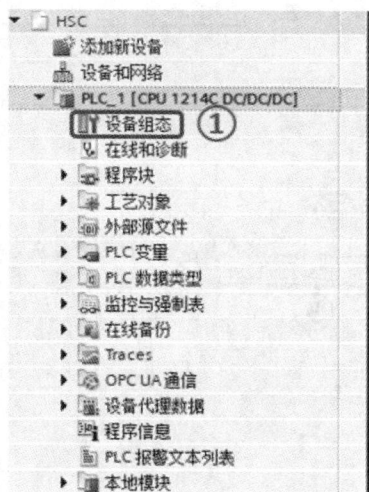

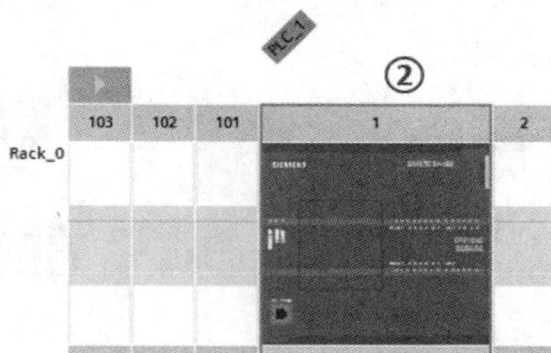

图9-4 选中 CPU

(2)启用高速计数器。如图 9-5 所示,①左键选择属性;②在导航栏中选择"高速计数器(HSC)",在 HSC1 中选择"常规";③勾选"启用该高速计数器"。

(3)设置高速计数器。如图 9-6 所示,①在 HSC1 中选择"功能";②计数类型选择"计数";③工作模式选择"单相";④计数方向取决于选择"用户程序(内部方向控制)";⑤初始计数方向选择"加计数"。

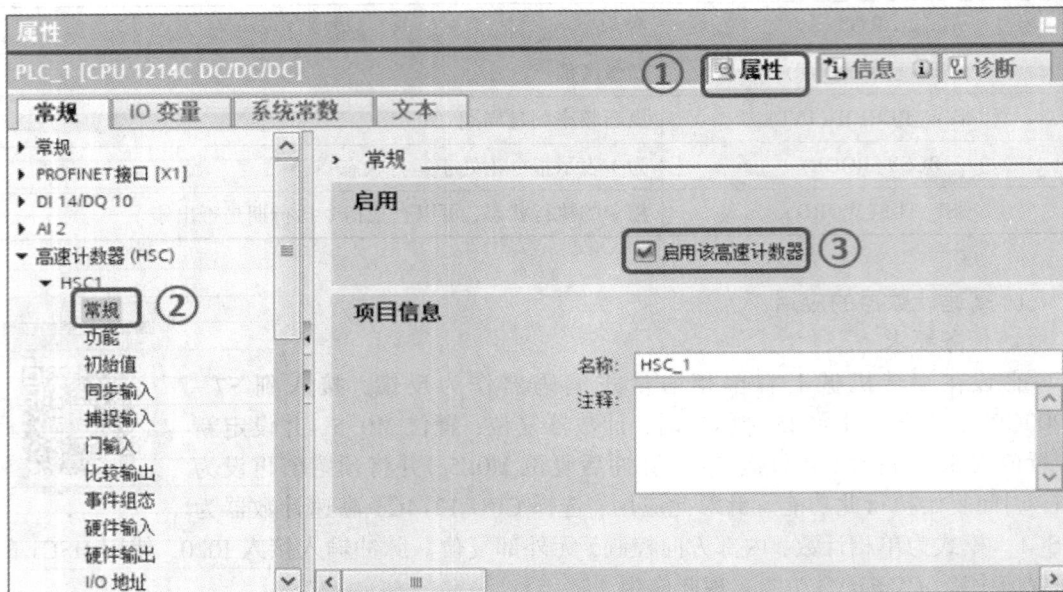

图 9-5　选择属性打开组态界面

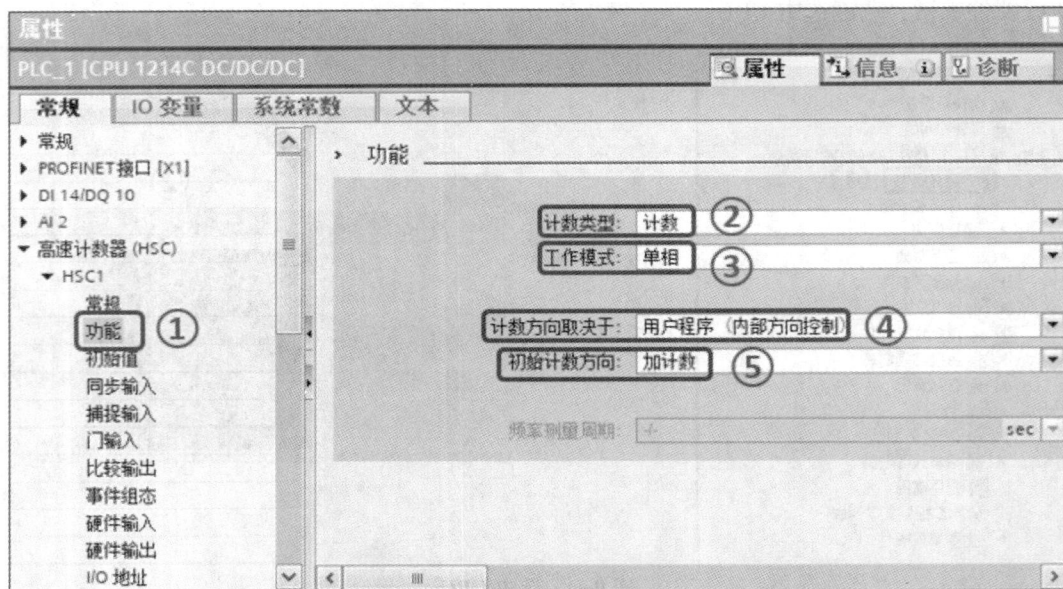

图 9-6　激活高速计数功能

（4）设置计数器初始值。如图 9-7 所示，①在 HSC1 中选择"初始值"；②初始计数器值设置为"0"；③初始参考值设置为"25"。

（5）组态事件。如图 9-8 所示，①在 HSC1 中选择"事件组态"；②激活"为计数器值等于参考值这一事件生成中断"；③左键点击"…"按钮，在弹出页面选择所需的硬件中断；

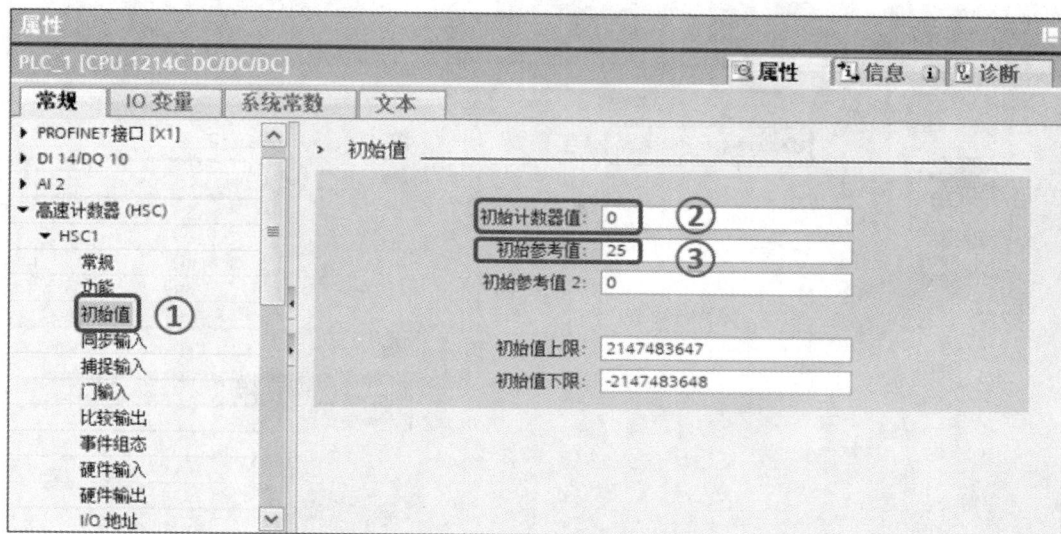

图 9-7　计数器初始值

④如果没有硬件中断或者没有所需要的硬件中断，则左键点击按钮"新增"，会弹出页面，如图 9-9 所示。

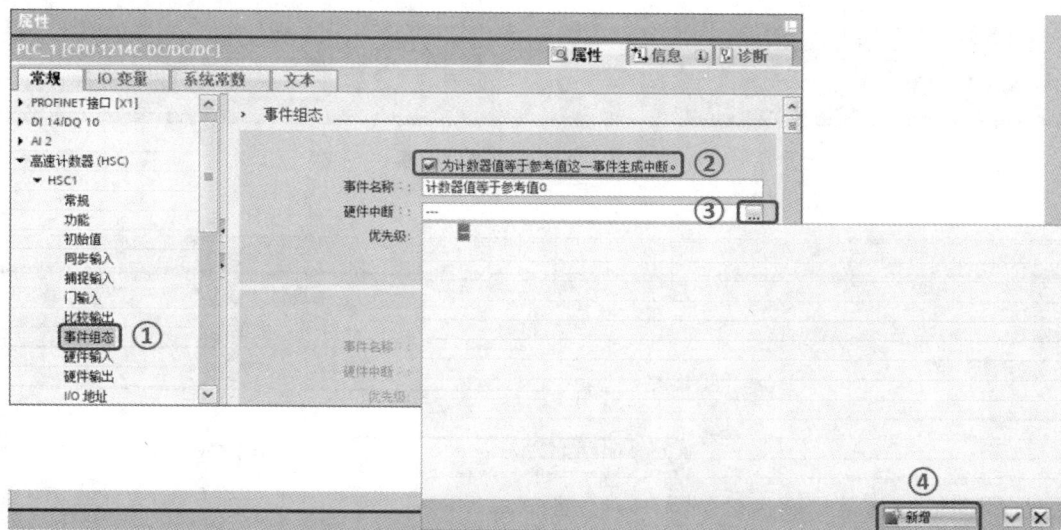

图 9-8　事件组态

（6）添加新的硬件中断。如图 9-9 所示，①选择"Hardware interrupt"；②注意该硬件中断的中断 OB 编号；③左键点击"确定"按钮。

（7）设置硬件输入点。如图 9-10 所示，①在 HSC1 中选择"硬件输入"；②在时钟发生器输入中选择所需的 I 点，例如例子中的"I0.0"。

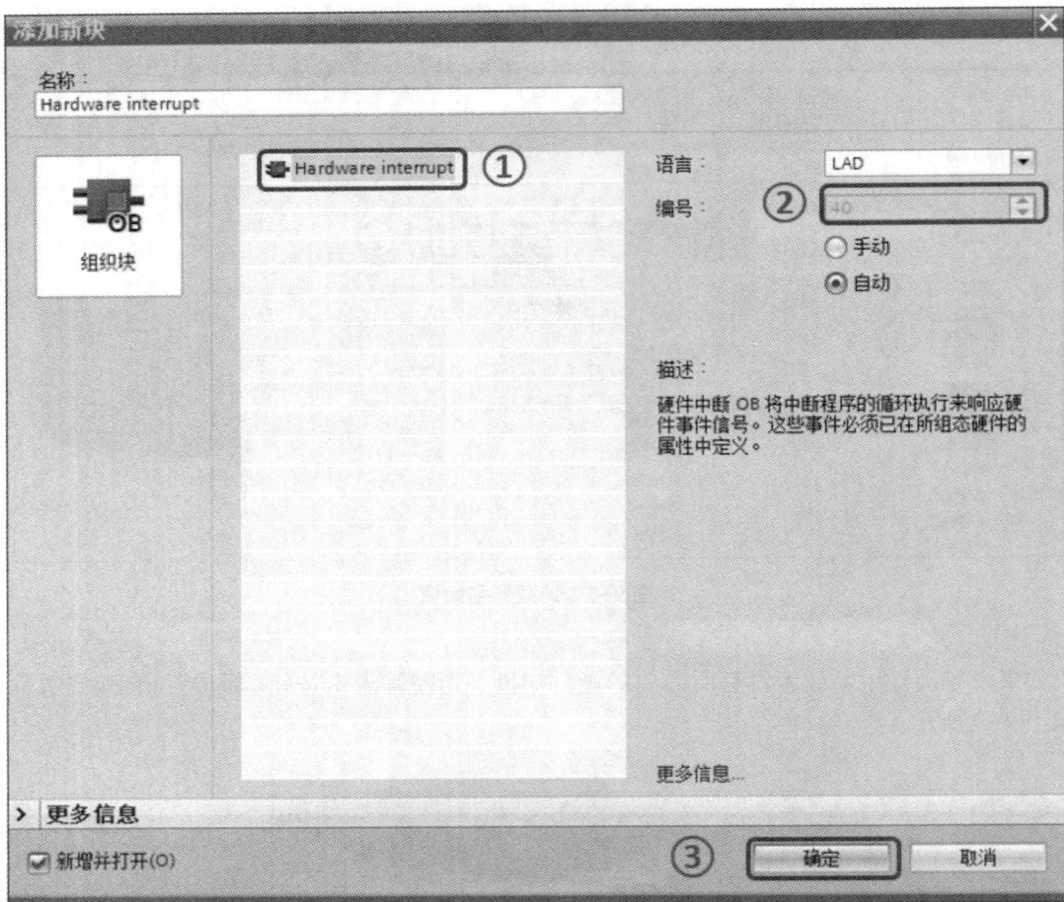

图 9-9　添加新的硬件中断

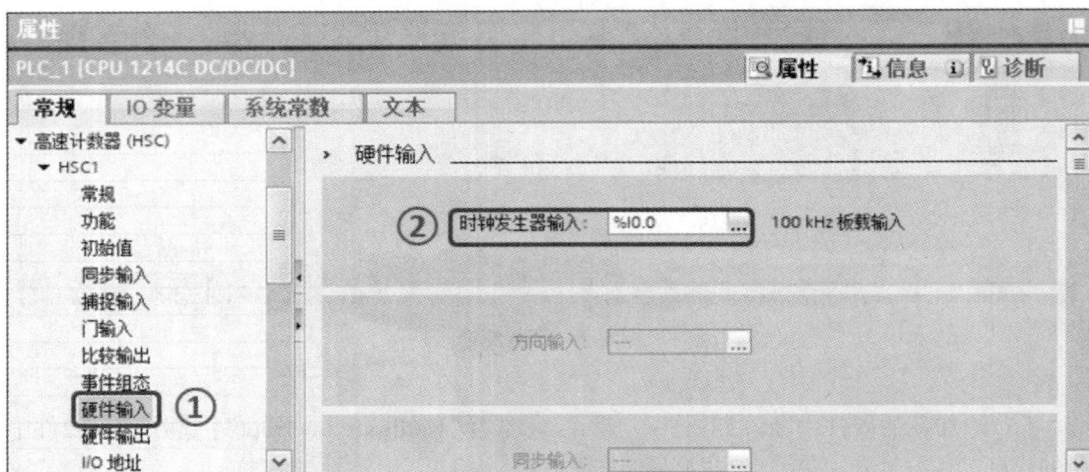

图 9-10　设置输入点

（8）查看 HSC 的计数值地址。如图 9-11 所示，①在 HSC1 中选择"I/O 地址"；②起始地址到结束地址为 HSC 实际计数器值的地址，图中地址为 ID1000；③组织块和过程映像一般设置默认，可以设置计数值在指定 OB 更新。

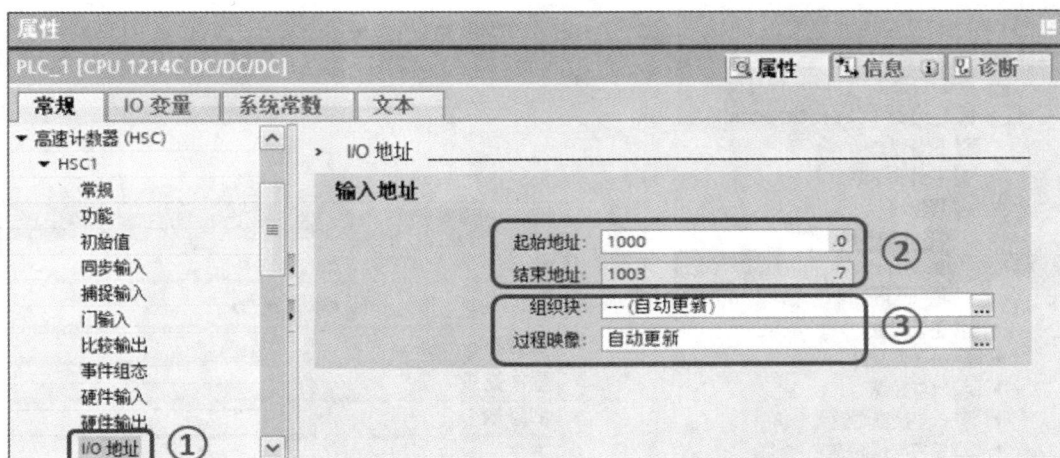

图 9-11　计数值地址

（9）设置 I 点的输入滤波器时间。如图 9-12 所示，①在 CPU 或者信号板中找到使用的通道；②在输入滤波器设置合适的滤波值，V4.0 以后版本需要设置。至此硬件组态部分已经完成，下面进行程序编写。

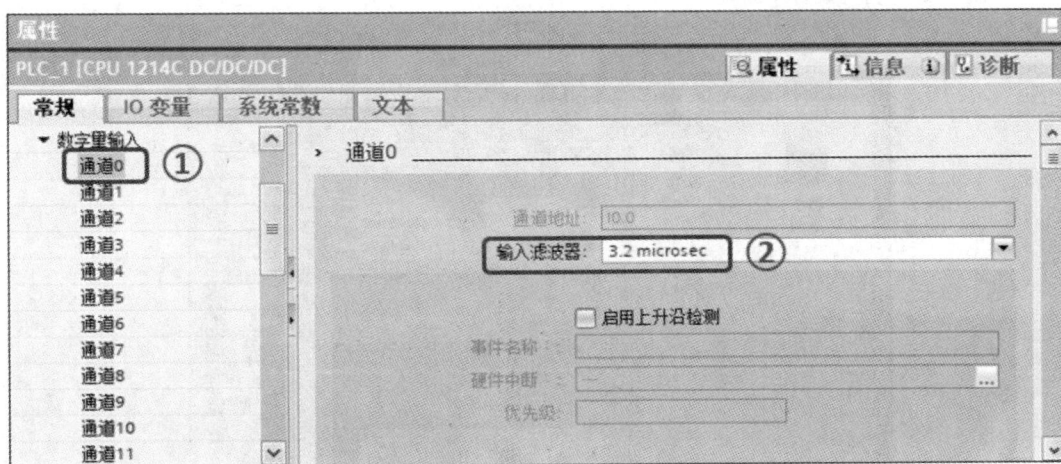

图 9-12　输入滤波器

3）程序编写

（1）展开项目树中的 PLC 的程序块，选择所需的硬件中断。如图 9-13 所示，左键双击打开所需的硬件中断。

（2）在指令列表中找到"工艺"→"计数"→"CTRL_HSC_EXT"。如图 9-14 所示，在图中找到所需指令，将指令拖入硬件中断的程序编辑器，会产生如图 9-15 所示的调用选项，只能选择单个实例，单击"确定"按钮。

图 9-13　打开硬件中断块

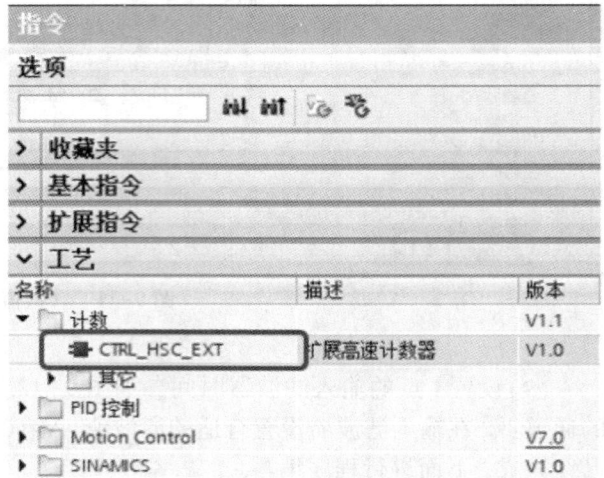

图 9-14　添加高速计数器

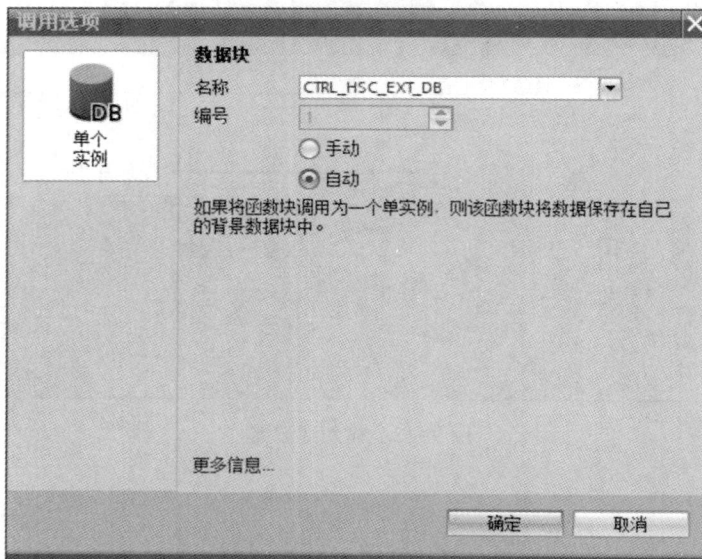

图 9-15　定义指令背景数据块

（3）新建 DB，新建变量，数据类型为 HSC_Count。如图 9-16 所示，在数据类型处手动输入 HSC_Count，输入完回车确认。

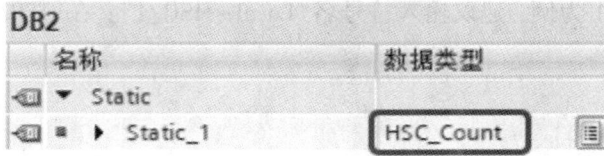

图 9-16　高速计数器变量

（4）展开该变量。如图 9-17 所示，将该变量设置为 1，也就是高速计数器的软件门使能。

DB2								
	名称	数据类型	起始值	保持	从 HMI/OPC..	从 H...	在 HMI ...	设定值
⬦ ▼	Static			☐	☐			
⬦ ■ ▼	Static_1	HSC_Count		☐	☑	☑	☑	☑
⬦ ■	CurrentCount	DInt	0	☐	☑	☑	☑	
⬦ ■	CapturedCount	DInt	0	☐	☑	☑	☑	
⬦ ■	SyncActive	Bool	false	☐	☑	☑	☑	
⬦ ■	DirChange	Bool	false	☐	☑	☑	☑	
⬦ ■	CmpResult_1	Bool	false	☐	☑	☑	☑	
⬦ ■	CmpResult_2	Bool	false	☐	☑	☑	☑	
⬦ ■	OverflowNeg	Bool	false	☐	☑	☑	☑	
⬦ ■	OverflowPos	Bool	false	☐	☑	☑	☑	
⬦ ■	EnHSC	Bool	1	☐	☑	☑	☑	
⬦ ■	EnCapture	Bool	false	☐	☑	☑	☑	
⬦ ■	EnSync	Bool	false	☐	☑	☑	☑	
⬦ ■	EnDir	Bool	false	☐	☑	☑	☑	
⬦ ■	EnCV	Bool	false	☐	☑	☑	☑	
⬦ ■	EnSV	Bool	false	☐	☑	☑	☑	
⬦ ■	EnReference1	Bool	false	☐	☑	☑	☑	
⬦ ■	EnReference2	Bool	false	☐	☑	☑	☑	
⬦ ■	EnUpperLmt	Bool	false	☐	☑	☑	☑	
⬦ ■	EnLowerLmt	Bool	false	☐	☑	☑	☑	
⬦ ■	EnOpMode	Bool	false	☐	☑	☑	☑	
⬦ ■	EnLmtBehavior	Bool	false	☐	☑	☑	☑	
⬦ ■	EnSyncBehavior	Bool	false	☐	☑	☑	☑	
⬦ ■	NewDirection	Int	0	☐	☑	☑	☑	
⬦ ■	NewOpModeBeha...	Int	0	☐	☑	☑	☑	
⬦ ■	NewLimitBehavior	Int	0	☐	☑	☑	☑	
⬦ ■	NewSyncBehavior	Int	0	☐	☑	☑	☑	
⬦ ■	NewCurrentCount	DInt	0	☐	☑	☑	☑	
⬦ ■	NewStartValue	DInt	0	☐	☑	☑	☑	
⬦ ■	NewReference1	DInt	0	☐	☑	☑	☑	
⬦ ■	NewReference2	DInt	0	☐	☑	☑	☑	
⬦ ■	NewUpperLimit	DInt	0	☐	☑	☑	☑	
⬦ ■	New_Lower_Limit	DInt	0	☐	☑	☑	☑	

图 9-17　高速计数器变量

5）在硬件中断内编程。如图 9-18 所示，程序段 1，M0.5 作为标志位，在 OB1 第一个扫描周期置位，参考图 9-19，该标志位为 1 时指代参考值为 25 时，为 0 时指代参考值为 50 时，当进入中断时，反转标志位，并赋值新的参考值；程序段 2，设置新的当前值为 0，设置新的当前值使能，设置新的参考值使能；程序段 3，触发高速计数器指令：输入高速计数器标识符，以 HSC1 为例，建议输入符号名"Local~HSC_1"；在 CTRL 处输入图 9-16 处新建的变量。

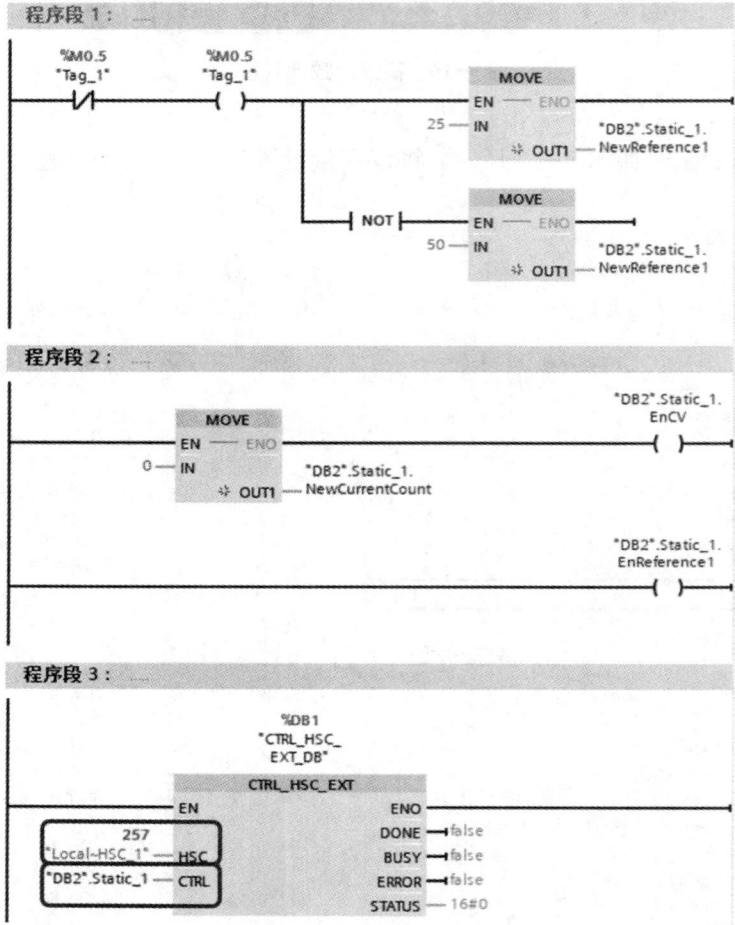

图 9-18　硬件中断编程

（6）在 OB1 中编写程序，如图 9-19 所示。只需将图 9-18 中的程序段 3 复制到 OB1 即可。

至此程序编制部分完成，将完成的组态与程序下载到 CPU 后即可执行，当前的计数值可在 ID1000 中读出，关于高速计数器指令块，若不需要修改当前值、参考值等参数，可不需要调用，系统仍然可以计数。

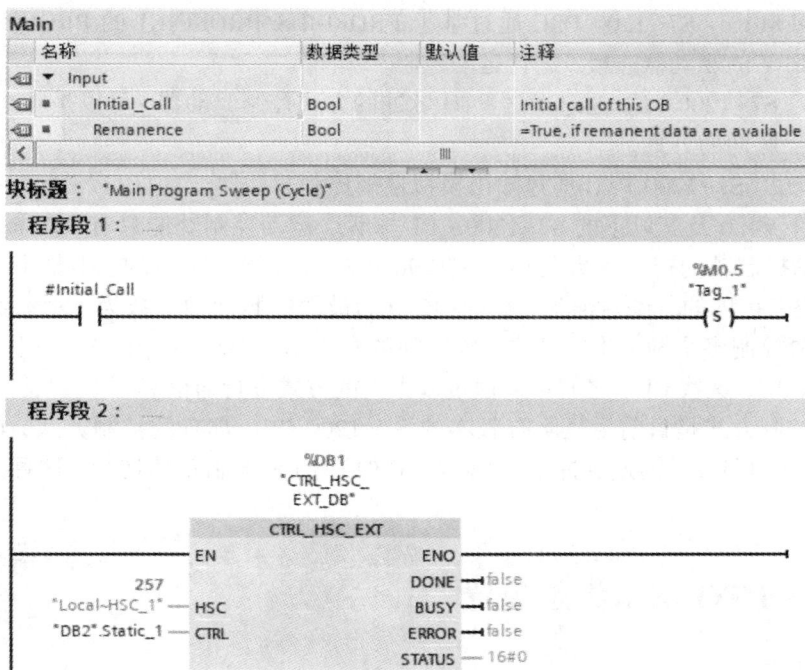

Main				
	名称	数据类型	默认值	注释
▼	Input			
■	Initial_Call	Bool		Initial call of this OB
■	Remanence	Bool		=True, if remanent data are available

块标题： "Main Program Sweep (Cycle)"

程序段 1：

```
                                                              %M0.5
    #Initial_Call                                             "Tag_1"
    ───┤ ├───                                                  ─( S )─
```

程序段 2：

```
                            %DB1
                          "CTRL_HSC_
                            EXT_DB"
                        ┌─────────────────────┐
                        │   CTRL_HSC_EXT       │
                    ────┤ EN              ENO  ├────
              257       │                 DONE ├── false
        "Local~HSC_1" ──┤ HSC             BUSY ├── false
       "DB2".Static_1 ──┤ CTRL           ERROR ├── false
                        │               STATUS ├── 16#0
                        └─────────────────────┘
```

图 9-19　OB1 程序

任务 2　运动控制

S7-1200 运动控制根据连接驱动方式不同，分成三种控制方式，如图 9-20 所示。

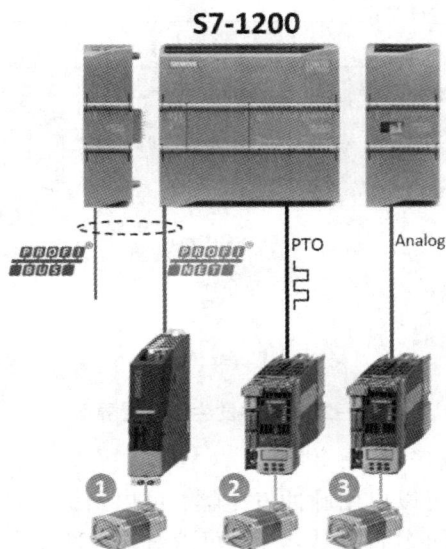

图 9-20　运动控制方式

（1）PROFIdrive：S7-1200 PLC 通过基于 PROFIBUS/PROFINET 的 PROFIdrive 方式与支持 PROFIdrive 的驱动器连接，进行运动控制。

（2）PTO：S7-1200 PLC 通过发送 PTO 脉冲的方式控制驱动器，可以是脉冲+方向、A/B 正交、正/反脉冲的方式。

（3）模拟量：S7-1200 PLC 通过输出模拟量来控制驱动器。

对于固件 V4.0 及其以下的 S7-1200 CPU 来说，运动控制功能只有 PTO 这一种方式。S7-1200 运动控制轴的资源个数是由 S7-1200 PLC 硬件能力决定的，不是由单纯的添加 I/O 扩展模块来扩展的。到目前为止，S7-1200 的最大的脉冲轴个数为 4，该值不能扩展，如果客户需要控制多个轴，并且对轴与轴之间的配合动作要求不高的情况下，可以使用多个 S7-1200 CPU，这些 CPU 之间可以通过以太网的方式进行通信。

PTO 的控制方式是目前为止所有版本的 S7-1200 CPU 都有的控制方式，该控制方式由 CPU 向轴驱动器发送高速脉冲信号(以及方向信号)来控制轴的运行，这种控制方式是开环控制。

9.2.1　PTO 基本组态配置

1.硬件组态

在 Portal 软件中插入 S7-1200 CPU(DC 输出类型)，在"设备视图"中配置 PTO。进入 CPU"常规"属性，设置"脉冲发生器"，如图 9-21 所示。

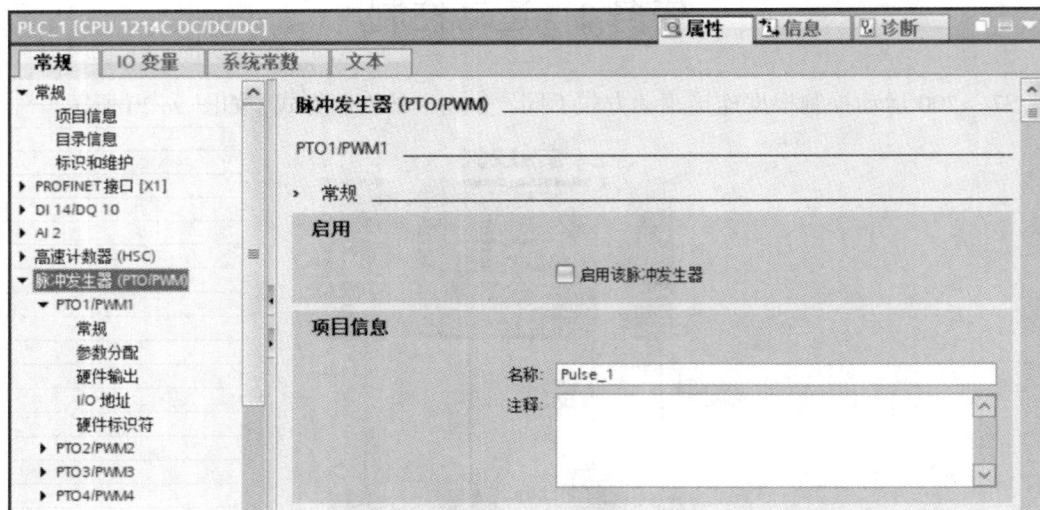

图 9-21　脉冲发生器设置界面

（1）常规：如图 9-21，可以启用脉冲发生器，可以给该脉冲发生器起一个名字，也可以不做任何修改采用以 Portal 软件默认名字；可以对该脉冲发生器添加注释。

（2）参数分配：可以设置脉冲的信号类型，如图 9-22 所示，PTO 脉冲输出有四种方式。

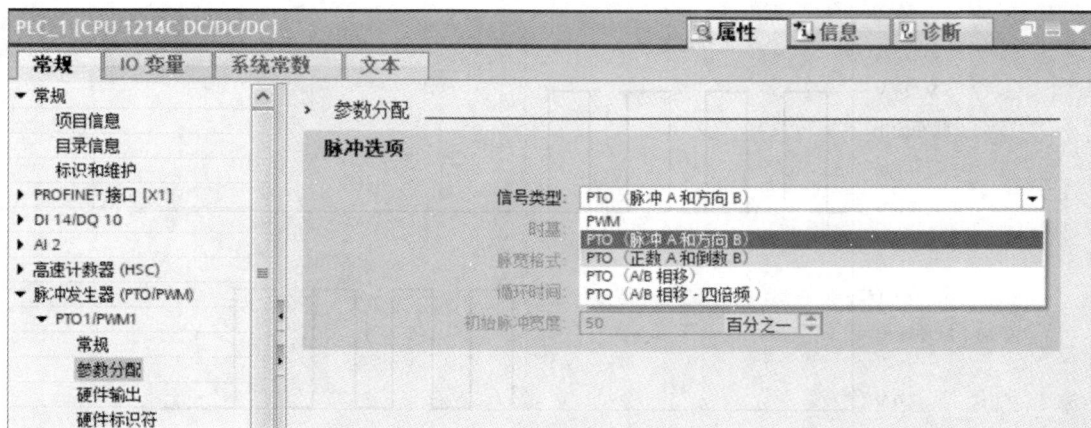

图 9-22　PTO 参数分配设置

①PTO(脉冲 A 和方向 B)：这种方式是比较常见的"脉冲+方向"方式，其中 A 点用来产生高速脉冲串，B 点用来控制轴运动的方向，如图 9-23 所示。

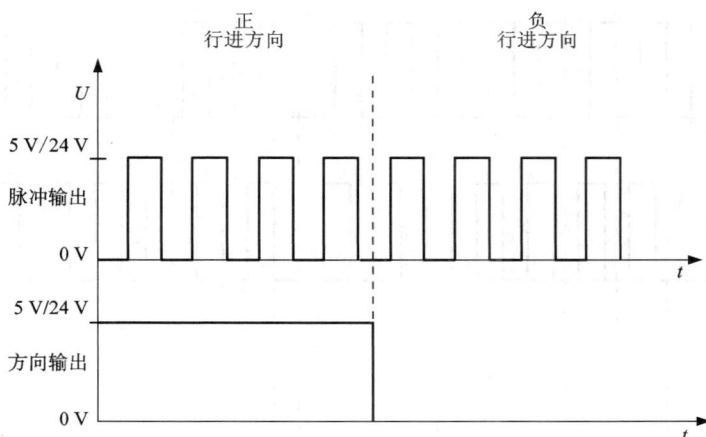

图 9-23　脉冲 A 和方向 B 波形图

②PTO(正数 A 和倒数 B)：在这种方式下，当 A 点产生脉冲串，B 点为低电平，则电机正转；相反，如果 A 为低电平，B 产生脉冲串，则电机反转，如图 9-24 所示。

③PTO(A/B 相移)：也就是常见的 AB 正交信号，当 A 相超前 B 相 1/4 周期时(90°)，电机正转；相反，当 B 相超前 A 相 1/4 周期时(90°)，电机反转，如图 9-25 所示。

④PTO(A/B 相移-四倍频)：检测 AB 正交信号两个输出脉冲的上升沿和下降沿。一个脉冲周期有四沿两相(A 和 B)。因此，输出中的脉冲频率会减小到四分之一，如图 9-25 所示。

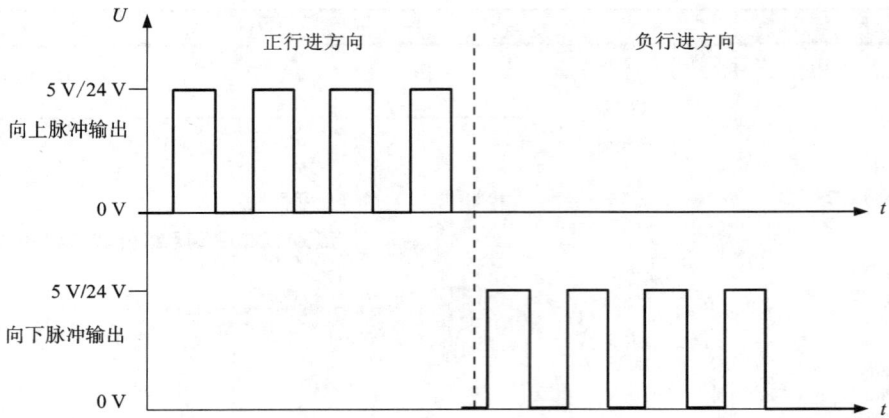

图 9-24 正数 A 和倒数 B 波形图

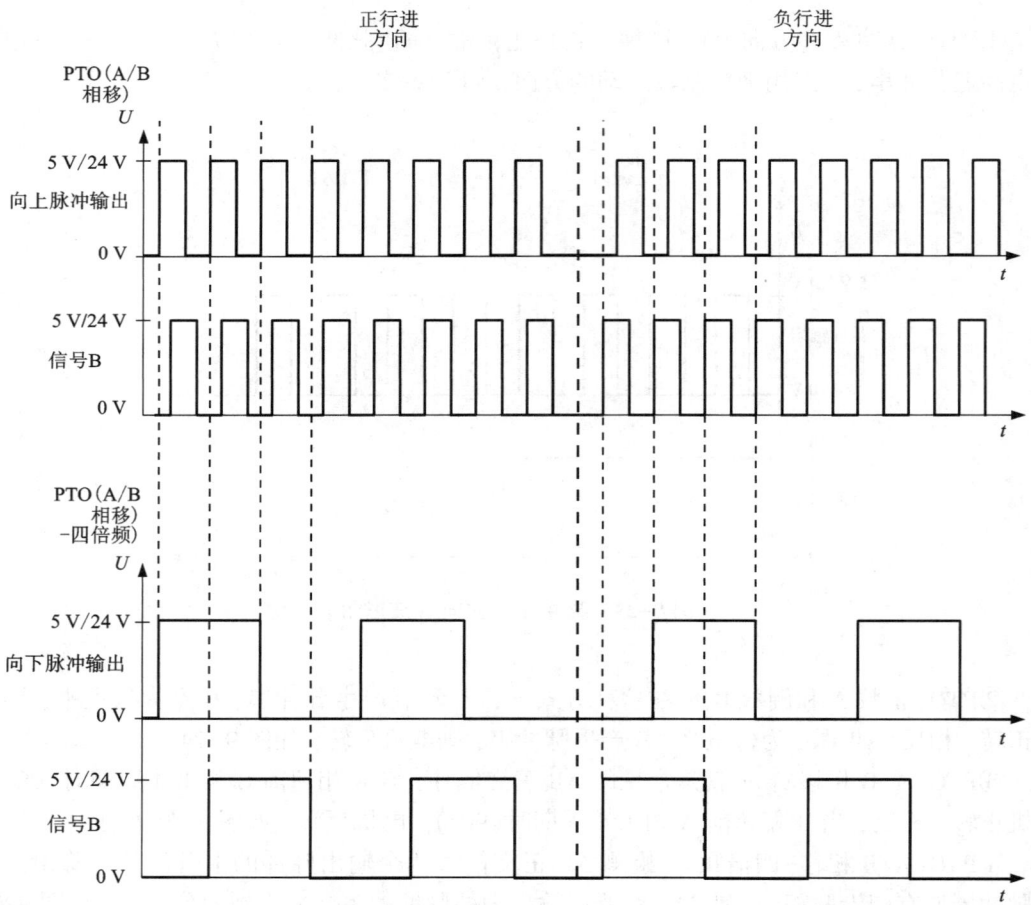

图 9-25 A/B 相移波形图

（3）硬件输出：根据第（2）步"脉冲选项"的类型，脉冲的硬件输出也相应不同。如图9-26所示，是脉冲A和方向B的硬件输出配置。"脉冲输出"点可以根据实际硬件分配情况改成其他Q点；"方向输出"点也可以根据实际需要修改成其他Q点；可以取消方向输出，这样修改后该控制方式变成了单脉冲（没有方向控制）。

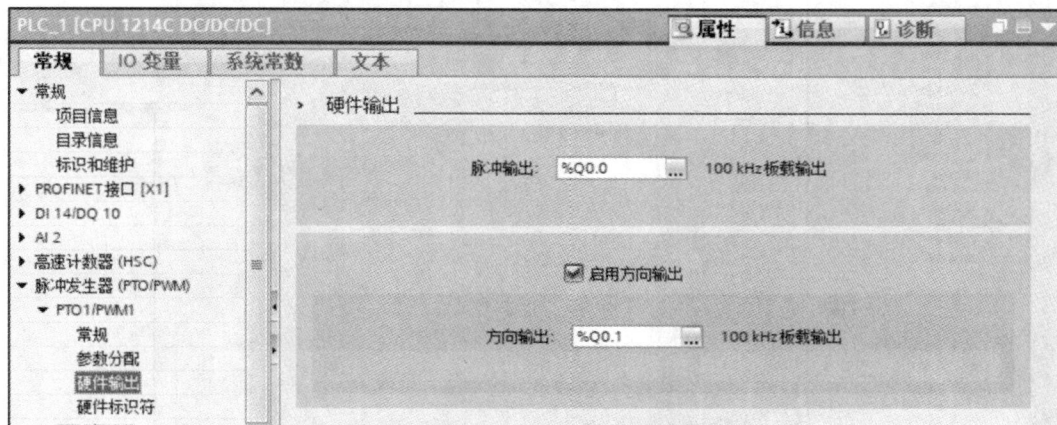

图9-26　硬件输出配置

（4）硬件标识符：PTO通道的硬件标识符是软件自动生成的，不能修改，如图9-27所示。

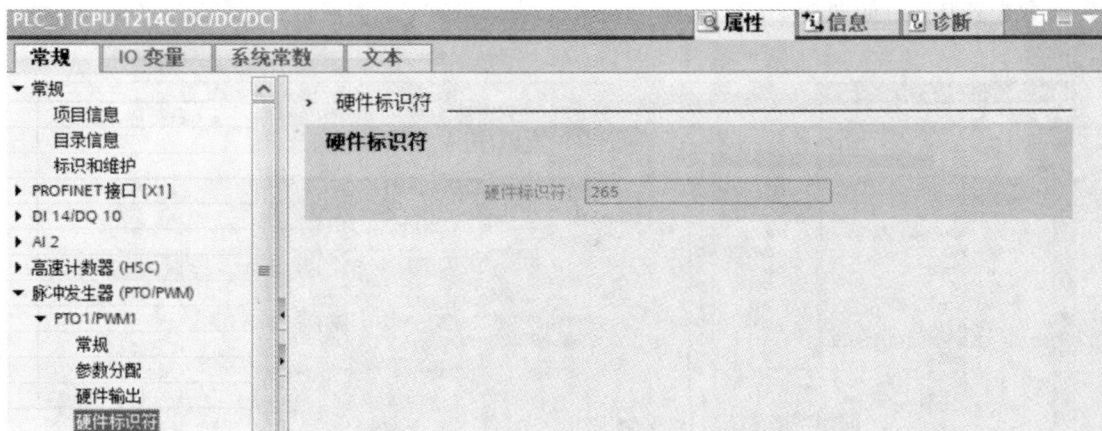

图9-27　硬件标识符

2. 添加工艺对象TO

无论是开环控制方式还是闭环控制方式，每一个轴都需要添加一个轴"工艺对象"，可通过图9-28所示的步骤来添加轴工艺对象。轴工艺对象有两个：TO_PositioningAxis和TO_CommandTable。每个轴至少都需要插入一个工艺对象。

每个轴添加了工艺对象之后，都会有三个选项：组态、调试和诊断。其中，"组态"用

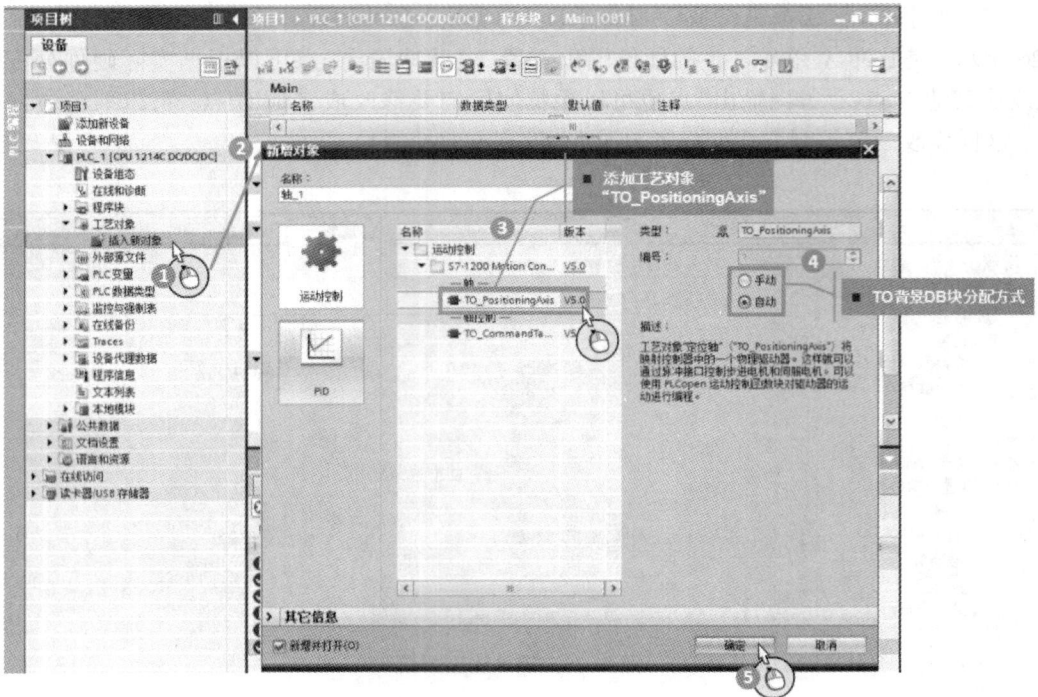

图 9-28　添加轴工艺对象

来设置轴的参数，包括"基本参数"和"扩展参数"，每个参数页面都有状态标记，提示用户轴参数设置状态，如图 9-29 所示。

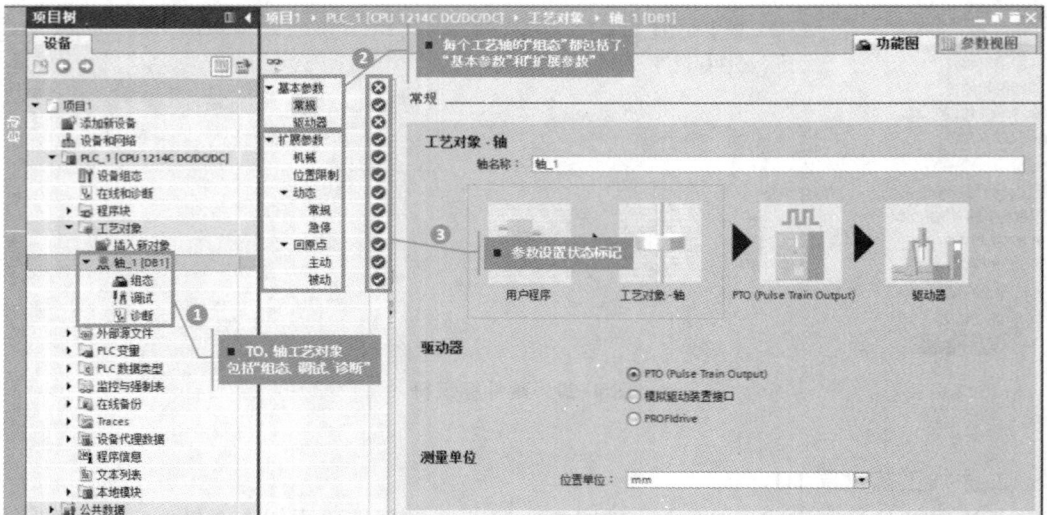

图 9-29　轴组态设置

9.2.2 S7-1200 运动控制指令

用户组态轴的参数，通过控制面板调试成功后，就可以开始根据工艺要求编写控制程序了。

1. 添加指令

如图 9-30 所示，打开 OB1 块，在 Portal 软件右侧"指令"中的"工艺"中找到"运动控制"指令文件夹，展开"S7-1200 Motion Control"可以看到所有的 S7-1200 运动控制指令。可以使用拖拽或是双击的方式在程序段中插入运动指令，以 MC_Power 指令为例，用拖拽方式说明如何添加"运动控制"指令。这些"运动控制"指令插入到程序中时需要背景数据块，可以选择手动或是自动生成 DB 块的编号。运动控制指令之间不能使用相同的背景DB，最方便的操作方式就是在插入指令时让 Portal 软件自动分配背景 DB 块。

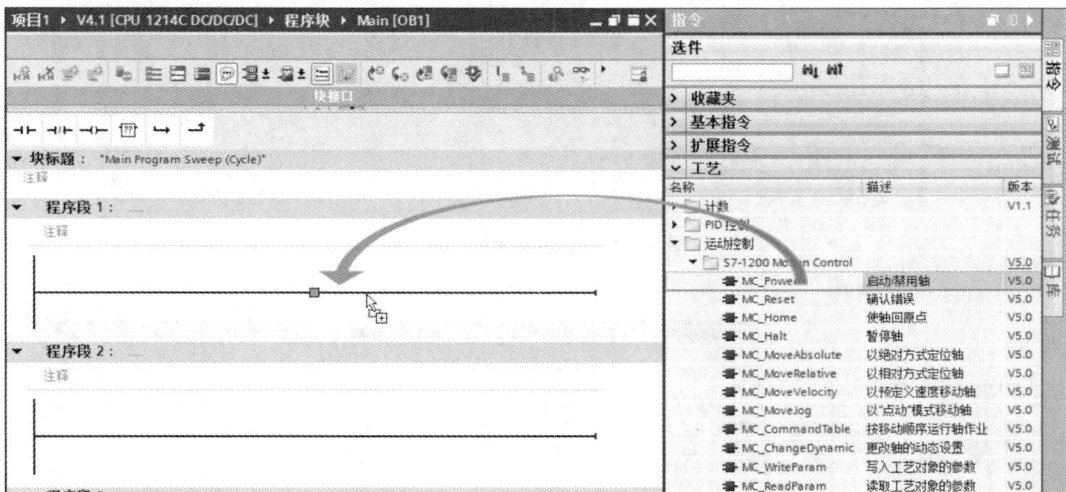

图 9-30 添加指令

2. 运动控制指令的背景 DB

运动控制指令的背景 DB 块在"项目树"→"程序块"→"系统块"→"程序资源"中找到。用户在调试时可以直接监控该 DB 块中的数值，如图 9-31 所示。

3. 工艺对象的背景 DB

每个轴的工艺对象都有一个背景 DB 块，用户可以通过图 9-32 所示的方式打开这个背景 DB 块，对 DB 块中的数值进行监控或是读写。

以实时读取"轴_1"的当前位置为例，如图 9-33 所示，轴_1 的 DB 块号为 DB1，用户可以在 OB1 调用 MOVE 指令，在 MOVE 指令的 IN 端输入：DB1. Position，则 Portal 软件会自动把 DB1. Position 更新成："轴_1". Position。用户可以在人机界面上实时显示该轴的实际位置。

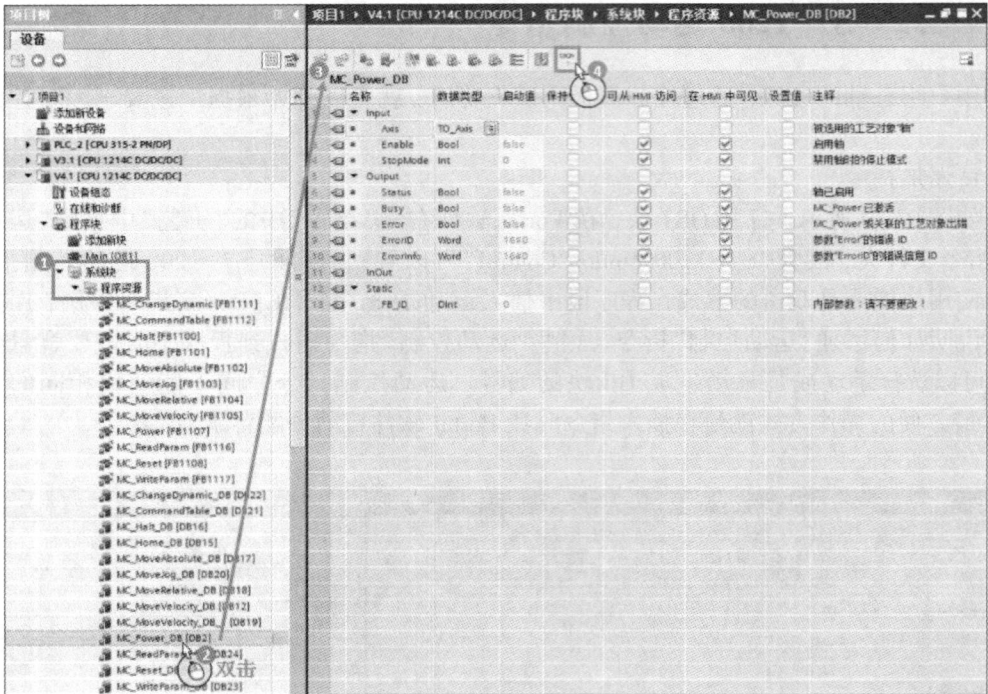

图 9-31 运动指令的背景 DB

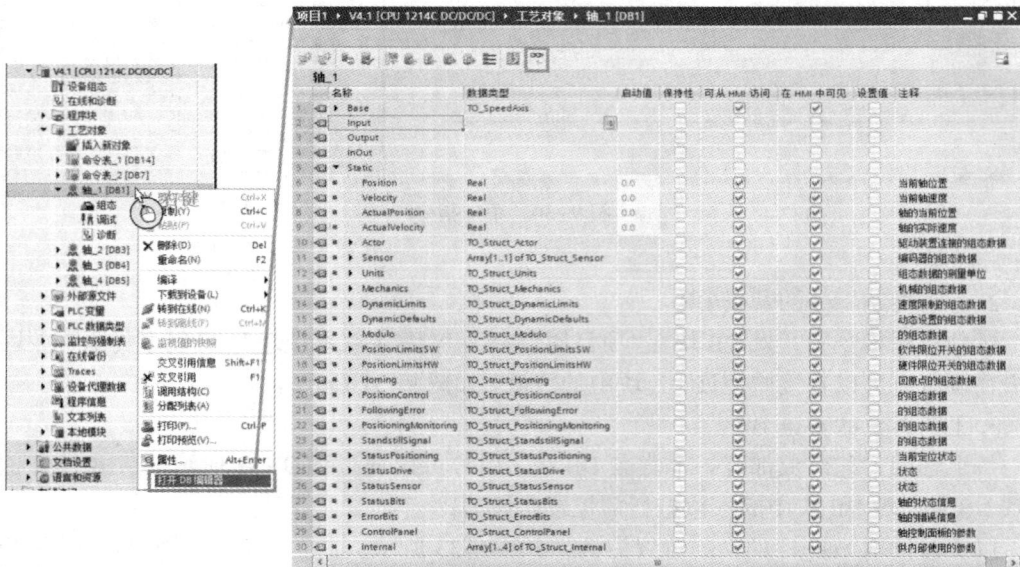

图 9-32 工艺对象的背景 DB

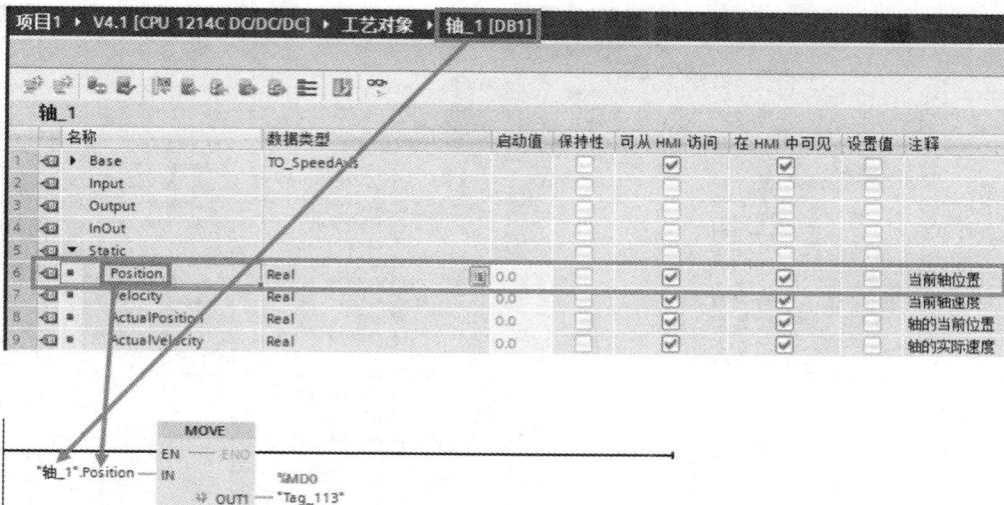

图 9-33 读取"轴_1"DB 数据

4.参数配置界面和轴的诊断界面

每个"运动控制"指令下方都有一个黑色三角,展开后可以显示该指令的所有输入/输出管脚。展开后的指令管脚有灰色的,表示该管脚是不经常用到的指令管脚。指令右上角有两个快捷按钮,可以快速切换到轴的工艺对象参数配置界面和轴的诊断界面。如图 9-34、图 9-35 所示。

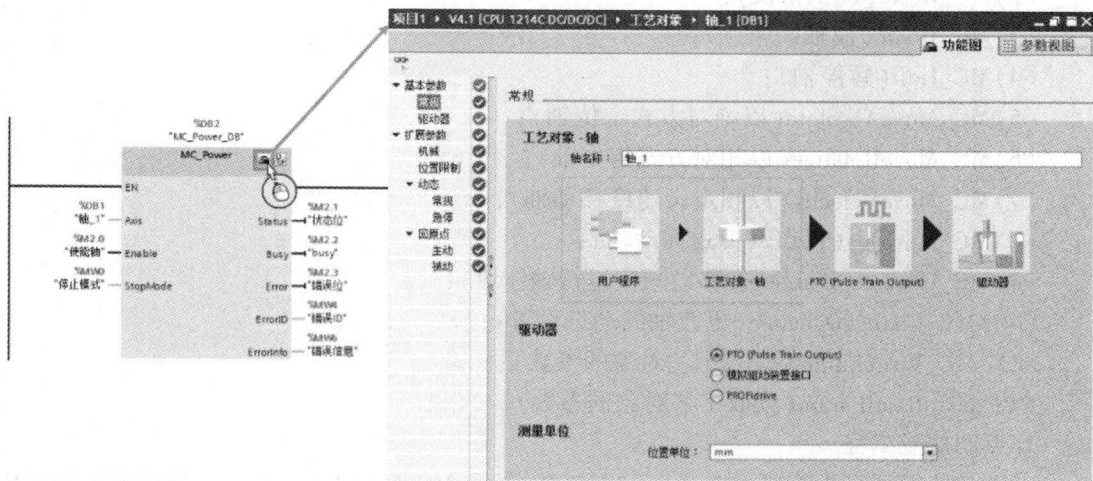

图 9-34 参数配置界面

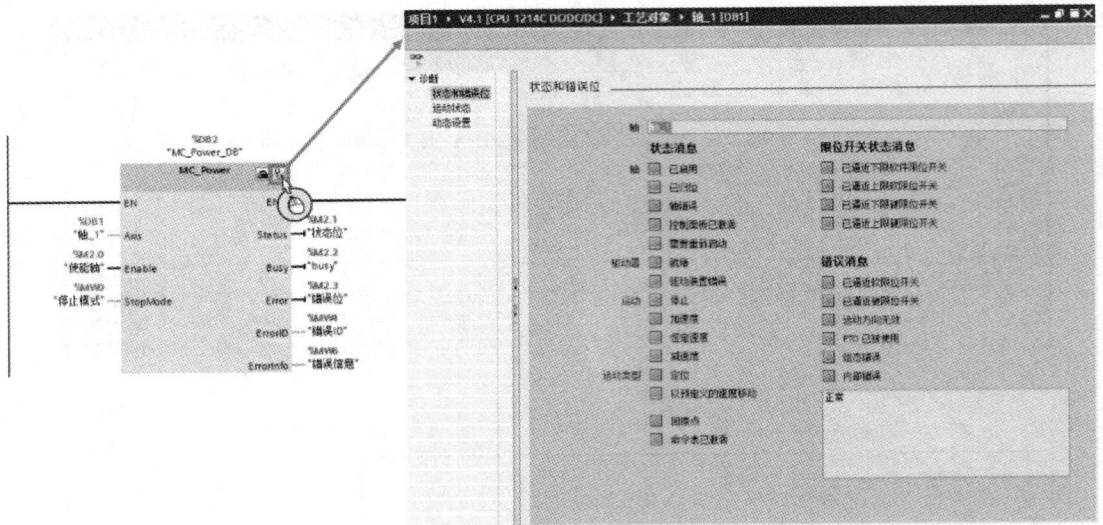

图 9-35　诊断界面

9.2.3　常见功能编程

Portal 工艺指令选项卡下的运动控制包含了如下的运动指令：

(1) MC_Power(启用禁用轴)；

(2) MC_Reset(确认错误)；

(3) MC_Home(使轴回原点)；

(4) MC_Halt(暂停轴)；

(5) MC_MoveAbsolute(以绝对方式定位轴)；

(6) MC_MoveRelative(以相对方式定位轴)；

(7) MC_MoveVelocity(以预定义速度移动轴)；

(8) MC_MoveJog(以点动模式移动轴)；

(9) MC_CommandTable(按移动顺序运行轴作业)；

(10) MC_ChangeDynamic(更改轴的动态设置)；

(11) MC_WriteParam(写入工艺对象的参数)；

(12) MC_ReadParam(读取工艺对象的参数)。

1. 点动功能编程

点动功能编程至少需要 MC_Power，MC_Reset 和 MC_MoveJog 指令。具体的编程如图 9-36 所示。

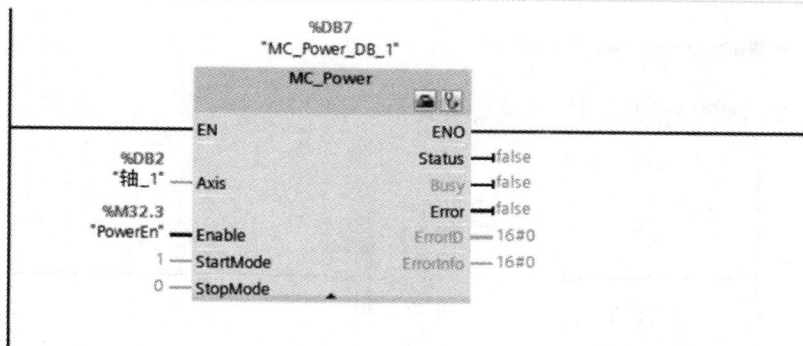

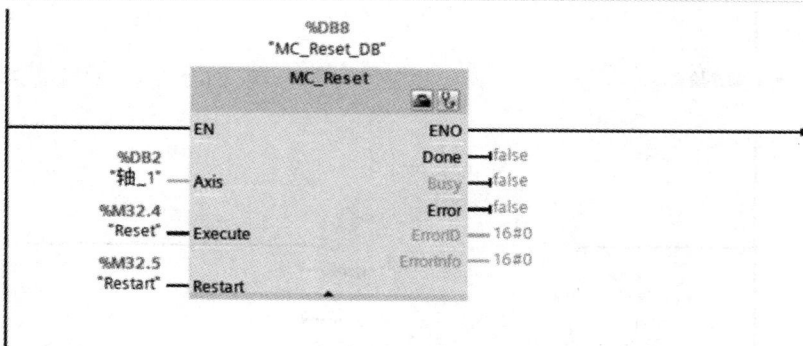

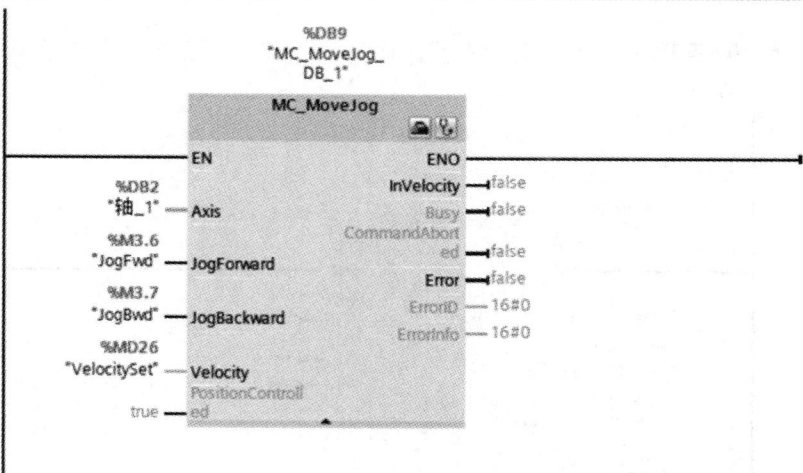

图 9-36　点动功能编程

2. 相对距离运行编程

相对距离运动编程需要 MC_Power，MC_Reset，MC_MoveRelative 和 MC_Halt 指令。具体的编程如图 9-37 所示。

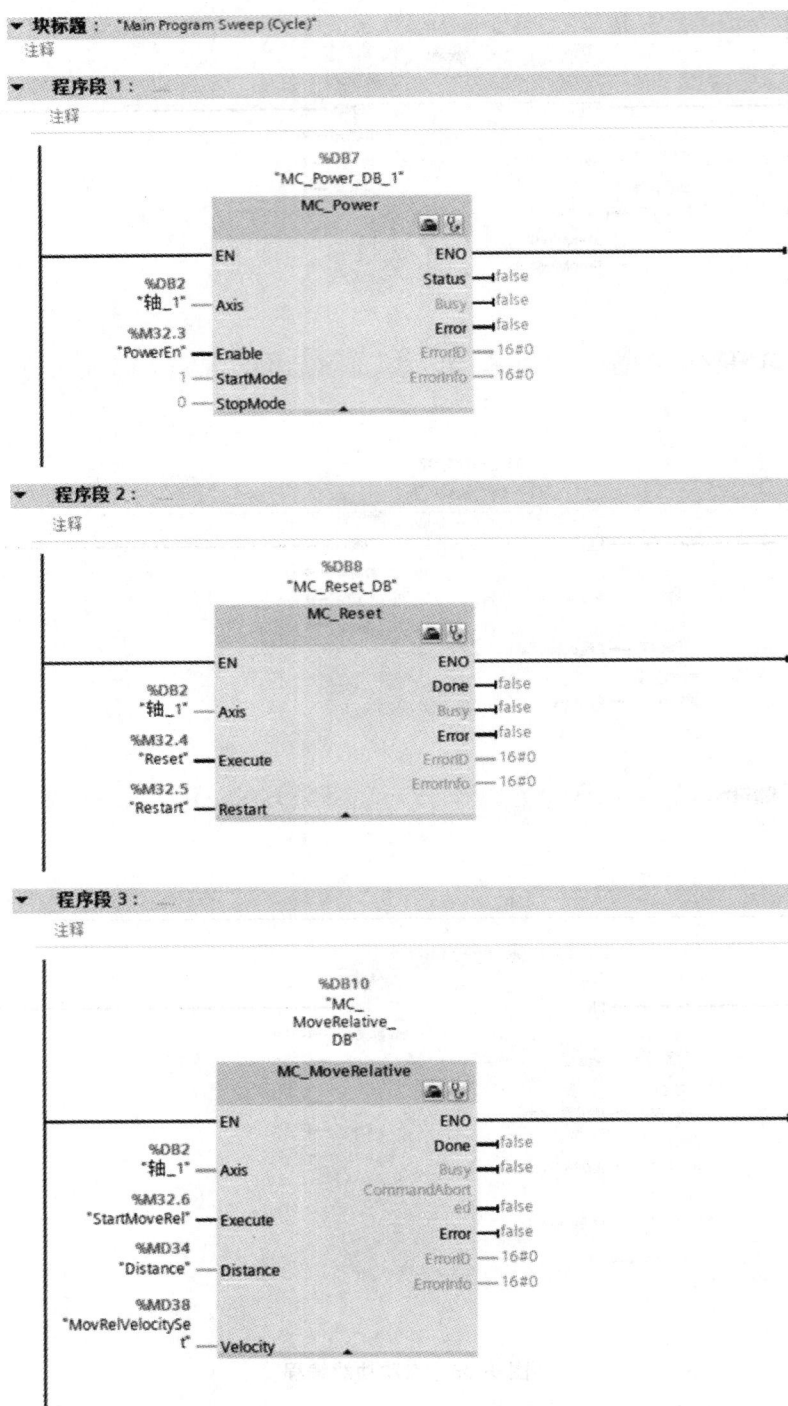

注释

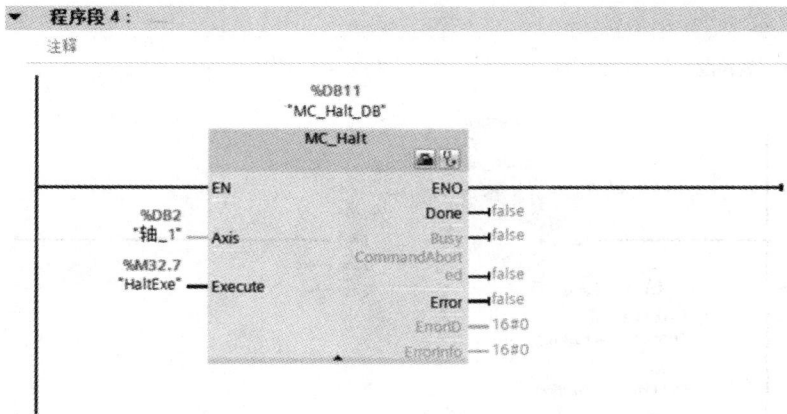

图 9-37 相对距离运行编程

3.绝对运动编程

绝对运动编程需要 MC_Power，MC_Reset，MC_Home，MC_MoveAbsolute 和 MC_Halt 指令。在触发 MC_MoveAbsolute 指令前需要轴有回原点完成信号才能执行。具体的编程如图 9-38 所示。

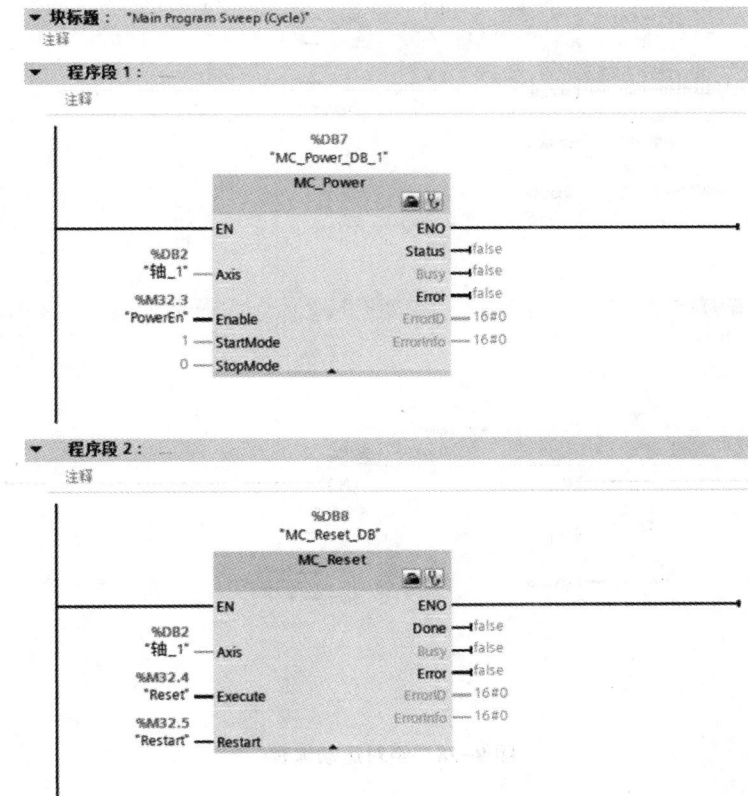

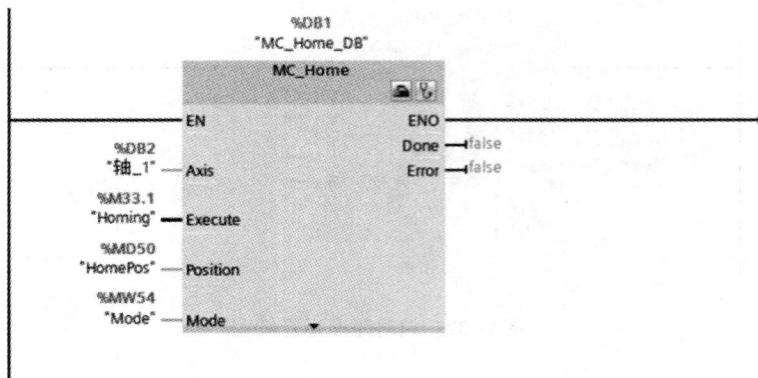

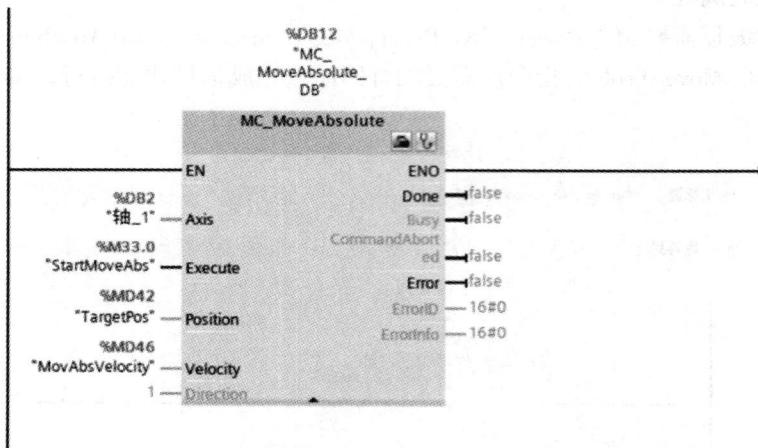

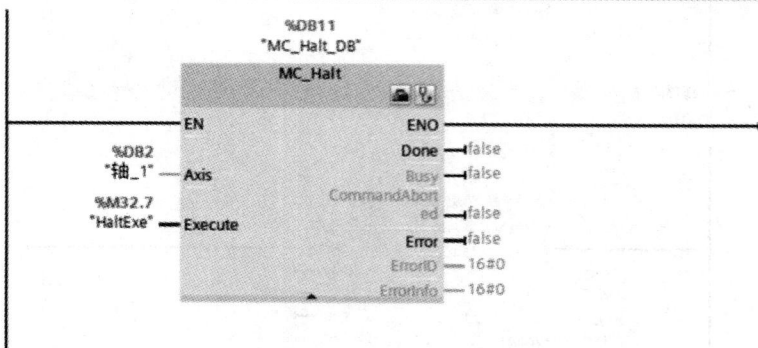

图 9-38 绝对运动编程

4. 速度连续运行编程

速度连续运行编程需要 MC_Power，MC_Reset 和 MC_MoveVelocity，以及 MC_Halt 指令。具体的编程如图 9-39 所示。

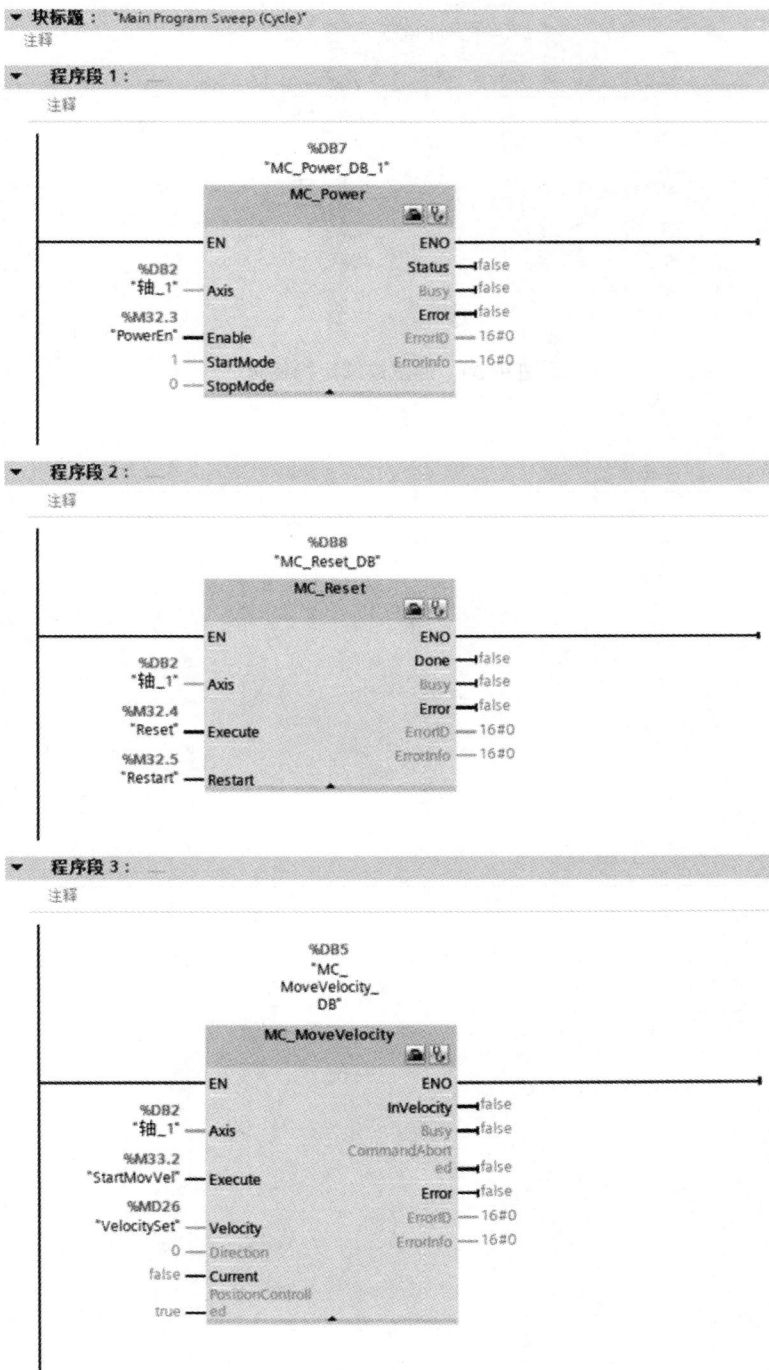

注释

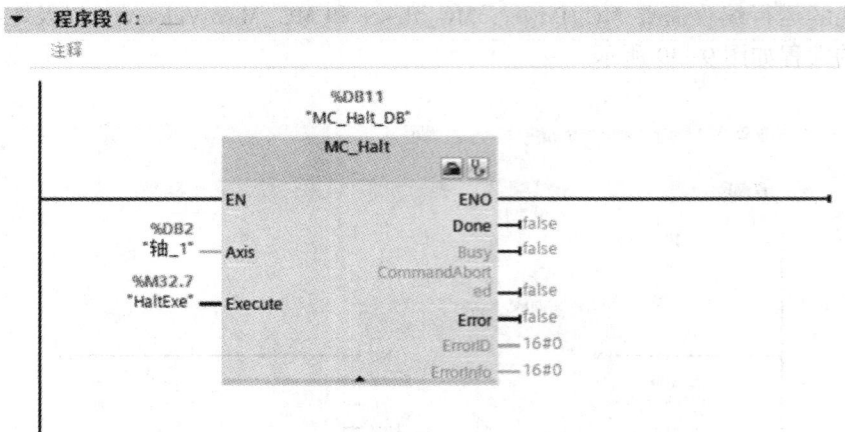

图 9-39　速度连续运行编程

项目十
模拟量的应用

任务 1　模拟量

模拟量的概念与数字量相对应,但是经过量化之后又可以转化为数字量。模拟量是在时间和数量上都是连续的物理量,模拟量在连续的变化过程中任何一个取值都是一个具体有意义的物理量,如温度、压力、流量等。可以通过传感器将这些物理量转换成 PLC 可以接受的标准电压信号(0~5 V、0~10 V、-10 V~10 V)或者标准电流信号(0~20 mA、4~20 mA)。

10.1.1　模拟量模块

与 S7-1200 PLC 的模拟量信号输入/输出相关的有 CPU 自带的模拟量输入通道、SM1231 模拟量输入模块、SB1231 模拟量输入信号板、SM1232 模拟量输出模块、SB1232 模拟量输出信号板、SM1234 模拟量输入/输出模块。

1. 模拟量输入模块

模拟量输入模块用于将现场各种传感器测量输出的电压或电流信号转换为 S7-1200 PLC 内部处理用的数字信号。

(1)S7-1200 PLC 的 CPU 集成了 2 路模拟量输入(AI)通道,其只能采集 0~10 V 的电压信号。具体参数见表 10-1。

表 10-1　CPU 模块的模拟量输入技术参数

技术数据	说明
输入点数	2
类型	电压(单侧)
满量程范围	0~10 V
满量程范围(数据字)	0~27648
过冲范围	10.001~11.759 V
过冲范围(数据字)	27649~32511

技术数据	说明
上溢范围	11.760~11.852 V
上溢范围(数据字)	32512~32767
分辨率	10 位

(2)SM1231 模块分为模拟量输入模块、热电偶和热电阻输入模块两大类型,可以选择的输入信号有电压、电流、电阻、热电阻(RTD)、热电偶(TC)等。SM1231 模拟量输入模块的参数见表 10-2。

表 10-2　SM1231 模拟量输入模块技术参数

型号	SM1231 AI4×13 位	SM1231 AI8×13 位	SM1231 AI4×16 位
输入点数	4	8	4
类型	电压或电流(差动):可 2 个选为一组		电压或电流(差动)
范围	±10 V、±5 V、±2.5 V、0~20 mA 或 4~20 mA		±10 V、±5 V、±2.5 V、±1.25 V、0~20 mA 或 4~20 mA
满量程范围(数据字)	−27648~27648 电压/0~27648 电流		
过冲/下冲范围(数据字)	电压:32511~27649/−27649~−32512 电流:32511~27649/0~−4864		
上溢/下溢(数据字)	电压:32767~32512/−32513~−32768 电流 0~20 mA:32767~32512/−4865~−32768 电流 4~20 mA:32767~32512(值小于 −4864 时表示开路)		
分辨率	12 位 + 符号位		15 位 + 符号位

(3)SB1231 信号板有模拟量输入信号板、热电阻(RTD)输入信号板、热电偶(TC)输入信号板,每种信号板都只能扩展一路输入信号。SB1231 模拟量输入信号板的参数见表 10-3。

表 10-3　SB1231 模拟量输入信号板技术参数

技术数据	SB 1231 AI 1×12 位
输入点数	1
类型	电压或电流(差动)
范围	±10 V、±5 V、±2.5 或 0~20 mA
分辨率	11 位 + 符号位
满量程范围(数据字)	−27648~27648

技术数据	SB 1231 AI 1×12 位
超出/低于范围(数据字)	电压：32511～27649/-27649～-32512 电流：32511～27649/0～-4864
上溢/下溢(数据字)	电压：32767～32512/-32513～-32768 电流：32767～32512/-4865～-32768

2. 模拟量输出模块

模拟量输出模块用于将 S7-1200 PLC 内部的数字量信号转换成系统所需要的模拟量信号，以控制现场的模拟量执行机构。

（1）S7-1200 PLC 的 1215 和 1217 系列 CPU 集成了 2 路模拟量输出（AO）通道，其输出只能是 0～20 mA 的电流信号，具体参数见表10-4。

表 10-4　CPU 模块的模拟量输出技术参数

技术数据	说明
输出点数	2
类型	电流
满量程范围	0～20 mA
满量程范围(数据字)	0～27648
过冲范围	20.01～23.52 mA
过冲范围(数据字)	27649～32511
上溢范围数据字	32512～32767
分辨率	10 位

（2）SM1232 模拟量输出模块有 SM 1232 AQ 2×14 位和 SM 1232 AQ 4×14 位两种类型，可以输出电压和电流信号，具体参数见表10-5。

表 10-5　SM1232 模拟量输出模块技术参数

技术数据	SM 1232 AQ 2×14 位	SM 1232 AQ 4×14 位
输出点数	2	4
类型	电压或电流	
范围	±10 V、0～20 mA 或 4 mA～20 mA	
分辨率	电压：14 位 电流：13 位	
满量程范围(数据字)	电压：-27648～27648；电流：0～27648	

（3）SB1232 模拟量输出信号板可输出 1 路电流或者电压信号，其参数见表 10-6。

表 10-6　SB1232 模拟量输出信号板技术参数

技术数据	SB 1232 AQ 1×12 位
输出点	1
类型	电压或电流
范围	±10 V 或 0~20 mA
分辨率	电压：12 位 电流：11 位
满量程范围（数据字）	电压：−27648~27648 电流：0~27648

3. 模拟量输入/输出模块

SM1234 模拟量输入/输出模块具有 4 路模拟量输入和 2 路模拟量输出，具体参数见表 10-7。

表 10-7　SM1234 模拟量输入/输出模块技术参数

型号	SM 1234 AI 4×13 位/AQ 2×14 位
输入点数	4
类型	电压或电流（差动）：可 2 个选为一组
范围	±10 V、±5 V、±2.5 V、0~20 mA 或 4~20 mA
满量程范围（数据字）	−27648~27648
过冲/下冲范围（数据字）	电压：32511~27649/−27649~−32512 电流：32511~27649/0~−4864
上溢/下溢（数据字）	电压：32767~32512/−32513~−32768 电流：32767~32512/−4865~−32768
分辨率	12 位 + 符号位
输出点数	2
类型	电压或电流
范围	±10 V 或 0~20 mA 或 4~20 mA
分辨率	电压：14 位；电流：13 位
满量程范围（数据字）	电压：−27648~27648； 电流：0~27648

10.1.2　模拟量模块的组态

模拟量模块的组态

1. 模块的地址分配

S7-1200 PLC 模拟量模块的每一个输入或者输出通道地址占一个字（2 Byte），系统默认地址为 IW96~IW222 或 QW96~QW222。一个模拟量模块最多有 8 个通道，从 96 号字节开始，系统给每一个模拟量模块分配 8 个字（16 Byte）的地址。N 号槽的模拟量模块的起始地址为 $(N-2) \times 16 + 96$，其中 N 大于或等于 2，如图 10-1 所示，3 号槽模拟量模块的起始地址为 IW112。

图 10-1　模拟量模块 I/O 地址

CPU 集成的模拟量输入/输出通道的默认地址是 I/QW64 和 I/QW66；信号板上的模拟量输入/输出通道的默认地址是 I/QW80。

对信号模块进行组态时，CPU 将会根据模块所在的槽号，按上述原则自动分配模块的默认地址，可在模块硬件组态的 I/O 地址选项中对默认地址进行修改。

2. 模块的硬件配置

模拟量模块的输入和输出通道根据信号类型的不同其测量范围有多种选择，可以在 TIA Portal 中选中 PLC 的"常规"标签项进行查看并对通道的信号类型和测量范围进行设置。

下面以 2 号槽上的 SM1241 AI 4×13BIT/AQ 2×14BIT 模块为例，来介绍模拟量输入和模拟量输出通道的参数设置。在项目视图中打开"设备组态"，单击 2 号槽中的模拟量模块，再点击巡视窗口右上方的按钮或者直接双击 2 号槽的模拟量模块，可以展开模块的属性窗口，如图 10-2 所示。

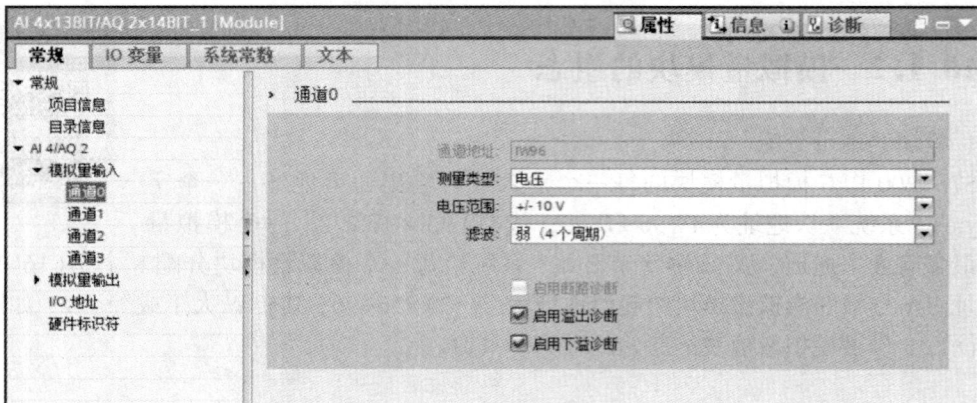

图 10-2 模拟量输入设置

模块的"常规"选项卡包含了"常规"和"AI4/AQ2"两个选项,其中"常规"选项可显示该模块的名称、描述、注释、订货号和固件版本等信息。

"AI4/AQ2"选项的"模拟量输入",可设置通道信号的测量类型、电压范围和滤波强度(滤波得出的数值就是已采样的 n 个数值的平均值,而 n 就是周期数;一般选择"弱",可以抑制工频信号对模拟量信号的干扰),同时还可以设置激活通道的短路诊断、溢出诊断和下溢诊断。

"AI4/AQ2"选项的"模拟量输出",如图 10-3 所示。可设置在 CPU 进入 STOP 模式时的通道输出状态(保持上一个值或者使用替代值),可设置通道的输出类型、范围和通道的替代值,同时还可以设置激活通道的短路诊断(输出类型为电流时为断路诊断)、溢出诊断和下溢诊断。

模拟量输入/输出溢出诊断是指数据超出 32511 或者低于 -32511;下溢诊断是指数据超出 32767 或者低于 -32767。

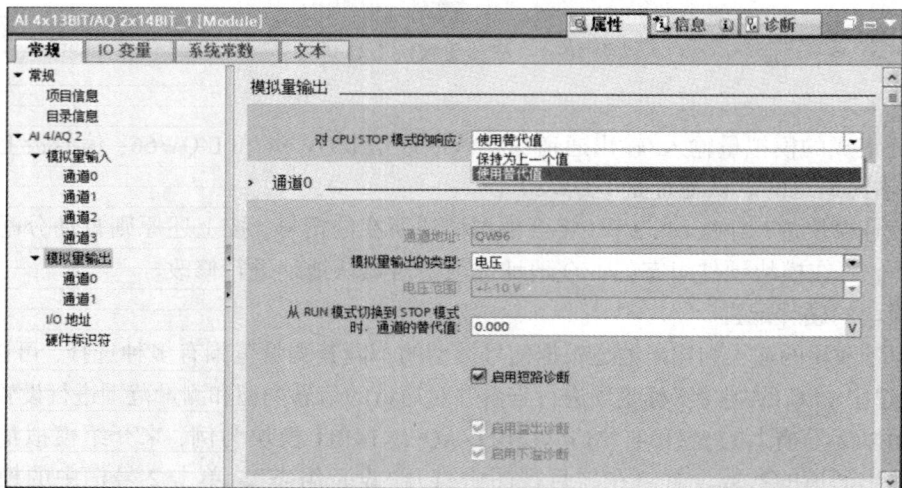

图 10-3 模拟量输出设置

"AI4/AQ2"选项的"I/O 地址",如图 10-4 所示,可修改系统分配的默认地址,可设置组织块和过程映像的更新类型。

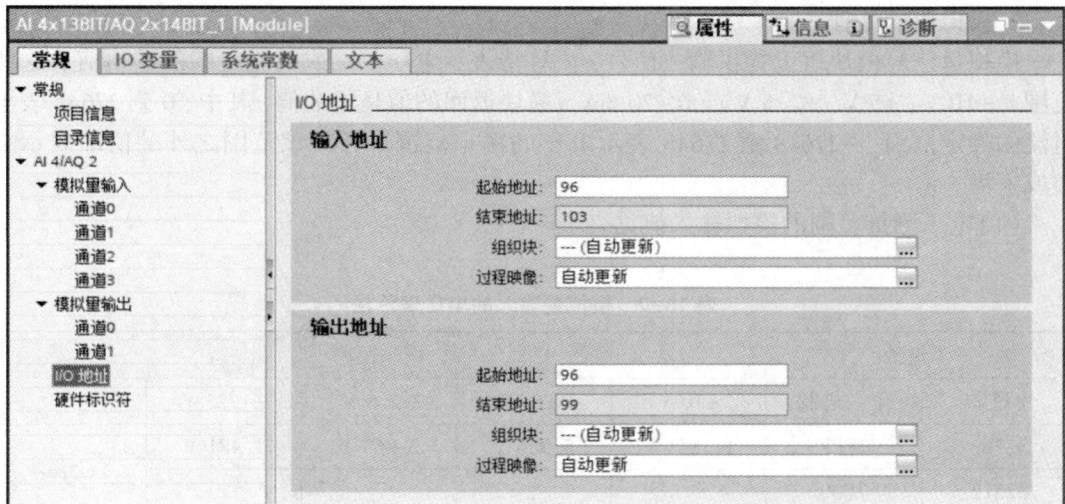

图 10-4　I/O 地址设置

10.1.3　模拟值的处理

1. 模拟值的分辨率

分辨率是 A/D 模拟量转换芯片的转换精度,即用多少位的数值来表示模拟量。S7-1200 模拟量模块的转换分辨率是 12 位,能够反映模拟量变化的最小单位是满量程的 1/4096。数字化模拟值的表示方法见表 10-8。

表 10-8　数字化模拟值的表示方法

分辨率	模拟值															
位	15	14	13	12	11	10	9	8	7	6	5	4	3	2	1	0
位值	2^{15}	2^{14}	2^{13}	2^{12}	2^{11}	2^{10}	2^9	2^8	2^7	2^6	2^5	2^4	2^3	2^2	2^1	2^0
16 位	0	1	0	0	0	1	1	0	0	1	0	1	1	1	1	1
12 位	0	1	0	0	0	1	1	0	0	1	0	1	1	0	0	0

如上表所示,当转换精度小于 16 位时,相应的位左侧对齐,最小变化位为 16 减去该模板分辨率,未使用的最低位补"0"。如表中 12 位分辨率的模板则是从低字节的第四位 bit3(16-12=4)开始变化的,最小变化单位为 $2^3=8$,bit 0~bit 2 则补"0"。则 12 位模板 A/D 模拟量转换芯片的转换精度为 $2^3/2^{15}=1/4096$。

模拟量转换的精度除了取决于 A/D 转换的分辨率,还受到转换芯片的外围电路的影响。在实际应用中，输入的模拟量信号会有波动、噪声和干扰，内部模拟电路也会产生噪声、漂移，这些都会对转换的最后精度造成影响。这些因素造成的误差要大于 A/D 芯片的转换误差。

2. 模拟值的处理

模拟量信号模块可以提供输入信号，或等待表示电压范围或电流范围的输出值。这些范围是 ±10 V、±5 V、±2.5 V 或 0~20 mA。模块返回的值是整数值，其中，0 到 27648 表示电流的额定范围，-27648 到 27648 表示电压的额定范围。任何该范围之外的值即表示上溢或下溢。

（1）电压测量范围的模拟输入值见表 10-9。

表 10-9　模拟量输入的电压表示法

系统电压		测量范围				
十进制	十六进制	±10 V	±5 V	±2.5 V	±1.25 V	
32767	7FFF	11.851 V	5.926 V	2.963 V	1.481 V	上溢
32512	7F00					
32511	7EFF	11.759 V	5.879 V	2.940 V	1.470 V	过冲范围
27649	6C01					
27648	6C00	10 V	5 V	2.5 V	1.250 V	
20736	5100	7.5 V	3.75 V	1.875 V	0.938 V	
1	1	361.7 μV	180.8 μV	90.4 μV	45.2 μV	额定范围
0	0	0 V	0 V	0 V	0 V	
-1	FFFF					
-20736	AF00	-7.5 V	-3.75 V	-1.875 V	-0.938 V	
-27648	9400	-10 V	-5 V	-2.5 V	-1.250 V	
-27649	93FF					下冲范围
-32512	8100	-11.759 V	-5.879 V	-2.940 V	-1.470 V	
-32513	80FF					下溢
-32768	8000	-11.851 V	-5.926 V	-2.963 V	-1.481 V	

（2）电流测量范围的模拟输入值见表 10-10。

表 10-10　模拟量输入的电流表示法

系统		电流测量范围		
十进制	十六进制	0~20 mA	4~20 mA	
32767	7FFF	> 23.52 mA	> 22.81 mA	上溢

系统		电流测量范围		
32511	7EFF	23.52 mA	22.81 mA	过冲范围
27649	6C01			
27648	6C00	20 mA	20 mA	额定范围
20736	5100	15 mA	16 mA	
1	1	723.4 nA	4 mA+578.7nA	
0	0	0 mA	4 mA	
−1	FFFF			下冲范围
−4864	ED00	−3.52 mA	1.185 mA	
32767	7FFF		< 1.185 mA	断路(4~20 mA)
−32768	8000	< −3.52 mA		下溢(0~20 mA)

在控制程序中，需要以工程单位使用这些值，例如表示压力、温度、重量或其他数量值。要以工程单位使用模拟量输入，必须首先将模拟值标准化为由 0.0 到 1.0 的实数（浮点）值。然后，必须将其标定为其表示的工程单位的最小值和最大值。对于以工程单位表示的值要转换为模拟量输出值的，应首先将以工程单位表示的值标准化为 0.0 和 1.0 之间的值，然后将其标定为 0 到 27648 之间或 −27648 到 27648 之间（取决于模拟模块的范围）的值。STEP 7 为此提供了 NORM_X 和 SCALE_X 指令。还可以使用 CALCULATE 指令来标定模拟值。

假设 PLC 的输入通道 AI0 和 AI1 外接了一个温度传感器和一个压力传感器，将测得的温度值转换为一个范围为 0~10 V 的连续电压信号输入给 PLC。模拟量经过 PLC 内部的 A/D 转换后被转换成了范围为 0~27648 的数字量并存储在特定地址的寄存器中。具体的转换流程如图 10-5 所示。

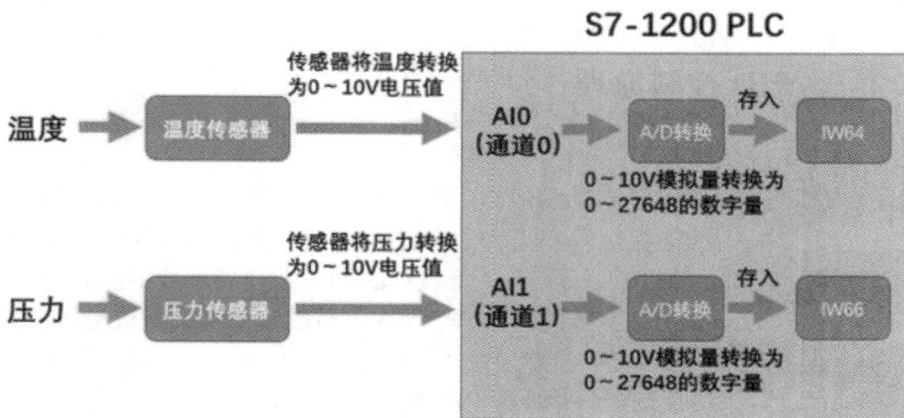

图 10-5 模拟量转换流程

【例10-1】温度变送器的量程为50℃~100℃，输出信号为0~20 mA，模拟量输入模块的电流范围为0~20 mA。将测量值转换成工程值。

根据题意可得：模拟量模块的测量值转换后的数字0~27648对应工程量的50℃~100℃，其转换公式为：

$$工程组态单位值 = 50 + (模拟量输入值) \times (100-50)/(27648-0)$$

在 PLC 应用中，典型的方法是将模拟量输入值标准化为0.0至1.0之间的浮点值。然后，需要将得到的值换算为工程单位范围内的浮点值，具体程序如图10-6所示。

程序段 1

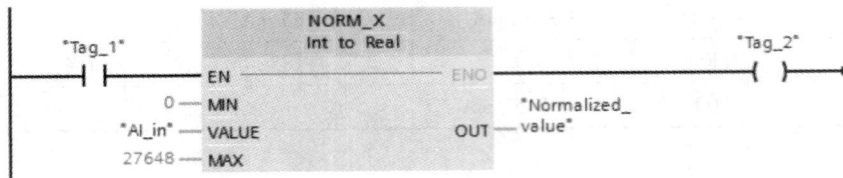

程序段 2

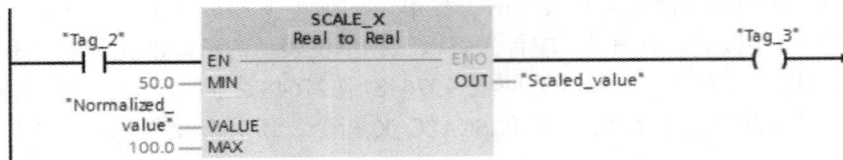

图 10-6　工程量转换

任务 2　PID 控制

10.2.1　PID 控制原理

1.闭环控制系统

典型的 PLC 模拟量单闭环控制系统如图10-7所示。其中，被控量 $c(t)$ 是连续变化的模拟量信号（如压力、温度、流量、转速等），多数执行机构（如晶闸管调速装置、电动调节阀和变频器等）要求 PLC 输出模拟量信号，而 PLC 的 CPU 只能处理数字量信号，故 $c(t)$ 首先被测量元件（传感器）和变送器转换为标准量程的直流电流信号或直流电压信号 $pv(t)$，如4~20 mA，1~5 V，0~10 V 等，PLC 通过 A/D 转换器将它们转换为数字量 $pv(n)$。PLC 按照一定的时间间隔采集反馈量，并进行 PID 控制的计算。这个时间间隔称为采样周期（或称采样时间）。图中的 $sp(n)$、$pv(n)$、$ev(n)$、$mv(n)$ 均为第 n 次采样时的数字量，$pv(t)$、$mv(t)$、$c(t)$ 为连续变化的模拟量。

系统将给定值 $sp(n)$ 和过程值 $pv(n)$ 进行比较，并将差值 $ev(n)$ 作为 PID 控制器的输入信号，经 PID 控制器计算后输出数字化的控制信号 $mv(n)$，$mv(n)$ 由 D/A 转换为能直接控制执行器的电压或者电流信号。

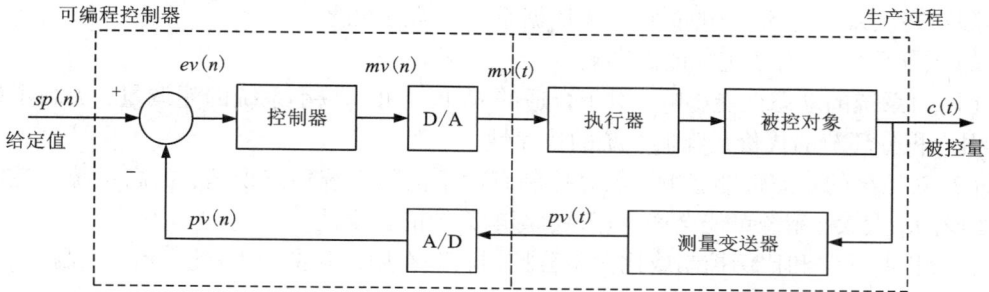

图 10-7　PLC 模拟量闭环控制系统原理框图

$c(t)$—被控制量；$sp(n)$—给定值；$mv(n)$—PLC 输出的数字量；$mv(t)$—D/A 转换后输出的模拟量；$pv(t)$—变送器输出的模拟量；$pv(n)$—经 A/D 转换后输出的数字量；$ev(n)$—控制偏差 $ev(n) = sp(n) - pv(n)$

2. PID 控制原理

PID 是基于反馈理论的调节方式，通过对误差信号 $e(t)$ 进行比例、积分和微分运算，再对结果进行适当处理，从而对被控对象进行调节控制，其主要结构如图 10-8 所示。

PID 控制可以抽象为数学模型：

$$H_e(s) = K_P + \frac{K_I}{s} + sK_D = K_P + \frac{K_P}{K_I s} + K_P K_D s$$

式中：K_P，K_I，K_D 为常数。我们需要通过设计这些参数使系统达到性能指标。

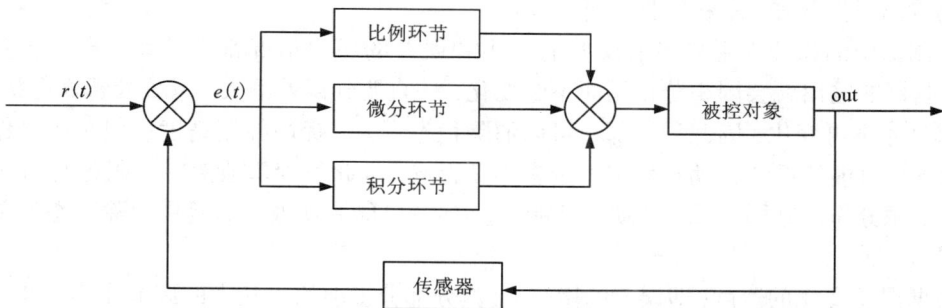

图 10-8　PID 控制系统框图

模拟量闭环控制一般用 PID。需要较好的动态品质和较高的稳态精度时，可以选用 PI 控制方式；控制对象的惯性滞后较大时，应选择 PID 控制方式。PID 控制器各个参数对系统性能的影响如下：

1）比例系数 K_P 对系统性能的影响

（1）对系统的动态性能影响：K_P 加大，将使系统响应速度加快，K_P 偏大时，系统振荡次数增多，调节时间加长；K_P 太小又会使系统的响应速度缓慢。K_P 的选择以输出响应产生 4∶1 衰减过程为宜。

（2）对系统的稳态性能影响：在系统稳定的前提下，加大 K_P 可以减少稳态误差，但不能消除稳态误差。因此 K_P 的整定主要依据系统的动态性能。

2）积分系数 K_I 对系统性能的影响

（1）对系统的动态性能影响：对于合适的 K_I 值，可以减小系统的超调量，提高了稳定性，引入积分环节的代价是降低系统的快速性。

（2）对系统的稳态性能影响：积分控制有助于消除系统稳态误差，提高系统的控制精度，但若 K_I 太大，系统可能会产生振荡，影响系统的稳定性。

积分控制通常和比例控制或比例微分控制联合作用，构成 PI 控制或 PID 控制。

3）微分系数 K_D 对系统性能的影响

（1）对系统的动态性能影响：微分系数 K_D 的增加即微分作用的增加可以改善系统的动态特性，如减少超调量、缩短调节时间等。适当加大比例系数 K_P，可以减少稳态误差，提高控制精度。但 K_D 值偏大或偏小都会适得其反。另外微分作用有可能放大系统的噪声，降低系统的抗干扰能力。

（2）对系统的稳态性能影响：微分环节的加入，可以在误差出现或变化瞬间，按偏差变化的趋向进行控制。它引进一个早期的修正作用，有助于增加系统的稳定性。

微分控制经常与比例控制或积分控制联合使用。引入微分控制可以改善系统的动态特性，当 K_D 偏小时，超调量较大，调节时间也较长；当 K_D 合适时可以提高系统响应速度，提高系统稳定性。

在 P、I、D 这三种控制作用中，比例部分与误差信号在时间上是一致的，只要误差一出现，比例部分就能及时地产生与误差成正比的调节作用，具有调节及时的特点。比例系数 K_P 越大，比例调节作用越强，系统的稳态精度越高，但是对于大多数系统，K_P 过大会使系统的输出量振荡加剧，稳定性降低。

控制器中的积分作用与当前误差的大小和误差的历史情况都有关系，只要误差不为零，控制器的输出就会因积分作用而不断变化，一直要到误差消失，系统处于稳定状态时，积分部分才不再变化，因此积分部分可以消除稳态误差，提高控制精度。但是积分作用的动作缓慢，可能给系统的动态稳定性带来不良影响，因此很少单独使用。积分时间常数 K_I 增大时，积分作用减弱，系统的动态性能（稳定性）可能有所改善，但是消除稳态误差的速度减慢。

根据误差变化的速度（即误差的微分），微分部分提前给出较大的调节作用。微分部分反映了系统变化的趋势，它较比例调节更为及时，所以微分部分具有超前和预测的特点。微分时间常数增大时，超调量减小，动态性能得到改善，但是抑制高频干扰的能力下降。

3. PID 控制器参数的选取

长期以来，在设计和应用 PID 控制器的过程中，PID 参数的选取一直是一个难题，因为比例作用在改善系统稳态性的同时会降低系统的动态性，甚至使系统不稳定；积分作用有利于消除稳态误差但使系统稳定性下降；微分作用对干扰敏感，使系统抑制干扰能力降低。因此，PID 参数的选择必须兼顾动态性能和静态性能指标。通常应使 I 部分发生在系统频率特性的低频段，使 D 部分发生在系统频率特性的中频段。

PID 控制器作为最早实用化的控制算法已有 60 多年的历史，现在仍然是应用最广泛的工业控制算法。但是 PID 算法也有其局限性，其在控制非线性、时变、耦合及参数和结构的复杂系统时，效果不是太好。PID 调节中对控制器的参数整定是至关重要的一环。PID 整定方法主要有两种：一种是工程整定法，根据经验，直接在试验中进行整定；另一种是理论计算整定法，主要依靠系统的数学模型，经过理论计算确定控制参数，并通过工程实际进行调整。

10.2.2　PID 指令

S7-1200 使用 PID_Compact 指令来实现 PID 控制，该指令的背景数据块称为 PID_Compact 工艺对象。PID 控制器具有参数自调节功能和自动、手动模式。

PID 控制器连续地采集被控制变量的实际测量值(简称为实际值或输入值)，并与期望的设定值比较，根据得到的误差，计算输出，使被控变量尽可能快地接近设定值或进入稳态。

1. 创建新项目

打开 TIA Portal 软件创建一个新项目，修改项目名称后进入项目视图。双击项目树中的添加新设备，添加控制器，选择 CPU 1214C。将硬件目录中的 AO 信号板拖放到 CPU 中，AO 信号板的模拟量输出的默认地址是 QW80，选择信号类型为电压，电压范围±10 V，如图 10-9 所示。

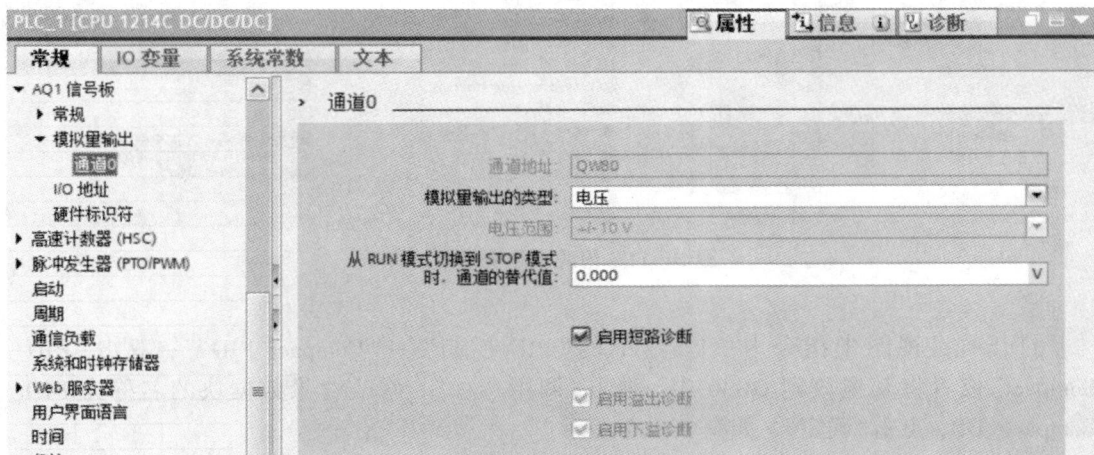

图 10-9　AO 信号板输出通道

CPU 集成的模拟量输入通道 0 的默认地址为 IW64，测量的信号类型选择电压，信号范围是 0~10 V，如图 10-10 所示。

2. 调用 PID_Compact 指令

调用 PID_Compact 指令的时间间隔称为采样时间，为了保证精确的采样时间，用固定的时间间隔执行 PID 指令，在循环中断 OB 中调用 PID_Compact 指令。

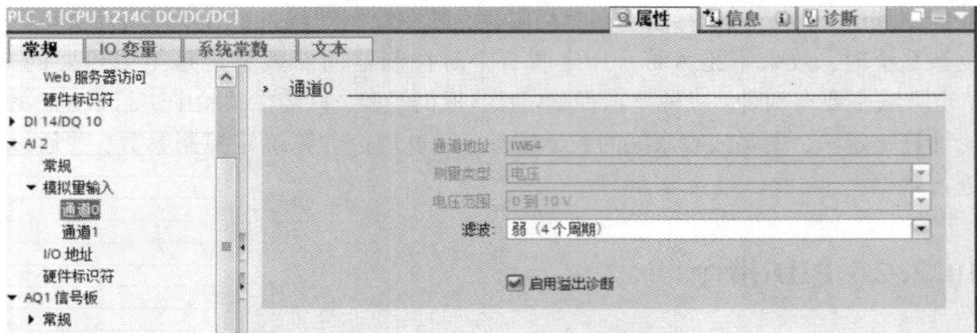

图 10-10 CPU 集成的 AI 输出通道

打开项目视图中项目树下"PLC_1"→"程序块"，双击"添加新块"，单击添加新块对话框的"组织块"按钮，选择"Cyclic interrupt"，创建循环中断组织块 OB30，设置循环时间间隔为 300 ms，如图 10-11 所示。

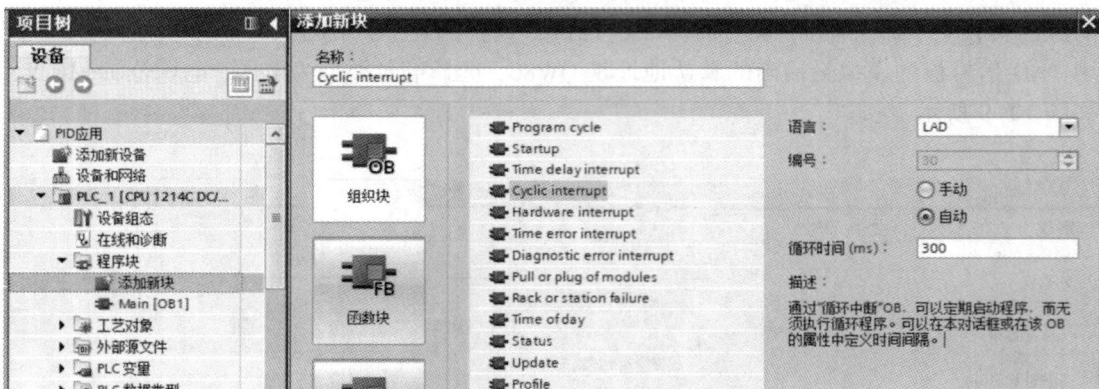

图 10-11 创建循环中断组织块

打开项目视图中指令卡"工艺"下的"PID 控制"→"Compact PID"，双击"PID_Compact"或者将其拖放到 OB30 中，弹出"调用选项"，修改背景数据块的名称为 PID_Compace_DB，点击"确定"，如图 10-12 所示。

创建完成 PID_Compact 指令及背景数据块后，在项目树的"系统块"→"程序资源"中会有"PID_Compact[FB1130]"，在项目树的"工艺对象"中会有生成的背景数据块 PID_Compact_DB，如图 10-13 所示。

可以通过双击"工艺对象"中 组态 和 调试 按钮打开 PID_Compact 指令的组态和调试界面，也可以通过 OB30 中 PID_Compact 指令右上方的 按钮打开组态和调试界面。

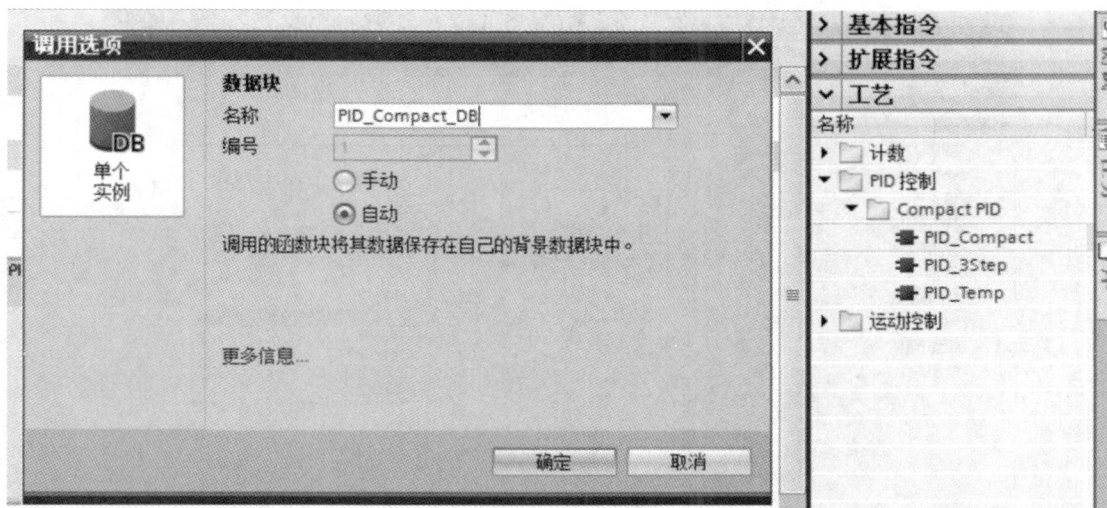

图 10-12　添加 PID_Compact 指令

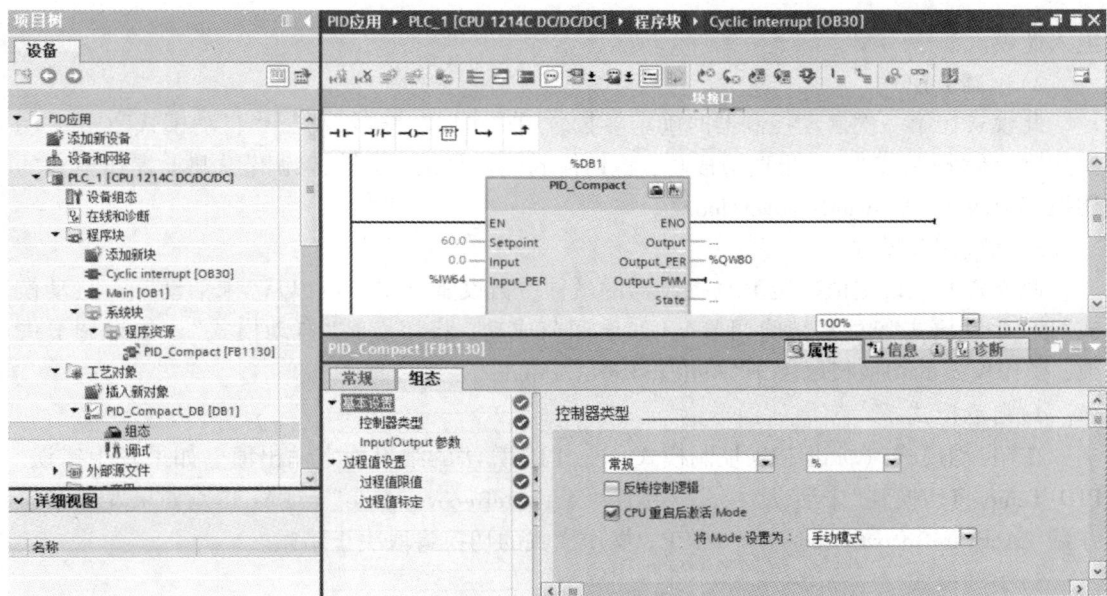

图 10-13　PID 控制器的组态

3. PID_Compact 指令模式

PID_Compact 指令提供自动和手动模式下具有集成自我调节功能的通用 PID 控制器。如图 10-14 所示。

1）非活动模式

禁用 PID 算法和脉宽调制，所有控制器输出（OutputHeat、OutputCool、OutputHeat_PWM、OutputCool_PWM、OutputHeat_PER、OutputCool_PER）设置为"0"（FALSE），而不考虑组态的输出限值或偏移量。可通过设置"Mode" = 0、"Reset" = TRUE 或通过发生错误

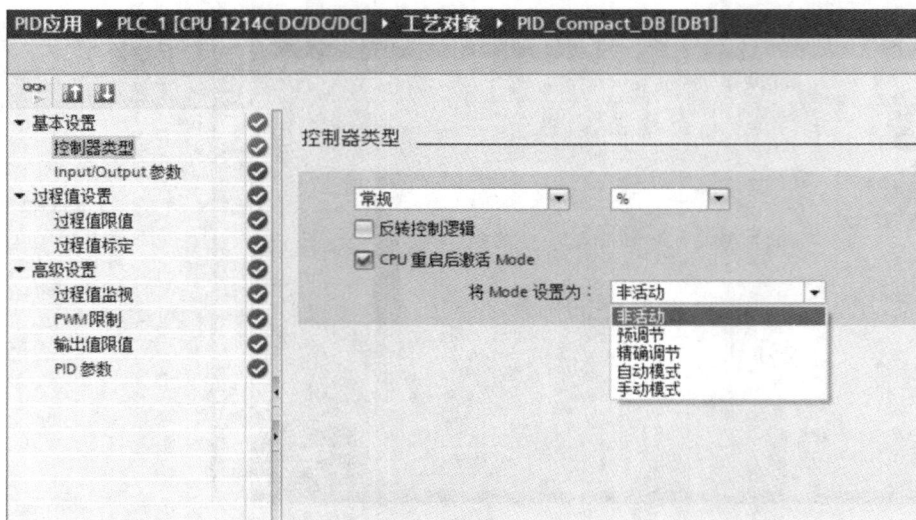

图 10-14 PID 模式选择

进入此模式。

2）预调节模式

此模式在第一次启动控制器时确定参数。用户可以从"未活动"、"自动模式"或"手动模式"激活"预调节"。如果调节成功，将切换到"自动模式"。如果调节失败，操作模式的切换将取决于"ActivateRecoverMode"。

3）精确调节模式

此模式通过设定值确定 PID 控制器的最佳参数设置。用户可以从"未活动"、"自动模式"或"手动模式"激活"精确调节"。如果调节成功，将切换到"自动模式"。如果调节失败，操作模式的切换将取决于"ActivateRecoverMode"。

4）自动模式

在"自动模式"（标准 PID 控制模式）下，PID 算法的结果确定输出值。如果发生错误，PID_Temp 将切换到"未活动"模式，并且"ActivateRecoverMode" = FALSE。如果发生错误并且"ActivateRecoverMode" = TRUE，操作模式的切换将取决于错误。

5）手动模式

在此模式下，PID 控制器将参数"ManualValue"的值标定、限制并传送到输出。PID 控制器在 PID 算法的标定中分配"ManualValue"。可通过设置"Mode" = 4 或"ManualEnable" = TRUE 进入此模式。

4. PID_Compact 指令组态的基本设置

打开 PID_Compact 指令的组态界面，选择基本设置，可以对控制器类型和 Input/Output 参数进行设置。

1）控制器类型（如图 10-15）

（1）控制器类型默认是常规，可以通过下拉菜单选择工程单元。

（2）反转控制逻辑，允许选择反作用 PID 回路。如果未选择该选项，则 PID 回路处于直接作用模式，在输入值小于设定值时，PID 回路的输出会增大。如果选择了该选项，则在输入值大于设定值时，PID 回路的输出会增大。

（3）CPU 重启后将激活"将 Mode 设置为"的模式，在复位 PID 回路之后，或在超出输入限值后回到有效范围时，重新启动 PID 回路。

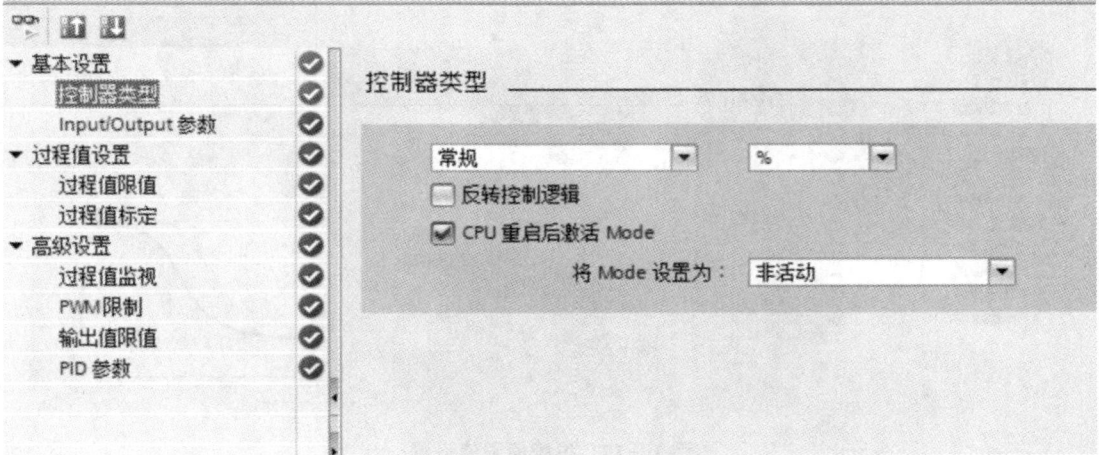

图 10-15　控制器类型设置

2）Input/Output 参数（图 10-16）

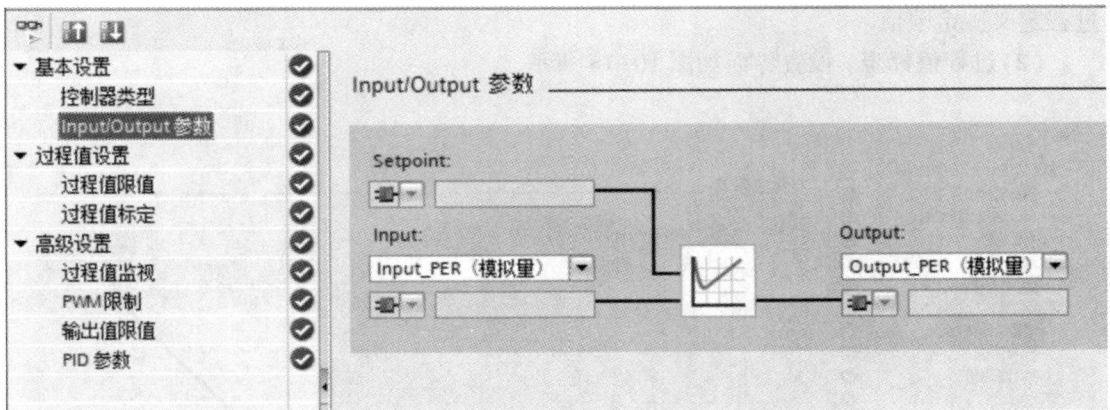

图 10-16　Input/Output 参数设置

（1）Setpoint：PID 控制器在自动模式下的设定值。

（2）Input：为过程值选择 Input 参数或 Input_PER 参数（用于模拟量）。Input_PER 可直接来自模拟量输入模块。

（3）Output：为输出值选择 Output 参数或 Output_PER 参数（用于模拟量）。Output_PER 可直接进入模拟量输出模块。

5. PID_Compact 指令组态的过程值设置

打开 PID_Compact 指令的组态界面, 选择过程值设置, 可以对过程值限值和过程值标定进行设置。如果过程值低于下限或高出上限, 则 PID 回路进入未活动模式, 并将输出值设置为 0。

(1)过程值限值, 设置界面如图 10-17 所示。

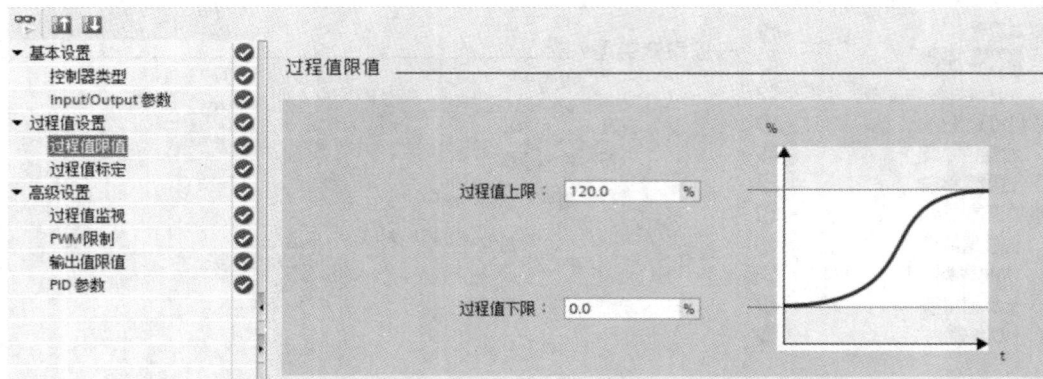

图 10-17 过程值限值设置

过程值限值组态有两个功能:

①为 PID 块上的设定值上限/下限报警输出设定上限和下限。

②设置限值, 确保无论设定值如何, 过程变量都不会超出或低于这些限值。该组态为过程定义固定限值。

(2)过程值标定, 设置界面如图 10-18 所示。

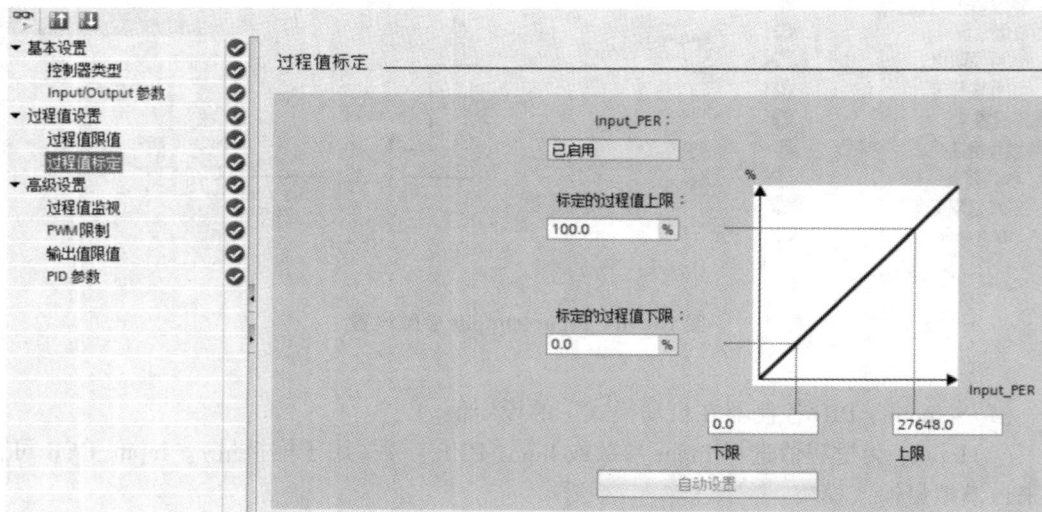

图 10-18 过程值标定设置

要使用 Input_PER，必须标定模拟过程值(输入值)，模拟量的实际值(或来自用户程序的输入值)为 0.0%~100.0% 时，A/D 转换后的数字为 0.0~27648.0。

6. PID_Compact 指令组态的高级设置

打开 PID_Compact 指令的组态界面，选择高级设置，可以对过程值监视、PWM 限制、输出值限值和 PID 参数进行设置。

(1)过程值监视，设置如图 10-19 所示。

可以设置过程值警告的上限和下限，运行时如果输入值超过设置的上限值或低于下限值，指令的输出参数"InputWarning_H"或"InputWarning_L"将变为 1。

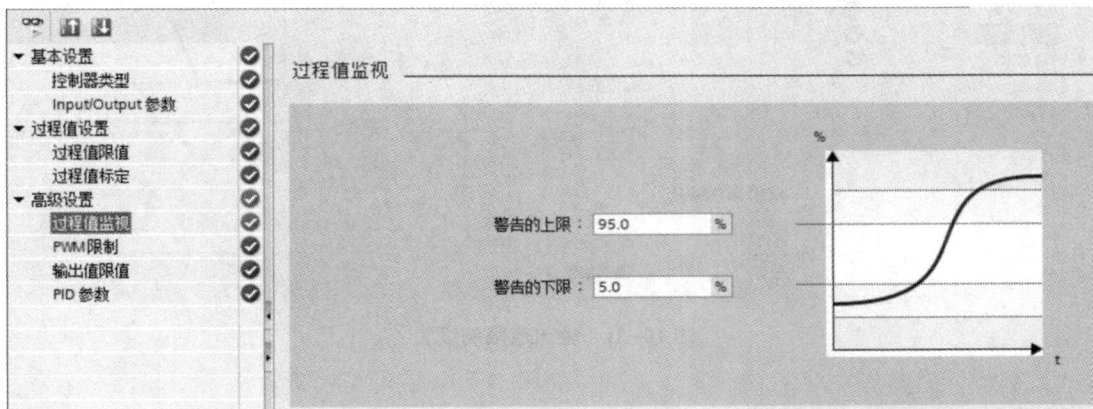

图 10-19　过程值监视设置

(2)PWM 限制，设置如图 10-20 所示。

可以设置最短接通时间和最短关闭时间，该设置影响指令的输出变量"Output_PWM"。PWM 的开关量输出受"PID_Compact"指令的控制，与 CPU 集成的脉冲发生器无关。

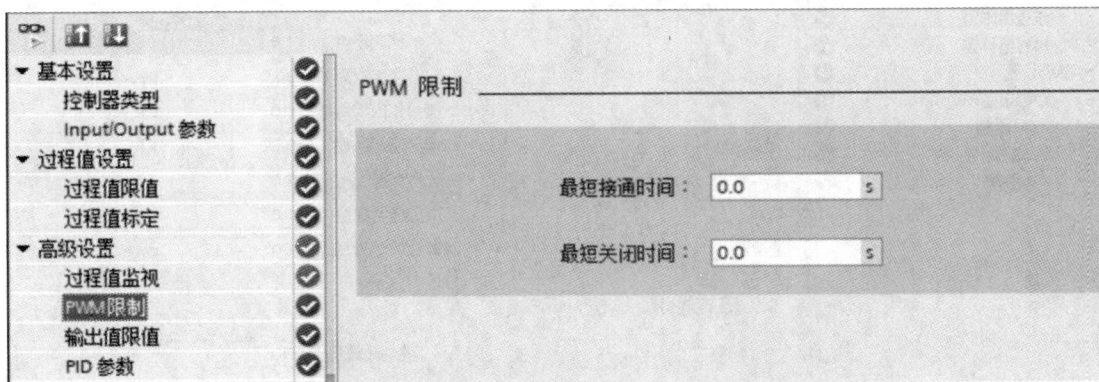

图 10-20　PWM 限制设置

(3)输出值限制，设置如图 10-21 所示。

可设置输出变量的限制值，使手动模式或自动模式时 PID 的输出值不超过上限和低于下限。用 Output_PWM 作 PID 的输出值时，只能控制正的输出变量。

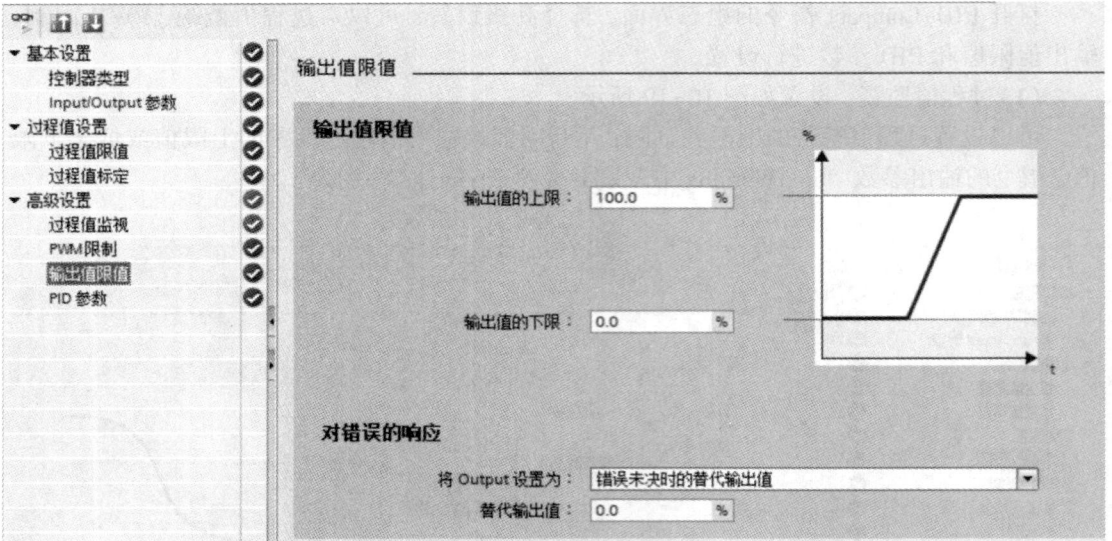

图 10-21　输出值限制设置

（4）PID 参数，设置如图 10-22 所示。
选择"启用手动输入"复选框，可以手动设置 PID 参数。

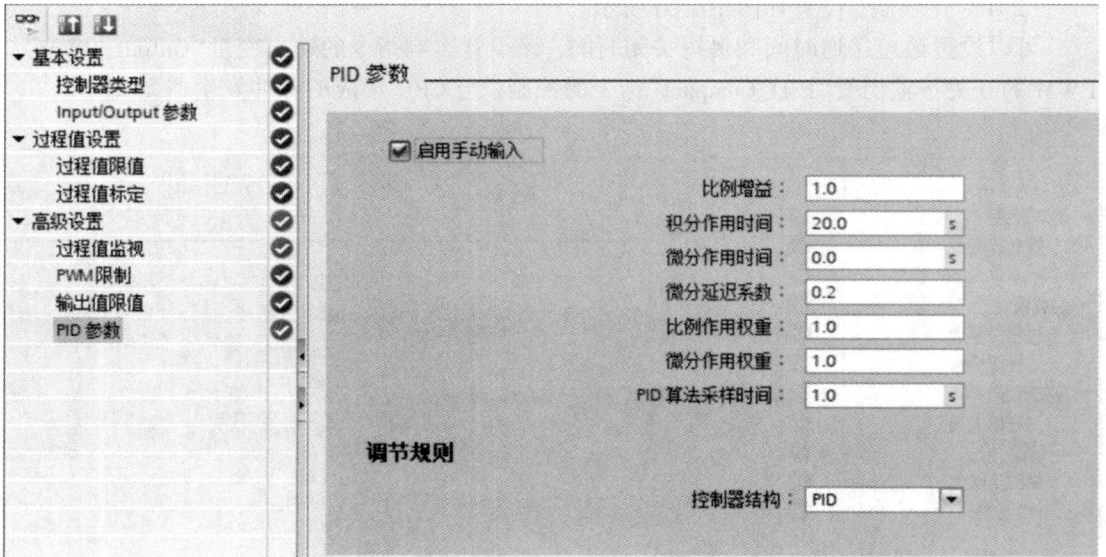

图 10-22　PID 参数设置

7. 用 PID_Compact 指令设置参数

除了可以在 PID_Compact 指令的组态窗口设置参数外，还可以在 PID 指令上直接输入指令的参数，未设置（采用默认值）的参数为灰色，如图 10-23 所示。点击指令框下面向下的箭头，将显示更多的参数；点击向上的箭头，将不显示指令中灰色的参数；点击某个参数的实参，可以直接输入地址或常数。

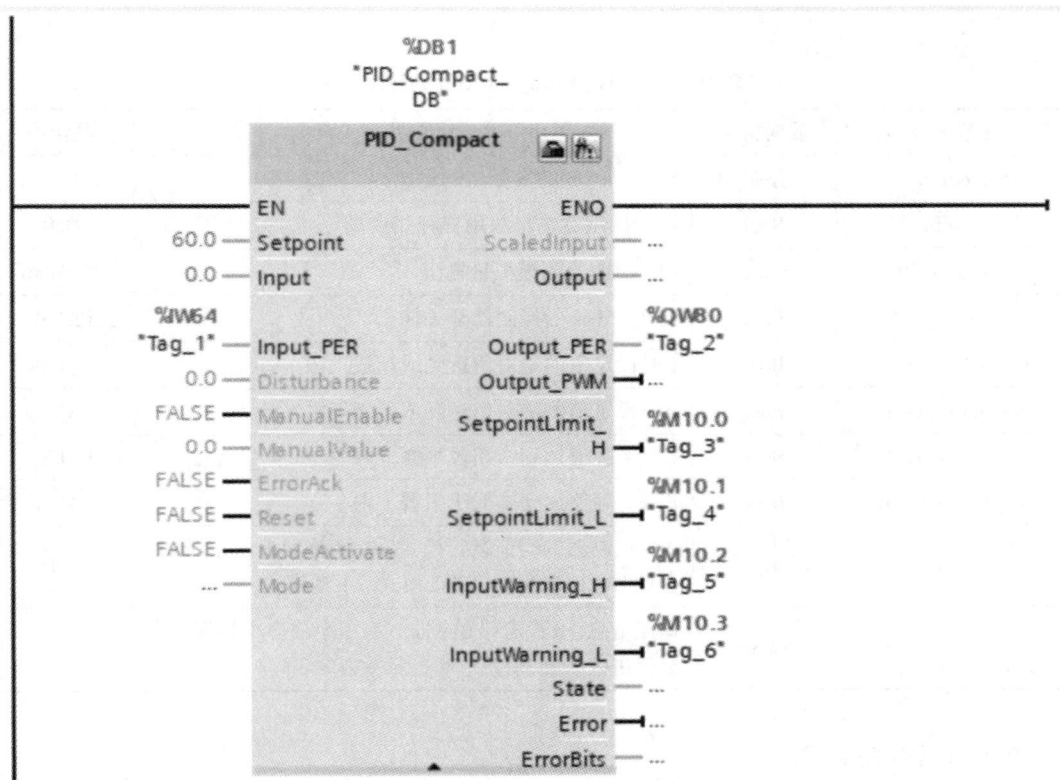

图 10-23 PID_Compact 指令

8. PID_Compact 指令的输入/输出变量

PID_Compact 指令的输入变量见表 10-11，输出变量见表 10-12。

表 10-11 PID_Compact 指令的输入变量

参数名称	数据类型	说明	默认值
Setpoint	Real	自动模式的控制器设定值	0.0
Input	Real	作为实际值（即反馈值）来源的用户程序的变量	0.0
Input_PER	Word	作为实际值来源的模拟量输入	W#16#0
ManualEnable	Bool	上升沿选择手动模式，下降沿选择最近激活的操作模式	FALSE

参数名称	数据类型	说明	默认值
ManualValue	Real	手动模式的 PID 输出变量	0.0
Reset	Bool	重新启动控制器，进入未活动模式，控制器输出变量为 0，临时值被复位，PID 参数保持不变	FALSE

表 10-12　PID_Compact 指令的输出变量

参数名称	数据类型	说明	默认值
ScaledInput	Real	经比例缩放的实际值的输出	0.0
Output	Real	用于控制器输出的用户程序变量	0.0
Output_PER	Word	PID 控制器的模拟量输出	W#16#0
Output_PWM	Bool	使用 PWM 的控制器开关输出	FALSE
SetpointLimit_H	Bool	1 时设定值的绝对值达到或超过上限	FALSE
SetpointLimit_L	Bool	1 时设定值的绝对值达到或低于下限	FALSE
InputWarning_H	Bool	1 时实际值达到或超过报警上限	FALSE
InputWarning_L	Bool	1 时实际值达到或低于报警下限	FALSE
State	Int	PID 控制器的当前运行模式：0~4 分别表示非活动、预调节、精确调节、自动模式、手动模式	16#0000
Error	DWord	错误信息：0 没有错误；非 0 有 1 个或多个错误，控制器进入未活动模式	

9. PID 控制器的调试

PID 控制器的调试窗口如图 10-24 所示。PC 与 PLC 建立好通信连接后，设置好测量的采样时间并单击"Start"（开始）按钮，在实时趋势图中可显示设定值（Setpoint）、标定的过程值（ScaledInput）和输出值（Output）变量的曲线，横轴是时间轴。

调节模式可以调节 PID 循环，下拉菜单可以选择"预调节"或"精确调节"（手动）并单击"Start"（开始）按钮。PID 控制器会运行多个阶段，以计算系统响应时间和更新时间。通过这些值可计算相应的调节参数。

完成调节过程之后，可以单击调试编辑器的"PID 参数"部分中的"上传 PID 参数"按钮来存储新参数。如果调节期间未发生错误，则 PID 的输出值变为 0。PID 模式将设置为"未活动"模式。状态可指示错误。

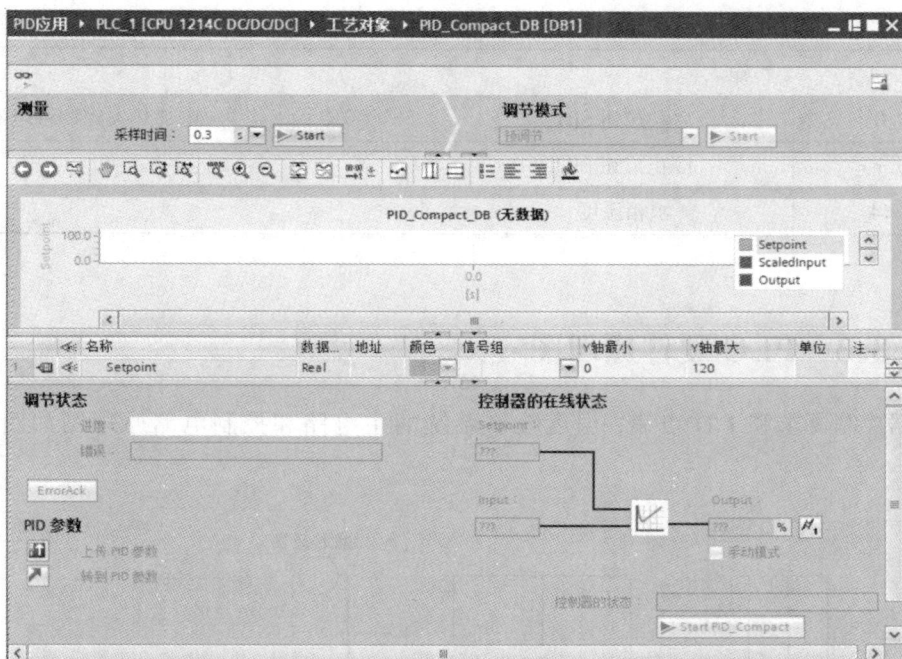

图 10-24 PID 控制器调试窗口

任务 3 加热水箱的温度采集和控制

10.3.1 任务分析

某加热水箱的水温要求保持在 50~60℃，采用电加热器进行水箱加热，电加热器工作电压 220 V AC；采用 Pt100 温度传感器检测水温，量程 0~100℃，经温度变送器转换成 0-10 V 的电压信号接入 CPU 集成的模拟量输入通道 AI0（地址为 IW64）；电加热器采用继电器控制，由 PLC 数字量输出 Q0.0 对继电器 KA 的线圈（DC24V）进行控制；系统的启动按钮 SB1 接入 PLC 输入量输入 I0.0，停止按钮 SB2 接入 PLC 输入量 I0.1。

使用 S7-1200 PLC 实现温度的采集和控制，按下启动按钮 SB1 后，系统启动，当水箱水温低于 50℃时，模拟量输出 Q0.0 输出信号"1"接通继电器线圈使加热器开始工作；当水箱温度高于 60℃，模拟量输出 Q0.0 输出信号"0"断开继电器线圈使加热器停止工作。如果要停止系统，可以按下停止按钮 SB2。

10.3.2 IO 分配

根据 S7-1200 PLC 输入/输出地址分配原则和任务要求，对 I/O 地址进行分配，具体见表 10-12。

表 10-12　温度控制系统 I/O 点表

输入		输出	
I0.0	启动按钮 SB1	Q0.0	电加热器控制继电器 KA
I0.1	停止按钮 SB2		
IW64	水箱温度		

10.3.3　PLC 硬件原理图

根据控制要求和 I/O 点表,温度控制系统的主电路和控制电路原理图如图 10-25 所示。

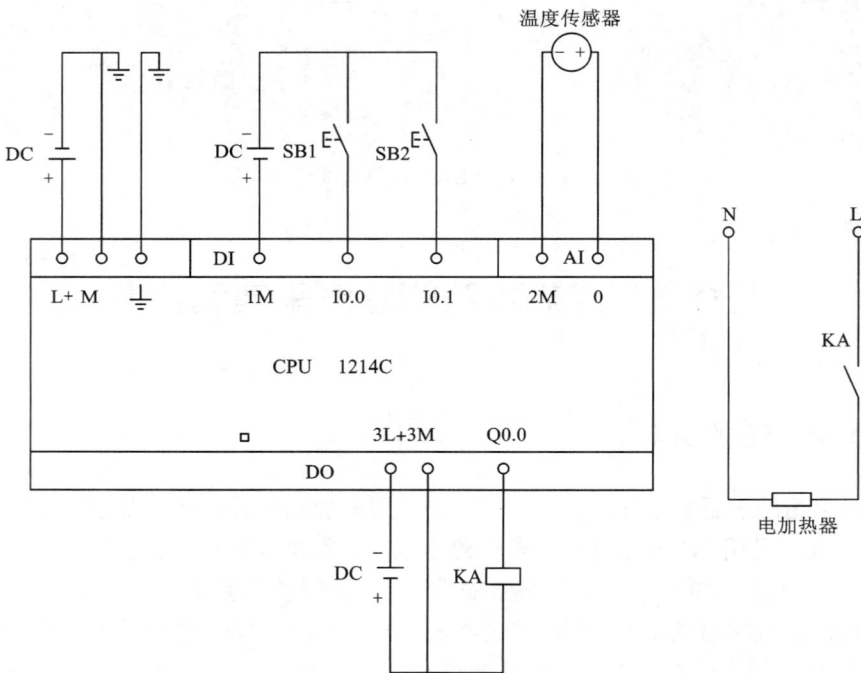

图 10-25　温度控制系统原理图

10.3.4　程序编写

1. 创建项目

打开 TIA Portal 软件,在 Portal 视图中点击"创建新项目",修改项目名称后点击"创建"按钮完成项目创建,点击"项目视图"进入项目视图显示界面。

双击"添加新设备",选择添加 CPU 1214C DC/DC/DC,完成 CPU 上 PROFINET 接口的网络参数设置,完成模拟量输入通道的信号类型和信号范围的设置。

2. 编辑变量表

PLC 变量表如图 10-26 所示。

温度控制系统 ▸ PLC_1 [CPU 1214C DC/DC/DC] ▸ PLC 变量 ▸ 变量表_1 [4]

变量表_1

	名称	数据类型	地址	保持	在 H...	可从...	注释
1	启动按钮SB1	Bool	%I0.0	☐	☑	☑	
2	停止按钮SB2	Bool	%I0.1	☐	☑	☑	
3	继电器KA	Bool	%Q0.0	☐	☑	☑	
4	水箱水温	Int	%IW64	☐	☑	☑	
5	<添加>			☐	☑	☑	

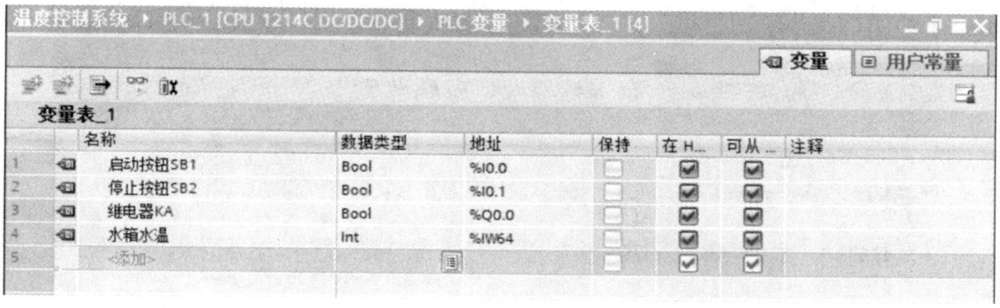

图 10-26　温度控制系统的 PLC 变量表

3. 编写程序

1) 循环中断 OB30

温度信号每 500 ms 采集一次，添加循环中断组织块 OB30，设定循环时间 500 ms，在 OB30 中编写温度采集和工作值转换程序，程序如图 10-27 所示。

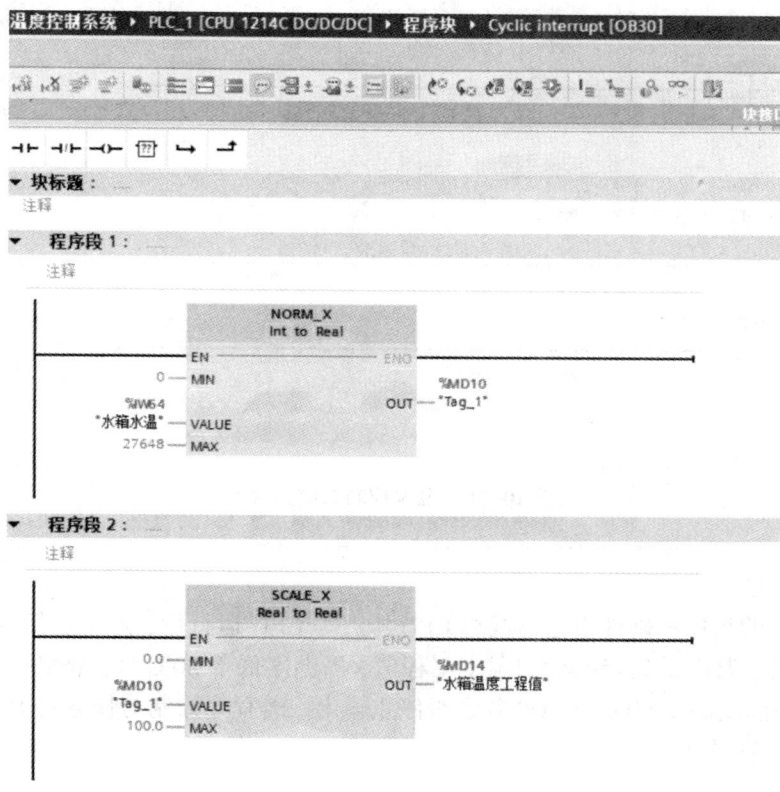

图 10-27　温度信号采集和转换

2）主程序 OB1

温度控制系统的主程序如图 10-28 所示。

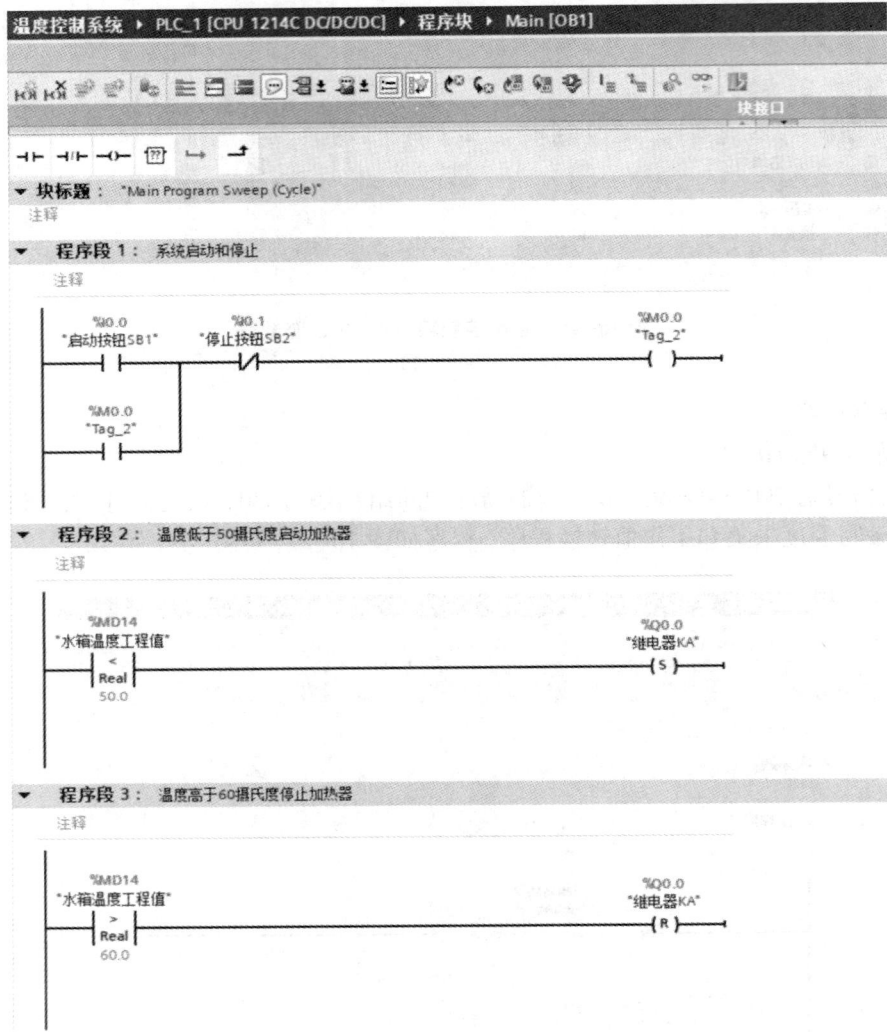

图 10-28 温度控制系统主程序

4. 程序调试

将编写好的程序和硬件组态下载至 CPU 中，等 CPU 运行后，点击按钮 SB1 启动温度控制系统，观察温度采集转换后的温度工程值，当温度低于 50℃ 时，数字量输出 Q0.0 是否有输出，当温度高于 60℃ 时，Q0.0 是否停止输出。若程序控制与任务要求一致，则完成温度控制的任务要求。

任务 4 恒压供水系统的控制

10.4.1 任务分析

某恒压供水系统采用变频水泵供水,要求供水压力恒定为 0.6 MPa,使用变频器实现水泵的变频调速控制,变频器采用模拟量控制,控制信号为 0~10 V,供水压力采用压力变送器检测,量程范围 0~1.0 MPa,输出信号 0~10 V。

使用 S7-1200 PLC 实现恒压供水系统的控制,按下启动按钮 SB1 后,系统启动,变频器工作,保证供水压力恒定为 0.6 MPa;按下停止按钮,变频器停止工作。当系统水压低于 0.4 MPa 或者高于 0.8 MPa 时发出报警。

10.4.2 IO 分配

根据 S7-1200 PLC 输入/输出地址分配原则和任务要求,对 I/O 地址进行分配,具体见表 10-14。

表 10-14 恒压供水控制系统 I/O 点表

输入		输出	
I0.0	启动按钮 SB1	Q0.0	变频器控制继电器 KA
I0.1	停止按钮 SB2	Q0.1	上限报警 HL1
IW64	供水压力	Q0.2	下限报警 HL2
		QW80	变频器调速控制

10.4.3 PLC 硬件原理图

根据控制要求和 I/O 点表,恒压供水控制系统的主电路和控制电路原理图如图 10-29 所示。

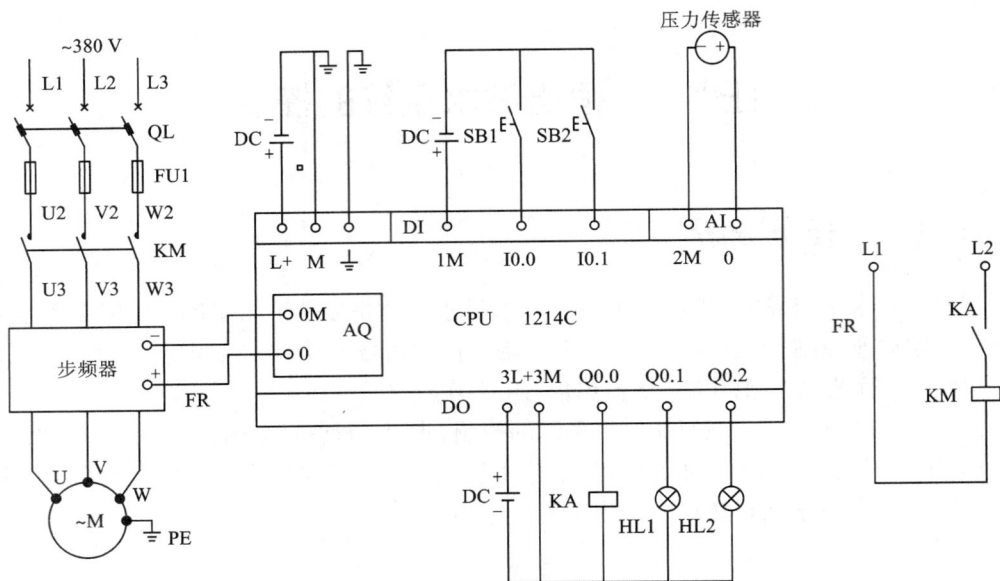

图 10-29 恒压供水控制系统原理图

10.4.4 程序编写

1. 创建项目

打开 TIA Portal 软件，在 Portal 视图中点击"创建新项目"，修改项目名称后点击"创建"按钮完成项目创建，点击"项目视图"进入项目视图显示界面。

双击"添加新设备"，选择添加 CPU 1214C DC/DC/DC，将硬件目录中的模拟量输出的信号板 AQ 1×12BIT 拖放到 CPU 的卡槽内，完成 CPU 上 PROFINET 接口的网络参数设置，完成模拟量输入和输出通道的信号类型和信号范围的设置。

2. 编辑变量表

PLC 变量表如图 10-30 所示。

		名称	数据类型	地址	保持	在 H...	可从 ...	注释
1		启动按钮SB1	Bool	%I0.0		✔	✔	
2		停止按钮SB2	Bool	%I0.1		✔	✔	
3		变频器启动继电器KA	Bool	%Q0.0		✔	✔	
4		压力上限报警HL1	Bool	%Q0.1		✔	✔	
5		压力下限报警HL2	Bool	%Q0.2		✔	✔	
6		供水压力	Int	%IW64		✔	✔	
7		变频器调速控制	Int	%QW80		✔	✔	
8						✔	✔	

图 10-30 恒压供水控制系统的 PLC 变量表

3. 编写程序

1) 循环中断 OB30

压力信号每 500 ms 采集一次，添加循环中断组织块 OB30，设定循环时间 500 ms，在 OB30 中编写压力采集和工程值转换程序，程序如图 10-31 所示。

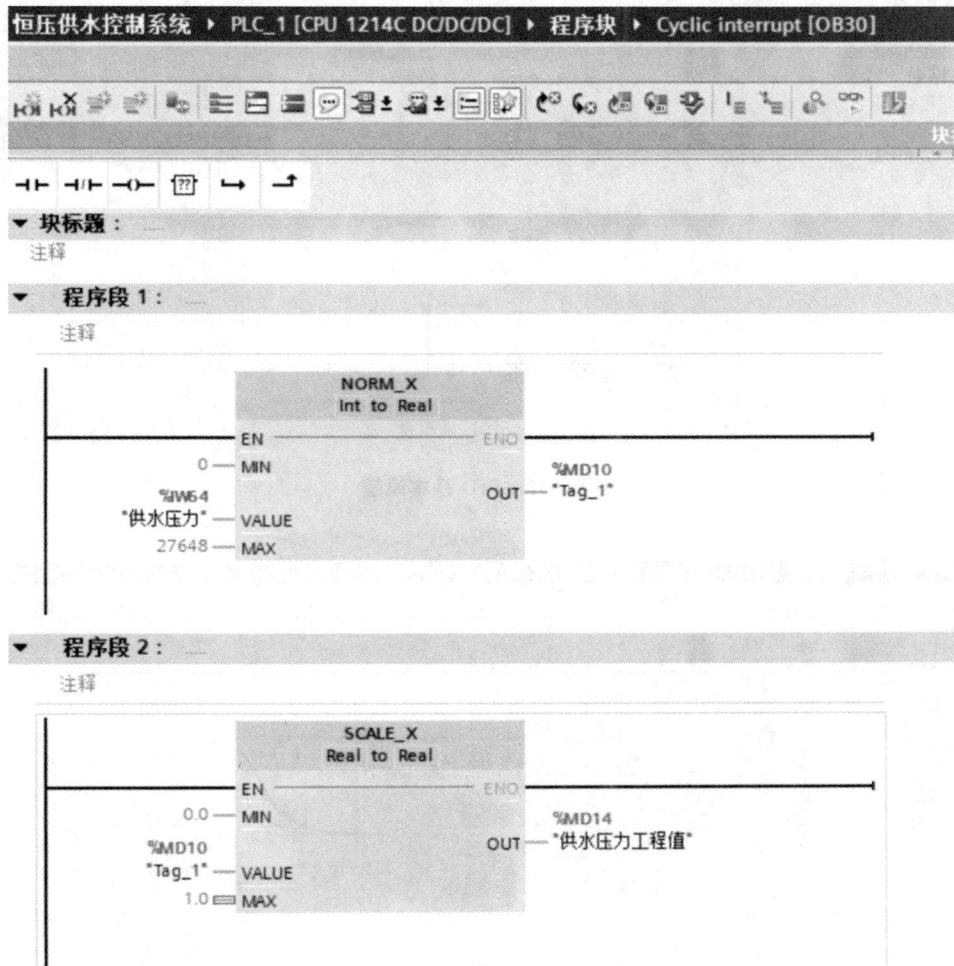

图 10-31 压力信号采集和转换

2) PID 控制器的组态

将"工艺"指令卡中的 PID_Compact 拖放到 OB30 循环中断组织块，修改背景数据块名称为 PID_DB，打开 PID_DB 的组态界面对 PID 控制器进行参数设置。

（1）将"控制器类型"选为"压力"，单位选择"Pa"；将"Mode"设置为"自动模式"，如图 10-32 所示。

（2）将过程值限值上限设为 650000，过程值下限设为 550000；标定的过程值范围为 0~1000000，对应数字量范围为 0~27648，如图 10-33 所示。

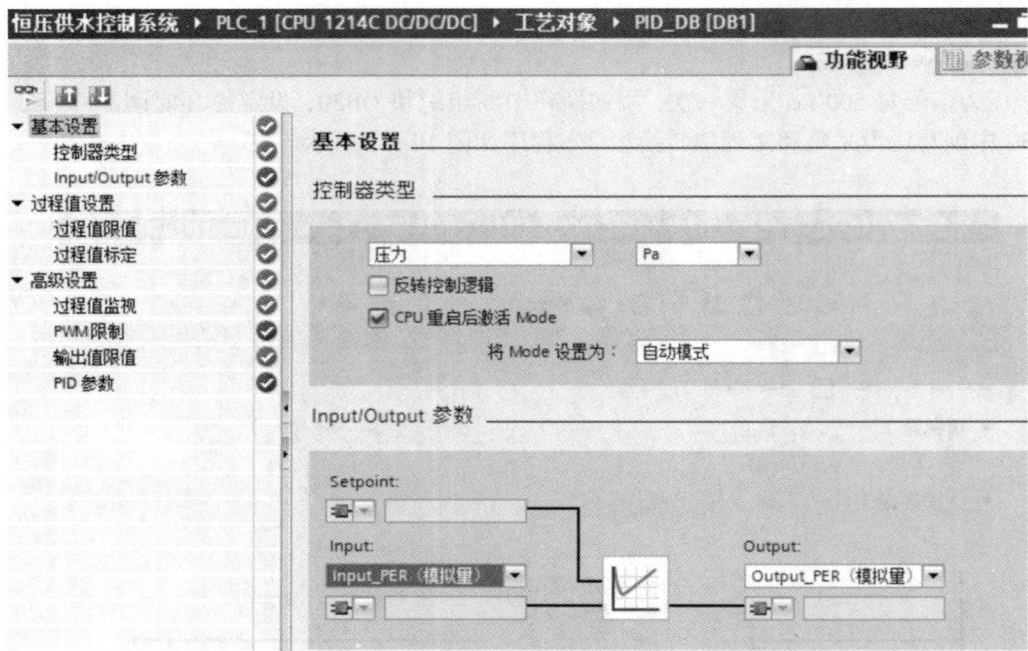

图 10-32　PID 基本设置

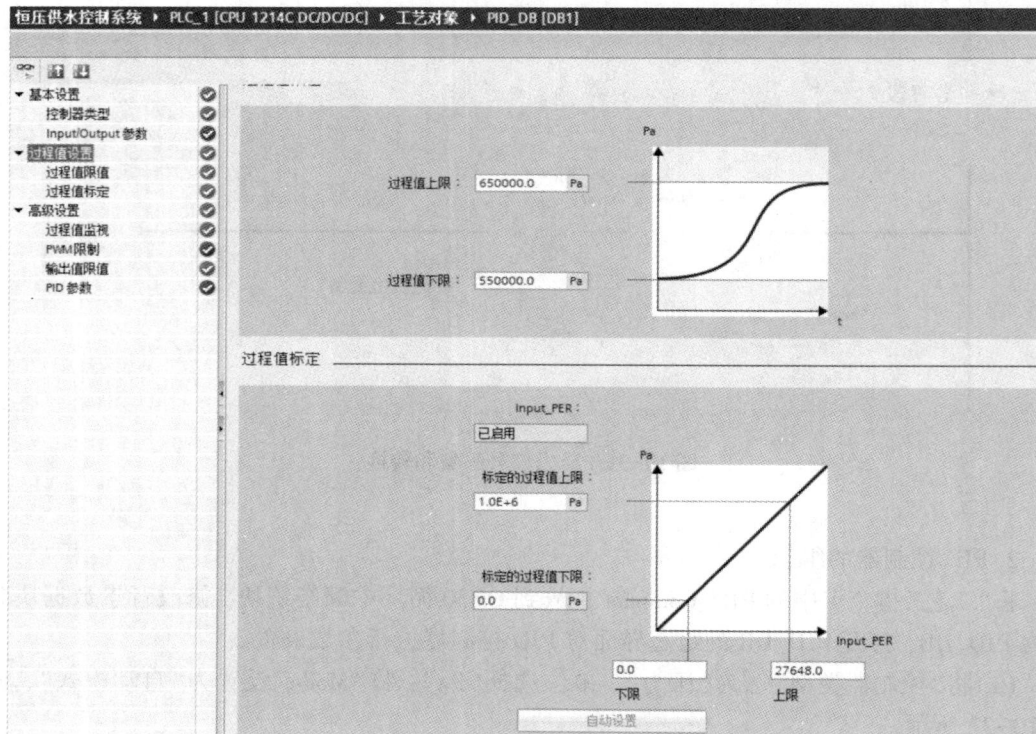

图 10-33　过程值设置

（3）将高级设置中过程值监视警告的上限设为800000，警告的下限设为400000；输出值限值的上限设为80%，下限设为30%。

若有调试好的PID参数可手动设置PID参数；也可以由调试面板自整定后再上传PID参数。PID_Compact指令程序如图10-34所示。

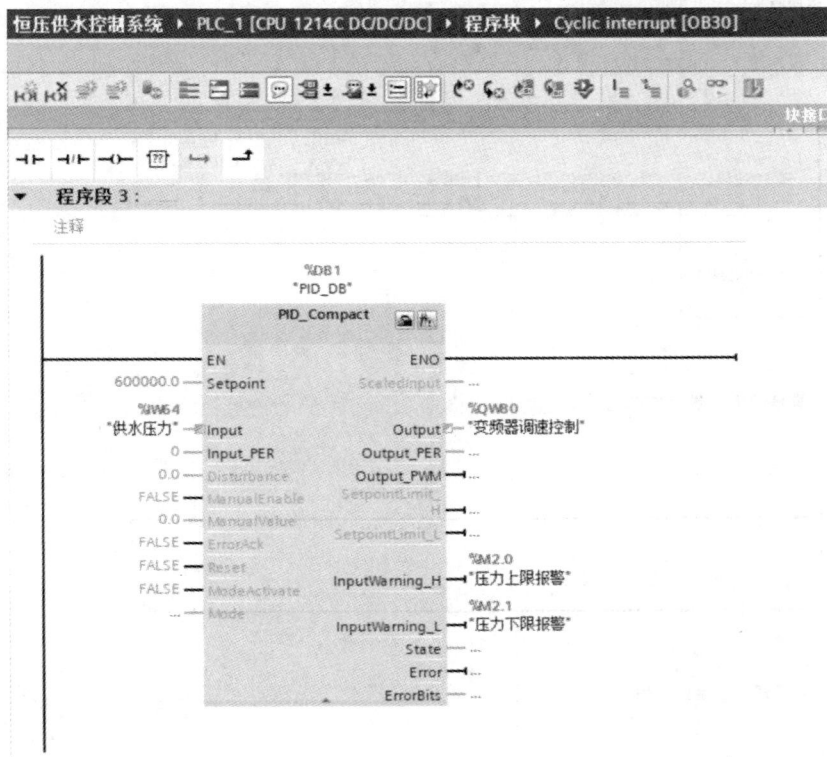

图10-34 PID指令

3）主程序OB1

控制系统的主程序如图10-35所示。

4）PID调试

将编写完成并编译无错误的程序下载到CPU中，打开PID控制器的调试界面，单击"测量"窗口中的"Start"按钮，选择"精确调节"，系统会自动调整输出，并根据振荡自动计算出PID参数。

单击调试界面上的PID参数上传按钮，PID工艺对象数据块会显示与CPU中的值不一致，将PID_Compact指令块重新下载至CPU完成参数同步。

5）程序调试

按下启动按钮SB1，改变供水压力测量值，观察变频器输出是否按照要求向上或者向下调节运行速度；调节供水压力高于0.8 MPa或者低于0.4 MPa，观察报警指示灯是否闪烁；按下停下按钮SB2，观察变频器是否停止运行。若控制程序与任务要求一致，实现任务功能要求。

块接口

▼ 块标题：*Main Program Sweep (Cycle)*
　　注释

▼ 　程序段 1：　系统启动和停止
　　　注释

```
        %I0.0           %I0.1           %M2.0           %M2.1                    %Q0.0
      "启动按钮SB1"    "停止按钮SB2"   "压力上限报警"  "压力下限报警"          "变频器启动继电
                                                                                器KA"
  ├─────┤├──────┬──────┤/├─────────────┤/├─────────────┤/├──────────────────────( )──────┤
  │              │
  │     %Q0.0    │
  │   "变频器启动继电│
  │     器KA"    │
  └─────┤├──────┘
```

▼ 　程序段 2：　置位报警标志位
　　　注释

```
        %M2.0                                                                   %M3.0
      "压力上限报警"                                                            "Tag_2"
  ├─────┤├──────────────────────────────────────────────────────────────────────( S )────┤

        %M2.1                                                                   %M3.1
      "压力下限报警"                                                            "Tag_3"
  ├─────┤├──────────────────────────────────────────────────────────────────────( S )────┤
```

▼ 　程序段 3：　报警灯闪烁
　　　注释

```
        %M3.0           %M0.5                                                   %Q0.1
       "Tag_2"       "Clock_1Hz"                                             "压力上限报警HL1"
  ├─────┤├────────────┤├────────────────────────────────────────────────────────( )──────┤

        %M3.1           %M0.5                                                   %Q0.2
       "Tag_3"       "Clock_1Hz"                                             "压力下限报警HL2"
  ├─────┤├────────────┤├────────────────────────────────────────────────────────( )──────┤
```

▼ 　程序段 4：　系统停止及复位
　　　注释

```
        %I0.1                                                                   %M3.0
      "停止按钮SB2"                                                            "Tag_2"
  ├─────┤├──────────────┬──────────────────────────────────────────────────────( R )────┤
                        │
                        │                                                        %M3.1
                        │                                                       "Tag_3"
                        └──────────────────────────────────────────────────────( R )────┤
```

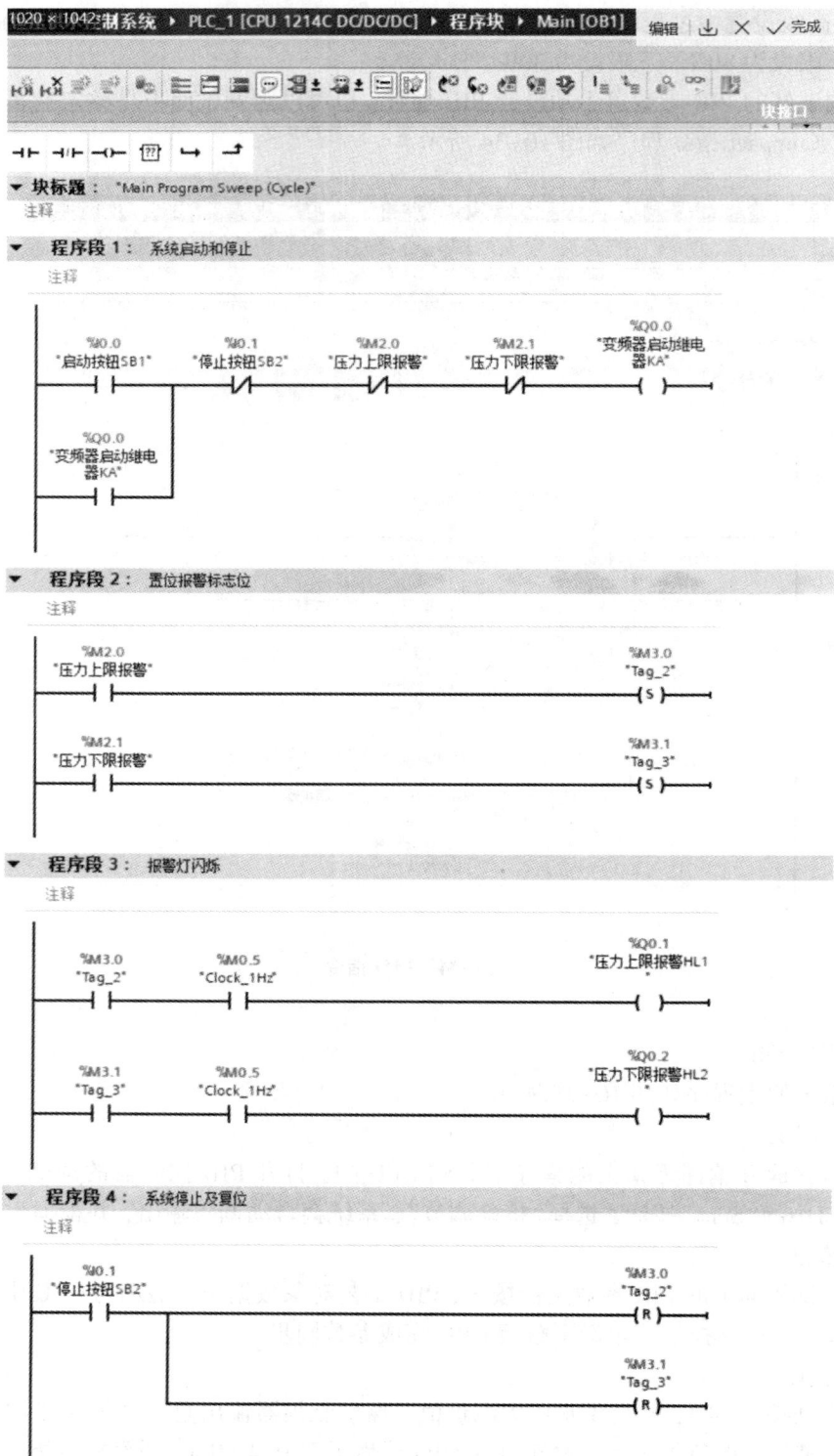

图 10-35　恒压控制系统主程序

项目十一

网络通信的应用

任务 1　以太网通信概述

S7-1200 CPU 上集成了一个 PROFINET 通信口，支持以太网和基于 TCP/IP 和 UDP 的通信标准。这个 PROFINET 物理接口是支持 10Mb/s 或 100Mb/s 的 RJ45 口，支持电缆交叉自适应，因此一个标准的或是交叉的以太网线都可以用于这个接口。使用这个通信口可以实现 S7-1200 CPU 与编程设备的通信，与 HMI 触摸屏的通信，以及与其他 CPU 之间的多种通信。

（1）PG 通信主要以编程设备进行连接，也就是用博途软件可以访问 PLC，对它进行程序的上传、下载、调试和诊断。

（2）HMI 通信主要用于连接触摸屏设备，可以是西门子本身的触摸屏或者是第三方设备的触摸屏，要注意的是在第三方设备的触摸屏连接时，需要在 PLC 的属性中，连接安全机制中勾选允许远程操作才能正常通信。

（3）S7 通信主要用于西门子 SIMATIC CPU 之间的通信，比如 S7-1500 与 S7-1200 之间的通信，S7-300/400 与 S7-1200 通信等，因为该通信标准未公开，不能实现与第三方的设备进行通信。

S7-1200 CPU 的 PROFINET 用于使用用户程序通过以太网与其他通信伙伴交换数据，主要支持 Profinet IO、S7 通信、TCP、ISO on TCP、UDP、Modbus TCP、HMI 通信、Web 通信等通信协议及服务。

11.1.1　S7-1200 的连接资源

在 S7-1200 CPU 的以太网通信时，通信设备的台数受到通信连接资源的限制，在 CPU 的属性中的常规选项中找到"连接资源"，在这里能查到 CPU 的各种通信连接资源数，如图 11-1 所示。每个 CPU 最多可支持 68 个特定的连接资源（不代表能连接 68 台设备），其中 62 个连接资源为特定类别通信的资源，6 个是动态连接资源（能自动分配），可根据需要扩展 S7、OUC 等通信资源。

1.PG 通信

CPU 有 4 个可用的 PG 连接资源。根据当前使用的 PG 功能，该 PG 实际可能使用其可用连接资源中的一个、两个、三个或四个，但只能保证始终使用 1 个 PG 的正常使用。

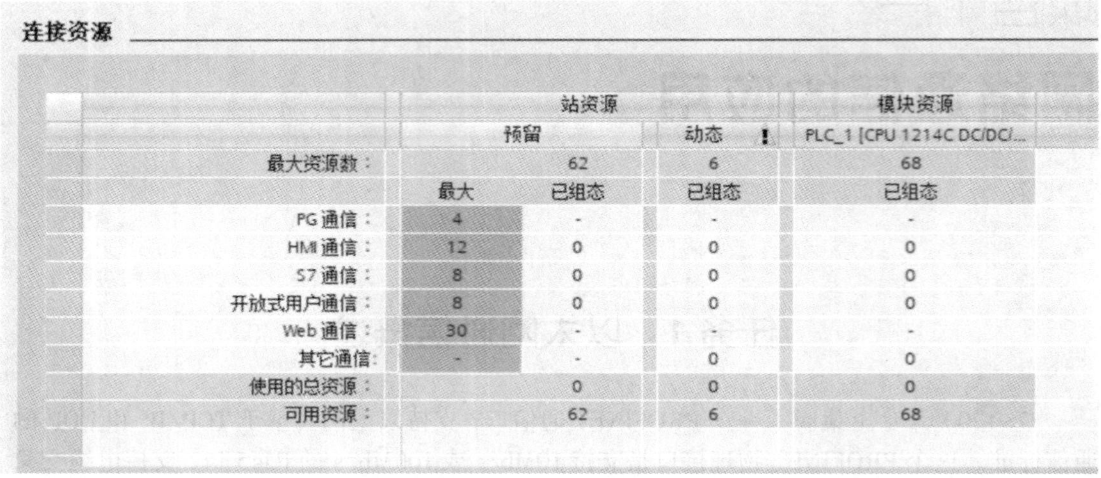

图 11-1 S7-1200 的连接资源

2. HMI 通信

HMI 通信的连接资源有 12 个(不代表它能带 12 个触摸屏),根据拥有的 HMI 类型或型号以及使用的 HMI 功能,每个 HMI 实际可能使用其可用连接资源中的一个、两个或三个。考虑到正在使用的可用连接资源数,可保证至少 4 个 HMI 设备的连接。HMI 可利用其可用连接资源(每个 1 个,共 3 个)实现读取、写入、报警和诊断功能。基于 WinCC TIA Portal 组态的 HMI 设备占 S7-1200 的 HMI 连接资源个数见表 11-1。

表 11-1 HMI 设备连接资源数

面板类型	资源数(默认)	简单通信	系统诊断	运行系统报警记录
基本面板	1	1	1	——
多功能面板	2	1	——	——
精智面板	2	1	2	——
WinCC RT Advanced	2	1	2	——
WinCC RT Professional	3	2	2	3

"资源数(默认)"是当 HMI 与 S7-1200 在一个项目中组态 HMI 连接时,会占用 S7-1200 的组态的 HMI 连接个数,如图 11-2 所示,HMI_2 为精智面板 HMI 连接占用的连接资源数。

对于 S7-1200 V4.1 以上版本,有 6 个动态连接资源可以用于 HMI 连接。所以它们的最大 HMI 连接资源数可以达到 18 个。

3. S7 通信

S7 通信的连接资源根据需求可组态 6 个动态的连接资源,所以最多有 14 个 S7 的连接

网络概览　连接　IO 通信　VPN

	本地连接名称	本地站点 ▲	本地ID(十...	伙伴ID(十...	伙伴	连接类型
	HMI_Connection_1	HMI_2			PLC_1 [CPU 1214C ...	HMI 连接

	站资源				模块资源
	预留		动态　!		PLC_1 [CPU 1214C DC/DC/...
最大资源数：	62		6		68
	最大	已组态	已组态		已组态
PG 通信：	4	-	-		-
HMI 通信：	12	2	0		2
S7 通信：	8	0	0		0
开放式用户通信：	8	0	0		0
Web 通信：	30	-			-
其它通信：	-	-	0		0
使用的总资源：		2	0		2
可用资源：		60	6		66

图 11-2　HMI 连接资源数

资源。

4. OUC 通信

OUC 通信(开放式用户通信)的连接资源根据需求可组态 6 个动态的连接资源，所以最多有 14 个 OUC 的连接资源，即 TCP、ISO_on_TCP、UDP 和 Modbus TCP 这 4 种通信，同时可建立的连接数总数最多为 14 个。

11.1.2　物理网络连接

S7-1200 CPU 的 PROFINET 口有两种网络连接方法：直接连接和网络连接。

1. 直接连接

当一个 S7-1200 CPU 与一个编程设备或是 HMI 或是另一个 PLC 通信时，也就是说只有两个通信设备时，实现的是直接通信。直接连接不需要使用交换机，用网线直接连接两个设备即可。如图 11-3 所示，分别为 CPU 连接到编程设备、CPU 连接到 HMI、CPU 连接到另一个 CPU。

2. 网络连接

当多个通信设备进行通信时，也就是说通信设备为两个以上时，实现的是网络连接。CPU 1211C、CPU 1212C 和 CPU1214C 拥有独立以太网接口并不包含集成以太网交换机。编程设备或 HMI 与 CPU 之间的直接连接不需要以太网交换机。不过，含有两个以上的 CPU 或 HMI 设备的网络需要以太网交换机。

(1)CPU 1215C 和 CPU 1217C 具有内置的双端口以太网交换机。可使用具有 CPU 1215C 和另两 S7-1200 CPU 的网络，如图 11-4 所示，图中①为 CPU 1215C。

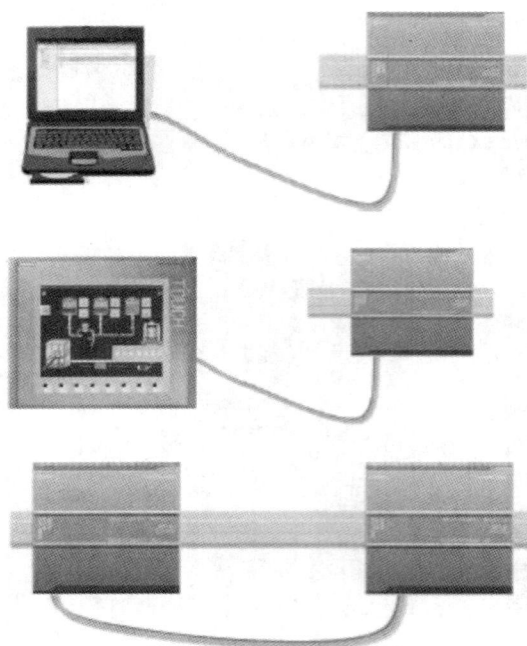

图 11-3　S7-1200 的直接连接

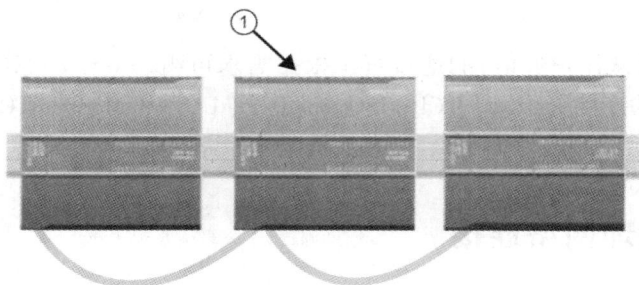

图 11-4　CPU 内置双端口的网络连接

（2）含有两个以上的 CPU 或 HMI 设备的网络需要以太网交换机。可以使用导轨安装的西门子 CSM1277 的 4 口交换机连接其它 CPU 及 HMI 设备。如图 11-5 所示，图中②为 CSM1277 交换机，CSM1277 交换机是即插即用的，使用前不用做任何设置。

11.1.3　PLC 与 PLC 之间通信的过程

1. 实现两个 CPU 之间通信

（1）建立硬件通信物理连接：由于 S7-1200 CPU 的 PROFINET 物理接口支持交叉自适应功能，因此连接两个 CPU 既可以使用标准的以太网电缆也可以使用交叉的以太网线。两个 CPU 的连接可以直接连接，不需要使用交换机。

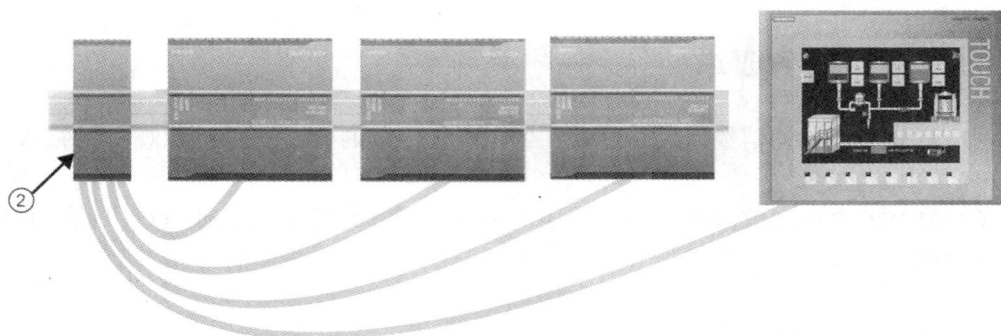

图 11-5　以太网交换机的网络连接

（2）配置硬件设备：在"Device View"中配置硬件组态。

（3）配置永久 IP 地址：为两个 CPU 配置不同的永久 IP 地址。

（4）在网络连接中建立两个 CPU 的逻辑网络连接。

（5）编程配置连接及发送、接收数据参数。在两个 CPU 里分别调用 TSEND_C 或 TSEND、TRCV_C 或 TRCV 通信指令，并配置参数，使能双边通信。

2. 配置 CPU 之间的逻辑网络连接

配置完 CPU 的硬件后，在网络视图下，创建两个设备的连接。要想创建 PROFINET 的逻辑连接，用鼠标点中第一个 PLC 上的 PROFINET 通信口的绿色小方框，然后拖拽出一条线，到另外一个 PLC 上的 PROFINET 通信口上，松开鼠标，连接就建立起来了，如图 11-6 所示。

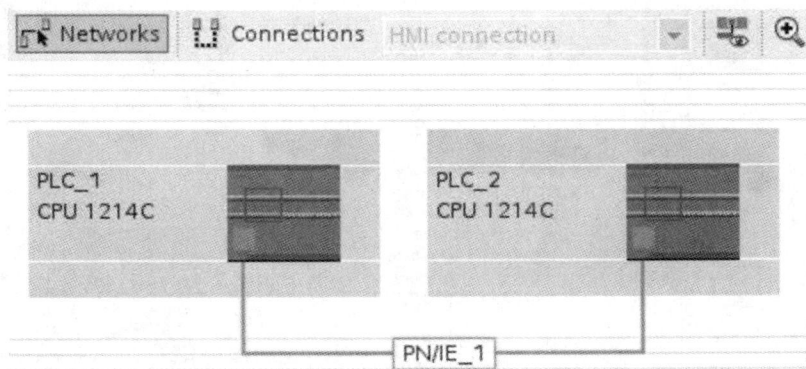

图 11-6　创建网络连接

任务 2　S7-1200 之间的 TCP 通信

S7-1200 与 S7-1200 之间的以太网通信可以通过 TCP 协议来实现，使用的通信指令是在双方 CPU 调用 T-block（TSEND_C，TRCV_C，TCON，TDISCON，TSEND，TRCV）指令来实现。通信方式为双边通信，因此 TSEND 和 TRCV 必须成对出现。

11.2.1　任务要求

(1)将 PLC_1 的通信数据区 DB3 块中的 100 个字节的数据发送到 PLC_2 的接收数据区 DB4 块中。

(2)将 PLC_2 的通信数据区 DB3 块中的 100 个字节的数据发送到 PLC_1 的接收数据区 DB4 块中。

11.2.2　硬件组态配置

1. 创建项目

打开 TIA Portal，在 STEP 7 的"Portal 视图"中选择"创建新项目"，修改项目名称后，点击选择"项目视图"。

2. 添加硬件并命名 PLC

进入"项目视图"，在"项目树"下双击"添加新设备"，在对话框中选择所使用的 S7-1200 CPU 添加到机架上，命名为 PLC_1，如图 11-7 所示。用同样方法再添加通信伙伴的 S7-1200 CPU，命名为 PLC_2。

图 11-7　添加 CPU 设备

为了编程方便，使用 CPU 属性中定义的时钟位，在"项目树">"PLC_1">"设备组态"中，选中 CPU，然后在下面的属性窗口中，"常规">"系统和时钟存储"下，将系统位定义在 MB1，时钟位定义在 MB0，如图 11-8 所示。

时钟位主要使用 M0.3，它是以 2Hz 的速率在 0 和 1 之间切换的一个位，可以使用它去自动激活发送任务。

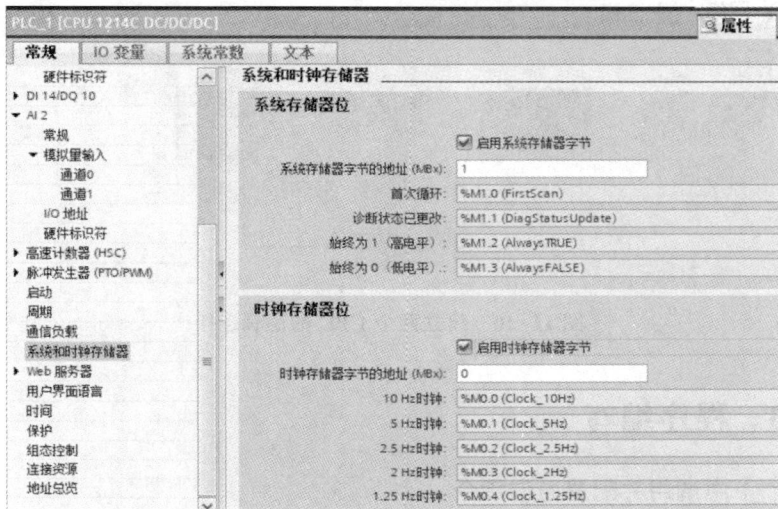

图 11-8 系统位和时钟位

3. PROFINET 通信口配置

在"设备视图"中双击 CPU 上代表 PROFINET 通信口的绿色小方块，在下方会出现 PROFINET 接口的属性，点击"添加新子网"，在"以太网地址"下分配 IP 地址为 192.168.0.1，子网掩码为 255.255.255.0，如图 11-9 所示。用同样方法，在同一个项目里添加另一个新设备 S7-1200 CPU 并为其分配 IP 地址为 192.168.0.2。

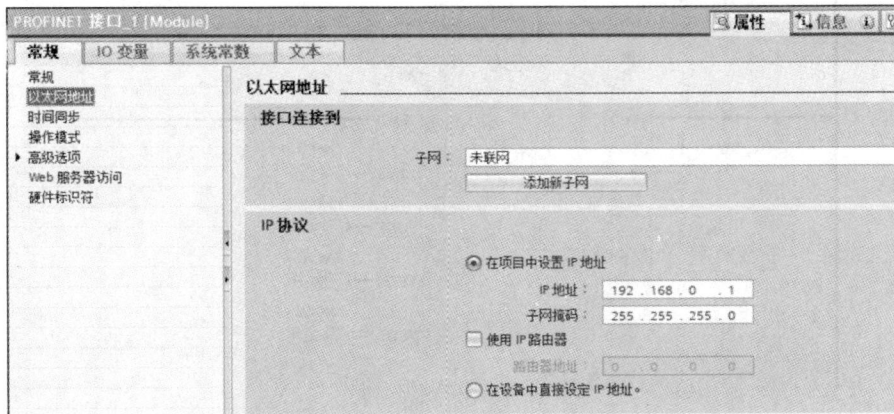

图 11-9 分配 IP 地址

4. 创建 CPU 之间的逻辑网络连接

在"项目树">"设备组态">"网络视图"下，创建两个设备的连接。用鼠标点中 PLC_1 上的 PROFINET 通信口的绿色小方框，然后拖拽出一条线，到另外一个 PLC_2 上的 PROFINET 通信口上，松开鼠标，连接就建立起来了，如图 11-10 所示。

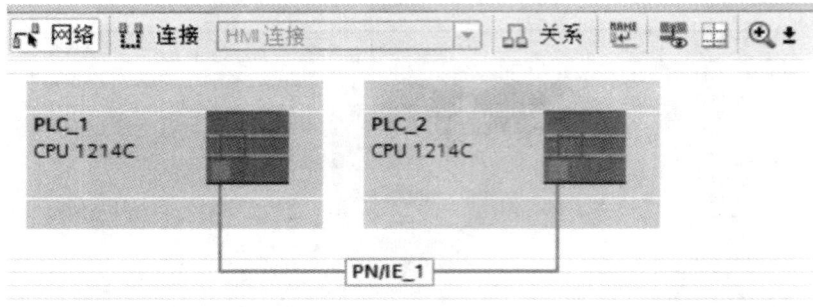

图 11-10　建立两个 CPU 的逻辑连接

11.2.3　程序编写

1. 在 PLC_1 中调用并配置通信指令

1）在 PLC_1 的 OB1 中调用"TCON"通信指令

（1）调用"TCON"。

在 PLC_1 CPU 中调用发送通信指令，进入"项目树">"PLC_1">"程序块">"OB1"主程序中，从右侧窗口"指令">"通信">"开放式用户通讯">"其他"下调用"TCON"指令，创建连接，如图 11-11 所示。

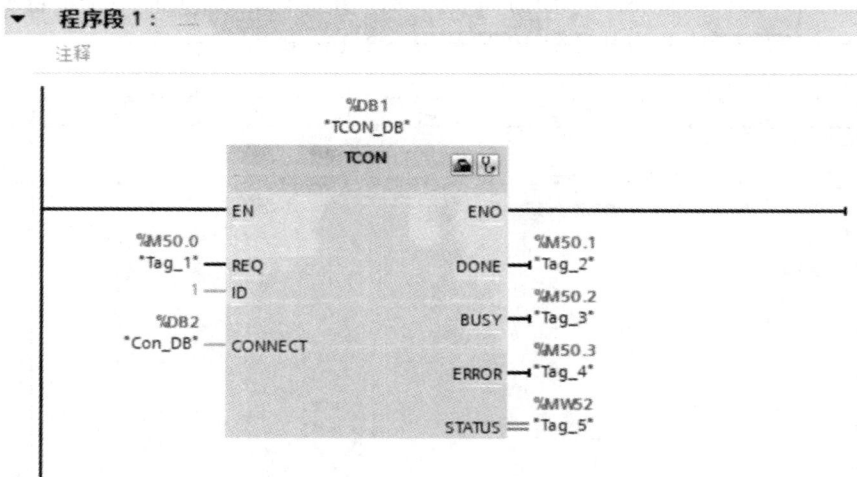

图 11-11　调用"TCON"通信指令

（2）定义 PLC_1 的"TCON"连接参数。

点击 PLC_1 的 TCON 指令的 ，连接参数需要在指令下方的属性窗口"属性">"组态">"连接参数"中设置，如图 11-12 所示。

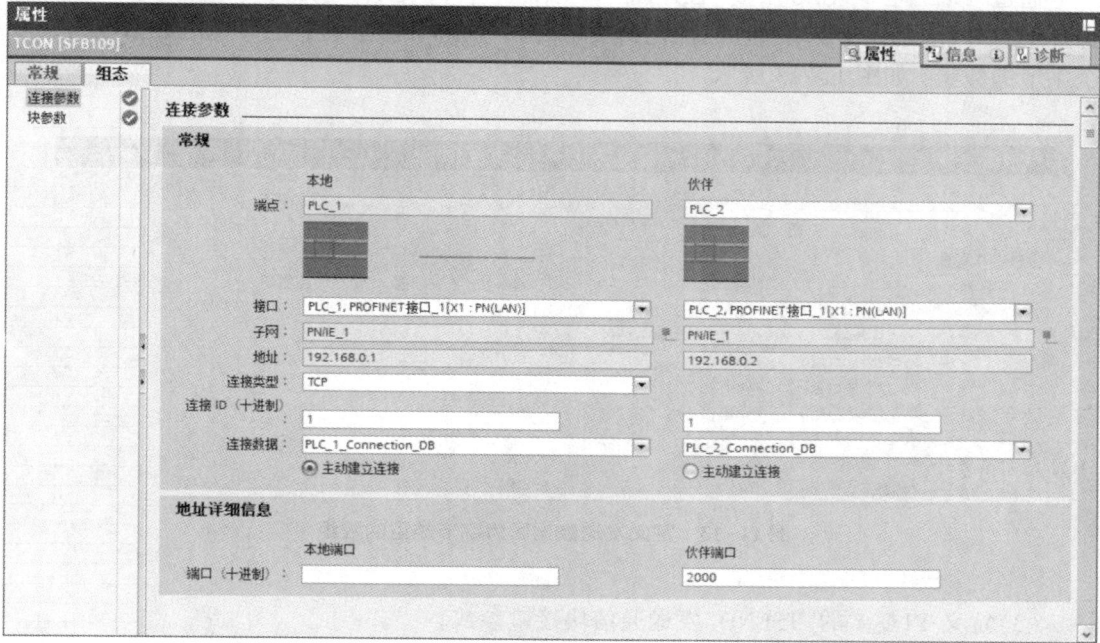

图 11-12 定义 TCON 连接参数

TCON 指令连接参数的说明见表 11-2。

表 11-2 连接参数说明

参数名称	参数说明
伙伴	可以通过点击选择按钮选择伙伴 CPU：PLC_2
连接类型	选择通信协议为 TCP（也可以选择 ISO on TCP 或 UDP 协议）
连接 ID	连接的地址 ID 号，这个 ID 号在后面的编程里会用到
连接数据	创建连接时，生成 DB 块
主动建立连接	选择本地 PLC_1 作为主动连接
地址详细信息	定义通信伙伴方的端口号为：2000；如果选用的是 ISO on TCP 协议，则需要设定 TSAP 地址（ASCII 形式），本地 PLC_1 可以设置成"PLC1"，伙伴方 PLC_2 可以设置成"PLC2"。

2）在 PLC_1 的 OB1 中调用发送指令 TSEND 并配置基本参数

（1）调用"TSEND"。

在 OB1 内调用“TSEND”发送 100 个字节数据到 PLC_2 中，进入“项目树”>“PLC_1”>“程序块”>“OB1”主程序中，从右侧窗口“指令”>“通信”>“开放式用户通讯”>“其他”下调用“TSEND”指令。

(2)创建并定义 PLC_1 的发送数据区 DB 块。

通过“项目树”>“PLC_1”>“程序块”>“添加新块”，选择“数据块(DB)”创建 DB 块，选择绝对寻址(禁用 DB 块属性的优化的块访问)，点击“确定”键，定义发送数据区为 100 个字节的数组，如图 11-13 所示。

TCP通信 ▸ PLC_1 [CPU 1214C DC/DC/DC] ▸ 程序块 ▸ PLC_1发送 [DB4]

PLC_1发送

	名称	数据类型	偏移量	启动值	监视值	保持性
1	▾ Static					
2	▾ PLC_1发送数据	Array[0..100] of Word	0.0			
3	PLC_1发送数据[0]	Word	0.0	16#0		
4	PLC_1发送数据[1]	Word	2.0	16#0		
5	PLC_1发送数据[2]	Word	4.0	16#0		
6	PLC_1发送数据[3]	Word	6.0	16#0		
7	PLC_1发送数据[4]	Word	8.0	16#0		
8	PLC_1发送数据[5]	Word	10.0	16#0		

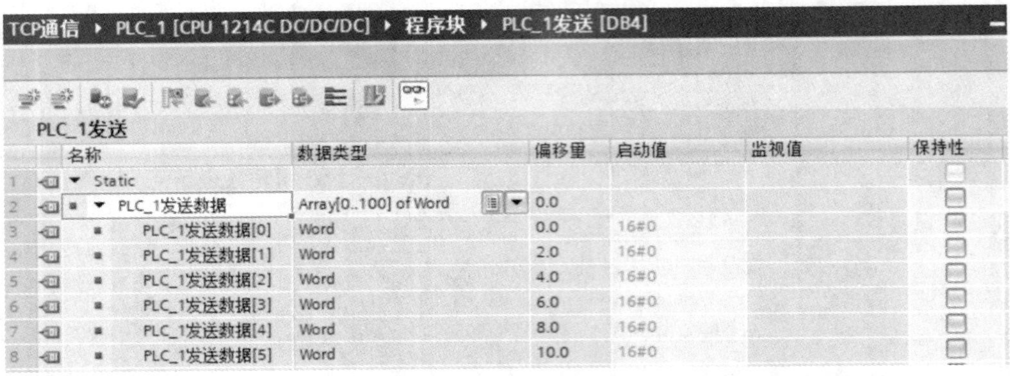

图 11-13　定义发送数据区为字节类型的数组

(3)定义 PLC_1 的“TSEND”发送通信块接口参数。

发送通信块接口参数如图 11-14 所示。

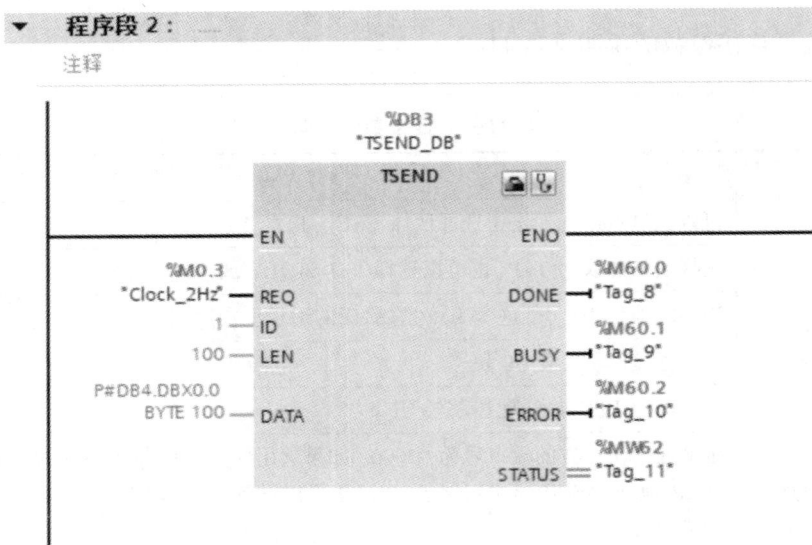

图 11-14　TSEND 接口参数

发送通信块输入和输出接口参数说明见表 11-3。

表 11-3　TSEND 接口参数说明

REQ	M0.3	使用 2Hz 的时钟脉冲, 上升沿激活发送任务
ID	1	创建连接 ID
LEN	100	发送数据长度
DATA	P#DB4.DBX0.0BYTE 100	发送数据区的数据, 使用指针寻址时, DB 块要选用绝对寻址
DONE	M60.0	任务执行完成并且没有错误, 该位置 1
BUSY	M60.1	该位为 1, 代表任务未完成, 不能激活新任务
ERROR	M60.2	通信过程中有错误发生, 该位置 1
STATUS	MW62	有错误发生时, 会显示错位信息号

3)在 PLC_1 的 OB1 中调用接收指令 TRCV 并配置基本参数

(1)调用"TRCV"。

在 OB1 内调用"TRCV"实现 PLC_1 接收来自 PLC_2 的 100 个数据, 进入"项目树">"PLC_1">"程序块">"OB1"主程序中, 从右侧窗口"指令">"通信">"开放式用户通讯">"其他"下调用"TRCV"指令。

(2)创建并定义 PLC_1 的接收数据区 DB 块。

通过"项目树">"PLC_1">"程序块">"添加新块", 选择"数据块(DB)"创建 DB 块, 选择绝对寻址(禁用 DB 块属性的优化的块访问), 点击"确定"键, 定义接收数据区为 100 个字节的数组, 如图 11-15 所示。

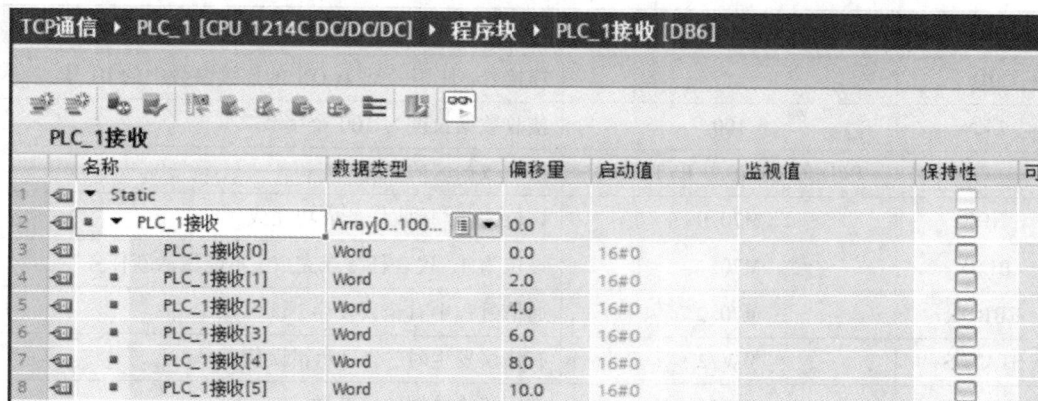

图 11-15　定义接收数据区为字节类型的数组

(3)定义 PLC_1 的"TRCV"接收通信块接口参数。

接收通信块接口参数如图 11-16 所示。

接收通信块输入和输出接口参数说明见表 11-4。

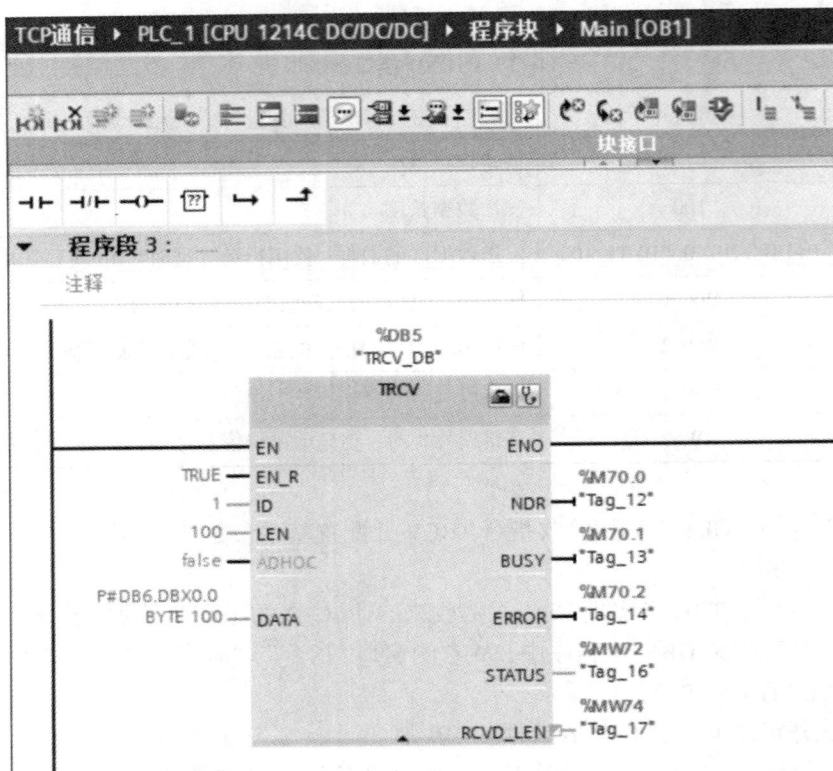

图 11-16　TRCV 接口参数

表 11-4　TRCV 接口参数说明

EN_R	TRUE	准备好接收数据
ID	1	连接号，使用的是 TCON 的连接参数中的 ID 号
LEN	100	接收数据长度为 100 个字节
DATA	P#DB6.DBX0.0 BYTE 100	接收数据区的地址
NDR	M70.0	该位为 1，接收任务成功完成
BUSY	M70.1	该位为 1，代表任务未完成，不能激活新任务
ERROR	M70.2	通信过程中有错误发生，该位置 1
STATUS	MW72	有错误发生时，会显示错误信息号
RCVD_LEN	MW74	实际接收数据的字节数

2. 在 PLC_2 中调用并配置通信指令

1）在 PLC_2 的 OB1 中调用"TCON"通信指令

（1）调用"TCON"。

在 PLC_2 CPU 中调用发送通信指令，进入"项目树">"PLC_2">"程序块">"OB1"主程序中,从右侧窗口"指令">"通信">"开放式用户通讯">"其他"下调用"TCON"指令,创建连接,如图 11-17 所示。

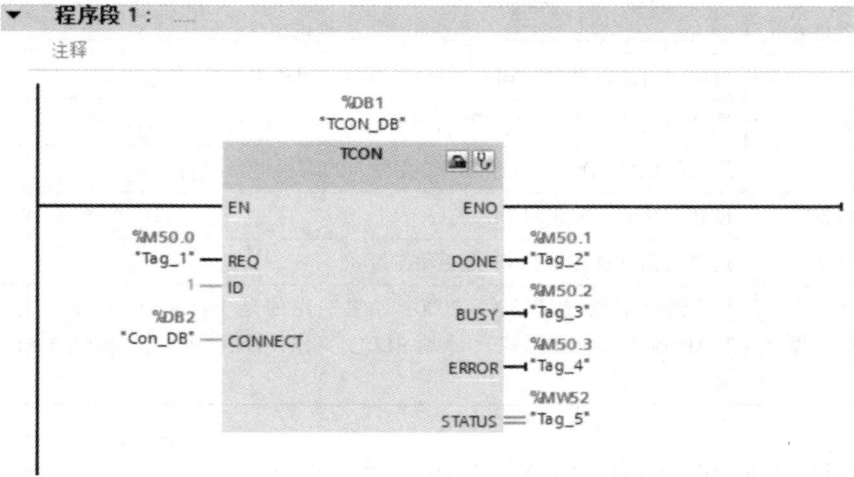

图 11-17 调用"TCON"通信指令

(2)定义 PLC_2 的"TCON"连接参数。

点击 PLC_2 的 TCON 指令的 ⬛，连接参数需要在指令下方的属性窗口"属性">"组态">"连接参数"中设置,如图 11-18 所示。

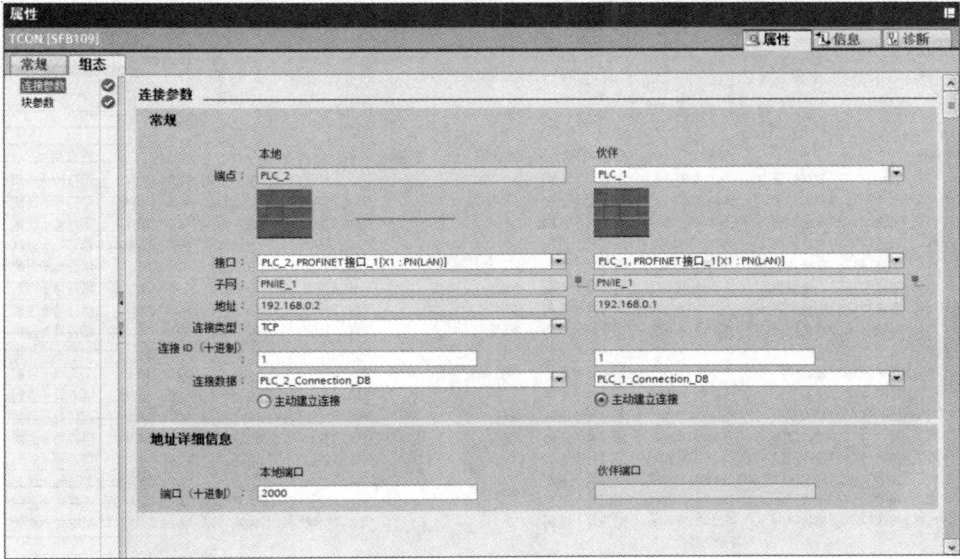

图 11-18 定义 TCON 连接参数

连接参数的说明见表 11-5。

表 11-5　连接参数说明

参数名称	参数说明
伙伴	可以通过点击选择按钮选择伙伴 CPU ：PLC_1
连接类型	选择通信协议为 TCP(也可以选择 ISO on TCP 或 UDP 协议)
连接 ID	连接的地址 ID 号，这个 ID 号在后面的编程里会用到
连接数据	创建连接时，生成的 DB 块
主动建立连接	选择通信伙伴 PLC_1 作为主动连接
地址详细信息	定义通信本地端口号为：2000；如果选用的是 ISO on TCP 协议，则需要设定 TSAP 地址(ASCII 形式)，本地 PLC_2 可以设置成“PLC2”，伙伴方 PLC_1 可以设置成“PLC1”

2)在 PLC_2 的 OB1 中调用 TSEND 和 TRCV 通信指令

指令的调用、数据区数据块的创建和指令接口参数的配置和 PLC_1 中的要求完全一致。

3. 程序调试

下载两个 CPU 中的所有硬件组态及程序，从监控表中可以看到，PLC_1 的 TSEND 指令发送数据“11、22、33、44、55、66、77、88”数据，PLC_2 接收到数据“11、22、33、44、55、66、77、88”。而 PLC_2 发送数据“88、77、66、55、44、33、22、11”，PLC_1 接收数据“88、77、66、55、44、33、22、11”，如图 11-19 所示。

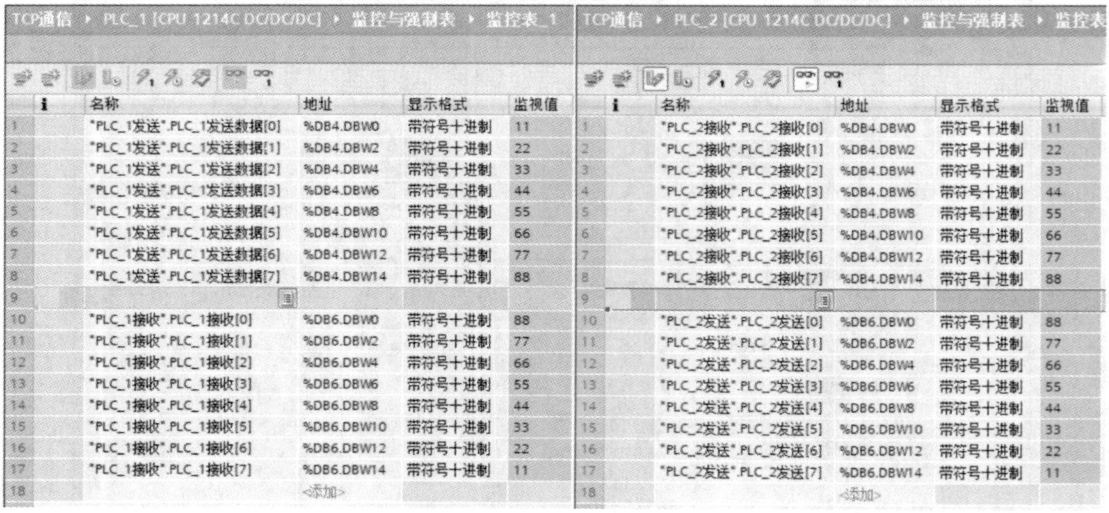

TCP通信 ▸ PLC_1 [CPU 1214C DC/DC/DC] ▸ 监控与强制表 ▸ 监控表_1

	i	名称	地址	显示格式	监视值
1		"PLC_1发送".PLC_1发送数据[0]	%DB4.DBW0	带符号十进制	11
2		"PLC_1发送".PLC_1发送数据[1]	%DB4.DBW2	带符号十进制	22
3		"PLC_1发送".PLC_1发送数据[2]	%DB4.DBW4	带符号十进制	33
4		"PLC_1发送".PLC_1发送数据[3]	%DB4.DBW6	带符号十进制	44
5		"PLC_1发送".PLC_1发送数据[4]	%DB4.DBW8	带符号十进制	55
6		"PLC_1发送".PLC_1发送数据[5]	%DB4.DBW10	带符号十进制	66
7		"PLC_1发送".PLC_1发送数据[6]	%DB4.DBW12	带符号十进制	77
8		"PLC_1发送".PLC_1发送数据[7]	%DB4.DBW14	带符号十进制	88
9					
10		"PLC_1接收".PLC_1接收[0]	%DB6.DBW0	带符号十进制	88
11		"PLC_1接收".PLC_1接收[1]	%DB6.DBW2	带符号十进制	77
12		"PLC_1接收".PLC_1接收[2]	%DB6.DBW4	带符号十进制	66
13		"PLC_1接收".PLC_1接收[3]	%DB6.DBW6	带符号十进制	55
14		"PLC_1接收".PLC_1接收[4]	%DB6.DBW8	带符号十进制	44
15		"PLC_1接收".PLC_1接收[5]	%DB6.DBW10	带符号十进制	33
16		"PLC_1接收".PLC_1接收[6]	%DB6.DBW12	带符号十进制	22
17		"PLC_1接收".PLC_1接收[7]	%DB6.DBW14	带符号十进制	11
18			<添加>		

TCP通信 ▸ PLC_2 [CPU 1214C DC/DC/DC] ▸ 监控与强制表 ▸ 监控表

	i	名称	地址	显示格式	监视值
1		"PLC_2接收".PLC_2接收[0]	%DB4.DBW0	带符号十进制	11
2		"PLC_2接收".PLC_2接收[1]	%DB4.DBW2	带符号十进制	22
3		"PLC_2接收".PLC_2接收[2]	%DB4.DBW4	带符号十进制	33
4		"PLC_2接收".PLC_2接收[3]	%DB4.DBW6	带符号十进制	44
5		"PLC_2接收".PLC_2接收[4]	%DB4.DBW8	带符号十进制	55
6		"PLC_2接收".PLC_2接收[5]	%DB4.DBW10	带符号十进制	66
7		"PLC_2接收".PLC_2接收[6]	%DB4.DBW12	带符号十进制	77
8		"PLC_2接收".PLC_2接收[7]	%DB4.DBW14	带符号十进制	88
9					
10		"PLC_2发送".PLC_2发送[0]	%DB6.DBW0	带符号十进制	88
11		"PLC_2发送".PLC_2发送[1]	%DB6.DBW2	带符号十进制	77
12		"PLC_2发送".PLC_2发送[2]	%DB6.DBW4	带符号十进制	66
13		"PLC_2发送".PLC_2发送[3]	%DB6.DBW6	带符号十进制	55
14		"PLC_2发送".PLC_2发送[4]	%DB6.DBW8	带符号十进制	44
15		"PLC_2发送".PLC_2发送[5]	%DB6.DBW10	带符号十进制	33
16		"PLC_2发送".PLC_2发送[6]	%DB6.DBW12	带符号十进制	22
17		"PLC_2发送".PLC_2发送[7]	%DB6.DBW14	带符号十进制	11
18			<添加>		

图 11-19　PLC_1 及 PLC_2 的监控表

任务 3　S7–1200 之间的 ISO on TCP 通信

11.3.1　任务要求

S7–1200 与 S7–1200 之间的以太网通信可以通过 ISO on TCP 协议来实现，使用的通信指令是在双方 CPU 调用 T–block(TSEND_C，TRCV_C，TCON，TDISCON，TSEND，TRCV) 指令来实现。通信方式为双边通信，因此 TSEND 和 TRCV 必须成对出现。

11.3.2　硬件组态配置

使用 ISO on TCP 协议通信，除了连接参数的定义不同，其他组态编程与 TCP 协议通信完全相同。S7–1200 CPU 中，使用 ISO on TCP 协议通信时，PLC_1 的连接参数如图 11–20 所示。通信伙伴 PLC_2 的连接参数，如图 11–21 所示。

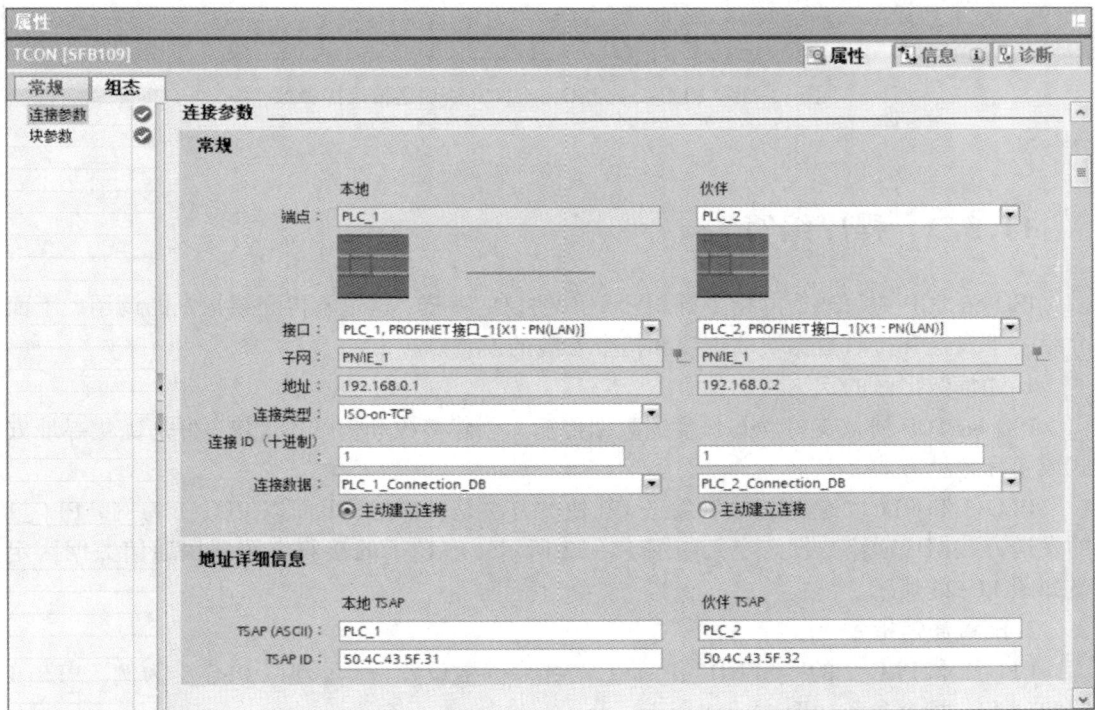

图 11–20　PLC_1 的 ISO on TCP 协议通信连接参数

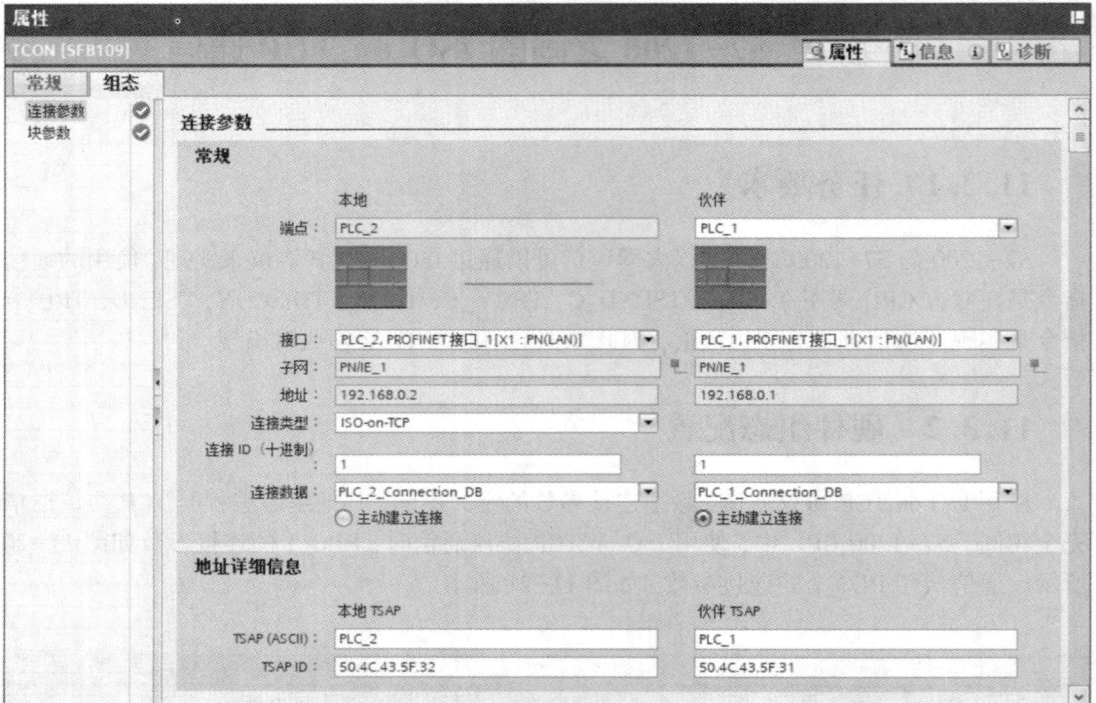

图 11-21　PLC_2 的 ISO on TCP 协议通信连接参数

11.3.3　程序编写

ISO on TCP 协议通信的指令调用和 TCP 协议的一样，这里不再介绍指令的调用。下面介绍一下发送和接收数据块的创建和指令参数的设置。

1. 通信数据区的定义

ISO on TCP 协议支持动态长度的数据传输。创建接收和发送 DB 块，可是优化寻址方式或实际地址方式。

PLC_1 和 PLC_2 创建接收和发送 DB 块的方法是一样的，下面以 PLC_1 为例。PLC_1 的发送方数据块通信数据区定义如图 11-22 所示。PLC_1 的接收方数据块通信数据区定义如图 11-23 所示。

2. 配置通信指令

PLC_1 和 PLC_2 的"TSEND"和"TRCV"指令参数设置一样，现以 PLC_1 为例。PLC_1 的"TSEND"指令参数如图 11-24 所示。

PLC_1 的"TRCV"指令参数如图 11-25 所示，接收方的程序"LEN"参数赋一个常数"0"，以便实现动态数据长度传输。注意要创建符号寻址方式的 DB 块。要实现动态长度数据传输，需要将接收方的数据长度设为 0。如果发送方数据长度"TSENDC_LEN"设为 100，则传送 100 个字节给接收方。

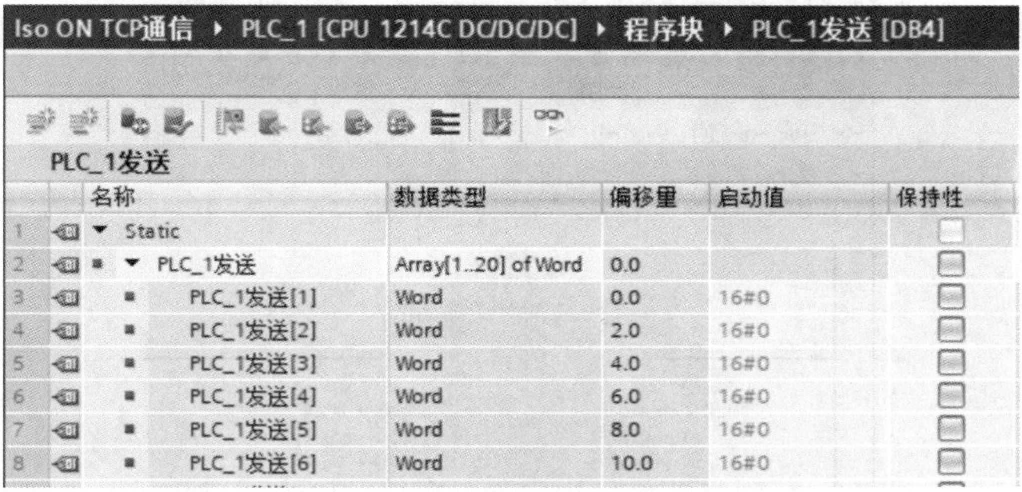

图 11-22　发送方数据块通信数据区的定义

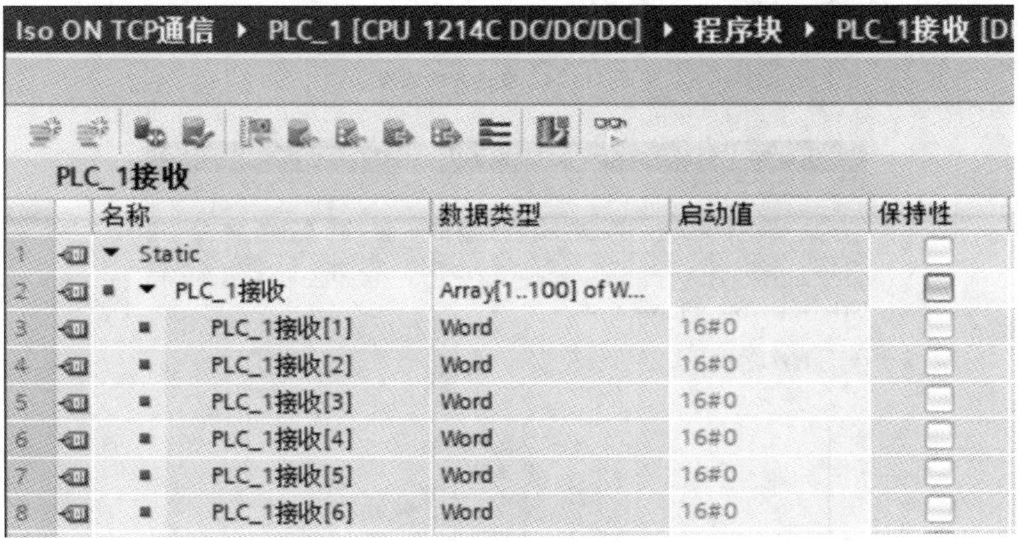

图 11-23　接收方数据块通信数据区的定义

3. 程序调试

下载两个 CPU 中的所有硬件组态及程序，从监控表中可以看到，PLC_1 的 TSEND 指令发送数据"1、2、3、4、5、6"，PLC_2 接收到数据"1、2、3、4、5、6"。而 PLC_2 发送数据"6、5、4、3、2、1"，PLC_1 接收数据是"6、5、4、3、2、1"，如图 11-26 所示。

程序段 2：

注释

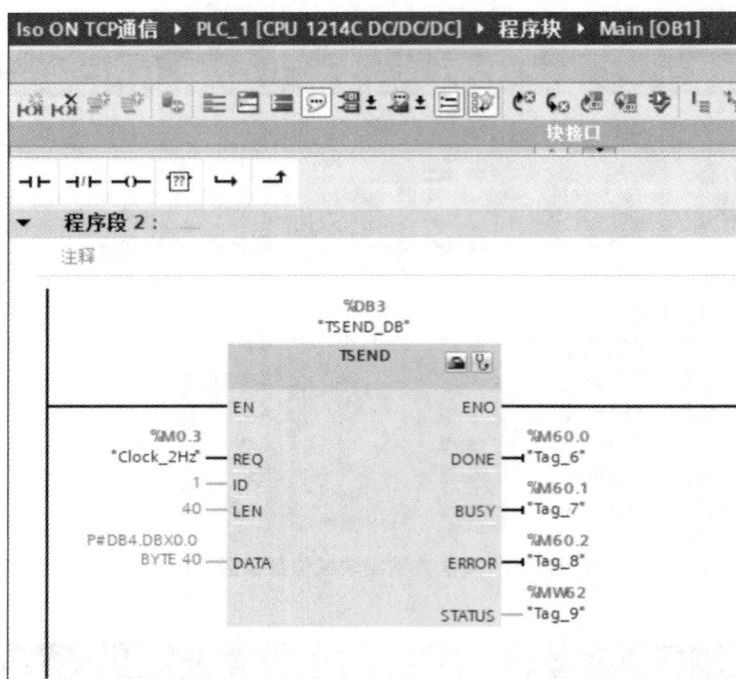

图 11-24　发送方的编程

程序段 3：

注释

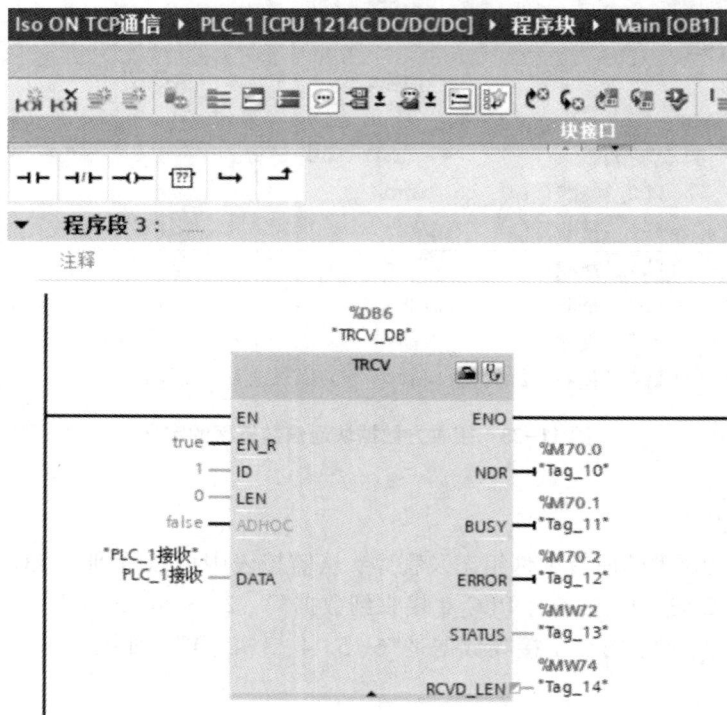

图 11-25　接收方的编程

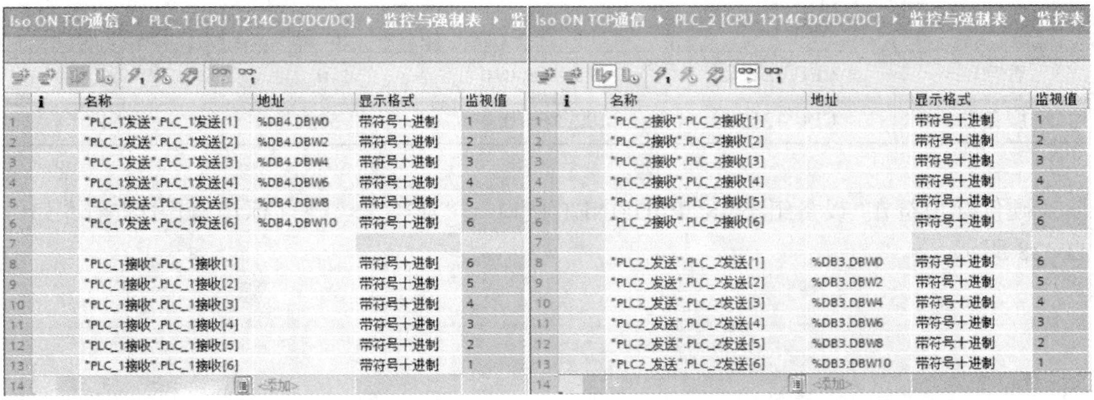
Iso ON TCP通信 ▸ PLC_1 [CPU 1214C DC/DC/DC] ▸ 监控与强制表 ▸ 监
i 名称 地址 显示格式 监视值
1 "PLC_1发送".PLC_1发送[1] %DB4.DBW0 带符号十进制 1
2 "PLC_1发送".PLC_1发送[2] %DB4.DBW2 带符号十进制 2
3 "PLC_1发送".PLC_1发送[3] %DB4.DBW4 带符号十进制 3
4 "PLC_1发送".PLC_1发送[4] %DB4.DBW6 带符号十进制 4
5 "PLC_1发送".PLC_1发送[5] %DB4.DBW8 带符号十进制 5
6 "PLC_1发送".PLC_1发送[6] %DB4.DBW10 带符号十进制 6
7
8 "PLC_1接收".PLC_1接收[1] 带符号十进制 6
9 "PLC_1接收".PLC_1接收[2] 带符号十进制 5
10 "PLC_1接收".PLC_1接收[3] 带符号十进制 4
11 "PLC_1接收".PLC_1接收[4] 带符号十进制 3
12 "PLC_1接收".PLC_1接收[5] 带符号十进制 2
13 "PLC_1接收".PLC_1接收[6] 带符号十进制 1
14 <添加>
Iso ON TCP通信 ▸ PLC_2 [CPU 1214C DC/DC/DC] ▸ 监控与强制表 ▸ 监控表
i 名称 地址 显示格式 监视值
1 "PLC_2接收".PLC_2接收[1] 带符号十进制 1
2 "PLC_2接收".PLC_2接收[2] 带符号十进制 2
3 "PLC_2接收".PLC_2接收[3] 带符号十进制 3
4 "PLC_2接收".PLC_2接收[4] 带符号十进制 4
5 "PLC_2接收".PLC_2接收[5] 带符号十进制 5
6 "PLC_2接收".PLC_2接收[6] 带符号十进制 6
7
8 "PLC2_发送".PLC_2发送[1] %DB3.DBW0 带符号十进制 6
9 "PLC2_发送".PLC_2发送[2] %DB3.DBW2 带符号十进制 5
10 "PLC2_发送".PLC_2发送[3] %DB3.DBW4 带符号十进制 4
11 "PLC2_发送".PLC_2发送[4] %DB3.DBW6 带符号十进制 3
12 "PLC2_发送".PLC_2发送[5] %DB3.DBW8 带符号十进制 2
13 "PLC2_发送".PLC_2发送[6] %DB3.DBW10 带符号十进制 1
14 <添加>

图 11-26　PLC_1 及 PLC_2 的监控表

任务 4　S7-1200 之间的 Modbus TCP 通信

STEP 7 V13 SP1 软件版本中的 Modbus TCP 库指令目前最新的版本已升至 V4.0，如图 11-27 所示。该版本的使用需要 STEP 7 V13 SP1 及其以上和 S7-1200 CPU 的固件版本 V4.1 及其以上。

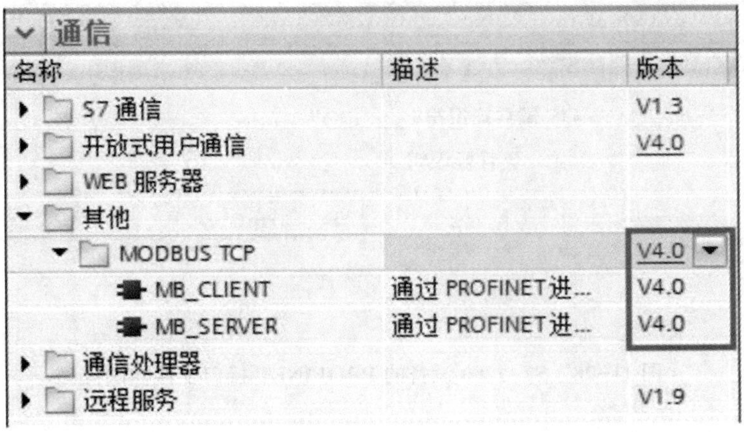
通信
名称
描述
版本
S7 通信
V1.3
开放式用户通信
V4.0
WEB 服务器
其他
MODBUS TCP
V4.0
MB_CLIENT
通过 PROFINET进...
V4.0
MB_SERVER
通过 PROFINET进...
V4.0
通信处理器
远程服务
V1.9

图 11-27　Modbus TCP V4.0 版本指令块

11.4.1　任务要求

两台 S7-1200 之间进行 Modbus TCP 通信，具体要求见表 11-6。

表 11-6 Modbus TCP 通信双方的基本配置

	CPU 类型	IP 地址	端口号	硬件标识符
客户端	CPU 1212C	192.168.0.6	0	64
服务器	CPU 1215C	192.168.0.4	502	64

硬件标识符在"设备组态">"PROFINET 接口">"属性">"硬件标识符"中查看，如图 11-28 所示。

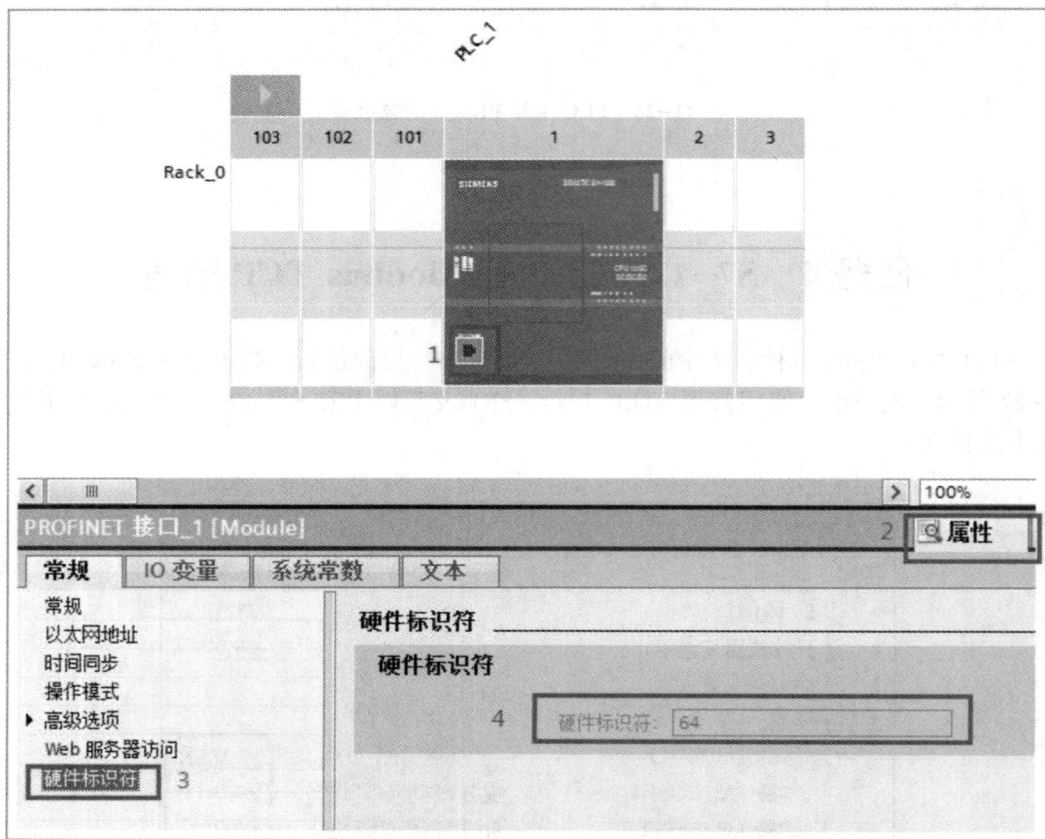

图 11-28 S7-1200 设备的 PROFINET 接口硬件标识符

11.4.2 S7-1200 Modbus TCP 服务器编程

"MB_SERVER"指令将处理 Modbus TCP 客户端的连接请求、接收并处理 Modbus 请求并发送响应。

1. 调用 MB_SERVER 指令块

在"程序块> OB1"中调用"MB_SERVER"指令块，然后会生成相应的背景 DB 块，点击"确定"按钮，如图 11-29 所示。

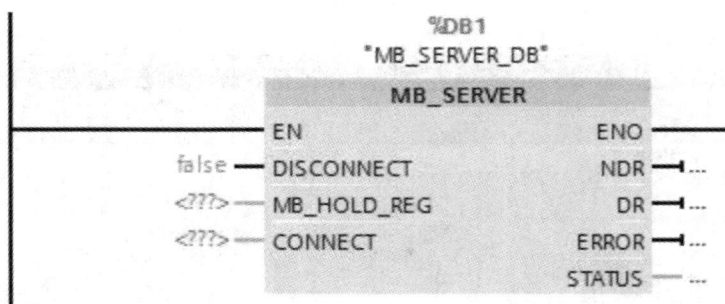

图 11-29　调用 MB_SERVER 指令块

该功能块的各个引脚定义见表 11-7。

表 11-7　MB_SERVER 各个引脚定义说明

DISCONNECT	为 0 代表被动建立与客户端的通信连接；为 1 代表终止连接
MB_HOLD_REG	指向 Modbus 保持寄存器的指针
CONNECT	指向连接描述结构的指针。TCON_IP_v4（S7-1200）
NDR	为 0 代表无数据；为 1 代表从 Modbus 客户端写入新的数据
DR	为 0 代表无读取的数据；为 1 代表从 Modbus 客户端读取的数据
ERROR	错误位：0：无错误；1：出现错误，错误原因查看 STATUS
STATUS	指令的详细状态信息

2. CONNECT 引脚的指针类型

（1）创建一个新的全局数据块 DB2，如图 11-30 所示。

（2）双击打开新生成的 DB2 数据块，定义变量名称为"ss"，数据类型为"TCON_IP_v4"（可以将 TCON_IP_v4 拷贝到该对话框中），然后按"回车"键，该数据类型结构创建完毕，如图 11-31 所示。

各个引脚定义说明见表 11-8。

表 11-8　TCON_IP_v4 数据结构的引脚定义

InterfaceId	硬件标识符（设备组态中查询）
ID	连接 ID，取值范围 1~4095
ConnectionType	连接类型。TCP 连接默认为：16#0B
ActiveEstablished	建立连接。主动为 1（客户端），被动为 0（服务器）
ADDR	服务器侧的 IP 地址
RemotePort	远程端口号
LocalPort	本地端口号

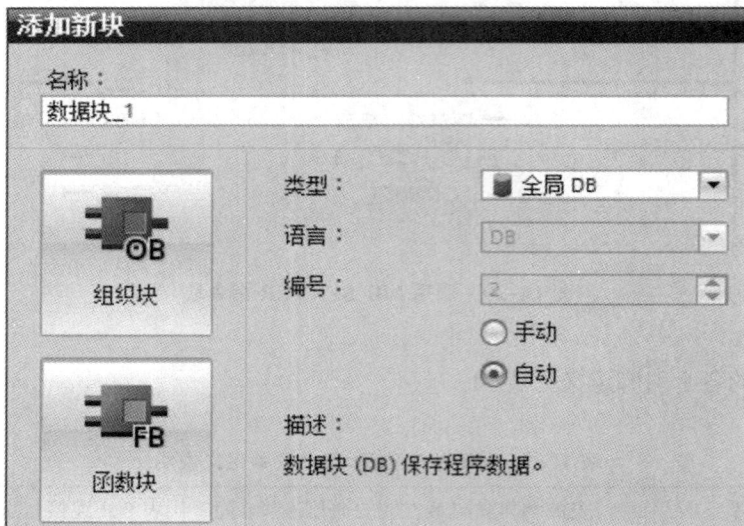

图 11-30　创建全局数据块

图 11-31　创建 MB_SERVER 中的 TCP 连接结构的数据类型

客户端侧的 IP 地址为 192.168.0.6，端口号为 0，所以 MB_SERVER 服务器侧该数据结构的各项值如图 11-32 所示。

（3）S7-1200 服务器侧 MB_SERVER 编程，调用 MB_SERVER 指令块，实现被客户端读取 2 个保持寄存器的值，如图 11-33 所示。

MB_HOLD_REG 指定的数据缓冲区可以设为 DB 块或 M 存储区地址。DB 块可以为优化的数据块结构，也可以为标准的数据块结构。

数据块_1

	名称	数据类型	启动值
◀	▼ Static		
▣	▪ ▼ ss	TCON_IP_v4	
◀	▪ InterfaceId	HW_ANY	16#40
◀	▪ ID	CONN_OUC	16#1
◀	▪ ConnectionType	Byte	16#0B
◀	▪ ActiveEstablished	Bool	0
◀	▪ ▼ RemoteAddress	IP_V4	
◀	▪ ▼ ADDR	Array[1..4] of Byte	
◀	▪ ADDR[1]	Byte	16#C0
◀	▪ ADDR[2]	Byte	16#A8
◀	▪ ADDR[3]	Byte	16#0
◀	▪ ADDR[4]	Byte	16#6
◀	▪ RemotePort	UInt	0
◀	▪ LocalPort	UInt	502

图 11-32　MB_SERVER 服务器侧的 CONNECT 数据结构定义

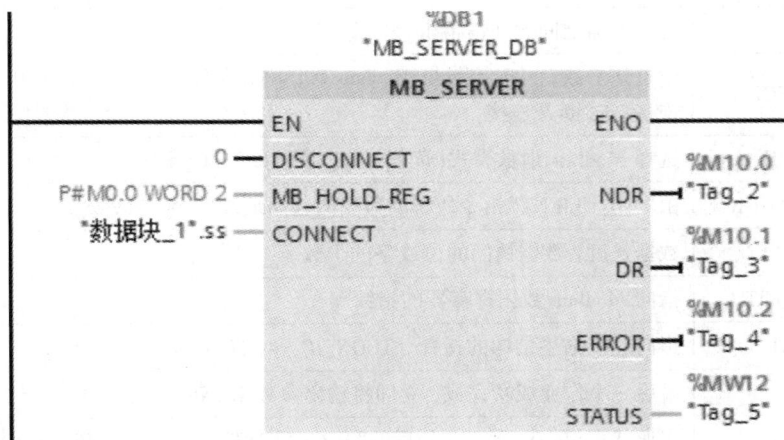

图 11-33　MB_SERVER 服务器侧编程

11.4.3　S7-1200 Modbus TCP 客户端编程

S7-1200 客户端侧需要调用 MB_CLIENT 指令块，该指令块主要完成建立客户机和服务器的 TCP 连接、发送命令消息、接收响应以及控制服务器断开的工作任务。

1. 调用 MB_CLIENT 指令块

在"程序块>OB1"中的程序段里调用 MB_CLIENT 指令块，调用时会自动生成背景 DB，点击"确定"即可，如图 11-34 所示。

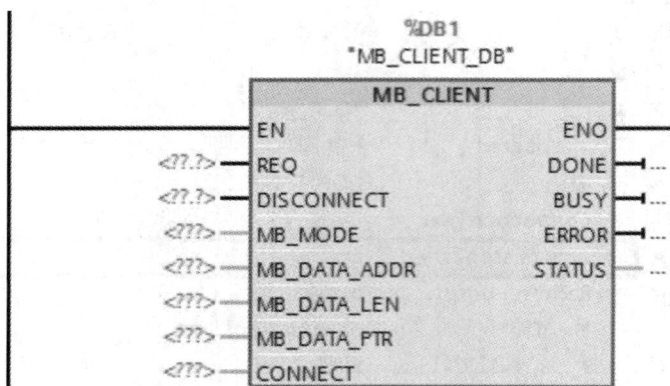

图 11-34　Modbus TCP 客户端侧指令块

"MB_CLIENT"功能块各个引脚定义见表 11-9。

表 11-9　MB_CLIENT 各引脚定义说明

引脚	说明
REQ	与服务器之间的通信请求，上升沿有效
DISCONNECT	通过该参数，可以控制与 Modbus TCP 服务器建立和终止连接。0(默认)：建立连接；1：断开连接
MB_MODE	选择 Modbus 请求模式(读取、写入或诊断)。0：读；1：写
MB_DATA_ADDR	由"MB_CLIENT"指令所访问数据的起始地址
MB_DATA_LEN	数据长度：数据访问的位或字的个数
MB_DATA_PTR	指向 Modbus 数据寄存器的指针
CONNECT	指向连接描述结构的指针。TCON_IP_v4(S7-1200)
DONE	最后一个作业成功完成，立即将输出参数 DONE 置位为"1"
BUSY	作业状态位：0：无正在处理的"MB_CLIENT"作业；1："MB_CLIENT"作业正在处理
ERROR	错误位：0：无错误；1：出现错误，错误原因查看 STATUS
STATUS	指令的详细状态信息

2. CONNECT 引脚的指针类型

(1)创建一个新的全局数据块 DB2，如图 11-35 所示。

(2)双击打开新生成的 DB 块，定义变量名称为"aa"，数据类型为"TCON_IP_v4"(可以将 TCON_IP_v4 拷贝到该对话框中)，然后按"回车"键，该数据类型结构创建完毕，如图 11-36 所示。

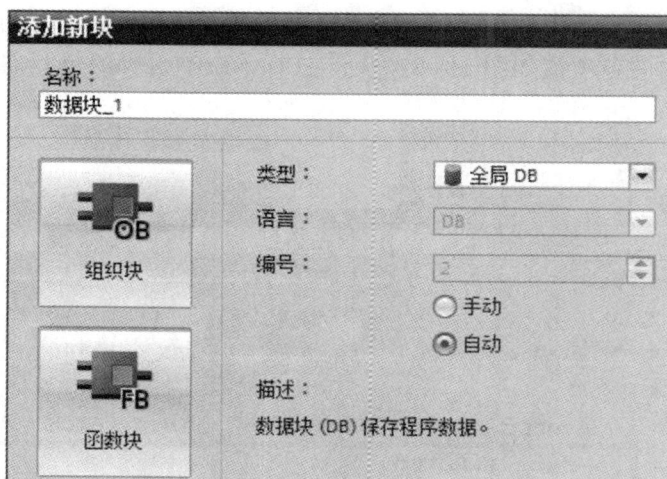

图 11-35　创建全局数据块

图 11-36　创建 MB_CLIENT 中的 TCP 连接结构的数据类型

该功能块各个引脚定义见表 11-10。

表 11-10　TCON_IP_v4 数据结构的引脚定义

引脚	定义
InterfaceId	硬件标识符
ID	连接 ID，取值范围 1~4095
ConnectionType	连接类型。TCP 连接默认为：16#0B
ActiveEstablished	建立连接。主动为 1(客户端)，被动为 0(服务器)
ADDR	服务器侧的 IP 地址
RemotePort	远程端口号
LocalPort	本地端口号

根据任务要求，远程服务器的 IP 地址为 192. 168. 0. 4，远程端口号设为 502，所以客户端侧该数据结构的各项值如图 11-37 所示。CONNECT 引脚的填写需要用符号寻址的方式。

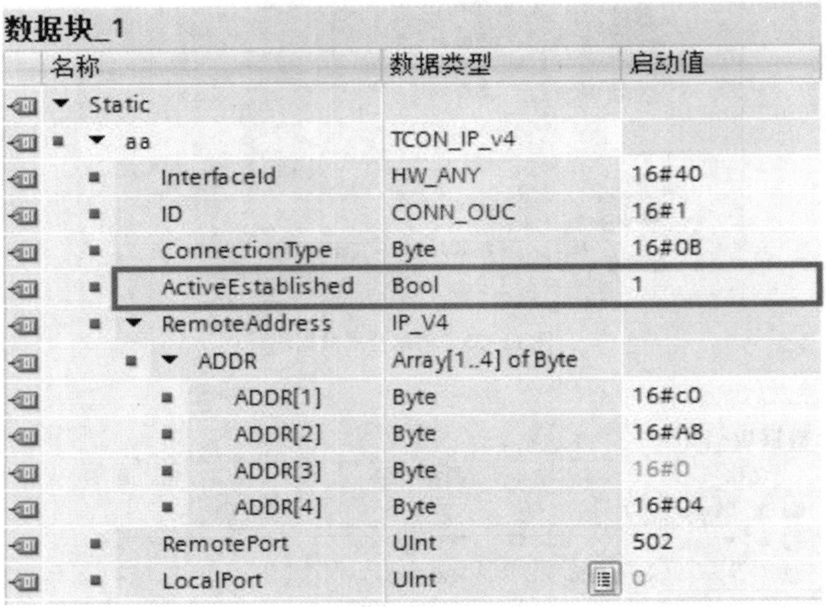

数据块_1

名称	数据类型	启动值
▼ Static		
▼ aa	TCON_IP_v4	
InterfaceId	HW_ANY	16#40
ID	CONN_OUC	16#1
ConnectionType	Byte	16#0B
ActiveEstablished	Bool	1
▼ RemoteAddress	IP_V4	
▼ ADDR	Array[1..4] of Byte	
ADDR[1]	Byte	16#c0
ADDR[2]	Byte	16#A8
ADDR[3]	Byte	16#0
ADDR[4]	Byte	16#04
RemotePort	UInt	502
LocalPort	UInt	0

图 11-37　MB_CLIENT 侧 CONNECT 引脚数据定义

3. 创建 MB_DATA_PTR 数据缓冲区

(1) 创建一个全局数据块 DB3，创建方法可以参考上面，数据块的名称如图 11-38 所示。

(2) 创建一个数组的数据类型，以便通信中存放数据，如图 11-39 所示。

MB_DATA_PTR 指定的数据缓冲区可以为 DB 块或 M 存储区地址。DB 块可以为优化的数据块结构，也可以为标准的数据块结构。若为优化的数据块结构，编程时需要以符号寻址的方式填写该引脚；若为标准的数据块结构(可以右键单击 DB 块，“属性”中将“优化的块访问”前面的钩去掉)，需要以绝对地址的方式填写该引脚。下面以标准的数据块(默认)为例进行编程。

4. 客户端侧完成指令块编程

调用 MB_CLIENT 指令块，实现从 Modbus TCP 通信服务器中读取 2 个保持寄存器的值，如图 11-40 所示。

11. 4. 4　S7-1200 Modbus TCP 通信调试

将整个项目下载到 S7-1200，在 S7-1200 Modbus TCP 服务器侧准备数据用于客户端读访问，如图 11-41 所示。

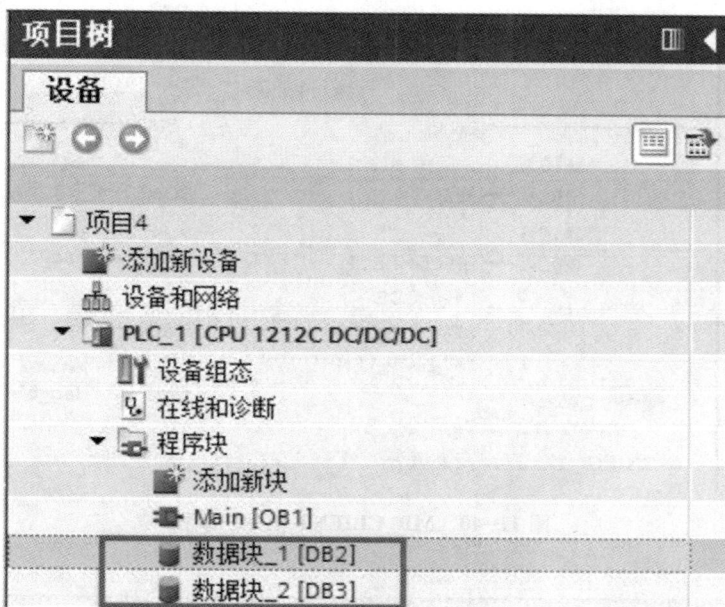

图 11-38　生成的两个 DB 块名称

图 11-39　MB_DATA_PTR 数据缓冲区结构

　　待 Modbus TCP 服务器侧准备就绪，S7-1200 Modbus TCP 客户端侧，给 MB_CLIENT 指令块的 REQ 引脚一个上升沿，将读取到的数据放入 MB_DATA_PTR 引脚指定的 DB 块中，监控数据读取成功，如图 11-42 所示。

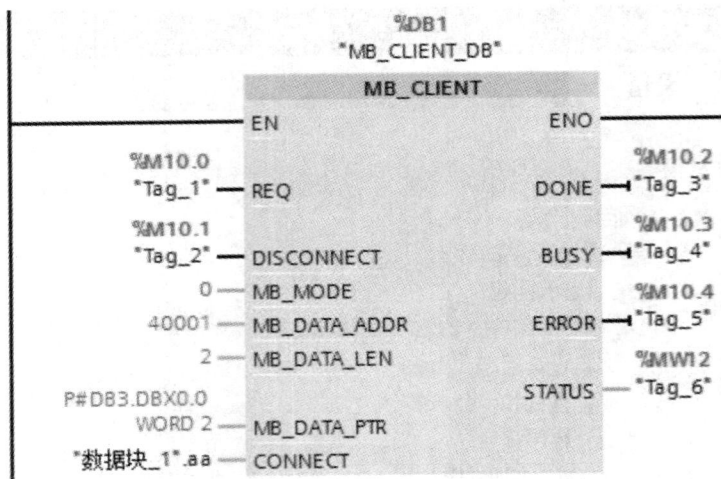

图 11-40　MB_CLIENT 指令块编程

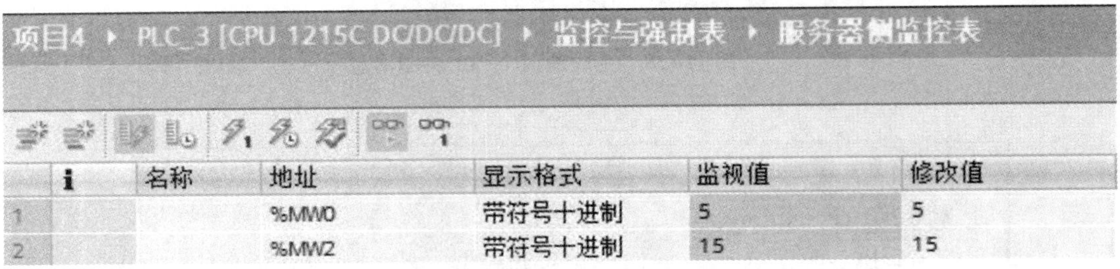

项目4 ▸ PLC_3 [CPU 1215C DC/DC/DC] ▸ 监控与强制表 ▸ 服务器侧监控表

	i	名称	地址	显示格式	监视值	修改值
1			%MW0	带符号十进制	5	5
2			%MW2	带符号十进制	15	15

图 11-41　服务器侧监控表

项目4 ▸ PLC_1 [CPU 1212C DC/DC/DC] ▸ 监控与强制表 ▸ 客户端侧监控表

	i	名称	地址	显示格式	监视值	修改值
1		"数据块_2".ff[0]	%DB3.DBW0	无符号十进制	5	
2		"数据块_2".ff[1]	%DB3.DBW2	无符号十进制	15	
3		"Tag_1"	%M10.0	布尔型	TRUE	TRUE

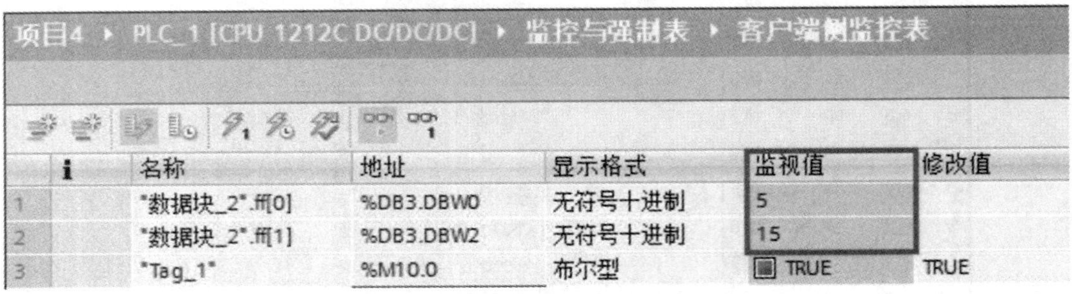

图 11-42　客户端侧监控表

任务 5　S7-1200 之间的 S7 通信

S7-1200 的 PROFINET 通信口可以做 S7 通信的服务器端或客户端。S7-1200 仅支持 S7 单边通信，仅需在客户端单边组态连接和编程，而服务器端只准备好通信的数据就行。

11.5.1　任务要求

完成的通信任务：

（1）S7-1200 CPU Clinet 将通信数据区 DB1 块中的 10 个字节的数据发送到 S7-1200 CPU Server 的接收数据区 DB1 块中。

（2）S7-1200 CPU Clinet 将 S7-1200 CPU Server 发送数据区 DB2 块中的 10 个字节的数据读到 S7-1200 CPU Clinet 的接收数据区 DB2 块中。

S7-1200 之间 S7 通信，可以分 2 种情况来操作，两个 S7-1200 在一个项目中的操作；两个 S7-1200 不在一个项目中的操作。下面分别介绍。

11.5.2　同一项目中的 S7 通信

1.创建项目

使用 STEP7 V13 创建一个新项目，并通过"添加新设备"组态 S7-1200 站"客户端"，选择 CPU 1214C DC/DC/DC（客户端 IP：192.168.0.10）；接着组态另一个 S7-1200 站服务器，选择 CPU 1214C DC/DC/DC V2.0（服务器 IP：192.168.0.12），如图 11-43 所示。

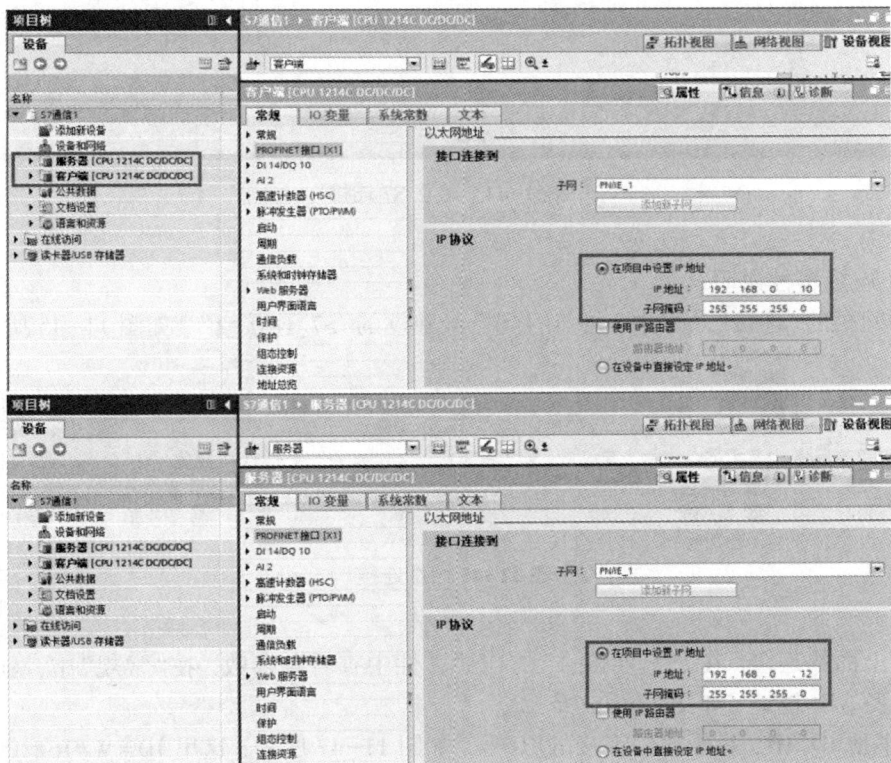

图 11-43　在项目中插入 2 个 S7-1200 站点

2. 组态 S7 连接

在"设备组态"中，选择"网络视图"栏进行网络配置，点中左上角的"连接"图标，连接框中选择"S7 连接"，然后选中"客户端 CPU"，右键选择"添加新的连接"，在创建新连接对话框内，选择连接对象"服务器 CPU"，选择"主动建立连接"后建立新连接，如图 11-44 所示。

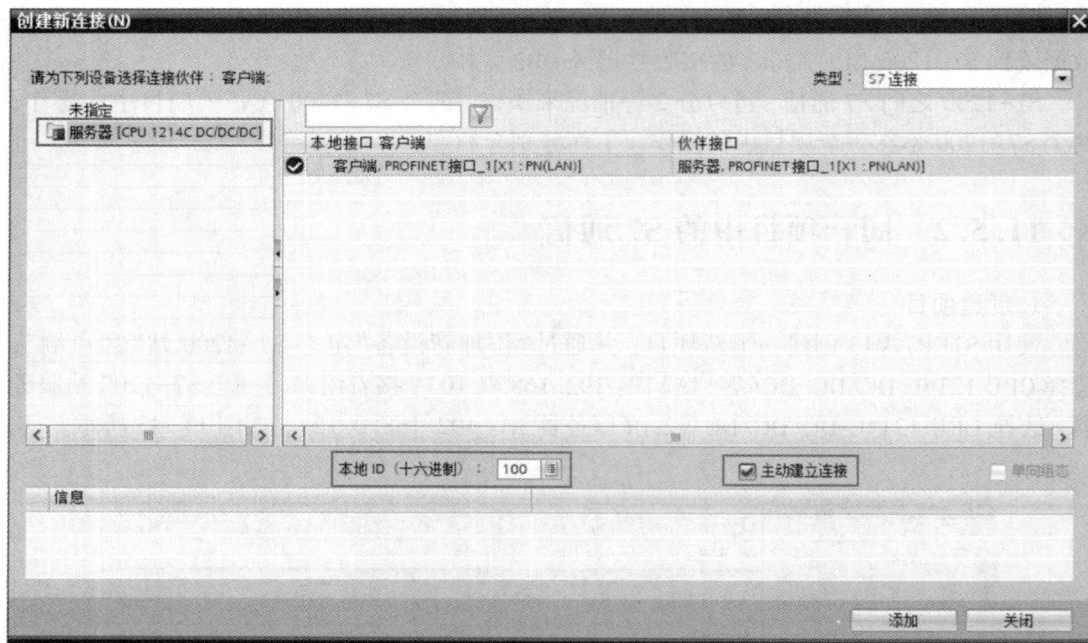

图 11-44 建立 S7 连接

3. S7 连接属性说明

在中间栏的"连接"条目中，可以看到已经建立的"S7_连接_1"，如图 11-45 所示。

图 11-45 S7 连接

点中上面的连接，在"S7_连接_1"的连接属性中查看各参数，在"常规"中，显示连接双方的设备、IP 地址，如图 11-46 所示。

在"本地 ID"中，显示通信连接的 ID 号，如图 11-47 所示，这里 ID=W#16#100，后面的指令编程会使用此 ID。

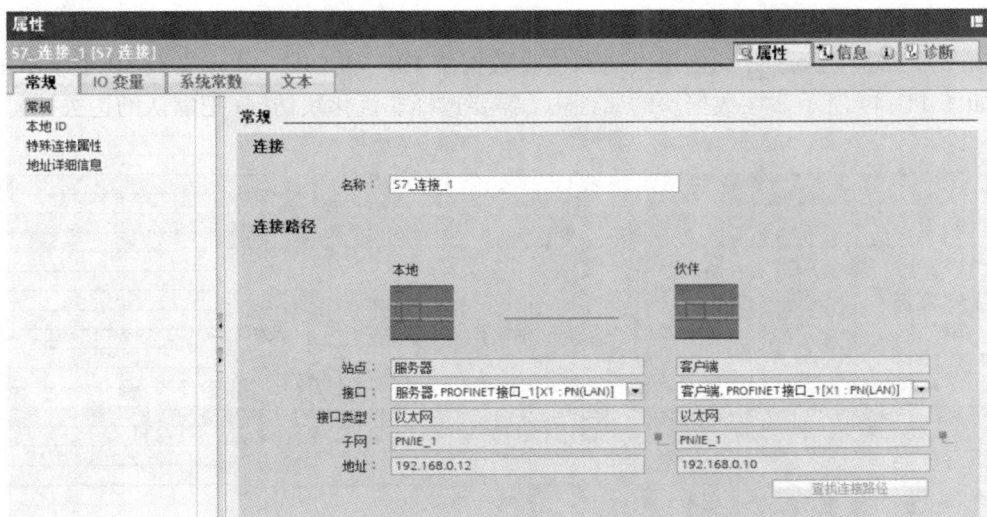

图 11-46　S7 连接常规属性

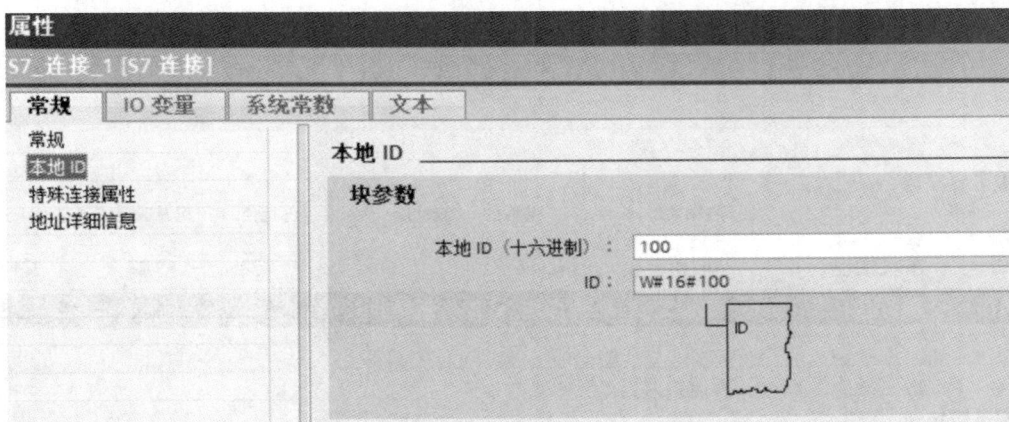

图 11-47　S7 连接的本地 ID

在"特殊连接属性"中，可以选择是否为主动连接，这里客户端是主动建立连接。在地址详细信息中定义通信双方的 TSAP 号，这里不需要修改。配置完网络连接，双方都编译存盘并下载。如果通信连接正常，连接的在线状态如图 11-48 所示。

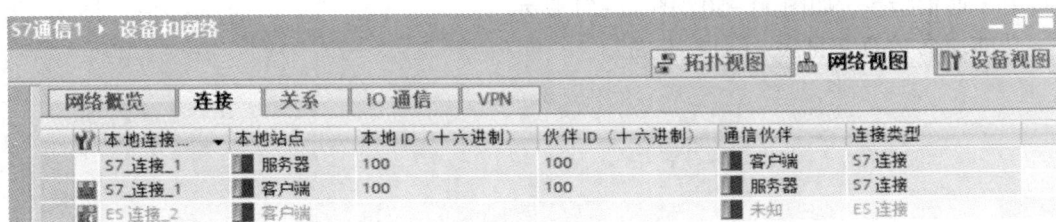

图 11-48　连接状态

4.程序编写

在 S7-1200 两侧, 分别创建发送和接收数据块 DB1 和 DB2, 并定义成 10 个字节的数组, 如图 11-49 所示。在数据块的属性中, 需要选择非优化块访问(把默认的钩去掉)。

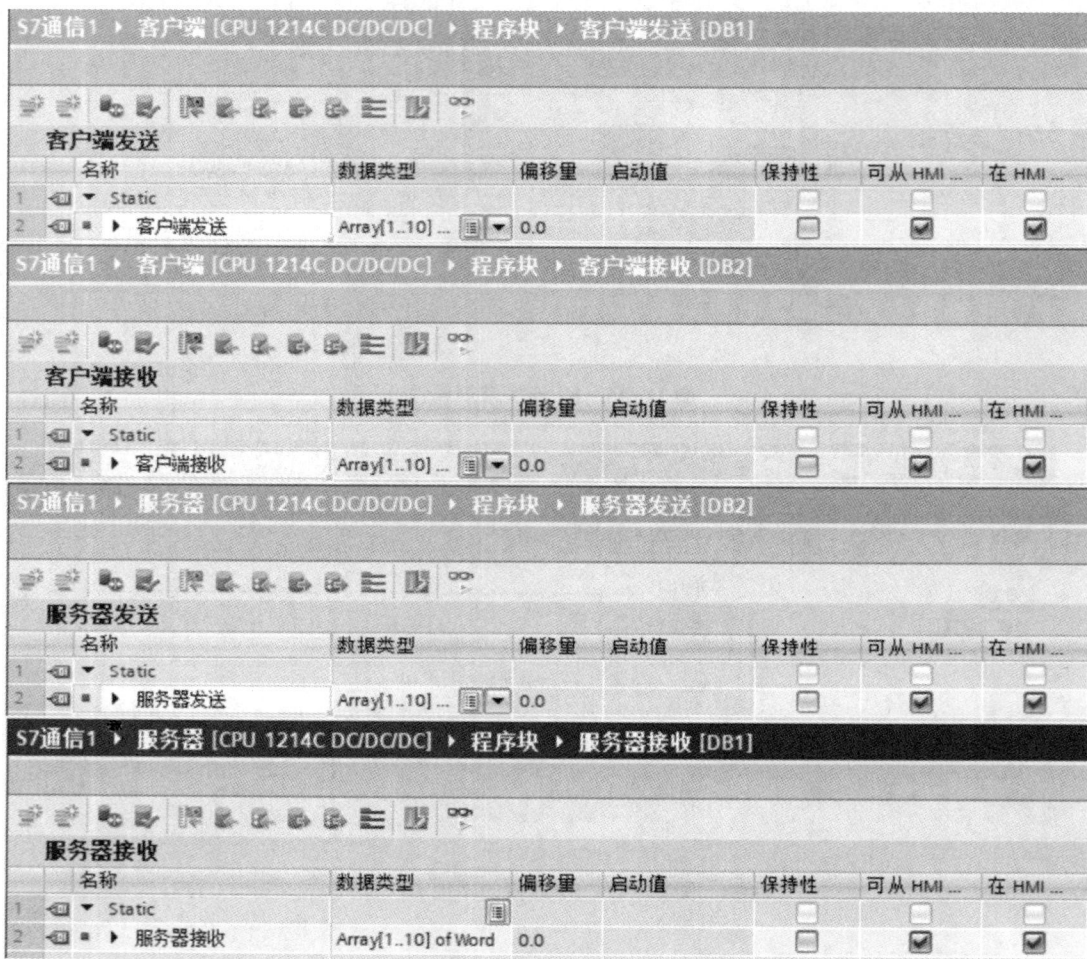

图 11-49　数据块

在主动建连接侧(客户端 CPU)OB1 中编程, 从"指令>"通信">"S7 通信"下, 调用 Get、Put 通信指令, 如图 11-50、图 11-51 所示。

功能块参数意义见表 11-11。

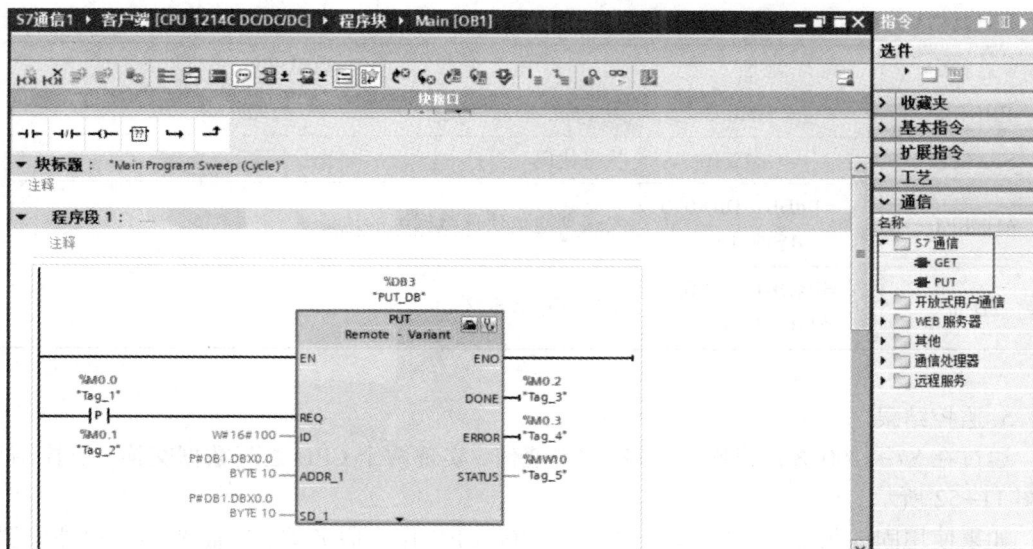

图 11-50 发送指令调用

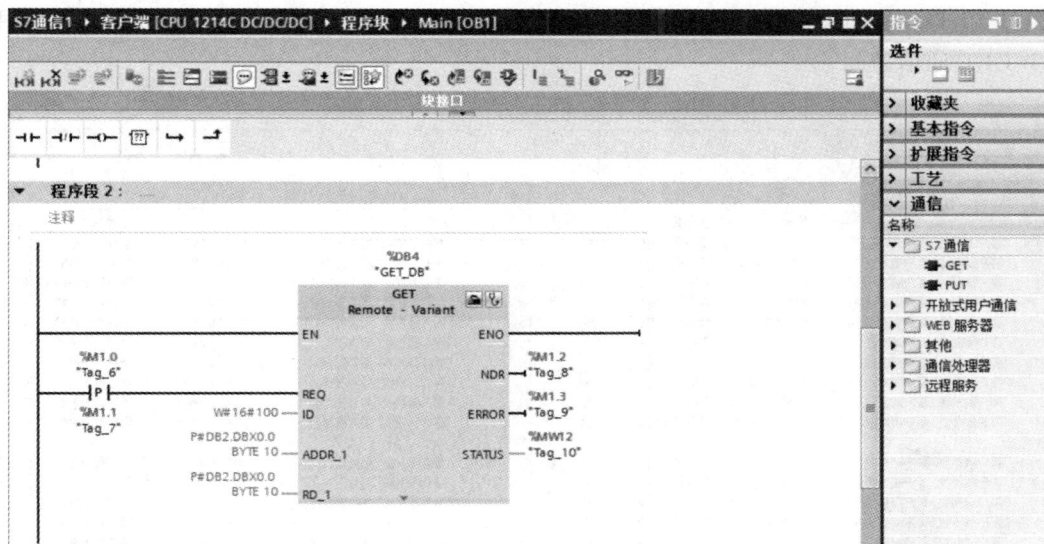

图 11-51 接收指令调用

表 11-11 功能块参数意义

参数名称	地址	参数意义
CALL"PUT"	, %DB3	调用 PUT, 使用背景 DB 块: DB3
REQ	: = %M0.0	上升沿触发
ID	: = W#16#100	连接号, 要与连接配置中的一致, 创建连接时的本地连接号
DONE	: = %M0.2	为 1 时, 发送完成

续表11-11

参数名称	地址	参数意义
ERROR	：=%M0.3	为1时，有故障发生
STATUS	：=%MW10	状态代码
ADDR_1	：=P#DB1.DBX0.0 BYTE 10	发送到通信伙伴数据区的地址
SD_1	：=P#DB1.DBX0.0 BYTE 10	本地发送数据区

5. 监控结果

通过在 S7-1200 客户机侧编程进行 S7 通信，实现两个 CPU 之间数据交换，监控结果如图 11-52 所示。

如果使用固件版本为 V4.0 以上的 S7-1200 CPU 作为服务器，则需要如下额外设置，才能保证 S7 通信正常。打开 S7 服务器 CPU 的设备组态，选择“属性”>“常规”>“防护与安全”（V14 及以前是“属性”>“常规”>“保护”），在“连接机制”一项前勾选“允许来自远程对象的 PUT/GET 通信访问”（V14 及以前是“允许从远程伙伴（PLC\HMI\OPC\...）使用 PUT/GET 通信访问”）。

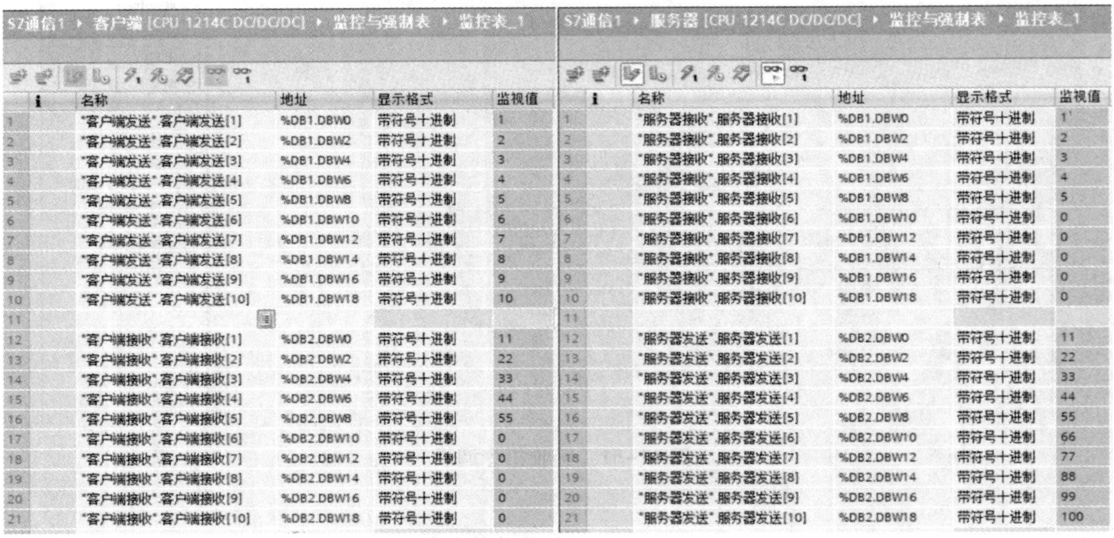
S7通信1 ▸ 客户端 [CPU 1214C DC/DC/DC] ▸ 监控与强制表 ▸ 监控表_1

	i	名称	地址	显示格式	监视值
1		"客户端发送".客户端发送[1]	%DB1.DBW0	带符号十进制	1
2		"客户端发送".客户端发送[2]	%DB1.DBW2	带符号十进制	2
3		"客户端发送".客户端发送[3]	%DB1.DBW4	带符号十进制	3
4		"客户端发送".客户端发送[4]	%DB1.DBW6	带符号十进制	4
5		"客户端发送".客户端发送[5]	%DB1.DBW8	带符号十进制	5
6		"客户端发送".客户端发送[6]	%DB1.DBW10	带符号十进制	6
7		"客户端发送".客户端发送[7]	%DB1.DBW12	带符号十进制	7
8		"客户端发送".客户端发送[8]	%DB1.DBW14	带符号十进制	8
9		"客户端发送".客户端发送[9]	%DB1.DBW16	带符号十进制	9
10		"客户端发送".客户端发送[10]	%DB1.DBW18	带符号十进制	10
11					
12		"客户端接收".客户端接收[1]	%DB2.DBW0	带符号十进制	11
13		"客户端接收".客户端接收[2]	%DB2.DBW2	带符号十进制	22
14		"客户端接收".客户端接收[3]	%DB2.DBW4	带符号十进制	33
15		"客户端接收".客户端接收[4]	%DB2.DBW6	带符号十进制	44
16		"客户端接收".客户端接收[5]	%DB2.DBW8	带符号十进制	55
17		"客户端接收".客户端接收[6]	%DB2.DBW10	带符号十进制	0
18		"客户端接收".客户端接收[7]	%DB2.DBW12	带符号十进制	0
19		"客户端接收".客户端接收[8]	%DB2.DBW14	带符号十进制	0
20		"客户端接收".客户端接收[9]	%DB2.DBW16	带符号十进制	0
21		"客户端接收".客户端接收[10]	%DB2.DBW18	带符号十进制	0

S7通信1 ▸ 服务器 [CPU 1214C DC/DC/DC] ▸ 监控与强制表 ▸ 监控表_1

	i	名称	地址	显示格式	监视值
1		"服务器接收".服务器接收[1]	%DB1.DBW0	带符号十进制	1
2		"服务器接收".服务器接收[2]	%DB1.DBW2	带符号十进制	2
3		"服务器接收".服务器接收[3]	%DB1.DBW4	带符号十进制	3
4		"服务器接收".服务器接收[4]	%DB1.DBW6	带符号十进制	4
5		"服务器接收".服务器接收[5]	%DB1.DBW8	带符号十进制	5
6		"服务器接收".服务器接收[6]	%DB1.DBW10	带符号十进制	0
7		"服务器接收".服务器接收[7]	%DB1.DBW12	带符号十进制	0
8		"服务器接收".服务器接收[8]	%DB1.DBW14	带符号十进制	0
9		"服务器接收".服务器接收[9]	%DB1.DBW16	带符号十进制	0
10		"服务器接收".服务器接收[10]	%DB1.DBW18	带符号十进制	0
11					
12		"服务器发送".服务器发送[1]	%DB2.DBW0	带符号十进制	11
13		"服务器发送".服务器发送[2]	%DB2.DBW2	带符号十进制	22
14		"服务器发送".服务器发送[3]	%DB2.DBW4	带符号十进制	33
15		"服务器发送".服务器发送[4]	%DB2.DBW6	带符号十进制	44
16		"服务器发送".服务器发送[5]	%DB2.DBW8	带符号十进制	55
17		"服务器发送".服务器发送[6]	%DB2.DBW10	带符号十进制	66
18		"服务器发送".服务器发送[7]	%DB2.DBW12	带符号十进制	77
19		"服务器发送".服务器发送[8]	%DB2.DBW14	带符号十进制	88
20		"服务器发送".服务器发送[9]	%DB2.DBW16	带符号十进制	99
21		"服务器发送".服务器发送[10]	%DB2.DBW18	带符号十进制	100

图 11-52　监控结果

11.5.3　不同项目中的 S7 通信

两个项目中的 S7-1200 建立 S7 连接：分别在两个项目中建立 S7-1200 的客户端和服

务器站点，和同一项目中的 S7 通信一样，也只需要配置客户端的 S7 连接。除了 S7 连接的组态配置，程序编写和其他设置与同一项目中的 S7 通信一样，这里只介绍客户端的 S7 组态配置。

1. 组态 S7 连接

在"设备组态"中，选择"网络视图"栏进行网络配置，点中左上角的"连接"图标，连接框中选择"S7 连接"，然后选中 client v4.1 CPU（客户端），右键选择"添加新的连接"，在创建新连接对话框内，选择连接对象"未指定"，如图 11-53 所示。

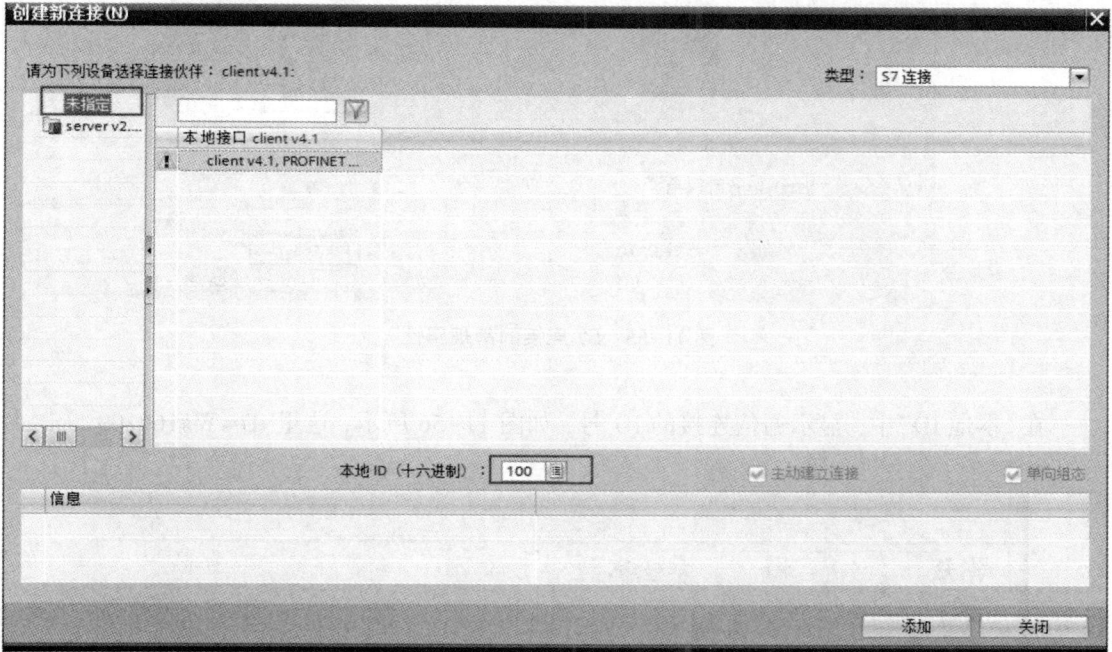

图 11-53 建立 S7 连接

2. S7 连接及其属性说明

在中间栏的"连接"条目中，可以看到已经建立的"S7_连接_1"，如图 11-54 所示。

图 11-54 S7 连接

点中上面的连接，在"S7_连接_1"的连接属性中查看各参数，如图 11-55 所示。在"常规"中，显示连接双方的设备，在伙伴方"站点"栏选择"未知"；在"地址"栏填写伙伴的 IP 地址 192.168.0.12。

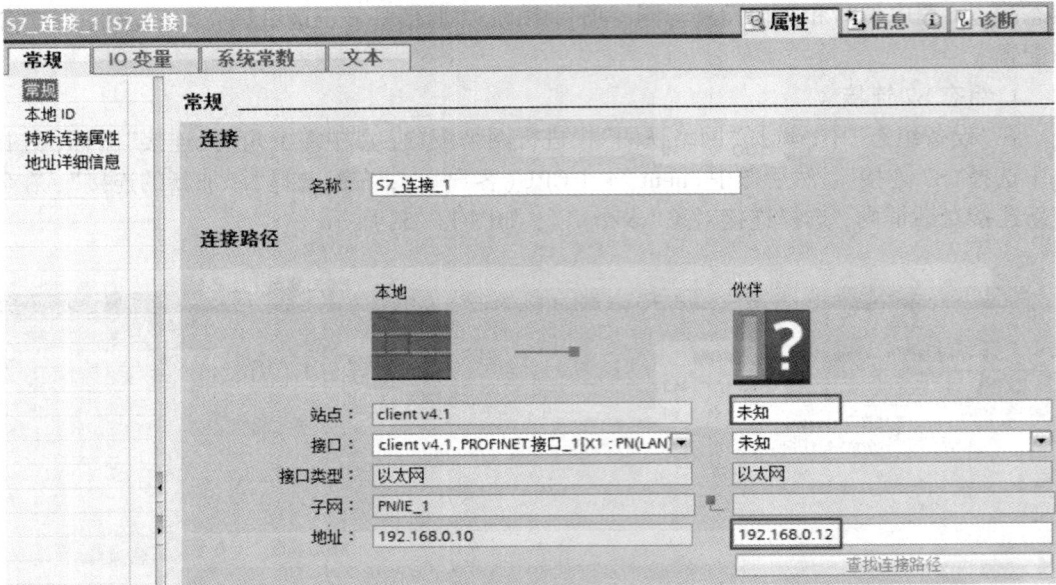

图 11-55　S7 连接的常规属性

在"本地 ID"中，显示通信连接的 ID 号，如图 11-56 所示，这里 ID＝W#16#100。

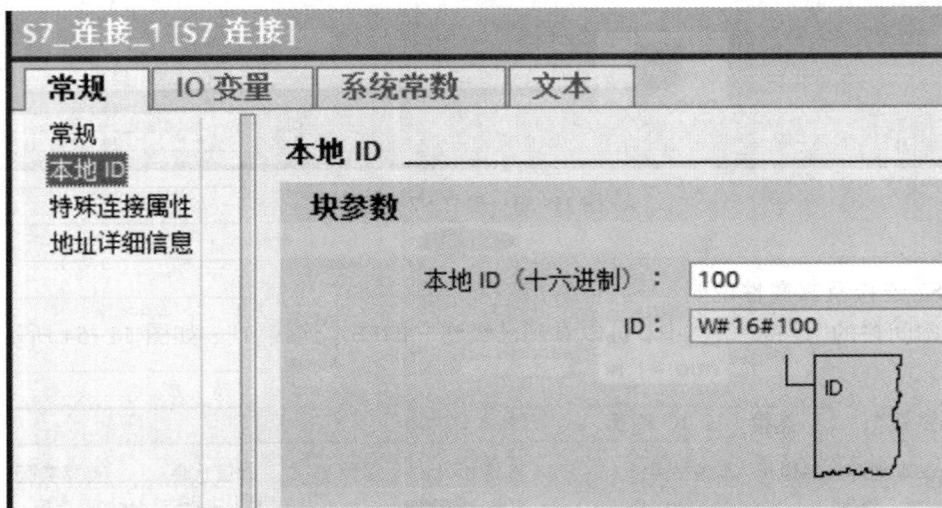

图 11-56　S7 连接的本地 ID

在"特殊连接属性"中，未指定的连接为主动建立连接，如图 11-57 所示，这里 client v4.1 是主动建立连接。

在"地址详细信息"中，定义伙伴侧的 TSAP 号（注意：S7-1200 预留给 S7 连接两个 TSAP 地址：03.01 和 03.00），如图 11-58 所示，这里设置伙伴的 TSAP：03.00。

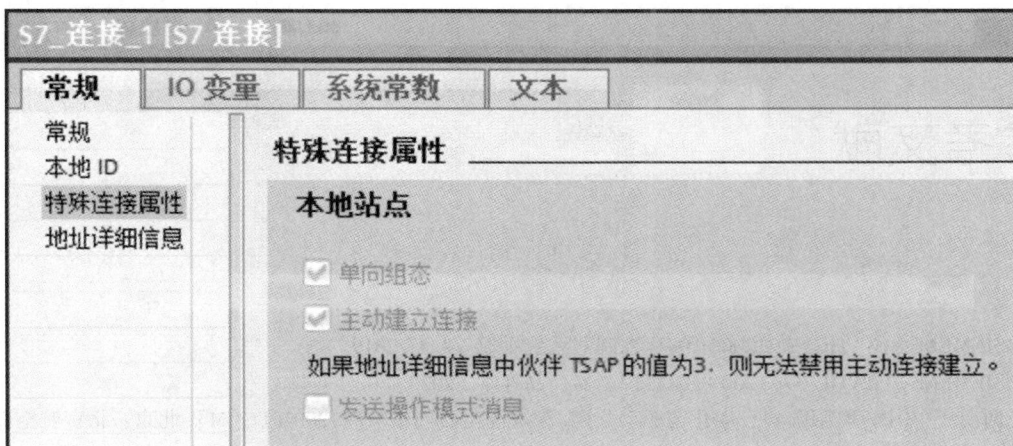

图 11-57　特殊连接属性

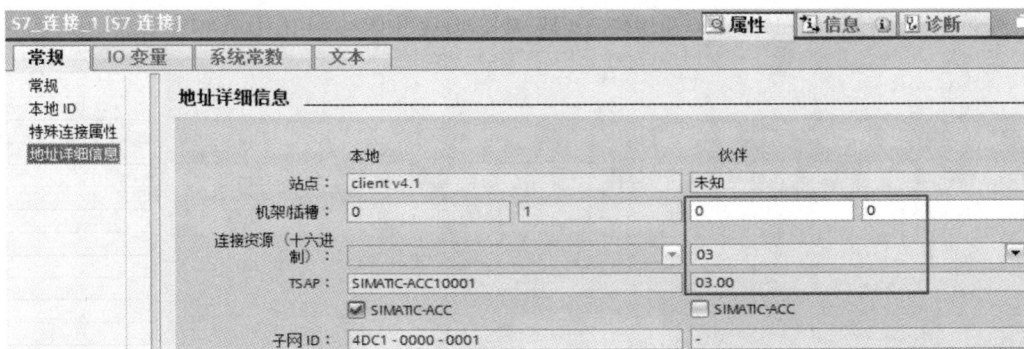

图 11-58　地址详细信息

配置完网络连接，编译存盘并下载。如果通信连接正常，连接在线状态如图 11-59 所示。

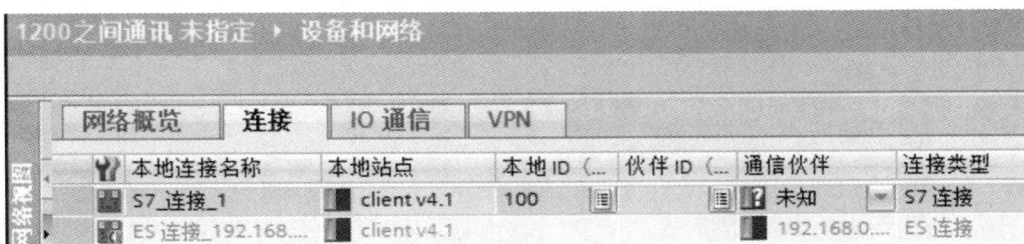

图 11-59　连接状态

3. 程序编写

在主动建连接的客户机侧调用 Get、Put 通信指令，具体使用与同一项目中的 S7 通信的编程一样。

参考文献

［1］SIEMENS SIMATIC S7-1200 可编程控制器系统手册 V4.4, 2019.

［2］SIEMENS SIMATIC S7-1200 可编程控制器产品样本, 2020.

［3］西门子(中国)有限公司自动化与驱动集团.深入浅出西门子 S7-1200 PLC[M].北京：北京航空航天大学出版社, 2009.

［4］侍寿永.西门子 S7-1200 PLC 编程及应用教程[M].北京：机械工业出版社, 2019.

［5］廖常初.S7-1200 PLC 编程及应用[M].北京：机械工业出版社, 2020.

［6］陈立香等.西门子 S7-1200 PLC 应用技能实训[M].北京：中国电力出版社, 2019.

图书在版编目(CIP)数据

PLC 编程及应用／高维，熊英主编．—长沙：中南大学出版社，2021.7

ISBN 978-7-5487-4360-6

Ⅰ．①P… Ⅱ．①高… ②熊… Ⅲ．①PLC 技术—程序设计—高等职业教育—教材 Ⅳ．①TM571.61

中国版本图书馆 CIP 数据核字(2021)第 023293 号

PLC 编程及应用
PLC BIANCHENG JI YINGYONG

主编 高维 熊英

□责任编辑	胡小锋
□责任印制	唐 曦
□出版发行	中南大学出版社
	社址：长沙市麓山南路 邮编：410083
	发行科电话：0731-88876770 传真：0731-88710482
□印 装	长沙印通印刷有限公司

□开 本 787 mm×1092 mm 1/16 □印张 19 □字数 485 千字
□版 次 2021 年 7 月第 1 版 □2021 年 7 月第 1 次印刷
□书 号 ISBN 978-7-5487-4360-6
□定 价 48.00 元

图书出现印装问题，请与经销商调换